U0323151

“十二五”职业教育国家规划教材
经全国职业教育教材审定委员会审定

冶金原理

（第2版）

主　编　卢宇飞　黄　卉
副主编　刘洪萍　孙成余　杨志鸿　张凤霞

北　京
冶金工业出版社
2024

内 容 提 要

本书由冶金基础知识、冶金熔体、火法冶金和湿法冶金四部分内容组成，以冶金生产主要过程为主线，循序渐进、深入浅出地阐述了分解离解、焙烧、炼铁、炼钢、造锍、熔锍吹炼、氯化冶金、火法精炼、熔盐电解、浸出、净化、水溶液电解提取金属等冶金过程的基本原理，内容全面，包含了火法冶金和湿法冶金，涵盖了黑色金属冶金和有色金属冶金。各章都附有学习要点、习题与思考题。

本书为高职高专院校冶金技术专业教学用书，也可供其他有关专业师生和冶金企业工程技术人员参考。

图书在版编目(CIP)数据

冶金原理/卢宇飞，黄卉主编 .—2 版 .—北京：冶金工业出版社，2018.5（2024.1 重印）

“十二五”职业教育国家规划教材

经全国职业教育教材审定委员会审定

ISBN 978-7-5024-7413-3

Ⅰ.①冶…　Ⅱ.①卢…　②黄…　Ⅲ.①冶金—高等职业教育—教材　Ⅳ.①TF01

中国版本图书馆 CIP 数据核字(2017) 第 047548 号

冶金原理（第 2 版）

出版发行	冶金工业出版社	**电　　话**	(010)64027926
地　　址	北京市东城区嵩祝院北巷 39 号	**邮　　编**	100009
网　　址	www. mip1953. com	**电子信箱**	service@ mip1953. com

责任编辑　郭冬艳　宋　良　美术编辑　吕欣童　版式设计　彭子赫

责任校对　石　静　责任印制　禹　蕊

三河市双峰印刷装订有限公司印刷

2009 年 2 月第 1 版，2018 年 5 月第 2 版，2024 年 1 月第 6 次印刷

787mm × 1092mm　1/16；19. 25 印张；464 千字；293 页

定价 45. 00 元

投稿电话　(010)64027932　投稿信箱　tougao@cnmip. com. cn

营销中心电话　(010)64044283

冶金工业出版社天猫旗舰店　yjgycbs. tmall. com

（本书如有印装质量问题，本社营销中心负责退换）

前 言

"十二五"期间，我国冶金产业从粗放式扩张向精深加工转变，从传统产品向特色产品和战略性新兴产品转变。为适应冶金产业的技术进步、结构调整和转型升级对人才培养的需求，我们在2009年版《冶金原理》教材的基础上，经调查研究，由任课老师联合冶金企业和科研院所的相关人员，对第1版教材进行修订。

"冶金原理"是冶金技术专业学生重要的专业基础课程之一，它是学生完成基础课程学习之后开设的必修课，是基础课与专业课相互融会贯通的纽带和桥梁。本书内容由冶金基础知识、冶金熔体、火法冶金、湿法冶金四部分组成。全书以冶金生产主要过程为主线，循序渐进、深入浅出地阐述了分解离解、焙烧、还原熔炼、氧化熔炼、造锍、熔锍吹炼、氯化冶金、火法精炼、熔盐电解、浸出、净化、水溶液电解提取金属等冶金生产过程的基本规律、基本理论、生产技术及实例分析应用。书中内容涉及火法冶金和湿法冶金，涵盖了黑色金属冶金和有色金属冶金，可作为高等职业院校冶金专业教学用书。在教学使用中，各学校可以结合学生知识基础和就业方向等实际情况，酌情选定教学内容和重点。

"冶金原理"是一门学起来相对困难的课程，为了解决教与学的问题，我们在内容编排、理论阐述和难点分析等多方面做了一些有益的尝试，力求反映以下特点：

(1) 全书以冶金生产过程为主线展开论述，力求理论联系实际。

(2) 内容包含火法冶金和湿法冶金，涵盖黑色金属冶金和有色金属冶金。

(3) 深入浅出，力求通俗易懂。

(4) 考虑到循序渐进，对学生物理化学等知识的复习、巩固、归纳、总结、融会贯通及综合应用，教材中增加了冶金基础知识。

(5) 书中符号均符合国家标准，国标以外符号按冶金行业标准进行统一。

参加本次修订工作的人员有昆明冶金高等专科学校卢宇飞、黄卉、刘洪萍、杨志鸿、张报清、张凤霞、张金梁、姚春玲、张凇源，云南驰宏锌锗股份有限公司孙成余，昆明冶金研究院何艳明，云南永昌铅锌股份有限公司李宗有，云南铝业股份有限公司杨峰，昆明钢铁股份有限公司孔维秸。由卢宇飞、黄卉任主编，刘洪萍、孙成余、杨志鸿、张凤霞任副主编。

借此机会，对为本书初稿的编写工作提出了宝贵意见的重庆大学黄希祜教授、昆明理工大学华一新教授和陶东平教授，以及其他提供了支持与帮助的同事，表示衷心的感谢！

编　者

2016 年 10 月

目　　录

1 绪　　论

【本章学习要点】

(1) 冶金原理是应用物理化学等理论知识和方法，去分析、研究冶金生产过程和控制冶金生产过程的一门科学，它归纳、总结和揭示了冶金物料中各种反应物和生成物等在冶炼过程中所遵循的、具有普遍意义或具有典型意义的物理化学变化规律和理论。

(2) 冶金原理的研究对象是冶金过程中的物理化学变化。它的研究范围包括从矿石转变成金属或其化合物产品过程中的所有物理化学变化，借助物理化学的化学热力学、化学动力学和物质结构理论，研究冶金反应的方向、限度和速度，研究冶金熔体的相平衡、结构、性质和对冶金过程的影响。

1.1 冶金的概况和原料、产品

1.1.1 冶金的发展简史

冶金的主要原料是精矿或矿石，主要产品是金属。人类自进入青铜器时代和铁器时代以来，与冶金的关系日益密切。人类衣食住行、从事生产或其他活动使用的工具和设施，都离不开金属材料，而金属材料靠冶金制造。可以说，没有冶金的发展，就没有人类的物质文明。人类早在远古时代，就开始利用金属，不过那时是利用自然状态存在的少数几种金属，如金、银、铜及陨石铁，后来才逐步发现了从矿石中提取金属的方法。首先得到的是铜及其合金——青铜，后来又炼出了铁。从现有考古资料看，伊朗是世界上最早用金属并掌握金属冶炼技术的地区，发现的小铜针、铜锥等距今已有 9000 年以上历史；我国甘肃马家窑文化遗址发现的青铜刀距今已有 5000 年历史；人类最早炼铁是在黑海南岸山区，距今已有 3000 多年的历史；我国使用铁器的历史也有 2500 多年。从使用石器、陶器进入使用金属，是人类文明的重大飞跃。在新石器时期，人类开始使用金属，此时的制陶技术（用高温还原气氛烧制黑陶）促进了冶金的发展，为人类提供了青铜、铁等金属及各种合金材料，人们用这些材料制造生活用具、生产工具和武器等，大大提高了社会生产力，极大地推动了社会的文明进步。

1.1.2 金属的分类

金属通常都具有高强度和优良的导电性、导热性、延展性。除汞以外，金属在常温下都是以固体状态存在。现在已知的化学元素有 116 种，其中 94 种存在于自然界中，22 种是人造的。存在于自然界的金属有 72 种，22 种人造元素都是金属，目前发现的金属共 90 多种。现代工业上习惯把金属分为黑色金属和有色金属两大类，铁、铬、锰三种金属属于黑色金属，其余的金属属于有色金属。

有色金属的分类，各个国家并不完全统一，大致按其密度、价格、在地壳中的储量及分布情况、被人们发现和使用的早晚等分为重金属、轻金属、贵金属、稀有金属和半金属五类。其中的稀有金属是一大类，它又可再划分为稀有轻金属、稀有高熔点金属、稀有分散金属、稀土金属和稀有放射性金属五类。

（1）重金属。这类金属包括铜（Cu）、镍（Ni）、铅（Pb）、锌（Zn）、钴（Co）、锡（Sn）、锑（Sb）、汞（Hg）、镉（Cd）和铋（Bi）。它们的密度在 $4.5g/cm^3$ 以上。

（2）轻金属。这类金属包括（Al）、镁（Mg）、钠（Na）、钾（K）、钙（Ca）、锶（Sr）和钡（Ba）等，它们的共同特点是：密度在 $0.53 \sim 4.5g/cm^3$，化学活性大、与氧、硫、碳和卤素的化合物都相当稳定。

（3）贵金属。这类金属包括金（Au）、银（Ag）和铂（Pt）族元素（铂（Pt）、铱（Ir）、锇（Os）、钌（Ru）、钯（Pd）、铑（Rh））。由于它们对氧和其他试剂的稳定性，而且在地壳中含量少，开采和提取比较困难，故价格比一般金属贵，因而得名贵金属。

（4）稀有金属。所谓稀有金属，是指那些发现较晚、在工业上应用较迟、在自然界中分布比较分散以及在提炼方法上比较复杂的金属，大约有 50 种，如：锂、铷、铯、铍、钨、钼、钽、铌、钛、锆、铬、钒、铼、镓、铟、铊、锗、钪、钇、镧、铈、镨、钕、钷、钐、钆、铽、镝、钬、铒、铥、镱、镥、钋、镭、锕、钍、镤和铀以及人造趋铀元素等。稀有金属这一名称的由来，并不是说所有的稀有金属元素在地壳中的含量稀少，而是历史上遗留下来的一种习惯性的概念。事实上一些稀有金属在地壳中的含量比一般普通金属多得多。例如，稀有金属钛在地壳中的含量占第九位，比铜、银、镍元素多。稀有金属锆、锂、钒、铈在地壳中的含量比金属铅、锡、汞多。当然，稀有金属中有许多种在地壳中的含量确实是很少，但含量少并不是稀有金属的共同特征。为了便于研究起见，根据各种稀有金属的某些共同点（如金属的物理化学性质、原料的共生关系、生产流程等）又将划分为：稀有轻金属、稀有高熔点金属、稀有分散金属、稀土金属、稀有放射性金属。

1）稀有轻金属。包括下面 5 个金属：锂（Li）、铍（Be）、铷（Rb）、铯（Cs）和钛（Ti）。它们的共同特点是相对密度低（锂 0.53；铍 1.85；铷 1.55；铯 1.87；钛 4.5），化学活性很强。这类金属的氧化物和氯化物都具有很高的化学稳定性，很难还原。常用熔盐电解法生产。

2）稀有高熔点金属。包括以下 8 个金属：钨（W）、钼（Mo）、钽（Ta）、铌（Nb）、锆（Zr）、铪（Hf）、钒（V）和铼（Rt）。它们的共同点是熔点高，自 1830℃（锆）至 3400℃（钨），硬度大，抗腐蚀性强以及可与一些非金属生成非常硬和非常难熔的稳定化合物，如碳化物、氮化物、硅化物和硼化物。

3）稀有分散金属。也叫做稀散金属，包括以下 6 个金属：镓（Ga）、铟（In）、铊（Te）、锗（Ge）、硒（Se）、碲（Te）。它们在自然界中没有单独矿物存在，个别即使有单独矿物，但其产量极少没有工业价值。它们在地壳中很分散，因此都是从各种冶金工厂或化工厂的废料中提取的。

4）稀土金属。早期 18 世纪获得的稀土金属，外观似碱土中的稀土氧化物（如氧化钙），故起名“稀土金属”，并沿用至今。这些金属的原子结构相同，故其物理化学性质很近似。在矿石中它们总是伴生在一起的，在提取过程中，需经繁杂作业才能逐个分离出来。稀土金属包括镧系元素以及和镧系元素性质很相近的钪和钇，共17个。进一步，又可将稀土金属划分为两大类，轻稀土和重稀土元素。

5）稀有放射性金属。属于这一类的元素有两大类，即天然放射性元素它们是：钋（Po）、镭（Ra）、锕（Ac）、钍（Th）、镤（Pa）和铀（U）和人造超铀元素它们是：钫（Fr）、锝（Tc）、镎（Np）、钚（Pu）、镅（Am）、锔（Cm）、锫（Bk）、锎（Cf）、锿（Es）、镄（Fm）、钔（Md）、锘（No）和铹（Ln）。

天然放射性元素在矿石中往往是共同存在的。它们常常与稀土金属矿伴生。

6）半金属。一般是指硅（Si）、硒（Se）、碲（Te）、砷（As）和硼（B）。其物理化学性质介于金属与非金属之间，如砷是非金属，但又能传热导电。

1.1.3　矿物、矿石、脉石和精矿

矿物是地壳中具有固定化学组成和物理性质的天然化合物或自然元素。能够为人类利用的矿物，叫做有用矿物。含有用矿物的矿物集合体，如其中金属的含量在现代技术经济条件下能够回收加以利用时，这个矿物集合体叫做矿石。有用矿物在地壳中的分布是不均匀的，由于地质成矿作用，它们可以富聚在一起，形成巨大的矿石堆积。在地壳内或地表上矿石大量积聚具有开采价值的区域叫做矿床。在矿石中，除了有用矿物之外，几乎总是含有一些废石矿物，这些矿物称为脉石，所以矿石由两部分构成，即有用矿物和脉石。矿石有金属矿石和非金属矿石之分。金属矿石是指在现代技术经济条件下可从其中获得金属的矿石。而在金属矿中按金属存在的化学状态又分成自然矿石、硫化矿石、氧化矿石和混合矿石。有用矿物是自然元素的叫做自然矿石，例如，自然金、银、铂、元素硫等；硫化矿的特点是其中有用矿物为硫化物，如黄铜矿（$CuFeS_2$）、方铅矿（PbS）等；氧化矿石中有用矿物是氧化物，如赤铁矿（Fe_2O_3）、赤铜矿（Cu_2O）；混合矿石内则既有硫化矿物，又有氧化矿物。矿石品位没有上限，越富越好，而其下限则由技术和经济因素确定。技术和经济条件的变化，使矿石的下限品位不断改变，从前抛弃的尾矿堆，由于技术进步和国民经济日益增长的需要，今天又被重新利用，这样的事实并不少见。矿石的品位越低，则获得每吨金属的冶炼费用就越高。所以，为了降低冶炼费用总希望矿石品位越高越好。各种选矿方法是提高矿石品位的手段。经过选矿处理而获得的高品位矿石叫做精矿。

1.2　冶金方法及生产工艺流程

1.2.1　冶金方法

在现代冶金中，由于矿石（或精矿）性质和成分、能源、环境保护以及技术条件等情况的不同，冶金方法是多种多样的。根据各种冶金方法的特点，进行细致的划分，冶金方法可分为三大类：火法冶金、湿法冶金、电冶金。通常，人们习惯将冶金方法进行粗略划分，划分为两大类：火法冶金、湿法冶金。

1.2.1.1　火法冶金

火法冶金是指矿石（或精矿）经预备处理、熔炼和精炼等，在高温下发生一系列物理化学变化，使其中的金属和杂质分开，获得较纯金属的过程。过程所需能源，主要靠燃料燃烧，个别的靠自身的反应生成热。例如，硫化矿氧化焙烧和熔炼、金属热还原等是靠自

热进行的。

1.2.1.2 湿法冶金

在低温下（一般低于100℃，现代湿法冶金研发的高温高压过程，其温度可达200～300℃）用溶剂处理矿石或精矿，使所要提取的金属溶解于溶液中，而其他杂质不溶解，通过液固分离等制得含金属的净化液，然后再从净化液中将金属提取和分离出来。主要过程有：浸出、净化、金属制取（用电解、电积、置换等方法制取金属），这些过程均在低温溶液中进行。

1.2.1.3 电冶金

电冶金是利用电能来提取、精炼金属的方法。按电能转换形式不同可分为两类：电热冶金和电化冶金：

（1）电热冶金：是利用电能转变为热能，在高温下提炼金属。电热冶金与火法冶金类似，其不同的地方是电热冶金的热能由电能转换而来，火法冶金则以燃料燃烧产生高温热源。但两者的物理化学反应过程是差不多的。所以，电热冶金可列入火法冶金一类中。

（2）电化冶金：是利用电化学反应，使金属从含金属盐类的溶液或熔体中析出。电化冶金又分为水溶液电化冶金和熔盐电化冶金两类：

1）水溶液电化冶金（也称水溶液电解精炼或水溶液电积粗炼）：如果在低温水溶液中进行电化作用，使金属从含金属盐类的溶液中析出的（如铅电解精炼、锌电积），称为水溶液电化冶金。它是在低温溶液中进行物理化学反应的、典型的湿法冶金，亦可列入湿法冶金之中。

2）熔盐电化冶金（也称熔盐电解）：如果在高温熔融体中进行电化作用，使金属从含金属盐类的熔体中析出的（如铝电解），称为熔盐电化冶金。它不仅利用电能转变为电化反应，而且也利用电能转变为热能，借以加热金属盐类成为熔体。在高温熔融状态下进行物理化学反应是火法冶金的主要特征，因此，熔盐电化冶金也可列入火法冶金一类中。

1.2.2 现代冶金生产工艺流程

火法冶金生产中常见的单元过程有：原料准备（破碎、磨制、筛分、配料等）、原料炼前处理（干燥、煅烧、焙烧、烧结、造球或制球团）、熔炼（氧化、还原、造锍、卤化等）、吹炼、蒸馏、熔盐电解、火法精炼等过程。

湿法冶金生产中常见的单元过程有：原料准备（破碎、磨制、筛分、配料等）、原料预处理（干燥、煅烧、焙烧）、浸出或溶出、净化、沉降、浓缩、过滤、洗涤、水溶液电解或水溶液电解沉积等过程。

图1-1、图1-2、图1-3分别是钢铁冶金、湿法炼锌、硫化铜矿冶炼的流程简图。

从以上三图可以看出：

（1）根据不同金属生产的要求和需要，对上述不同冶金单元过程进行选择、组合、串联或并联，形成不同金属的各种生产工艺流程。

（2）在现代金属生产的工艺流程中，最常见的是火法与湿法联用混用，采用纯火法和纯湿法的生产工艺流程越来越少见。生产实际中，往往火法冶金生产工艺流程中有湿法过

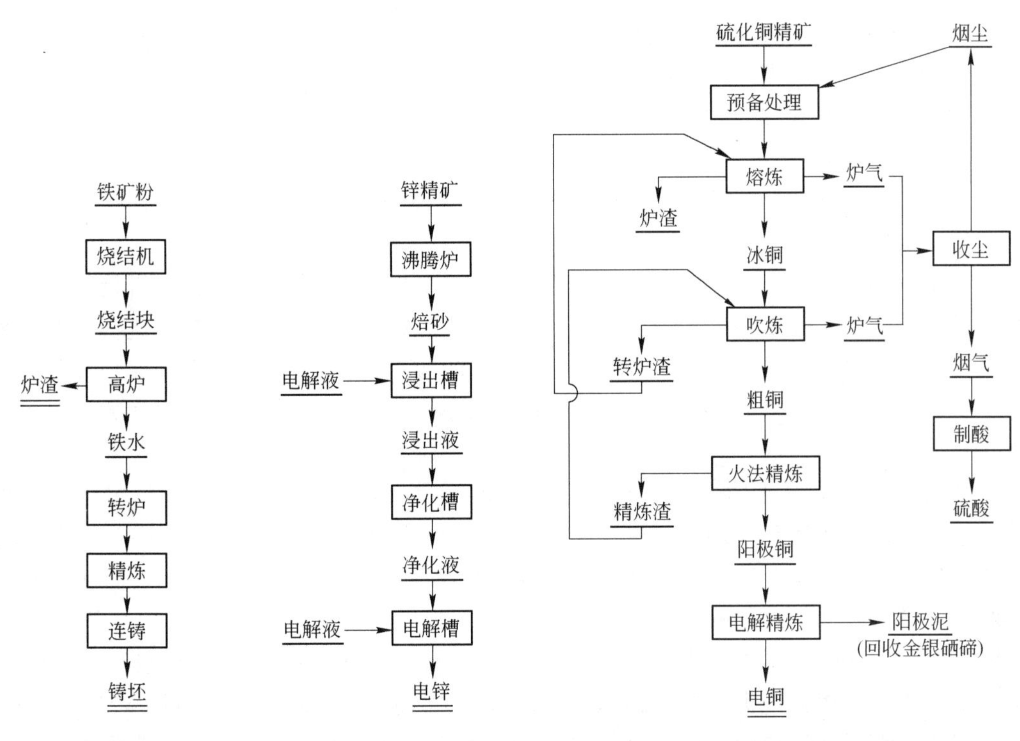

图 1-1　钢铁冶金流程　　　图 1-2　湿法炼锌流程　　　图 1-3　硫化铜矿冶炼流程

程，湿法冶金生产工艺流程中有火法过程。例如，硫化铜精矿火法冶炼生产工艺流程中，有湿法的电解精炼过程；湿法炼锌生产工艺流程中，有火法的硫化锌精矿氧化焙烧。因为火法冶金和湿法冶金各有优缺点，相互之间可以互补。火法冶金具有生产率高、流程短、设备简单及投资省的优点，但有不利于处理成分结构复杂的矿石或贫矿的缺点。湿法冶金具有弥补火法冶金上述缺陷的优点，但有流程长、占地面积大、设备设施需要耐酸或耐碱材料及投资大等缺点。

1.3　学习冶金原理课程的意义

冶金原理就是应用物理化学等理论、知识和方法去分析、研究冶金过程产生和控制的科学，它归纳、总结和揭示了冶金物料中各种反应物和生成物等在冶炼过程中所遵循的、具有普遍意义或具有典型意义的物理化学规律。所以，有人把冶金原理也称之为冶金过程物理化学。

1.3.1　冶金原理研究的对象、范围

冶金原理的研究对象是冶金过程中的物理化学变化。其研究范围包括从矿石转变成金属或其化合物产品过程中的所有物理化学变化，即涵盖了火法冶金、湿法冶金和电冶金过程中的所有物理化学变化。

1.3.2　冶金原理研究的方法

冶金原理研究的方法，主要是借助物理化学的化学热力学、化学动力学和物质结构理

论，研究冶金反应的方向、限度和速度，研究冶金熔体的相平衡、结构、性质和对冶金过程的影响。其方法可概括为四部分：

第一，利用化学热力学理论，分析、研究和判断冶金反应进行的方向。

（1）判断标准状态下冶金反应进行的方向。方法是借助有关手册中的热力学数据，计算冶金化学反应在标准状态下进行的吉布斯自由能变化，从而判断冶金反应在标准状态下进行的方向。

（2）判断给定条件下冶金反应进行的方向。这要根据反应过程所处的实际情况，对参与反应的物质的温度和活度进行相应的校正，计算冶金化学反应在实际情况下进行的吉布斯自由能变化，从而判断冶金反应在给定条件下进行的方向。这需要知道参与反应的物质的热力学函数和活度系数与温度变化的关系。现在的情况是，往往由于数据缺乏而大大地限制了计算的可能性。

第二，利用化学热力学理论，计算反应的平衡常数，并用平衡常数确定冶金反应的限度，回答：反应进行到何种程度达到平衡？反应达到平衡的条件？在该条件下反应物能达到的最大产出率？控制冶金反应过程的合理参数，如温度、压力、浓度及添加剂。确定参与反应的各种物质的最终数量。

第三，利用化学动力学理论，研究冶金过程的速率和机理，确定反应过程速率的限制环节，从而得出控制或提高反应的速率，缩短冶炼时间，增加产量和提高生产率的途径。

第四，利用物质结构理论，研究冶金熔体的相平衡、结构及其物理化学性质。冶金熔体是火法冶金反应的直接参加者，包括金属互溶的金属熔体、氧化物互溶的熔渣及硫化物互溶的熔锍等。熔体的组分是反应的直接参加者，冶金熔体的组成、结构和性质决定和控制着冶金过程的各项技术经济指标，对冶金过程具有较大的影响。

1.3.3 冶金原理课程的作用和地位

冶金原理课在教学中位置极为重要，它是冶金技术专业学生的核心课程，是冶金技术专业学生完成教学计划规定的基础课之后开设的必修课，是学生基础课与专业课衔接的桥梁和纽带，对学生基础知识和专业知识的学习具有承上启下的重要作用。无论是国内还是国外，无论是本科还是专科和中专，冶金技术专业都设置有该课程。所以，冶金技术专业学生学习这门课是十分重要和必要的。

1.3.4 冶金原理课程的教学任务和目的

为了使学生具有扎实的理论基础、较强的理论应用能力、较好的可持续性的自学能力和再学习能力，冶金原理课程的教学任务是：使学生了解冶金生产过程的基本方法、基本过程、基本理论和基本规律。

冶金原理是多种学科应用的结合，但物理化学知识是基础，工程技术知识是其实现的手段。学习冶金原理这门课的主要目的是：

第一，帮助学生搭建起基础课与专业课的桥梁，为下一步深入学习冶金工艺学等专业课程做好必要的衔接和过渡，奠定必要的理论基础。

第二，培养学生可持续的自学和再学习能力，为学生毕业后根据工作需要进一步自学打下良好基础，提高学生的自学能力。

第三，培养学生理论联系实际的能力，以及分析、研究和解决问题的能力。

第四，为毕业生在冶金企业一线，有效控制现有生产工艺、改造旧工艺、发展新工艺、提高产品质量、改善技术经济指标、扩大产品品种、增加产品产量等提供理论指导和技术帮助。

1.3.5 冶金原理课程的内容和重点

为了拓宽毕业生的就业面，打破“课程内容划分为有色冶金和黑色冶金两类”的通常做法，满足有色冶金企业和黑色冶金企业岗位群人才培养的需求，本课程将钢铁冶金原理和有色冶金原理两门课精简、浓缩为一门课，使学生对涵盖黑色和有色的冶金原理有全面系统的学习。另外，为了帮助学生巩固、总结和打牢物理化学等知识以及将其与冶金较好地结合起来，本课程增加了常用和重要的冶金基础知识。因此，本课程的教学内容由冶金基础知识、冶金熔体、火法冶金、湿法冶金等四部分组成。

为了突出培养学生理论联系实际的能力，本课程教学内容以冶金生产基本单元过程为主线和重点。本课程火法冶金生产基本单元过程主要分为：分解生成、焙烧、还原熔炼、氧化熔炼、造锍、熔锍吹炼、氯化冶金、火法精炼、熔盐电解等；湿法冶金生产基本单元过程主要分为：浸出、净化、水溶液电解提取金属等。

2 冶金基础知识

【本章学习要点】

(1) 热力学的基本概念和主要热力学参数的学习。

(2) 热效应和盖斯定律。

(3) 溶液中的浓度和活度。

(4) 化学反应方向和限度。

(5) 化合物标准摩尔生成吉布斯自由能变化。

(6) 化学平衡、等温方程、标准平衡常数。

(7) 冶金相图和相律。

2.1 热力学的基本概念

2.1.1 体系与环境

体系：在研究具体的事物时，为了方便起见，把所研究的对象称为体系（也称为系统）。系统至少应由一种物质组成，也可以由多种物质组成。

环境：与研究的系统密切相关的所有物质称为环境。

体系和环境的选定：实际上，系统的周围就是环境。之所以要区分这两部分，是为了集中注意研究所选定的、或直接与我们工作有关的事物，同时又不忽视和它有联系的事物。如何划分体系和环境的范围，又要视具体情况而定，并非一成不变。至于体系和环境间的联系，也随具体情况而不同。

体系的划分：按照体系与环境间是否有能量和物质的传递，可将体系分为三种类型：

(1) 敞开体系：如果体系和环境之间，既有物质的交换也有能量的交换，这种体系称为敞开体系。例如把一杯水放在绝热箱里，水为体系，绝热箱为环境，则水就是敞开体系。

(2) 封闭体系：如果体系和环境之间没有物质交换，只有能量交换，则此种体系叫做封闭体系。在上述绝热箱中，如果水放在密封不透气的瓶里，那么它就是封闭体系，因水气已经不能再进入箱中，箱中之物亦不能进入瓶里。

(3) 孤立体系（也称隔离体系）：如果体系和环境之间既没有物质交换，也没有能量交换，则此体系称为隔离体系或孤立体系。例如，把上述绝热箱及其中的东西（包括那瓶水在内）当作一个体系，则对其周围来说，整个绝热箱便成为一个孤立体系。

2.1.2 体系的性质、状态和状态函数

2.1.2.1 性质

系统的性质包括物理性质和化学性质。物理性质是指温度、压力、体积、浓度、密度

等宏观物理性质；化学性质是指酸性、碱性、金属性、还原性等。

系统的性质还可根据“加和性”，划分为两类：

（1）广度性质：如物质的量、体积、内能、焓、熵、自由能、吉布斯自由能，等等，这些性质在相同条件下具有加和性，它们的值与物质的量成正比，则其具有广度性质。

（2）强度性质：如温度、压力、密度、黏度、表面张力等，这些性质不具有加和性，则其具有强度性质。

2.1.2.2 状态

一定的物质在一定的条件（状态）下具有一定的性质。这些性质中只要有任意一个性质发生变化，系统的状态就发生变化。为了概括体系的种种性质，我们使用了一个普通的名词——状态。当体系的各种性质都具有某一定的数值时，我们说，体系处于一定的状态；当体系的性质有所改变时，我们说，体系的状态发生了变化。当体系的各种性质变化到新的确定数值时，我们说，体系达到了与变化前不同的另一状态。在新的状态下，体系的性质与变化前不同。

例如，1mol 氧气在 0℃ 和 101325Pa（1atm）下，体积为 22.4L，密度为 1.43g/L。条件（状态）改变，它的这些性质也改变，如果压力不变，温度升高，它的体积要膨胀，密度要减小。

例如，在炼钢前期钢水的温度为 T_1，化学成分具有某个一定的组成，即钢水处于一定的状态，可称为状态Ⅰ；当到冶炼后期钢水的温度变成 T_2，钢水的组成与前期不同，具有另一个化学成分，因此钢水就处于另一个状态，可称为状态Ⅱ。

所以只要系统处于一定的状态，系统的各种性质（如温度、压力、体积等）必有一确定的数值。

2.1.2.3 状态函数

在一定条件下系统的性质都有一定的对应数值，当状态发生变化，系统的性质也相应地变化。这种系统性质随状态的变化而改变的关系称为状态函数。例如，在某一定的状态下，温度、压力、体积、密度等就具有一定的对应数值；反之，当系统的这些性质有了确定的数值时，该系统的状态也就确定了。

可见，状态和性质是相互制约的。状态一定，体系的性质也就一定；状态改变，系统的性质也就发生变化。即体系的性质是由状态来确定的，或者说，体系的性质随状态的改变而变。因此，从这种意义上说，体系的性质是体系状态的函数。于是，不管是体系的温度、压力、体积或能量（如内能）或其他，它们都是体系状态的函数。

状态与性质的这种关系，在热力学中很重要，它突出了物质体系本身的内部联系，使我们能抓住本质问题而不至于为现象或过程所迷乱。例如，炼钢时废钢入炉，其温度从室温（25℃）逐步升至其熔点（1500℃）。这个升温过程可以是各种各样：电加热或燃料加热；加热的速度可以快也可以慢，甚至停顿一段时间后再继续升温，等等。不管怎样，就废钢的性质而言，它是状态的函数，其变化只由状态决定，不决定于变化的过程。如果我们认定温度是废钢的状态之一，那么废钢的性质，当其他条件不变时，只取决于终态到初态时的温度改变 $\Delta T = 1500 - 25 = 1475$℃，至于升温的具体过程，与 ΔT 无关，可以不管。这是性质与状态关系的一个应用例子，联系到化学反应，这个关系的用处更为突出。

综上所述，状态函数的特点可归纳如下：

（1）体系的性质取决于体系的状态，体系性质的改变只随体系状态的变化（初态到终态）而定。体系的状态发生变化时，状态函数的改变值只与系统的始态和终态有关，而与变化的途径无关。

（2）某体系的状态一经确定，状态函数便有对应的单一的数值。

必须指出，热力学中所谓的状态，都是指平衡状态，即在一定条件下是稳定的、不随时间而改变的状态。上面所举废钢升温过程中，在温度正连续变化的各阶段的状态，都不是热力学所指的状态。热力学所指的状态，是可用确定不变的参数来描述的那种状态，如上例中废钢升温前的25℃和升温终了1500℃的那种状态。

当体系的状态平衡时，体系的每个状态函数都有确定的值。反之，当体系的状态函数一定时，就有一个确定的状态。那么，是否需要知道体系的所有状态函数才能确定体系的状态呢？经验证明，对于平衡体系，只要已知两个强度性质，其余强度性质就有确定值，若还已知一个广度性质，则体系中所有广度性质就有确定值，整个体系的状态就确定了。这就是说，确定一个体系状态的最少变量数是3，其中至少有一个广度性质的变量。例如有一杯水，若已知温度是40℃、压力是101325Pa，则这杯水的强度性质就有确定值：密度是$0.9922 \times 10^3 kg/m^3$，黏度是$6.54 \times 10^3 Pa \cdot s$，表面张力是$6.956 \times 10^{-2} N/m$等等。若还已知这杯水的质量是54g，则这杯水的广度性质就有确定值：体积是$54 \times 10^{-6} m^3$（质量与密度之比）、物质的量为3mol（质量与摩尔质量之比）、其他如内能、焓、熵、吉布斯自由能等广度性质，皆可由物质的量与摩尔性质的乘积求得。这杯水的所有热力学性质，都可由已知的3个性质求出。

2.1.3 过程与途径

系统由始态变化至终态称为过程，完成这个过程的步骤称为途径。各种过程经常是在特定的条件下进行，在不同的条件下进行的过程情况是不相同的。经常遇到的过程有下面五种：

（1）等容过程：系统在不变的体积中发生状态变化时即为等容过程，例如在密封容器中进行的过程。

（2）等压过程：在变化过程中，系统的始态和终态的压力相同，并等于环境的压力，即$p_{始} = p_{终} = p_{环}$。

（3）等温过程：在等温过程中，系统的始态和终态的温度相同，并等于环境的温度，即$T_{始} = T_{终} = T_{环}$。

（4）绝热过程：自始态到终态，系统与环境之间不发生热量的传递。

（5）循环过程：自始态出发经过一系列过程系统又回到原来的状态。

当然，有的过程也可以有两种或两种以上同时存在，例如等温等压过程、等温等容过程等。

2.1.4 内能

物质作为一个整体运动时，通常我们谈论它的位能和动能。例如，雨点从空中掉下来，每个雨点在不同高度具有不同的位能和动能。在热力学中，一般不考虑这种能量，而讨论的是物质内部分子运动的动能、分子间的位能、分子内的能量、原子核内的能量，等等，但并不分别研究这些项目，而是把它们组成的物质内部的总能量作为一个整体来研究，用内能这个词来概括它们。内能常用符号“U”表示，其变化用“ΔU”表示。

内能是指一个系统内部的总能量，包括系统内部质点（分子、原子、电子、原子核等）之间各种相互作用的能量（如分子间的吸引能、排斥能，原子间的化学键能等），还包括系统内部质点的各种运动的能量（分子移动能、分子转动能和分子振动能等）。所以系统内能的大小和分子运动的状态有关。例如系统的温度升高使分子运动速率加快，分子的动能就会增加。如果体积改变，分子间的距离就发生变化，使分子的位能改变。如果发生化学反应，物质的组成和结构变化，那么分子内部的能量就改变，即系统的内能发生变化。应当指出，内能不包括系统在外力场中作整体运动时的动能和位能。

温度和体积都是物质的物理性质，而化学反应将使系统的化学组成改变，即化学性质改变，这些性质的变化将使状态改变，同时也使系统的内能发生变化，所以说内能也是物质的一种性质。当物质处于一定状态时，内能就有一定的数值，状态改变内能也会随之发生变化，即内能也是状态函数。但限于目前的科学水平，内能的绝对值还不能测出来，这并不影响我们对问题的研究，重要的是内能的变化值 ΔU 可以通过热力学第一定律把它计算出来。

一定量的某种物质，其内能为若干？这个问题回答不了，即是说，还不知道物质内能的绝对值。不过物质经历一种变化后，其内能的增减之量是可以测出的。例如，一定量的废钢升温，吸收了一定的热能，这部分能量到了钢的内部，就增大了钢的内能，则这部分钢在升温过程中内能的增加 ΔU 是可以测算出的。

内能是物质的属性，物质在一定的状态下其内能也是一定的。状态改变，内能也随之改变。换句话说，内能是体系的状态函数，其改变只取决于体系的初态和终态，而与变化历程无关。废钢升温，只要是从 T_1 升至 T_2，不论升温是怎样实现的，钢内能的增加只视此两温度之差 ΔT 而定。显然，同样的钢在同样的温度，不可能有不同的内能。

2.1.5 热和功

物质运动时常伴有能量的转换或传递。例如，机械运动可使机械功转变为热（通过摩擦）；热传到水中可使水沸腾化为蒸汽，蒸汽膨胀又可做功，等等。热和功是能量传递最常见的形式，热和功是传递中的能量。

热：物质升高温度进行一个过程时要从环境吸收热量，即热是由于系统和环境间存在温差发生变化过程而交换的能量。热量常用符号“Q”表示。

功：系统与环境间除热以外交换的能量通称为功。在热力学中由于系统体积膨胀反抗外压所做的功具有特殊的意义，常把这种功称为“膨胀功”或“体积功”。除了膨胀功以外的其他功统称为“有用功”或“有效功”，如电功、磁功、表面功等。功常用符号“W”表示。

热和功是系统与环境进行能量交换的仅有的两种形式，它们是与系统所进行的过程相联系的，只有在能量传递过程中才存在，没有过程就没有热和功。因此热和功不是状态函数，它们与途径紧密相关。对于系统处于某一状态时是没有热和功之概念的，不能说系统在某状态下有多少功和热，只能说它有多少内能。因为处于一定状态的物质既不吸收热也不会放出热，更不做功。例如在温度不变的条件下，放在场地上的焦炭是处于一个确定的状态，当它在燃烧时就会放出大量的热而使周围温度升高，并产生气体受热膨胀，这时就说系统向环境放出了多少热和做了多少功，可见功和热是在过程进行中而体现的物理量，所以也称为过程函数。

如图 2-1 所示，设有一个带有理想活塞（活塞本身的质量及与汽缸间的摩擦力忽略不计）的汽缸，活塞的截面积为 A，活塞上所受的外力为 $p_{外}$，则活塞所受的总力 F 为：

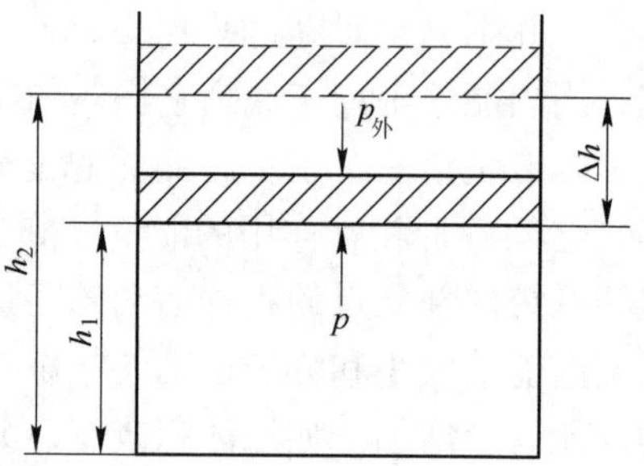

$$F = p_{外} A$$

图 2-1 气体在汽缸中所做的膨胀功

缸内气体本身所具有的压力为 p，当 $p > p_{外}$ 时气体膨胀，使活塞移动了距离 $h = h_2 - h_1$，体积由 V_1 变到 V_2，那么系统反抗外压所做的功为：

$$W = F\Delta h = p_{外} A\Delta h = p_{外} \Delta V \tag{2-1}$$

上式为体积功的定义式。

当外压为常数时（恒外压过程），则上式变为：

$$W = p_{外}(V_2 - V_1) \tag{2-2}$$

膨胀功的大小与过程有关，过程不同膨胀功也不同。

例 2-1 有一气体的初始状态为 $V_1 = 20\text{dm}^3$，$p_1 = 303\text{kPa}$，在温度不变的情况下，经过两种不同的途径进行膨胀，其终态为 $V_2 = 60\text{dm}^3$，$p_2 = 101\text{kPa}$。途径 1 是：外压从 303kPa 突然降到 101kPa；途径 2 是：外压从 303kPa 突然降低到 202kPa，气体体积膨胀到 30dm^3，待气体内压也降低到 202kPa 后，再将外压突然降到 101kPa。试计算两种情况下气体所做的功。

解 途径 1：外压始终为 101kPa，按式(2-1)有：

$$W = 101 \times 10^3\text{Pa}(60 \times 10^{-3}\text{m}^3 - 20 \times 10^{-3}\text{m}^3) = 4040\text{J}$$

途径 2：外压先降到 202kPa，达到平衡后再降到 101kPa：

$$W = 202 \times 10^3\text{Pa}(30 \times 10^{-3}\text{m}^3 - 20 \times 10^{-3}\text{m}^3) + 101 \times 10^3\text{Pa}(60 \times 10^{-3}\text{m}^3 - 30 \times 10^{-3}\text{m}^3)$$
$$= (2020 + 3030)\text{J} = 5050\text{J}$$

从例题的计算可知，虽然气体的始态和终态是完全相同的，但是经过的途径不一样，所做的功也不相同，可见做功是与过程相联系的。

从式（2-1）看出，在气体膨胀体积相同的情况下，外压力不同所做的功不同。如果气体的压力为 p，则在不同的外压情况下，外力对气体所做的膨胀功不同：

（1）当 $p_{外} = 0$ 时，气体所做的膨胀功为 $W = 0 \times \Delta V = 0$；

（2）当 $p_{外} = \frac{1}{2}p$（气体的压力）时，气体所做的膨胀功为 $W = \frac{1}{2}p\Delta V$；

（3）当 $p_{外} = \frac{2}{3}p$（气体的压力）时，气体所做的膨胀功为 $W = \frac{2}{3}p\Delta V$；

（4）当 $p_{外} = p$ 时，气体所做的膨胀功最大，为 $W_M = p\Delta V$。

显然，在气体膨胀体积相同的情况下，当外压 $p_{外} = p$ 时，气体反抗外压所做的膨胀功最大，为 $W_M = p\Delta V$。因为如果 $p_{外} > p$，那气体就不可能膨胀而是被压缩了。

做最大功的过程有一个显著的特点就是过程进行的方向最易改变。因为膨胀时外压是气体膨胀所能反抗的最大压力。所以，只要外压有微小的增加（dp），气体就被压缩，过程方向正好和原来相反（假设汽缸与活塞的摩擦力为零）。反之，如果原来进行的是压缩，那么，只要外压作微量的减少（dp），过程的方向就又反过来成为膨胀。

可逆过程和不可逆过程：这种做最大功的过程（以上第四种情况），称为可逆过程。以上第一、第二、第三种情况均不符合这个条件，它们是不可逆过程。

2.2 冶金过程的热效应

在没有非膨胀功的条件下，体系所吸（放）的热与体系的状态函数 u、H 的改变之间呈现最简单的关系，可以直接用所吸（放）的热来量度其内能或焓的改变。这种条件下所吸放的热叫做相应的过程的热效应。

2.2.1 各种热效应

2.2.1.1 显热和潜热

热从物体传到环境，或从环境传到物体，根据情况可以发生温度改变，或者没有温度改变。前一种情况涉及的热称为显热，后一种情况涉及的热称为潜热。

热的单位，常用 J、kJ(cal、kcal) 表示，J(cal) 的定义是：1g 水从 14.5℃ 升温 1℃ 所吸收的热为 4.18J(1cal)。

2.2.1.2 相变热（相变潜热）

当物质吸热或放热而其温度不变时，物质的聚集状态（物态）就将发生变化，叫做相变。所吸或所放的热叫做相变潜热或简称相变热。

2.2.1.3 蒸发热、凝结热、熔化热、凝固热、升华热

水在室温受热时，先是温度升高，到 100℃ 时继续加热，温度不再升高，这时水开始沸腾——由液态变为气态（蒸汽），这时水吸收的热都消耗在由液态变气态的转变上。液态变气态的过程（凝结⇌蒸发或汽化）称为蒸发或汽化，其相反的过程称为凝聚，相应的相变热称为蒸发热和凝结热。还有固态变液态（凝固⇌熔化）、固态变气态（凝固⇌升华）等，相应的相变热称为熔化热、升华热和凝固热，等等。

不同物质具有不同的相变热。如水的蒸发热是 40.630kJ/mol(9.720kcal/mol)，四氯化碳是 36.16kJ/mol(8.65kcal/mol)；不同物质的相变温度亦不同，如水的沸点是 100℃，四氯化碳是 137℃。

2.2.1.4 化学反应的各种热效应

不同类型的反应，其热效应有不同的名称。

A 生成热

从稳定的单质生成 1mol 化合物时的热效应，叫做该化合物的生成热（$\Delta_f H_m$）。例如

$$C_{石墨} + \frac{1}{2}O_2 \longrightarrow CO,\ \Delta_f H^{\ominus}_{m(298K)} = -110.62\text{kJ/mol} \tag{2-3}$$

由于碳有几种同素异构体，其中常温下最稳定的是石墨，所以取石墨为准，通常就不

一定注明。

根据定义，稳定状态的单质，其生成热显然等于零。石墨的生成热为零，金刚石就不是零。从石墨变成金刚石，每摩尔原子要吸热 1.895J。

许多物质的生成热可在热化学表册中查到。表中所列数值是指处于 101325Pa(1atm)的单质生成 101325Pa（1atm）下的化合物这个反应的生成热，以 $\Delta_f H_m^\ominus$ 表示，脚注“f”表示生成，“m”表示摩尔。右上角的小圈“$^\ominus$”表示标准状态（100kPa）。至于温度，表中一般是 298K 时之值，所以又在右下角有时注上 298，成为 $\Delta_f H_{m298}^\ominus$。

生成热是热化学数据中一个基本的数据，因为它很有用。化学反应的热效应可利用有关物质的生成热求出。

任一化学反应的热效应等于产物生成热的总和与反应物生成热总和之差。

$$\Delta_r H_m = \Sigma(\Delta_f H_m)_{产物} - \Sigma(\Delta_f H_m)_{反应物} \tag{2-4}$$

用此式计算热效应，比临时选择几个反应来互相加减方便得多。

B 燃烧热

1mol 物质完全氧化时的热效应称为该物质的燃烧热。习惯上也以处于稳定状态，100kPa 和 25℃（298K）为准。对于有机化合物，完全燃烧指碳变为 CO_2，氢变成 H_2O，硫变为 SO_3，等等。例如，甲烷的燃烧热就是指下面反应的热效应：

$$CH_4 + 2O_2 = CO_2 + 2H_2O,\ \Delta_r H_{m298}^\ominus = -890.36\text{kJ/mol} \tag{2-5}$$

燃烧热和生成热一样，也可以用来计算反应的热效应（特别是对有机化合物反应）。在生成热不易直接测定时，也可利用燃烧热来求生成热。

C 溶解热

一种物质（溶质）溶解于另一种物质（溶剂）中，导致的热效应称为该物质（溶质）的溶解热。溶解热与温度和所形成溶液的浓度有关。化学手册中所列溶解热多指 1mol 物质在某温度下溶于某熔剂，形成一定浓度的溶液（往往是注明熔剂量）所放或所吸的热。若未注明浓度，则指生成的溶液再稀释也不再有热效应的情况。

例如，在黑色冶金中，溶解热往往是指 1mol 溶质溶于铁液中形成浓度为 1%（质量分数）溶液时的热效应：

$$Al(l) = [Al],\quad \Delta_r H_m^\ominus = -43095\text{J/mol}(溶解热)$$
$$C(石墨) = [C],\quad \Delta_r H_m^\ominus = +21338\text{J/mol}$$
$$Cr(s) = [Cr],\quad \Delta_r H_m^\ominus = +20920\text{J/mol}$$
$$Mn(l) = [Mn],\quad \Delta_r H_m^\ominus = 0$$
$$Si(l) = [Si],\quad \Delta_r H_m^\ominus = -119244\text{J/mol}$$

方括弧［ ］通常用来表示溶解状态，如［Al］表示已溶入铁液中的铝。锰的溶解热为零，表明锰溶入铁液中无热效应。

D 化学键的热效应

这是指当反应物均为气态时形成某种化学键的热效应，或称键能。例如，生成 1mol C—H 的键能为 -110.46kJ。

2.2.2 盖斯定律（热效应间的关系）

关于化学反应的热效应，有个重要规律，叫做盖斯定律，其内容为：“同一化学反应，不论其经过的历程如何（一步完成或几步完成），只要体系的初态和终态一定，则反应的热效应总是一定的（相同的）”。因为，这里所谓热效应就是指 Q_p 和 Q_V，而它们在数值上分别等于 ΔH 和 Δu。但 H 和 U 都是状态函数，其变化 ΔH 或 ΔU 只随体系的初态和终态而定，与途径或过程无关。因此，热效应也就与过程无关。

例如，铁被氧化成 Fe_2O_3 的反应，不管是直接氧化成 Fe_2O_3，或者是先氧化成 Fe_3O_4，然后再氧化成 Fe_2O_3，只要反应前是氧和铁（初态），反应后是 Fe_2O_3（终态），那么，两种情况下的 ΔH 就是相等的。这可表示如下：

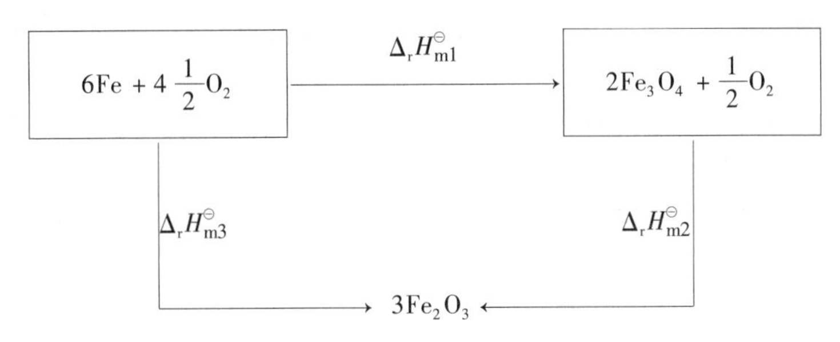

即是，两步完成和一步完成，只要原始产物一样，热效应亦相同。一步的结果等于两步结果的总和：$\Delta_r H_{m3}^{\ominus} = \Delta_r H_{m1}^{\ominus} + \Delta_r H_{m2}^{\ominus}$

$$6Fe + 4O_2 \xlongequal{} 2Fe_3O_4 \qquad \Delta_r H_{m1}^{\ominus} = -2232\text{kJ/mol} \tag{2-6}$$

$$+)\ 2Fe_3O_4 + \frac{1}{2}O_2 \xlongequal{} 3Fe_2O_3 \qquad \Delta_r H_{m2}^{\ominus} = -65\text{kJ/mol} \tag{2-7}$$

$$6Fe + 4\frac{1}{2}O_2 \xlongequal{} 3Fe_2O_3 \qquad \Delta_r H_{m3}^{\ominus} = -2287\text{kJ/mol} \tag{2-8}$$

2.3 溶液

2.3.1 溶液的概念

由两种或两种以上物质所构成，且浓度可在一定范围内连续变化的单相均匀体系，称为溶液。广义的溶液包括气体混合物、液态溶液和固溶体。通常的溶液是指液体溶液。

组成溶液的物质，习惯上常将量多的称为溶剂，将其他物质称为溶质。对于固体或气体溶于液体中所形成的溶液，一般皆将液体称为溶剂，而将固体或气体称为溶质。但从热力学的观点看，它们之间并没有本质上的差异。因此，无论是溶剂还是溶质，统称为组元。

溶液不是化合物，溶液和化合物的区别是溶液能在某一浓度范围内任意地改变其组成，而化合物的组成不能任意改变。例如，铁和氧的化合物只能按分子式 FeO、Fe_2O_3、Fe_3O_4 即一定比例组成，不能任意改变，而氧溶解在铁水中，其含量可以在一定范围内任意改变。

溶液虽然不是化合物，然而在形成溶液时，并不是成分之间的机械混合，在分子之间除了有物理作用外，还有化学作用。组成溶液的物质，其原子或分子在空间的相互混合是物理作用。溶质在溶剂内可能发生的电离、溶剂化、缔合或离解等则是化学作用。某些物质在溶解时有较大的热效应，明显地说明有化学作用存在。

2.3.2 溶液浓度和含量的表示法

溶液浓度和含量的表示方法很多，现将几种常用的表示法简介如下：

（1）摩尔分数：某组元 i 的物质的量与溶液中所有组元的物质的量的总和之比，称为组元 i 的摩尔分数（也称物质的量分数），以符号 $x(\mathrm{i})$ 表示。

（2）质量分数：某组元 i 的质量与溶液中所有组元的质量的总和之比，称为组元 i 的质量分数，以符号 $w(\mathrm{i})$ 表示。

（3）物质的量浓度：每升溶液中所含组元 i 的物质的量，称为组元 i 的物质的量浓度，以符号 c_i 表示，单位为 mol/L。

（4）质量摩尔浓度：1kg 溶剂中所含组元 i 的物质的量，称为组元 i 的质量摩尔浓度，以符号 b_i 或 m_i 表示，单位为 mol/kg。

（5）体积分数：组元 i 的体积与溶液的总体积之比，称为组元 i 的体积分数，以符号 $\varphi(\mathrm{i})$表示。

2.3.3 活度的概念

实际溶液总是与拉乌尔定律和亨利定律有着或大或小的偏差。因此，实际溶液中组分的蒸气压不能用拉乌尔定律或亨利定律表示。为了使实际溶液能服从拉乌尔定律和亨利定律，常用的方法是将实际溶液的浓度加以校正，使之适合于理想溶液的公式和定律，这个校正后的浓度称为活度，用符号 a_i 表示。

2.3.3.1 以拉乌尔定律为基础的活度

实际溶液对理想溶液呈现偏差（即组分不服从拉乌尔定律）时，有

$$p_\mathrm{i} \neq p_\mathrm{i}^* x(\mathrm{i})$$

式中，p_i 为在一定温度下，与溶液平衡的气相中 i 组元的实际蒸气压；p_i^* 为同温度下纯液体 i 的蒸气压；$x(\mathrm{i})$ 为溶液中 i 组元的摩尔分数。

当 $p_\mathrm{i} > p_\mathrm{i}^* x(\mathrm{i})$ 时是正偏差；当 $p_\mathrm{i} < p_\mathrm{i}^* x(\mathrm{i})$ 时是负偏差。如果在上式右侧乘有关常数 γ_i，可使上式不等式变为等式，即

$$p_\mathrm{i} = p_\mathrm{i}^* x(\mathrm{i})\gamma_\mathrm{i} = p_\mathrm{i}^* a_\mathrm{i}$$

$$a_\mathrm{i} = \gamma_\mathrm{i} x(\mathrm{i}) = p_\mathrm{i}/p_\mathrm{i}^*,\ \gamma_\mathrm{i} = (p_\mathrm{i}/p_\mathrm{i}^*)x(\mathrm{i})$$

式中 a_i ——溶液中组元 i 的活度；

γ_i ——溶液中组元 i 的活度系数（其值与溶剂和溶质的性质、溶液浓度及温度有关，其数值需要通过实验数据求得）。

当溶液中组分 i 的蒸气压大于拉乌尔定律计算的蒸气压时，活度系数大于 $1(\gamma_\mathrm{i} > 1)$ 时，$p_\mathrm{i} > p_\mathrm{i}^* x(\mathrm{i})$，表示实际溶液对理想溶液产生正偏差；当溶液中组分 i 的蒸气压小于拉乌尔定律计算的蒸气压时，活度系数小于 $1(\gamma_\mathrm{i} < 1)$ 时，$p_\mathrm{i} < p_\mathrm{i}^* x(\mathrm{i})$，表示实际溶液对理想溶液产生负偏差；当活度系数等于 $1(\gamma_\mathrm{i} = 1)$ 时，$p_\mathrm{i} = p_\mathrm{i}^* x(\mathrm{i})$，表示溶液是理想溶液。因此，活度系数的大小反映了实际溶液对理想溶液的偏差性质及程度。

2.3.3.2 以亨利定律为基础的活度

实际溶液对理想溶液呈现偏差（即组分不服从亨利定律）时，如果用质量分数 $w(\mathrm{i})$

表示亨利定律，则有

$$p_i = kf_i w(i)$$

则活度及活度系数分别为

$$a_i = f_i w(i), f_i = a_i / w(i)$$

式中，f_i 为溶质 i 的活度系数；a_i 为溶质 i 的活度。

亨利定律的活度系数用 f 表示是为了与拉乌尔定律的活度系数 γ 相区别。

2.4 化学反应的方向与限度

研究化学反应的方向限度，掌握化学反应的规律，对冶金工作者极为重要。在冶炼过程中，自始至终进行着一系列的化学反应。例如，在高炉炼铁还原气氛中，铁矿石中的氧化铁能被 CO 还原成金属铁。在相同的条件下，铝土矿中的氧化铝却不能被 CO 还原成金属铝。例如，炼钢过程脱碳、脱硅、脱锰等的氧化反应，必须在一定条件下才能进行，而且进行的程度也不同。所有这些冶金过程中的化学反应，在一定条件下能不能发生，如果发生则反应能进行到何种程度，这些都是在实际生产中必定会遇到的问题，都涉及化学反应的方向与限度问题。掌握了解冶炼过程中各种化学反应的规律，在生产实际过程中，就可主动地控制条件，促进反应向所希望的方向进行，以达到优质、高产、高效和低耗的目的。

2.4.1 自发过程的方向与限度

自然界中进行的一切高产是有一定方向的。例如，将一块烧红的铝块放在室温的空气中，铝块会自动地冷却下来，但冷铝块不会自动地从空气中吸收热量而达到高温。又如，高处的水可以自动地流向低处，但低处的水则不能自动地流向高处。上面两个例子中的逆过程虽然不违反热力学第一定律，却是不可能自动发生的。像这些不需要外力帮助才能进行的过程，则称为非自动过程或非自发过程。反之，如果是需要外力帮助才能进行的过程，则称为非自动过程或非自发过程。

一个过程能否自动进行，可以用一个物理量来进行判断。问题的关键在于怎样找出这个有关的物理量。对一些特殊的自动过程，判断过程进行的方向与限度的有关物理量，凭经验是很容易找到的。例子 1：水总是自动地从高处流往低处，水位差是水流动的原因，水位差越大，自发流动的趋势越大，直到两处的水位差等于零时，水的流动才停止。可见，判断水流动趋势大小的有关物理量是水位差，水位差越大，流动的趋势就越大，最终限度是水位差为零。例子 2：热量总是从高温物体自动流向低温物体，温度差是热传导的原因，温度差越大，热传导的趋势就越大，直到两物体的温度相同为止。可见，温度差是判断热传导方向的有关物理量，最终限度是温度差等于零。例子 3：气体总是从高压的地方自动地流向低压的地方，压力差是推动气体流动的原因。例子 4：电流总是从高电位端流向低电位端，电位差是推动电流流动的原因。例子 5：溶液中溶质从高浓度的地方扩散到低浓度的地方，浓度差是推动溶质流动的原因。从这些自动过程的例子中，可以发现它们具有以下共同的特征：

（1）这些过程都有明显的方向性，即从不平衡状态自动地朝着平衡状态的方向变化。平衡状态是自动过程的最终限度。而逆向进行则是非自动的，必须有外力的帮助才行。

（2）对于每一个自动过程，都能找到相应的物理量来判断过程的方向与限度。例如，用水位差判断水流方向，用温度差判断热传导方向，用压力差判断气流流动方向等等。

（3）自动过程都有一种潜在的“动力”，可以利用这种动力来做功。例如，高山上的水往下流，这是一个自动过程，可以用这个自动过程做功。水力发电就是利用水的流动推动轮机而发电的；对自动进行的化学反应，如 $Zn + CuSO_4 = Cu + ZnSO_4$ 在原电池内进行时，则其化学能会转变为电能而做电功。上述举的第一例是物理过程，第二例是化学过程。其实一切可自动进行的物理过程和化学过程，通常都具有做功的本领。由此可得出结论：一切自动过程的可能性、方向性与限度，都与功有着密切的联系。

对自然界人们熟知的自动过程，凭经验就可以找出其相应的物理量来判断其自动变化的方向与限度。那么，对于较为复杂的自动过程，我们很难凭经验找出判断其方向与限度的物理量来。例如，潮湿空气中的铁会自动生锈。类似于化学反应这样较为复杂的过程，凭经验是无法找出一个物理量来判断其方向与限度的。但是人们从一些特殊自动过程的规律中得到启发，总结出了热力学第二定律，从而找出最普遍通用的物理量——吉布斯自由能来判断过程在等温等压条件下自动进行的方向与限度。

2.4.2 吉布斯自由能及其应用

冶金过程的化学反应大多数都在等温等压条件下进行，例如炼钢炉内的脱碳氧化反应，就是在一定温度和压力下进行的。对于这些等温等压下的变化过程，热力学第二定律给我们导出了一个普遍适用的状态函数，即吉布斯自由能，用它来判断过程进行的方向与限度。

吉布斯自由能的定义式是：

$$G = U + pV - TS = H - TS \tag{2-9}$$

式中，H 为焓，是状态函数；T 为热力学温度；S 为熵，是状态函数。

根据吉布斯自由能的定义式可知，吉布斯自由能是状态函数的组合，故它也是状态函数。

2.4.2.1 化学反应的吉布斯自由能变化

既然系统的吉布斯自由能是状态函数，那么在等温等压下，任一过程发生之后，系统的吉布斯自由能变化值 ΔG，只由系统的始态和终态决定，与过程进行的途径无关，即：

$$\Delta G = G_{终} - G_{始} \tag{2-10}$$

对恒温过程

$$\Delta G_T = \Delta H_T - T\Delta S_T \tag{2-11}$$

2.4.2.2 化学反应进行方向的判断

吉布斯自由能与焓一样，是体系的状态函数，在特定的条件（等温等压）下，可以直接用它的改变量来判断过程的方向和限度。

对于冶金过程的化学反应，可用如下通式表示

$$a\mathrm{B} + b\mathrm{B} = l\mathrm{L} + m\mathrm{M} \tag{I}$$

该反应的吉布斯自由能变化的一般计算式为：

$$\Delta_r G_m = \Sigma\Delta G_{生成物} - \Sigma\Delta G_{反应物}$$

$$\Delta_r G_m = [l \cdot \Delta_f G_{m(L)} + m \cdot \Delta_f G_{m(M)}] - [a \cdot \Delta_f G_{m(a)} + b \cdot \Delta_f G_{m(b)}] \quad (2\text{-}12)$$

式中 $\Delta_r G_m$ ——反应的摩尔吉布斯自由能变化。

众所周知，冶金过程化学反应大多是在恒温恒压不做非体积功的条件下进行的，此时冶金过程化学反应（Ⅰ）进行的方向，可用化学反应的摩尔吉布斯自由能 $\Delta_r G_m$ 作判据，即对于反应（Ⅰ）来说

若 $\Delta_r G_m$
- <0 时，则反应自动向右进行。$\Delta_r G_m$ 值越负，反应向右自动进行的趋势越大；
- =0 时，则表示反应已经达到平衡态，即达到了该条件下反应的限度；
- >0 时，则表示反应向右不能自动进行，而是向左可自动进行。

反应的摩尔吉布斯自由能变化，是衡量该反应进行趋势大小的量度，反应的摩尔吉布斯自由能变化的数值愈负，反应向右进行的趋势就愈大；反之，则愈小。

在实际应用中，由于 $\Delta_r G_m$ 的获取往往比较困难，因此实际应用中一般是用 $\Delta_r G_m^{\ominus}$ 近似代替 $\Delta_r G_m$，对反应进行的方向及其趋势大小作粗略近似的分析判断。

2.5 化合物标准摩尔生成吉布斯自由能变化的两种表示方式

2.5.1 以生成 1mol 化合物为标准表示的 $\Delta_f G_m^{\ominus}$

化合物的 $\Delta_f G_m^{\ominus}$：以压强为 100kPa 和生成 1mol 化合物为标准时，化合物的标准摩尔生成吉布斯自由能变化，一般记为“$\Delta_f G_m^{\ominus}$”。例如：

$$Fe(s) + \frac{1}{2}O_2(g) == FeO(s),\ \Delta_f G_{m(FeO)}^{\ominus}$$

$$Ti + 2Cl_2 == TiCl_4,\quad \Delta_f G_{m(TiCl_4)}^{\ominus}$$

$$Hg(l) + \frac{1}{2}S_2 == HgS(s),\ \Delta_f G_{m(HgS)}^{\ominus}$$

2.5.2 以 1mol 单质反应为标准表示的 $\Delta_f G_m^{\ominus}{}'$

化合物的 $\Delta_f G_m^{\ominus}{}'$：以压强为 100kPa 和 1mol 单质（$O_2$或 Cl_2等）反应为标准时，化合物的标准摩尔生成吉布斯自由能变化，一般记为“$\Delta_f G_m^{\ominus}{}'$”。例如

$$2Fe(s) + O_2(g) == 2FeO(s),\ \Delta_f G_{m(FeO)}^{\ominus\prime}$$

$$\frac{1}{2}Ti + Cl_2 == \frac{1}{2}TiCl_4,\quad \Delta_f G_{m(TiCl_4)}^{\ominus\prime}$$

$$Hg(l) + \frac{1}{2}S_2 == HgS(s),\quad \Delta_f G_{m(HgS)}^{\ominus\prime}$$

2.6 化学平衡

2.6.1 化学平衡的概念

没有什么事情不是包含矛盾的，化学反应也是这样。以水煤气反应为例：

$$CO + H_2O \rightleftharpoons CO_2 + H_2$$

它是由两个方向相反的反应构成的。正反应产生 CO_2和 H_2，逆反应生成 H_2O 和 CO。正反应和逆反应是一对矛盾，相互斗争，又相互依存。在有利于正反应发展的条件下，CO_2和 H_2增加，体系中物质运动处于显著变化的状态。CO_2和 H_2增加到一定程度后，逆反应的作用与正反应的作用相等。这时，体系中各物质浓度都一定，宏观上察觉不出有什么变化，也就是体系中的运动处于相对静止的状态，这种状态在化学上叫做化学平衡。当然，如果从逆反应占优势开始，变化到达平衡，其本质也是一样——从显著的变化到相对的静止。

平衡是相对的，有条件的，暂时的，当条件发生变化时，平衡就被破坏，相对的静止又变成显著的变化。如上述水煤气反应，当温度升高，或往体系中增大 CO_2或 H_2的浓度时，反应就向左进行，产生更多的 CO 和 H_2O，直到在新的条件下达到新的平衡为止。

在不同条件下，不同反应达到平衡时的情况（如产物和反应物相对的多少）不同。同一化学反应，在不同条件下，反应进行的情况也不同。

在恒定的温度、压力、浓度（配料比）等条件下，化学反应总有确定的方向。例如在400℃、303kPa（300atm）下，$N_2 + 3H_2 = 2NH_3$的反应：含氨3%的氮氢混合气（$N_2 : H_2 = 1:3$），会向生成氨的方向进行，使氨的浓度逐渐增加，最后达到45.4%，便停止了反应；在相同的温度和压力下，含氨60%的氮氢混合气，则将发生氨的分解，使氨的浓度逐渐减小，最后也减小到45.4%为止。不管是正方向的合成反应，还是逆方向的分解反应，当浓度达到45.4%时就再也不发生氨浓度的变化而达到了反应的平衡状态，这种状态就是化学反应的平衡状态，即化学反应进行的限度。化学反应是由不平衡状态趋向平衡状态的运动，知道了平衡状态的限度，也就知道了反应的方向。

从宏观上看平衡状态，似乎反应是停止了，其实从微观上看，正反应和逆反应仍在不断地进行着，不过效果恰好相互抵消而已。这种微观的正逆反应始终存在于反应系统中，是矛盾着的两个方面，推动着化学反应的运动。在一定条件下，哪一个方面占优势，称为矛盾的主要方面，就决定了反应的方向。

必须指出，一切平衡都是有条件的、相对的和暂时的。上述平衡的条件是400℃、303kPa（300atm）、$N_2 : H_2 = 1:3$，当这些条件改变时，就会破坏原先的平衡，而在新的条件下趋向建立新的平衡。例如降低上述反应温度，或再增加压力，都会重新引起氨的合成反应，从而在更高的氨浓度下达到新的化学平衡状态。

2.6.2 化学反应的等温方程式和标准平衡常数

2.6.2.1 单相反应的等温方程式和标准平衡常数

A 气相反应的等温方程式和标准平衡常数 $K_p^\ominus$

在恒压恒温条件下，对任一气体物质反应：

$$aB(g) + bB(g) = lL(g) + mM(g), \ \Delta_r G_m^\ominus = -RT\ln K_p^\ominus$$

其反应的等温方程式为

$$\Delta_r G_m = \Delta_r G_m^\ominus + RT\ln \frac{(p_L^*/p^\ominus)^l \cdot (p_M^*/p^\ominus)^m}{(p_A^*/p^\ominus)^a \cdot (p_B^*/p^\ominus)^b}$$

$$= -RT\ln K_p^{\ominus} + RT\ln J_p \tag{2-13}$$

气态物质反应的标准平衡常数 $K_p^{\ominus}$ 和（压力）商 J_p为：

$$K_p^{\ominus} = \frac{(p_L/p^{\ominus})^l \cdot (p_M/p^{\ominus})^m}{(p_A/p^{\ominus})^a \cdot (p_B/p^{\ominus})^b} \tag{2-14}$$

$$J_p = \frac{(p_L^*/p^{\ominus})^l \cdot (p_M^*/p^{\ominus})^m}{(p_A^*/p^{\ominus})^a \cdot (p_B^*/p^{\ominus})^b} \tag{2-15}$$

式中　p_i^* ——气态物质反应在任一时刻组元 i 的实际分压（非平衡状态），Pa 或 kPa(i = A、B、L、M)；

p_i ——气体物质反应达到平衡时组元 i 的平衡分压（平衡状态），Pa 或 kPa(i = A、B、L、M)；

$p^{\ominus}$ ——标准压力，按照国家新标准规定为 100kPa（过去旧标准为 101.325kPa）。

在式（2-14）和式（2-15）中，产物的分压写在分子上，反应物的分压写在分母上，各物质分压的幂次等于反应方程式中相应物质的计量系数。

$K_p^{\ominus}$ 的数值与反应式的写法有关。例如合成氨的反应式可写成如下两种形式：

$$\frac{1}{2}N_2 + \frac{3}{2}H_2 \rightleftharpoons NH_3,\quad K_{p1}^{\ominus} = \frac{p_{NH_3}/p^{\ominus}}{(p_{N_2}/p^{\ominus})^{0.5} \cdot (p_{H_2}/p^{\ominus})^{1.5}}$$

$$N_2 + 3H_2 \rightleftharpoons 2NH_3,\quad K_{p2}^{\ominus} = \frac{(p_{NH_3}/p^{\ominus})^2}{(p_{N_2}/p^{\ominus}) \cdot (p_{H_2}/p^{\ominus})^3}$$

显然，$K_{p1}^{\ominus}$与 $K_{p2}^{\ominus}$的数值是不相等的，$K_{p2}^{\ominus} = \sqrt{K_{p1}^{\ominus}}$ 。

$K_p^{\ominus}$ 为无量纲，只是温度的函数。实验表明，$K_p^{\ominus}$ 的大小决定于反应的本性和温度，与平衡总压以及各物质的平衡分压无关。$K_p^{\ominus}$ 越大，表示反应向产物方向进行得愈完全。

B　液相反应的等温方程式和标准平衡常数 $K_a^{\ominus}$

对于液态物质的反应：

$$aB_{(aq)} + bB_{(aq)} \xlongequal{\quad} lL_{(aq)} + mM_{(aq)},\ \Delta_r G_m^{\ominus} = -RT\ln K_a^{\ominus}$$

其等温方程式为：

$$\Delta_r G_m = \Delta_r G_m^{\ominus} + RT\ln\frac{(a_L^*)^l \cdot (a_M^*)^m}{(a_A^*)^a \cdot (a_B^*)^b} = -RT\ln K_a^{\ominus} + RT\ln J_a$$

液态物质反应的标准平衡常数 $K_a^{\ominus}$ 和（浓度）商 J_a为

$$K_a^{\ominus} = \frac{(a_L)^l \cdot (a_M)^m}{(a_A)^a \cdot (a_B)^b},\ J_a = \frac{(a_L^*)^l \cdot (a_M^*)^m}{(a_A^*)^a \cdot (a_B^*)^b}$$

式中，a_A、a_B、a_L、a_M 为反应平衡时各物质的活度（平衡状态时）；a_A^*、a_B^*、a_L^*、a_M^* 为反应任一时刻各物质的实际活度（非平衡状态时）。

2.6.2.2　多相反应的等温方程式和标准平衡常数 $K^{\ominus}$

上面所举的水煤气反应等例子中，参与反应的各物质都是气体，这类反应叫做单相反应或均相反应。溶液中各组元间的反应也属于这一类。若参与反应的物质不只一相。例如，有纯固态或纯液态物质参加，那么这个反应系统就是一个多相反应系统。

在冶金工业生产中常常遇到多相反应。例如金属在空气中的氧化反应为固-气相反应。炼钢时，钢液与熔渣间的反应为液-液相反应；用适当的溶剂（如酸、碱等）浸出矿石中有用成分的反应为固-液相反应等。

多相反应的平衡常数，我们用 $K^{\ominus}$ 表示。例如，对于多相反应：

$$2Fe(s) + O_2 \overline{\overline{\quad}} 2FeO(l),\ K^{\ominus} = \frac{a_{FeO}^2}{a_{Fe}^2 \cdot (p_{O_2}/p^{\ominus})}$$

其等温方程式为：

$$\Delta_r G_m = \Delta_r G_m^{\ominus} + RT\ln\frac{(a_{FeO}^*)^2}{(a_{Fe}^*)^2 \cdot (p_{O_2}^*/p^{\ominus})} = -RT\ln K^{\ominus} + RT\ln J_a$$

2.6.2.3 化学反应等温方程式的应用

下面以水煤气反应为例，说明化学反应等温方程式的应用。水煤气反应为：

$$CO + H_2O \overline{\overline{\quad}} H_2 + CO_2,\ \Delta_r G_m^{\ominus} = -RT\ln K_p^{\ominus}$$

其反应的等温方程式为：

$$\Delta_r G_m = \Delta_r G_m^{\ominus} + RT\ln J_p = -RT\ln K_p^{\ominus} + RT\ln J_p \tag{2-16}$$

反应的标准平衡常数 $K_p^{\ominus}$ 和压力商 J_p 为：

$$K_p^{\ominus} = \frac{(p_{H_2}/p^{\ominus}) \cdot (p_{CO_2}/p^{\ominus})}{(p_{CO}/p^{\ominus}) \cdot (p_{H_2O}/p^{\ominus})},\ J_p = \frac{(p_{H_2}^*/p^{\ominus}) \cdot (p_{CO_2}^*/p^{\ominus})}{(p_{CO}^*/p^{\ominus}) \cdot (p_{H_2O}^*/p^{\ominus})}$$

式中，$K_p^{\ominus}$ 为反应的平衡常数；J_p为某时刻各物质分压组成的压力商；p_i 为反应达到平衡时各物质（气体）的平衡分压；p_i^* 为反应中任一时刻各物质的实际分压（非平衡值）。

式（2-16）叫做气相化学反应的等温方程式。它不仅适用于水煤气反应，也适合任何化学反应。该等温方程式，将恒温恒压下反应的自由能变化 $\Delta_r G_m$、反应的平衡常数 $K_p^{\ominus}$、有关各物质当时的分压组成的压力商 J_p 联系起来。从 $K_p^{\ominus}$ 和 J_p 的值，就可求出反应的自由能变化 $\Delta_r G_m$，从而可以判断反应的方向：

如果 $J_p < K_p^{\ominus}$，则 $\Delta_r G_m < 0$，反应自发进行；

如果 $J_p > K_p^{\ominus}$，则 $\Delta_r G_m > 0$，反应逆向进行；

如果 $J_p = K_p^{\ominus}$，则 $\Delta_r G_m = 0$，反应达到平衡。

当在给定条件下求出的 $\Delta_r G_m > 0$ 或 $\Delta_r G_m = 0$，而又要求反应自发正向进行，那就得改变条件，使 $\Delta_r G_m < 0$。从等温方程看，可以采取如下措施使反应自发正向进行：

（1）减小产物分压或增大反应物分压，使 $J_p < K_p^{\ominus}$；

（2）改变温度，使 $K_p^{\ominus}$ 增大，从而 $J_p < K_p^{\ominus}$。

当然，也可以两种措施同时使用。这样，就可以人为地控制反应，使之向我们要求的方向进行反应。

2.6.3 化学平衡的移动

因外界条件改变使反应从一种平衡状态向另一种平衡状态转变的过程，称为化学平衡的移动。从质的变化角度来说，化学平衡是可逆反应的正、逆反应速率相等时的状态；从能量变化角度来说，反应达平衡时，$\Delta_r G_m = 0$，$J_p = K_p^{\ominus}$。因此，一切能导致 $\Delta_r G_m$ 或 J_p 值发生变化的外界条件（浓度、压力、温度）都会使平衡移动，但影响的结果不同。

2.6.3.1 浓度对化学平衡的影响

对任一反应：

$$aA + bB \xlongequal{} lL + mM,\ \Delta_r G_m^{\ominus} = -RT\ln K^{\ominus}$$

反应的等温方程式为：

$$\Delta_r G_m = \Delta_r G_m^{\ominus} + RT\ln J = -RT\ln K^{\ominus} + RT\ln J$$

由反应的等温方程式可得：

$$\Delta_r G_m = RT\ln \frac{J}{K^{\ominus}}$$

应用反应等温方程式，可判断恒温恒压下反应进行的方向或移动的方向：

$$\Delta_r G_m = RT\ln \frac{J}{K^{\ominus}} \left\{ \begin{matrix} < \\ = \\ > \end{matrix} \right\} 0 \text{ 时，} \quad J \left\{ \begin{matrix} < \\ = \\ > \end{matrix} \right\} K^{\ominus} \begin{matrix} \text{（正方向移动）} \\ \text{（平衡状态）} \\ \text{（逆方向移动）} \end{matrix}$$

对已达到平衡的系统，若增加反应物的浓度或减少生成物的浓度，则使 $J < K^{\ominus}$，平衡向正反应方向移动，结果使 J 增大，直到 J 重新等于 $K^{\ominus}$，系统又建立起新的平衡。反之，若减少反应物的浓度或增加生成物的浓度，则 $J > K^{\ominus}$，平衡向逆反应方向移动。

2.6.3.2 压力对化学平衡的影响

对于有气体参加的反应，在恒温条件下，改变系统的压力，可能使气体组分的浓度或分压发生变化，从而引起化学平衡的移动。

例如，对理想气体反应：

$$aA_{(g)} + bB_{(g)} \xlongequal{} lL_{(g)} + mM_{(g)}$$

在一定温度条件下达到平衡时：

$$J = \frac{(p_L^*/p^{\ominus})^l \cdot (p_M^*/p^{\ominus})^m}{(p_A^*/p^{\ominus})^a \cdot (p_B^*/p^{\ominus})^b} = K^{\ominus}$$

若使系统体积减至原来的1/2，则系统的总压力将增至原来的2倍，各组分气体的分压力均增至原来的2倍，反应商为：

$$J = \frac{(2p_L^*/p^{\ominus})^l \cdot (2p_M^*/p^{\ominus})^m}{(2p_A^*/p^{\ominus})^a \cdot (2p_B^*/p^{\ominus})^b} = 2^{\Delta\nu} \cdot K^{\ominus} \tag{2-17}$$

式中，$\Delta\nu = (l + m) - (a + b)$，为反应前后气体物质的量的变化值。

从式（2-17）可见：

若反应左边气体分子总数小于反应右边气体分子总数 $\Delta\nu > 0$，则增加总压 $J > K^{\ominus}$，

$\Delta_r G_m > 0$，平衡向左移动；

若反应左边气体分子总数等于反应右边气体分子总数 $\Delta\nu = 0$，则增加总压 $J = K^\ominus$，$\Delta_r G_m = 0$，平衡不移动；

若反应左边气体分子总数大于反应右边气体分子总数 $\Delta\nu < 0$，则增加总压 $J < K^\ominus$，$\Delta_r G_m < 0$，平衡向右移动。

压力对化学平衡的影响可归纳如下：

（1）在等温下增加总压力，平衡向气体分子总数减小的方向移动；减小总压力，平衡向气体分子总数增加的方向移动；若反应前后气体分子总数不变，则改变总压力平衡不发生移动。

（2）若引入惰性气体（不参与反应的气体），对化学平衡的影响要视具体条件而定：定温定容下，对平衡无影响；定温定压下，惰性气体的引入使系统体积增大，各组分气体分压减小，平衡向气体分子总数增加的方向移动。

（3）压力对固体和液体状态的物质反应影响很小，因此压力的改变对液相和固相反应的平衡系统基本不发生影响。故在研究多相反应的化学平衡系统时，只需考虑气态物质反应前后分子数的变化即可。

2.6.3.3 温度对化学平衡的影响

浓度和压力对平衡移动的影响是通过改变 J 值，但平衡常数 $K^\ominus$ 并不改变。温度对化学平衡的影响与浓度和压力的影响有着本质的不同。温度的影响会引起 $K^\ominus$ 的改变，从而使平衡发生移动。温度对平衡常数的影响与化学反应的热效应有关。

因为

$$\Delta_r G_m^\ominus = -RT\ln K^\ominus$$

所以，将吉布斯-亥姆霍兹公式 $\left(\frac{\partial(G/T)}{\partial T}\right)_p = -\frac{H}{T^2}$ 应用于标准状态下的化学反应，则有：

$$\left(\frac{\partial(\Delta G^\ominus/T)}{\partial T}\right)_p = -\frac{\Delta_r H_m^\ominus}{T^2}$$

$$\left(\frac{\partial \ln K^\ominus}{\partial T}\right)_p = \frac{\Delta_r H_m^\ominus}{RT^2} \tag{2-18}$$

上式称为范特霍夫等压方程。

由式（2-18）可知，对于吸热反应，$\Delta_r H_m^\ominus > 0$，$\left(\frac{\partial \ln K^\ominus}{\partial T}\right)_p > 0$，$K^\ominus$ 随温度的升高而增大，故温度升高有利于正反应；对于放热反应，$\Delta_r H_m^\ominus < 0$，$\left(\frac{\partial \ln K^\ominus}{\partial T}\right)_p < 0$，$K^\ominus$ 随温度的升高而减小，故温度升高不利于正反应；总之，恒压条件下，升高平衡系统的温度，吸热反应的平衡常数增大，平衡向着吸热反应方向移动；降低平衡系统的温度，平衡向着放热反应方向移动。

由式（2-18）还可看出，$\ln K^\ominus$ 对 T 的变化率与 $\Delta_r H_m^\ominus$ 成正比，所以在相同温度下比较时，$|\Delta_r H_m^\ominus|$ 较大的反应，温度对 $K^\ominus$ 的影响较大。

2.6.3.4 催化剂与化学平衡

催化剂能改变反应速率，但对任一确定反应，由于反应前后催化剂的组成、质量不变，因此无论是否使用催化剂，反应的始态、终态均相同；即反应的标准吉布斯自由能变化相等。由 $\Delta_r G_T^{\ominus} = -RT\ln K_T^{\ominus}$，在一定 T 下，$K_T^{\ominus}$ 也不变，说明催化剂不会影响化学平衡状态。

综合对化学平衡的影响因素，1884 年法国的吕・查德里（Le. Chatelier）总结出了一条关于平衡移动的普遍规律：当系统达到平衡后，若改变平衡状态任一条件（如浓度、压力、温度），平衡就向着能减弱（或抵消）其改变的方向移动。这条规律称为吕・查德里原理。但值得注意的是，平衡移动原理只适用已达到平衡的系统，不适用于非平衡系统。

2.7 冶金相图基础知识

相图是研究和解决相平衡问题的重要工具，也是冶金、材料等学科理论基础的重要组成部分。冶金反应多发生在不同的相组成的复杂体系中，对这种复杂体系的分析与研究需借助于相平衡、相律和相图的基础知识。

2.7.1 相律

2.7.1.1 相律中的基本概念

多相平衡系统中的相、组分和自由度之间的关系的规律称为相律。

A 相

通常把体系内物理和化学性质均匀一致的部分称为一相，不同的相之间有明显的界面存在。如油和水的混合物便有两相。搅动时，油以珠状颗粒悬浮与水中，油虽然分成了许多小滴，其间又有水将它们分开，但据上述定义，油滴仍属于一相。另外一种情况是（即使同为一物，就化学组成而言），只要两部分之间物理化学性质有差异，就是两相，如油和它的蒸气，水和冰。同一物质，以不同晶型共存时，晶体各自成一相。各种不同的气体可以完全混合得很均匀，彼此之间无界面可分，所以只要是气体，不管它是一种或几种混合在一起，都是一相（这里指在通常压力条件下，如压力很高，会有分层现象）。

在冶炼过程中，体系往往是多相的。如炼铜时有炉渣、冰铜、粗铜、炉气等不同相；电解铝时有熔盐、熔铝、气体等不同相。在高温下是单相的体系，在组成改变或降温情况下，也会变成多相。如炼铜炉渣在降温时会析出 Fe_3O_4 或 SiO_2 等固相，成为多相的炉渣。冰晶石、氧化铝熔体在氧化铝过多时也会出现固相的氧化铝。

没有气相的体系称为“凝聚体系”，有时气体虽然存在，但可不作为考虑对象（即不划入体系的范围之内）也称为“凝聚体系”。

B 组元和独立组元

组成一体系的不同纯物质称为成分、组元或组分。但相律研究中所需要的是形成平衡体系中各相组成所需要的最少数目的化学纯物质，称为独立组分或独立组元，其数目称为独立组元数（符号为 C）。例如：SO_3、SO_2、O_2 所构成的体系中，只要任选两个，如 SO_3 和 SO_2 就可构成此体系，因为它们之间有化学平衡 $2SO_2 + O_2 = 2SO_3$ 存在。所以体系的组元数为 3，但独立组元数为 2。至于选哪两个作为独立组元，没有原则上的差别。

由此可见，体系的组元数（以 n 表示）减去组元之间的限制条件数（以符号 R 表示）

等于独立组元数 C，即：

$$C = n - R$$

所谓限制条件数，是指独立的化学反应式的个数，或组元之间的定量比例关系数。如果体系中各组元之间没有化学反应存在，则所有的组元都是独立组元。因为既然它们不起什么质的变化，所以彼此独立存在，一个组元不能从其他组元的变化产生出来。如 Bi-Cd 合金就是如此。合金中除 Bi 与 Cd 外，无化合物，要组成此合金，Bi 和 Cd 两者缺一不可。所以，这里独立组元数是 2，组元数也是 2。凡是此类不可能发生误会的情况下，独立组元也称组元。

在很多情况下，体系中往往有些可能发生的化学反应，我们要特别注意“独立的化学反应式个数”这个要求。

如设一平衡体系中有 $H_2O(g)$、$C(s)$、$CO(g)$、$CO_2(g)$、$H_2O(g)$ 等五个组元，试求独立组元数为多少?

从给出的五个组元来考虑，它们可能发生的化学反应有四个：

$$H_2O(g) + C(s) = H_2(g) + CO(g) \qquad (1)$$

$$CO_2(g) + H_2(g) = H_2O(g) + CO(g) \qquad (2)$$

$$2H_2O(g) + C(s) = 2H_2(g) + CO_2(g) \qquad (3)$$

$$CO_2(g) + C(s) = 2CO(g) \qquad (4)$$

但这四个反应中，只有两个是独立的，因为式(3)或式(4)是式(1)和式(2)的代数和，即(3) = (1) - (2)；(4) = (1) + (2)。所以，$R = 2$，独立组元数 $C = n - R = 5 - 2 = 3$。

此外，要正确求出独立组元数，还必须注意体系所处的实际条件。如当研究由 $H_2(g)$、$O_2(g)$ 和 $H_2O_2(g)$ 所组成的体系时，如果有电弧或者合适的催化剂存在，则平衡 $2H_2O(g) = 2H_2(g) + O_2(g)$ 容易建立，所以独立组元数为 2。但如果在室温、不存在催化剂的条件下，这个平衡的建立是困难的，以致这个反应可忽略不计。这样，此种气体的浓度，可任意变化，即该体系的独立组元数为 3。

C 自由度数

在一定温度范围内可以任意独立改变而不会引起体系中旧相消失或新相产生的变数（如温度、压力、浓度等）的数目称为体系的自由度数（符号为 f）。它就是确定体系状态所需要最少的独立变数的数目。

例如，对于水这个体系来说，在一定限度内，我们可以任意改变水的温度，同时任意改变压力，仍能保持水是液相。这个体系的自由度数为 2。也就是说，虽然我们可以用像温度、压力、密度、折射率、摩尔热容等强度性质来描述此体系，但欲确定此体系的状态，指定所有的性质是不必要的。如果我们选定了其中的任何两个，如温度和压力，则其余的所有强度性质就随之而定，体系的状态也就确定了。

例如，对于水及其蒸汽这个体系来说，从实验得知：温度为 50℃ 时水蒸气的压力（饱和蒸气压）必为 12.03kPa。温度为 90℃ 时，蒸汽压必为 68.35kPa。若在 50℃ 时将水面上蒸汽压的压力降低（如用抽汽机抽走）至 12.03kPa 以下，并继续维持此值，则水将继续不断地蒸发，最后全变为蒸汽而液相消失。反之，如果企图使水上的压力大于12.03kPa，则蒸汽将凝结。压力不减，则蒸汽将全部变为水而气相消失。正如水的相图中的水-汽曲线表明的：当我们选定温度作为独立变数时，体系中平衡压力就随温度而定，不能随意选定其数值。反之，如选定压力为独立变数，则温度高低就取决于压力，不能任意改变。否则必将导致体系中相数的改变。这样，水与蒸汽平衡共存时，与体系状态有关的变数只有一个自由度数，即，水和蒸汽二相平衡共存时体系的自由度数为1。

例如，水、冰和蒸汽三相共存时，体系的自由度数为零。

在冶金过程中，常常遇到多相多组元的体系，当体系达到平衡时，温度、压力、各相的浓度（或分压）等强度性质都有一定值。实践证明，这些变量之间是相互制约的。根据上述可知，自由度数应当等于变数总数减去平衡时不能独立变化的变数的数目。

2.7.1.2 相律及应用

现在我们讨论的是体系的自由度数与体系的组元数、相数间的关系。这个关系称为相律，是吉布斯于1876年推导出来的。

相律是体系在平衡条件下，体系中自由度数、组元数和相数之间的数学表达式。在研究平衡相变的过程中，相律是一个有效的和经常使用的工具，它能够在理论上论证体系达到平衡状态时过程进行的方向。

设体系有 C 个独立组元，有 P 个相，则体系的自由度数可表示为：

$$f = C - P + 2 \tag{2-19}$$

式中，2是体系的压力和温度两个外界因素。

对于凝聚系来说，压力改变对平衡的影响极小。大多数冶金熔体体系均可视为凝聚体系，在压力变化不大时，其影响可忽略不计，即可将压力当作常数。而式（2-19）中的2所代表的变数少了一个。对于凝聚体系，相律可简化成下式：

$$f = C - P + 1 \tag{2-20}$$

应用相律，我们就能很方便地确定平衡体系的可变因素的数目，即自由度的数目。例如，对于单元体系，在不同情况下的自由度数为 $f = C - P + 2 = 1 - P + 2 = 3 - P$：当 $P = 1$ 时，$f = 2$（例如，只有水一相平衡存在时的体系就属于这种情况）；当 $P = 2$ 时，$f = 1$（例如，水和蒸汽平衡共存的体系就属于这种情况）；当 $P = 3$ 时，$f = 0$（例如，水、蒸汽、冰三相平衡共存的体系就属于这种情况）。

应用相律，我们还能很方便地确定体系可能平衡存在的最多相数。例如，根据相律可知，单元系可能平衡存在的最多相数为3（因为单元系的 $f = C - P + 2 = 1 - P + 2 = 3 - P$，当 $P > 3$ 将使 f 成为负值，一般来说，这是没有意义的，实际上也是不存在的）。

对于多相平衡来说，确定自由度数，即确定有几个因素对平衡有影响，是很重要的问题。

例如，对于固体FeO、固体Fe及气体 O_2 三元平衡体系来说，由于有反应 $FeO = Fe + \frac{1}{2}O_2$ 存在，故独立组元数 $C = 3 - 1 = 2$，所以，该三元平衡体系的自由度数 $f = C - P + 2 = 2 - 3 + 2 = 1$。它表明温度和氧的压力两个变数中，只有一个可以独立改变。温度一定，氧的压力也就一定，这和我们已知的分解压只是温度的函数是一致的。

如果讨论的是钢液中的 FeO、Fe 及 O_2之间的平衡，由于有反应$[FeO]=[Fe]+\frac{1}{2}O_2$存在，故独立组元数 $C=3-1=2$，即 C 仍为2，但由于此时 FeO、Fe 是溶于钢液中的，所以 P 就不是 3 而是2，所以$f=C-P+2=2-2+2=2$，即在 FeO 的浓度、温度以及氧的压力三个变数中，有两个可以独立变化，只有前两者都固定时，氧的压力才是定值。

从化学平衡角度，也可得出同一结论。

反应 $$[FeO]=\!=\!=[Fe]+\frac{1}{2}O_2$$

其平衡常数 $$K=\frac{(p_{O_2})^{\frac{1}{2}}}{a_{FeO}}\quad（钢液中的活度为1）$$

即 $$(p_{O_2})^{\frac{1}{2}}=K\cdot a_{FeO}$$

由此式得出，不仅温度对氧的平衡压力有影响，FeO 的浓度（严格说是活度）也有影响。FeO 的浓度愈小氧的平衡分压也愈小，FeO 的进一步分解也就愈困难。这样就进一步理解到为什么钢液脱氧到后期不容易的事实。

2.7.2 二元相图

2.7.2.1 二元相图的基本类型及特征

在二元相图中，由若干条曲线、水平线及垂直线将其分隔成若干个单相区和多相区。曲线是单相区和两相区的分界线，也是溶解度线，当曲线为液相线时它是熔点线；垂直线表示二组元生成的化合物，这种化合物又分稳定化合物和不稳定化合物两种，利用表示稳定化合物的垂直线又可将相图分为几部分，便于分别分析和讨论。

二元合金相图的类型虽然很多，但可总结为匀晶型（同素型）、共晶型（分解型）、包晶型（化合型）三大类，它们的特征列入表 2-1 中。

表 2-1 二元相图的分类及其特征

相图类型	相图名称	图形特征	转变特征
同素完全互溶型	液固同素匀晶转变	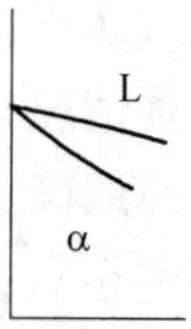 L α	$L\rightleftharpoons\alpha$
	固溶体同素异晶转变	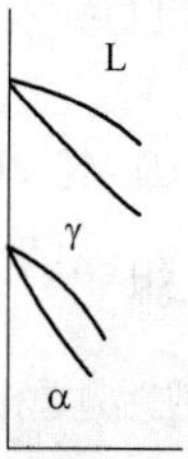 L γ α	$\gamma\rightleftharpoons\alpha$

续表 2-1

相图类型	相图名称	图形特征	转变特征
分解型	共晶转变	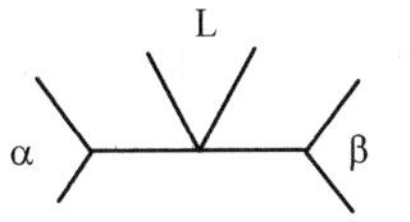 L; α; β	$L \rightleftharpoons \alpha + \beta$
	共析转变	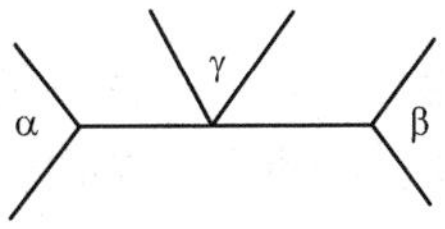 γ; α; β	$\gamma \rightleftharpoons \alpha + \beta$
	熔晶转变	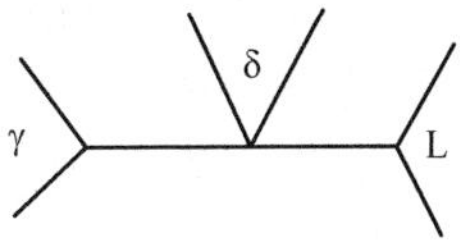 δ; γ; L	$\delta \rightleftharpoons L + \gamma$
	偏晶转变	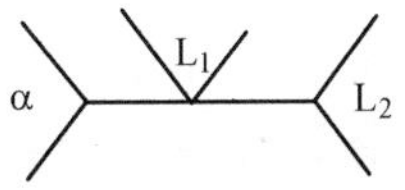 L_1; α; L_2	$L_1 \rightleftharpoons L_2 + \alpha$
化合型	包晶转变	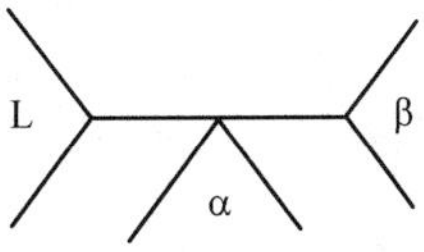 L; β; α	$L + \beta \rightleftharpoons \alpha$
	包析转变	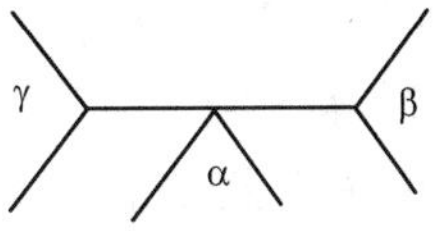 γ; β; α	$\gamma + \beta \rightleftharpoons \alpha$

2.7.2.2　匀晶型（同素完全互溶型）

凡二组元在液态时完全互溶，固态时也形成无限互溶固溶体的合金体系，其相图称为匀晶相图。这类系统的特点是无论在液态或固态，两组分都能以任意比例互溶，成为均匀的单相。Cu-Ni 合金相图就是典型的匀晶型相图。

（1）匀晶转变 $L \rightleftharpoons \alpha$，没有晶型转变，只是液相变为固相。

（2）固溶体同素异晶转变 $\gamma \rightleftharpoons \alpha$。

2.7.2.3　共晶型（分解型）

（1）共晶反应：$L \rightleftharpoons \alpha + \beta$，由液相分解为两个固相（固相可能是纯组元，也可能是固溶体或化合物）。

（2）共析反应：$\gamma \rightleftharpoons \alpha + \beta$，由固溶体或固体化合物分解成两个固相。

（3）熔晶反应：$\delta \rightleftharpoons L + \gamma$，由一固相分解成一个液相和另一组成的固相。

（4）偏晶反应：$L_1 \rightleftharpoons L_2 + \alpha$，即由一液相分解成一个固相和另一组成的液相。

2.7.2.4 包晶型（化合型）

（1）包晶反应：$L + \beta \rightleftharpoons \alpha$，即液相与固相化合成为另一固相。

（2）包析反应：$\gamma + \beta \rightleftharpoons \alpha$，由两个固相化合成另一固相。

2.7.2.5 二元相图的规律和分析方法

A 二元相图遵循的规律

在二元合金相图中存在如下规律：

（1）两个单相区只能交于一点，而不能相交成一条线。

（2）两个单相区之间，必定有一个由这两个单相组成的两相区隔开。

（3）两个两相区必定以单相区或三相共存水平线隔开。

（4）三相共存时必定是一水平线，每一水平线必定与三个两相区相邻，还分别与三个单相区成点接触，其中两点在两端，另一点在线中间。

由以上规律可以看出，在二元合金相图中，相邻相区的相数只相差一个（点接触处除外），这个规律成为相区接触法则。

B 二元相图的分析方法

在分析比较复杂的二元合金相图时，可按下列步骤进行：

（1）先看一下相图中是否存在化合物。如果有稳定化合物存在，则以这些化合物为界，把相图分成几个区域进行研究。

（2）找出三相共存的水平线，根据水平线上下接触的相区，写出相变特性点及其转变反应式，弄清楚在这里发生了什么转变，这是分析复杂相图的关键步骤：水平线上“分叉开口”向上属于共晶型相图；水平线“分叉开口”向下属于包晶型相图。

（3）根据相区接触法则，认清各相区：相邻相区的相数差为1；两个单相区之间，必定有一个两相区；两个两相区之间必然有一条三相共存水平线。

掌握了以上规律和相图分析方法，就可以对各种复杂相图进行分析。

2.7.2.6 二元相图分析举例

A 匀晶相图及其结晶

凡二组元在液态时完全互溶，固态时也形成无限互溶固溶体的合金体系，其相图称为匀晶相图。这类系统的特点是无论在液态或固态，两组分都能以任意比例互溶，成为均匀的单相。Cu-Ni合金相图就是典型的匀晶型相图。现以Cu-Ni合金相图为例进行分析。

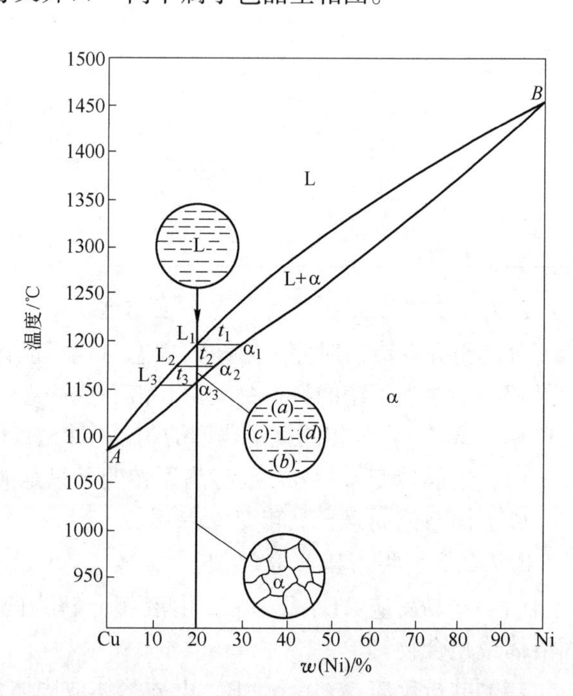

图2-2 Cu-Ni二元合金相图

图2-2是Cu-Ni二元合金相图。图中A点（1083℃）为纯铜的熔点，B点

为纯镍的熔点，图中上面一条曲线为液相线，下面一条曲线为固相线。液相线以上为液相区，以 L 表示；固相线以下为固相区，由于固相是铜和镍形成的无限互溶固溶体，以 α 表示，在固相线与液相线之间是液相和固相共存的两相区，以 L + α 表示。

由图 2-2 可以看出，$w(\mathrm{Ni}) = 20\%$ 的合金，自高温缓慢冷却到 t_1 温度时，开始从液相中结晶出 α_1 固溶体，此时，液、固相的平衡关系为 $L_1 - t_1 \rightarrow \alpha_1$，即在 t_1 温度时，浓度为 L_1 的液相与浓度为 α_1 的固相相互平衡，α_1 固溶体中镍的含量远远高于液相中镍的含量。继续冷却到 t_1 温度时新结晶出来的固相的成分为 α_1，剩余液相成分为 L_1，此时，液、固相的平衡关系为 $L_1 - t_1 \rightarrow \alpha_1$。为了达到这种新的相间平衡关系，原来在 t_1 温度下结晶出来成分为 α_1 的固溶体必须通过把 Ni 扩散出去使其成分变为 α_2，液相的成分也要相应从 L_1 变为 L_2。所以，在温度不断下降的过程中，α 固溶体的成分不断沿固相线变化，液相的成分不断沿液相线变化，从而固相的量不断增加，液相的量不断减少。当合金冷却到 t_3 温度时，结晶终了。可获得与原合金成分完全相同的单相 α 固溶体。

B 共晶相图及其结晶

二组元液态下完全互溶，固态下形成两种结构不同的固相，并发生共晶转变的二元系，其相图称为共晶相图。图 2-3 是 Pb-Sn 合金相图。图中 *A* 点是纯铅的熔点（327.5℃），*B* 点是纯锡的熔点（231.9℃），*C* 点为共晶点。具有共晶成分的液态合金在共晶温度（183℃）发生共晶转变，其反应式为：

$$L_C \xrightarrow{183℃} \alpha_E + \beta_F$$

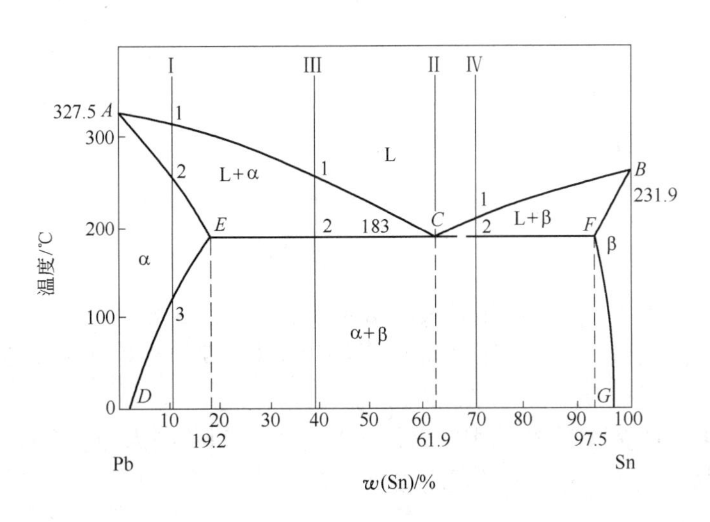

图 2-3 Pb-Sn 合金相

图中，*AC* 和 *CB* 为液相线；*AECFB* 为固相线；*ED* 和 *FG* 线分别表示 Sn 溶于 Pb 中，Pb 溶于 Sn 中的溶解度曲线，也叫固溶线。

L、α、β 是该合金系的三个基本相。α 相是 Sn 溶于固态 Pb 中的固溶体，而 β 相是 Pb 溶于 Sn 的固溶体。

相中的三个单相区是 L、α、β 相区。L + α、L + β、α + β 是两相区。

从图中可以看出，$w(\mathrm{Sn}) = 10\%$ 的合金 Ⅰ，由液态冷却到 1 点时，开始析出锡溶于铅中的α固溶体，随着温度的下降，α固溶体量不断增多，其成分沿 *AE* 线变化；而液相量不断减少，成分沿 *AC* 线变化。当合金冷却到2点时，液相线全部结晶成α固溶体，其成分为原合金成分（即 $w(Sn)=10\%$）。这一过程实际上就是匀晶结晶过程。继续冷却时，在2～3点温度范围内，α固溶体不发生变化。当冷却到3点以下时，锡在铅中的浓度超过其饱和溶解度，过剩的锡以β固溶体的形式从α固溶体中析出，为了便于与液相中结晶出的β固溶体（初生β相）区分，把这种由α固溶体中析出的β固溶体称为二次β固溶体，并以 β_{II} 表示。

C　包晶相图及其结晶

两组元在液态相互无限互溶，在固态相互有限溶解，并发生包晶转变的二元系相图，称为包晶相图。下面以Pt-Ag合金系为例，对包晶相图及其合金的结晶过程进行分析。Pt-Ag二元合金相图如图2-4所示。图中 *ACB* 为液相线，*APDB* 为固相线，*PE* 及 *DF* 为银溶于铂中和铂溶于银中的溶解度曲线。

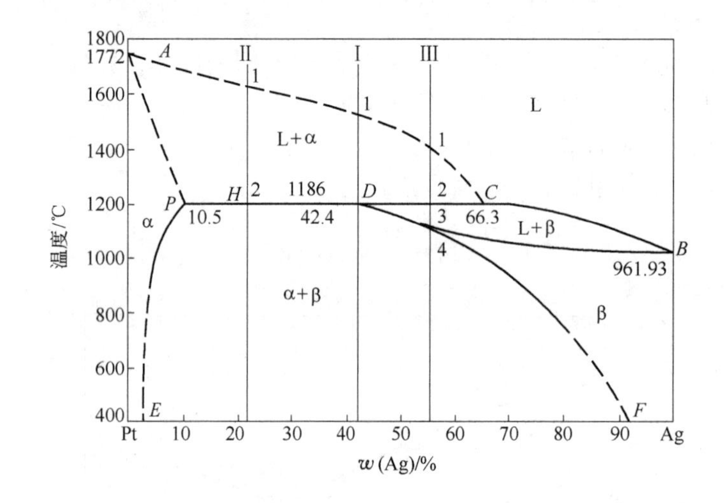

图2-4　Pt-Ag合金相图

相图中有三个单相区，即液相L及固相α和β。其中α相是银溶于铂中的固溶体，β相是铂溶于银中的固溶体。单相区之间有三个两相区，即L+α、L+β和α+β。两相区之间存在一条三相（L、α、β）共存水平线，即 *PDC* 线。

水平线 *PDC* 是包晶转变线，所有成分在 *P* 与 *C* 之间范围内的合金在此温度都将发生三相平衡的包晶转变，这种转变的反应式为

$$L_C + \alpha_P \xrightarrow{t_D} \beta_D$$

这种在一定温度下，由一定成分的固相与一定成分的液相作用，形成另一个一定成分的固相的转变过程，称为包晶转变或包晶反应。根据相律可知，在包晶转变时，其自由度数为零（$f=2-3+1=0$），即三个相的成分不变，且转变在恒温下进行。在相图上，包晶转变的特征是：反应相的液相和一个固相，其成分点位于水平线的两端，所形成的固相位于水平线中间的下方。

相图中的 *D* 点称为包晶点，*D* 点所对应的温度（t_D）称为包晶温度，*PDC* 线称为包晶线。

2.7.3 三元系相图

2.7.3.1 三元系相图组成表示法

A 浓度三角形

三元系的成分可用浓度三角形表示，组元的浓度可以用质量分数，也可以用摩尔分数表示。浓度三角形是一个等边三角形，三角形的三个顶点表示三个纯组分 A、B、C；三条边分别代表 A-B、B-C 和 C-A 组成的三个二元系，通常将三条边均匀分成 100 等分，其组成表示法与二元系完全一样。三角形内部的任意一点则表示任一个含三个组分 A、B、C 的三元系。成分三角形可以按顺时针方向或逆时针方向标注三个组分的含量。

在图 2-5 中，成分为 P 点的一个三元体系，该体系中 A、B、C 三组分的含量可用下述方法求得：A 组分的含量：过 P 点作 A 对边 BC 边的平行线 II' 交 AB 于 I，则所截取线段的长度 a 代表体系中组分 A 的浓度为 $a\%$；B 组分的含量：过 P 点作 B 对边 CA 边的平行线 JJ' 交 BC 于 J，则所截取线段的长度 b 代表体系中组分 B 的浓度为 $b\%$；C 组分的含量：过 P 点作 C 对边 AB 的平行线 KK' 交 CA 于 K，则所截取线段的长度 c 代表体系中组分 C 的浓度为 $c\%$。

B 浓度三角形的性质

（1）等含量规则。

在平行于浓度三角形某一边的任一直线上，该线上所有体系点中某一组元（该直线所对的三角形顶点所代表的组元）的含量相等。例如，在图 2-6 中，直线 KK' 平行于 AB 边，在 KK' 线上所有物系点中组分 C 的相含量相等，均为 c。依此类推，II' 线上所有体系点中组分 A 的含量均为 a，JJ' 线上所有体系点中组分 B 的含量均为 b。

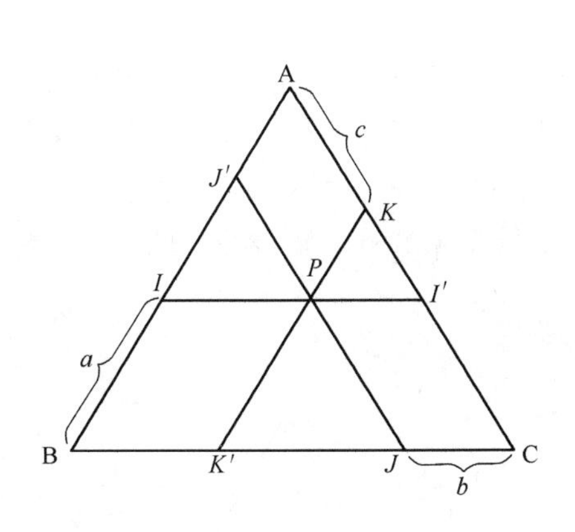

图 2-5 正三角形表示法

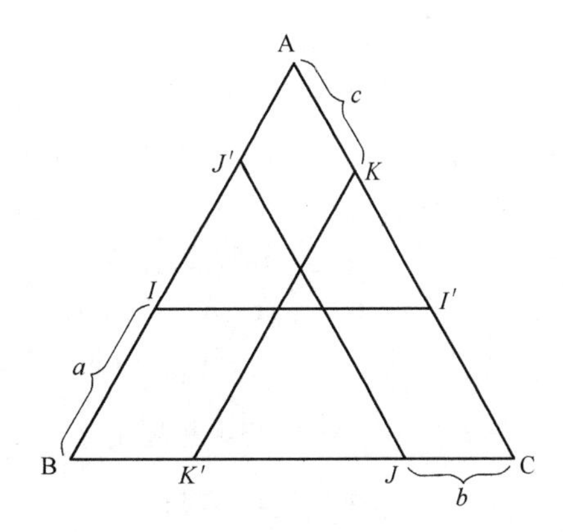

图 2-6 等含量规则示意图

（2）等比例规则。

过三角形某一顶点到其对边的任一直线上，该线上所有物系点中某两个组分（另两个顶点所代表的组分）的含量之比为一定值。

例如在图 2-7 中，在从顶点 A 到 BC 边的任一直线 AF 上，物系 P_1、P_2、P_3 中 B 组分的含量分别为 b_1、b_2、b_3，C 组分的含量分别为 c_1、c_2 和 c_3，则这些含量之间存在如下的比例关系：

$$\frac{c_1}{b_1}=\frac{c_2}{b_2}=\frac{c_3}{b_3}=\cdots=\text{常数}$$

（3）背向规则。

在浓度三角形 ABC 中成分为 P 的物系点，如图 2-8 所示。当物系点 P 冷却至其初晶温度（即物系点到达液相面）时，开始从自液相中析出固相 A，体系继续冷却时，由于只析出了固相 A，而剩余液相中 B、C 两组分含量的比值不变，根据等比例规则可知，剩余液相的组成点 L 必定在 AP 连线的延长线 AS 上变化。随着冷却结晶过程的进行，液相中 A 组分的含量不断减少，因此 L 点将沿着 AS 线移动，即液相组成的变化方向总是背向顶点 A 的。这就是背向规则。

很显然，析出固相 A 的量越多，液相组成点 L 离顶点 A 越远。这一规则在分析冷却结晶过程的方向时非常重要。

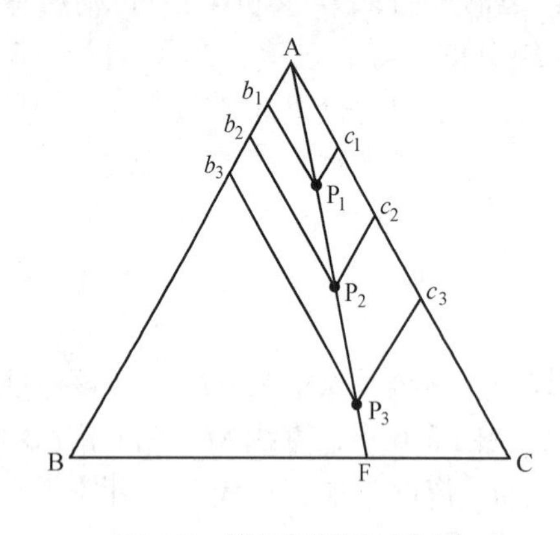

图 2-7 等比例规则示意图

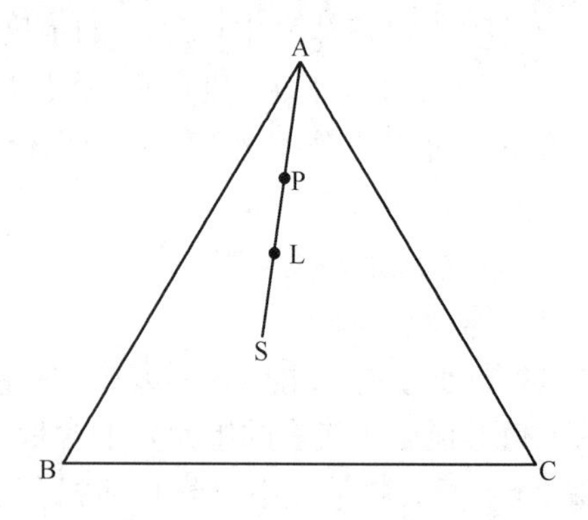

图 2-8 背向规则示意图

（4）直线规则。

将二元系的杠杆规则推广到三元系，则成为直线规则和重心规则。在图 2-9 浓度三角形 ABC 内任取 M 和 N 两个物系点，它们可能是单相的也可能是多相的混合物。当由 M 和 N 两个物系混合成一个新物系 P 时，则物系 P 的组成点必定落在 MN 的连线上，即 M、P、N 必在同一条直线上，这就是直线规则。物系点的位置根据杠杆原理确定，即：

$$\frac{W_{\mathrm{M}}}{W_{\mathrm{N}}}=\frac{\mathrm{NP}}{\mathrm{PM}}\left(\text{或}\frac{W_{\mathrm{M}}}{W_{\mathrm{P}}}=\frac{\mathrm{NP}}{\mathrm{NM}},\text{或}\frac{W_{\mathrm{N}}}{W_{\mathrm{P}}}=\frac{\mathrm{PM}}{\mathrm{NM}}\right)$$

2.7.3.2 冶金三元系相图的表示方法

A 冶金简单三元共晶相图的立体图

由相律可知，如果只固定压力一个变数，则 $f=C-P+1=4-P$，自由度数最多是 3，包括温度和两个浓度变数，需用三维立体空间的相图表示。若压力和温度都固定，则 $f=3-P$，自由度数最多是 2，即只有两个浓度变数，可用平面图形表示。通常用的平面图是等边三角形，称为浓度三角形。

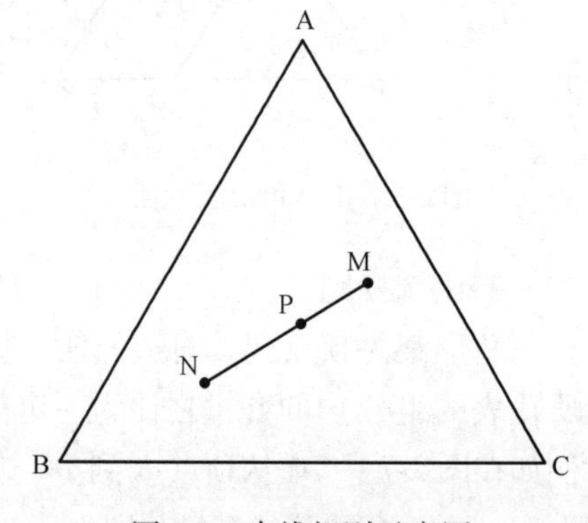

图 2-9 直线规则示意图

对于三元系相图，如表示出温度的变化，则需作立体图，从平面 A、B、C 向上作三根垂线，温度可用此垂线表示，得到一个三角棱柱体，如图 2-10 所示。平面 DEF 为等温面，在 DEF 面上的所有体系，共晶温度都是 200℃。

如果三组元中每两个组元之间都是形成简单共晶的体系，在三元系中也不形成化合物，则此体系就是生成简单共晶的三元系。如 Bi-Sn-Pb 体系属于这种类型，如图 2-11 所示。在图 2-11 中，T_{Pb}、T_{Bi}、T_{Sn} 分别为纯 Pb、纯 Bi、纯 Sn 的熔点。左边的 SnBi$T_{Bi}T_{Sn}$ 面表示 Sn-Bi 二元系，共晶点为 l_2；后边的 PbSn$T_{Sn}T_{Pb}$ 面表示 Pb-Sn 二元系，共晶点为 l_1；右边的 PbBi$T_{Bi}T_{Pb}$ 表示 Pb-Bi 二元系，共晶点为 l_3。

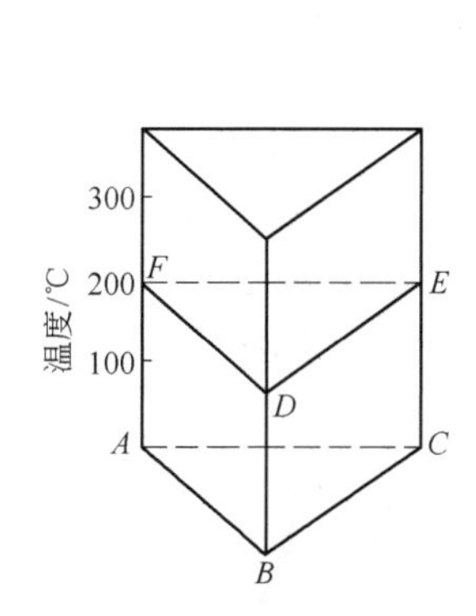

图 2-10 三元系立体图

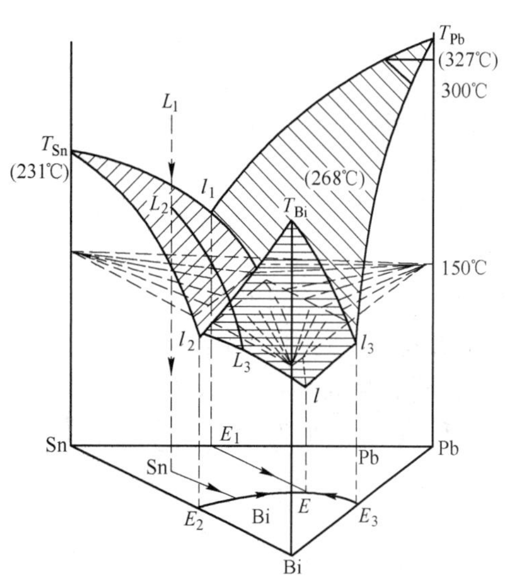

图 2-11 Bi-Sn-Pb 系立体图

三角柱的上面有三个曲面，当温度在三个曲面上时，体系为液相，称为液相面。曲面 $T_{Sn}l_1ll_2$ 是液相面，面上任一点表示固体 Sn 开始析出的温度与液相的组成。三个液相面都是纯组元的固体与液相平衡共存。

由图 2-11 可见，二元系的液相线，由于第三组元的加入，在三元系中变成了空间的曲面（液相面）。在 Pb-Bi 二元系，$T_{Bi}l_3$ 是开始析出固体 Bi 的液相线。当加入 Sn 后，开始析出固体 Bi 的区域变成了空间曲面 $T_{Bi}l_2ll_3$。

两个液相面的交线，称为二元共晶线，图中有三条。l_2l 为 Sn-Bi 共晶线，线上任一点表示开始析出 Sn-Bi 共晶的温度和液相的组成；l_1l 为 Pb-Sn 共晶线，线上任一点表示开始析出 Pb-Sn 共晶的温度和液相的组成；l_3l 为 Pb-Bi 共晶线，线上任一点表示开始析出 Pb-Bi 共晶的温度和液相的组成。

三条共晶线上都是两个固体组元与液相三相平衡共存。由图可见，二元系中加入第三组元，由于熔点的降低，使二元系的共晶点向下移动，变成了二元共晶线。如在 Sn-Bi 体系中加入 Pb，二元共晶点 l_2 向下移动形成二元共晶线 l_2l。

l 是三元共晶点，是三条二元共晶线的交点，在此点析出固体 Pb、Sn、Bi 的三元共晶。在 l 点，三个固相 Pb、Sn、Bi 与液相四相平衡共存。此点的温度（96℃）是体系最低的熔点。温度降到此点以下，体系完全凝固为固相。l 点又称为低共熔点。

现在讨论熔体的冷却过程。如图2-11所示，当组成为L_1的熔体冷却到液相面上的L_2点时，开始有固体Sn析出，由于熔体中Sn的含量减少，Pb-Bi的含量就相对增加，液相的组成发生了变化。随着温度继续下降，固体Sn不断析出，液相组成沿液相面下降。当到达二元共晶线（l_2l）上的L_3点时，开始有二元共晶Bi与Sn同时析出。温度继续下降，液相组成沿l_2l变化，至l点时，有固体Pb、Sn、Bi三元共晶同时析出，此时温度不变($f=3-4+1=0$)。直到液相完全凝固后，温度才继续下降，最后得到Pb、Sn、Bi三个固相。

B 冶金三元系平面投影图

立体图用起来不方便，实际上常用平面投影图，见图2-12。在图2-12中，E是三元共晶点的投影。二元共晶点l_1、l_2、l_3的投影各为E_1、E_2、E_3。二元共晶线l_1l、l_2l、l_3l的投影分别为E_1E、E_2E、E_3E。E_1E、E_2E、E_3E三条线的箭头指向E点，表示E_1、E_2、E_3三点的温度高于E点。箭头所指的方向是熔点降低的方向。

在图2-12中，区域PbE_1EE_3是液相面$T_{Pb}l_1ll_3$的投影，此区域内的熔体冷却时，首先析出固体Pb，因此称为Pb的初晶区。同理，SnE_2EE_1是液相面$T_{Sn}l_2ll_1$的投影，称为Sn的初晶区。BiE_2EE_3是液相面$T_{Bi}l_2ll_3$的投影，称为Bi的初晶区。根据该投影平面图可以讨论冷却过程，如图上箭头所示。

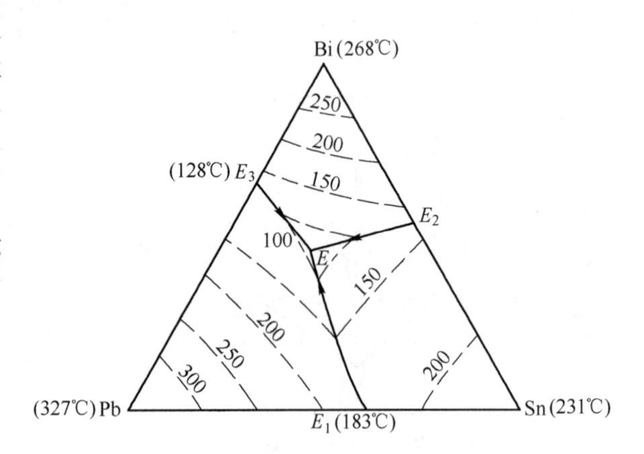

图2-12 Sn-Bi-Pb体系的平面投影图

将300℃、250℃、200℃、150℃诸等温截面（立体图中只画出300℃、150℃的等温截面）与液相面相交的曲线投影下来，就得到绘有等温线的投影图（图2-12）。

等温线的温度是线上的体系开始析出固体的温度，也就是体系的熔点，所以同一条线上的体系的熔点都相同。例如150℃的等温线上的各体系，其熔点都是150℃。处于两条等温线间的体系，其熔点则介于两条等温线的温度之间，可大致按比例确定。等温线的温度越低，说明此处体系的熔点越低。接近纯组元处，等温线的温度越高，其熔点越高。

金属形成合金以后，熔点显著降低，合金的熔点往往比纯金属低得多。这种性质有特别的用途。保险丝就是这样一种合金。伍德合金含Bi(50%)、Pb(25%)、Sn(12.5%)、Cd(12.5%)，70℃熔化。这个温度比合金中最易熔的金属Sn的熔点(232℃)还要低。也比Bi-Sn-Pb三元系的共晶温度低。这是因为在Bi-Sn-Pb三元系中加入了Cd，更进一步降低了熔点的缘故。

C 等温截面图

图2-13(b)是图2-13(a)所示的三元系在t温度下的等温截面图。图中扇形区域分别是A、B两固相与液相平衡共存的两相区L+A和L+B；两相区中绘有从顶角发出的放射线，表示固相组分与液相平衡。其余区域是液相区，表明在t温度下位于此区域的体

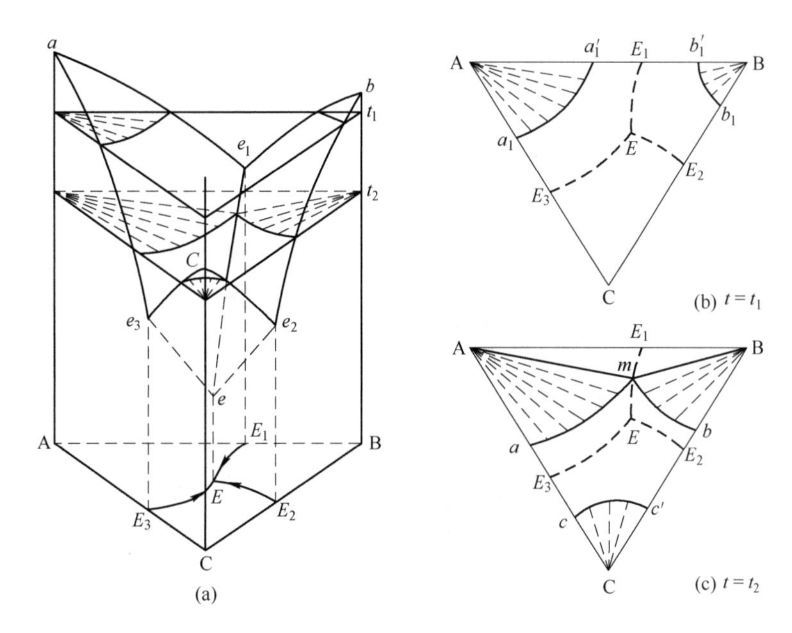

图 2-13　简单三元低共熔体系的等温截面图

系均处于液态。

图 2-13(c)是该三元系在 t 温度下的等温截面图。由于 t 低于低共熔点 e 的温度，因此等温截面与 A 和 B 两液相面的截线相交于 m 点，由此形成的两个扇形区域 AamA 和 BbmB 分别是L + A和 L + B 的固液两相区；扇形区域 Ccc'C 则是L + C的两相共存区。三角形区域 AmBA 是L + (A + B)三相平衡区。三条等温线之间的区域 $ambc'ca$ 是液相区。

2.7.3.3　三元相图在冶金中的应用

下面以 AlF_3-Na_3AlF_6-Al_2O_3三元系相图为例，说明三元相图在冶金中的应用。

工业上用氧化铝制取铝时，电解质的组元很多，其中主要的组元是 Na_3AlF_6、AlF_3、Al_2O_3、MgF_2、CaF_2等及杂质 SiO_2、FeO 等，因此工业电解质是一个复杂的多元体系。但决定电解质主要性质的组元是 Na_3AlF_6、AlF_3和 Al_2O_3，因此，我们可以用 AlF_3-Na_3AlF_6-Al_2O_3体系来研究电解质的一些性质。如 Al_2O_3的熔点高达 2030℃，但当它溶在熔融的冰晶石中后，熔点大为降低，电解质的熔点与组成的关系可查阅相图（见图 2-14）。

这个体系有一个不稳定的二元化合物亚冰晶石 5NaF · $3AlF_3$。

$e_5e_2e_0e_1$ 是 5NaF · $3AlF_3$的初晶区；$e_3e_1e_5$ 是 Na_3AlF_6的初晶区；$e_3e_1e_0e_4$ 是 Al_2O_3的初晶区。

位于 5NaF · $3AlF_3$初晶区内的电解质熔体，当稳定降低到电解质的熔点时，就开始有固体 5NaF · $3AlF_3$析出；在氧化铝初晶区与 Na_3AlF_6初晶区的熔体，开始析出的固体各为 Al_2O_3与 Na_3AlF_6。

图中标有数字的曲线是等温线，在同一条曲线上的电解质，其熔点都相同。比如 960℃的等温线，在曲线上各点所代表的电解质，其熔点都是 960℃。图中各条等温线表示电解质的熔点与组成的关系。靠近 AlF_3-Al_2O_3的区域，因缺乏实际数据，尚为空白。

在工业上，为了保持正常生产，必须控制电解质的摩尔比在一个定值上（详见第 11

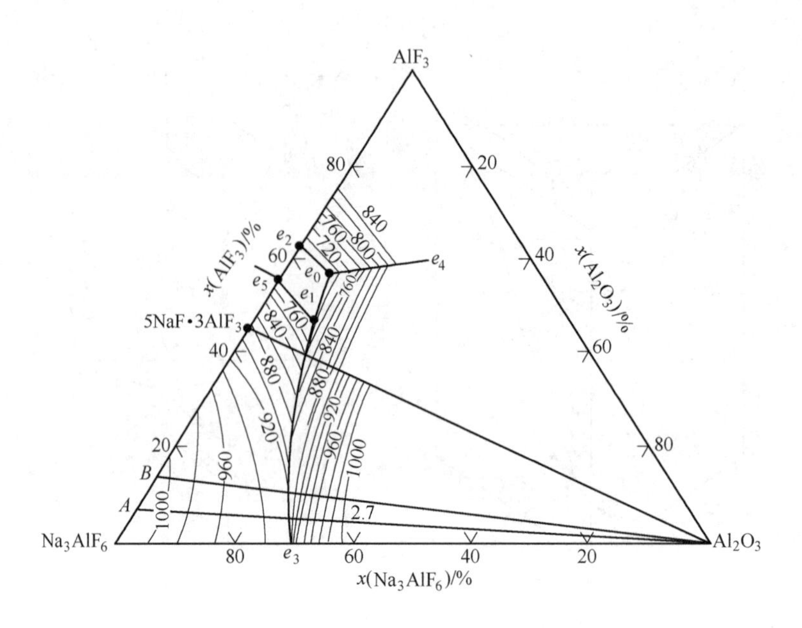

图 2-14 AlF_3-Na_3AlF_6-Al_2O_3三元系相图

章）。如图 2-14 中 Na_3AlF_6-Al_2O_3线上的电解质中，虽然 Na_3AlF_6与 Al_2O_3的量是可变的，但是摩尔比 NaF/AlF_3的值却是定值，它等于 Na_3AlF_6分子中 NaF/AlF_3的摩尔比。所以，这条线上的所有电解质的摩尔比皆为：$NaF/AlF_3 = 3/1 = 3$。从三角形的顶点 Al_2O_3向对边画一条直线，如 Al_2O_3-A 线，在线上的所有体系中，Al_3AlF_6/AlF_3之比亦即 NaF/AlF_3之比为一定值。也就是说，在线上所有的电解质，其摩尔比都为定值。但是在电解质中，NaF/AlF_3的比值随着 AlF_3含量的增加而减小，故 Al_2O_3-A 线上，NaF/AlF_3的比值小于 Al_3AlF_6-Al_2O_3线上之值。在直线 Al_2O_3-A 上，$NaF/AlF_3 = 2.7$；在直线 Al_2O_3-B 上，$NaF/AlF_3 = 2.3$。电解质的摩尔比是决定电流效率的极重要因素。实验发现，当电解质的摩尔比为 2.7 时，电流效率最大。因此，生产中一般采用摩尔比等于 2.7 左右的电解质。直线 Al_2O_3-A 上的电解质摩尔比虽然都等于 2.7，但是在 e_1e_3 线右边的区域，等温线较密，这表明当电解质中 Al_2O_3的含量稍有增加时，熔点增加很快。又由于是 Al_2O_3的初晶区，当电解质温度低到熔点时，就会有固体 Al_2O_3析出。生产中是不希望有固体 Al_2O_3析出的，要求电解质的熔点要适当低些，故一般采用摩尔比为 2.7 左右，含 Al_2O_3为 5% ~ 10% 的电解质。在 e_3 点，Al_2O_3的质量分数约为 15%。这些电解质的熔点从图中可见，约为 980℃左右。实际生产中，电解质中还含有 MgF_2、CaF_2及少量杂质，熔点比图中查出的要低一些，所以实际电解温度为 950℃左右。

习题与思考题

2-1 什么叫体系和环境？

2-2 体系如何划分？

2-3 如何用吉布斯自由能变化判断化学反应进行的方向？

2-4 写出气相反应的等温方程式和标准平衡常数的表达式。

2-5 简述浓度对化学平衡的影响。

2-6 简述压力对化学平衡的影响。

2-7 简述温度对化学平衡的影响。

2-8 什么叫相律、组元和独立组元?

2-9 简述自由度的概念。

2-10 什么叫匀晶型二元相图?

2-11 什么叫共晶型二元相图?

2-12 什么叫包晶型二元相图?

2-13 对三元系中某一组成的熔体的冷却过程进行分析时，有哪些基本规律?

2-14 在作三元系状态图的等温截面图时，有什么基本规律?

3 冶金熔体和熔渣

【本章学习要点】

（1）冶金熔体的分类。冶金熔体是指在火法冶金过程中处于熔融状态的反应介质或中间产品，主要分为金属熔体、冶金熔盐、冶金熔锍、冶金熔渣。它们的主要成分不同，在冶金过程中所起到的作用也不同。一般来说，冶金熔盐、冶金熔锍、冶金熔渣统称为非金属熔体。

（2）冶金熔渣的主要作用及其主要组成。冶金熔渣根据其组成不同，主要有冶炼渣、精炼渣、富集渣、合成渣。有色金属冶炼熔渣中的主要成分有 SiO_2、FeO、CaO；高炉炼铁熔渣的主要成分有 SiO_2、CaO、Al_2O_3；炼钢熔渣的主要成分有 SiO_2、CaO、FeO。

（3）冶金熔渣的酸碱性及酸碱度的计算。

（4）冶金熔渣的几个重要物理化学性质及它们对冶炼的影响。对冶金过程影响较大的几个物理化学性质有熔化性、黏度、密度等。

（5）熔渣分子理论和离子理论。了解分子理论的主要观点和优缺点；重点学习理解熔渣离子理论的主要观点和在冶金中的应用。

3.1 冶金熔体简介

许多高温冶金过程，如炼钢、铝电解、粗铜的火法精炼等，都是在熔融的反应介质中进行的。另一方面，在诸如高炉炼铁、硫化铜精矿的造锍熔炼、铅烧结块的鼓风炉熔炼等冶炼过程中，得到的是熔融状态的产物和中间产品。我们把这些在火法冶金过程中处于熔融状态的反应介质和反应产物（或中间产品）称为冶金熔体。根据组成熔体的主要成分的不同，一般将冶金熔体分为四种类型：金属熔体、冶金熔渣、冶金熔盐和冶金熔锍。

由于熔渣、熔盐和熔锍的主要成分均为各种金属或非金属的化合物，而不是金属，因此通常又将这三类熔体统称为非金属熔体。

冶金熔体的性质直接影响到冶炼过程的进行、冶炼工艺的指标以及冶金产品的质量等诸多方面。因此，了解冶金熔体的物理化学性质及其与温度、压力和组成等因素之间的关系，对于有效控制和调节冶金过程、提高冶金产品的质量都具有十分重要的意义。

3.1.1 金属熔体

金属熔体是指液态的金属和合金，如高炉炼铁中的铁水、各种炼钢工艺中的钢水、火法炼铜中的粗铜液、铝电解得到的铝液等，金属熔体不仅是火法冶金过程的主要产品，而且也是冶炼过程中多相反应的直接参加者。例如炼钢过程中的许多物理过程和化学反应都是在钢液和熔渣之间进行的。因此，金属熔体的物理化学性质对相关冶炼过程的各项工艺指标有着非常重要的影响。

3.1.2 冶金熔盐

熔盐是盐在高温下的液态熔体，通常说的熔盐是指无机盐的熔融体。冶金中最常见的熔盐有用于原铝电解的冰晶石熔盐、用于镁电解的氯化物熔盐（主要由镁、钙、钠、钾的氯化物组成）、用于铝电解精炼的氟氯化物熔盐（主要由铝和钠的氟化物、钡和钠的氯化物组成）。熔盐一般不含水，具有许多不同于水溶液的性质。例如，冰晶石熔盐的高温稳定性好，蒸气压低，黏度低、导电性能良好，离子迁移和扩散速度快，热容量高，具有溶解氧化铝等各种不同物质的能力等等。

在冶金领域，熔盐主要用于金属及其合金的电解与精炼。以熔盐为介质的熔盐电解法已经广泛应用于铝、镁、钠、锂等轻金属和稀土金属的电解提取和精炼。这些金属都属于负电性金属，不能从水溶液中电解沉积出来，熔盐电解往往成为唯一的或占主导地位的生产方法。例如，铝的熔盐电解是目前工业上生产金属铝的唯一方法。其他碱金属、碱土金属以及钛、铌、钽等高熔点金属也可用熔盐电解法生产。利用熔盐电解法还可以制取某些合金或化合物，如铝锂合金、铅钙合金、稀土铝合金、WC、TiB_2等。表 3-1 列举了应用于冶金工业的一些熔盐的主要化学组成。

总之，熔盐在冶金工业上获得了非常广泛的应用，不同的冶金过程对熔盐的物理化学性能有着显著不同的要求。因此，研究、开发、选择所需性能的熔盐，对于冶金生产有着重要意义。

表 3-1 某些冶金熔盐的主要化学组成

熔　盐	化学组成 $w/\%$
铝电解电解质	Na_3AlF_6 82～90，AlF_3 5～6，添加剂（CaF_2、MgF_2或 LiF）3～5
镁电解电解质	$MgCl_2$ 10，$CaCl_2$ 30～40，NaCl 50～60，KCl 10～16
锂电解电解质	LiCl 60，KCl 40
铝电解精炼电解质	AlF_3 25～27，NaF 13～15，$BaCl_2$ 50～60，NaCl 5～8

3.1.3 冶金熔锍

冶金熔锍是多种金属硫化物（如 FeS、Cu_2S、Ni_3S_2、CoS、Sb_2S_3、PbS 等）的共熔体，同时往往溶有少量金属氧化物及金属。

冶金熔锍是铜、镍、钴等重金属硫化矿火法冶金过程的重要中间产物。例如，火法处理硫化铜精矿时，常常先进行所谓的造锍熔炼，使 Cu_2S、FeS 等金属硫化物熔合形成锍相，而脉石成分与造渣熔剂熔合成渣相，从而实现主金属与脉石的分离，同时也使贵金属富集于锍相以便进一步回收。表 3-2 给出了几种工业熔锍的主要化学成分。

表3-2 几种工业熔锍的主要化学成分 (w/%)

熔 锍	Cu	Fe	Ni	S	Pb	Zn	Au/g·t^{-1}	Ag/g·t^{-1}
反射炉铜锍	43.6	26.7		24.8	0.59			
电炉铜锍	42.4	25.9		23.3	1.8			
闪速炉铜锍	59.3	16.0		22.8		0.59	28.4	243
诺兰达炉铜锍	72.4	3.5		21.8		0.7		
瓦纽科夫炉铜锍	40~52	20~27		23~24				
三菱法铜锍	64.6	10.6		22.0				
低镍锍	6~8	47~49	13~16	23~28				
高镍锍	22~24	2~3	49~54	22~23				

熔锍的性质对于有价金属与杂质的分离、冶炼过程的能耗等都有重要的影响。为了提高有价金属的回收率、降低冶炼过程的能耗，必须使熔锍具有合适的物理化学性质，如熔化温度、密度、黏度等。

3.2 冶金熔渣

3.2.1 冶金熔渣的概念和组成

在许多火法冶金过程中，矿物原料中的许多主金属往往以金属、合金或熔锍的形态产出，而其中的脉石成分及伴生的杂质金属则与熔剂一起熔合成一种主要成分为氧化物的熔体，即熔渣。熔渣是火法冶金的必然产物，其组成主要来自矿石、熔剂和燃料灰分中的造渣成分。由于火法冶金的原料和冶炼方法种类繁多，因而冶金熔渣的类型很多，是成分极为复杂的体系。但总的来说，熔渣主要是由各种氧化物组成的熔体，如 CaO、FeO、MnO、MgO、Al_2O_3、SiO_2、P_2O_5、Fe_2O_3等，这些氧化物在不同的组成和温度条件下可以形成化合物、固溶体、溶液以及共晶体等。除了氧化物以外，熔渣还可能含有其他盐，甚至还夹带少量的金属，如氟化物（CaF_2）、氯化钠（NaCl）、硫化物（CaS、MnS、硫酸盐）等，这些盐有的来自原料，有的是作为助熔剂加入的。

熔渣中的上述氧化物单独存在时熔点都很高，冶金条件下不能熔化。例如 SiO_2、Al_2O_3、CaO、MgO 的熔点分别是：1713℃、2050℃、2570℃、2800℃。只有它们之间相互作用形成低熔点化合物，才能形成熔点较低的、具有良好流动性的熔渣。原料中加入熔剂的目的就是为了调整熔渣的酸碱性，形成冶金条件下能熔化并自由流动的低熔点熔渣。

尽管冶金熔渣成分极为复杂，但熔渣主要成分常由五六种氧化物组成，通常是 SiO_2、CaO、FeO、Al_2O_3、MgO 等。熔渣中含量最多的氧化物通常只有三个，其总含量可达 80% 以上。例如，大多数有色冶金熔渣的主要成分是 SiO_2、FeO、CaO；高炉炼铁熔渣的主要成分是 SiO_2、CaO、Al_2O_3；炼钢熔渣的主要成分是 SiO_2、CaO、FeO。钢铁冶金及有色金属冶金中常见熔渣的主要化学成分如表 3-3 所示。

表 3-3 钢铁冶金及有色金属冶金中常见熔渣的主要化学成分 (w/%)

熔渣成分	高炉炼铁渣	转炉炼钢渣	电炉炼钢渣	铜闪速炉熔渣	镍电炉造锍熔炼渣	转炉冰铜吹炼渣	铅鼓风炉熔炼渣
SiO_2	30~40	9~10	15~25	28~38	30~45	22~28	20~30
CaO	35~50	37~59	20~65	5~15	2~5	—	9~28
FeO Fe_3O_4	<1 —	5~20 —	0.5~35 —	38~54 12~15	30~50 —	60~70 $FeO+Fe_3O_4$	25~35 —
Al_2O_3	10~20	0.1~2.5	0.7~8.3	2~12	5~10	1~5	1~4
MgO	5~10	0.6~8	0.6~2.5	1~3	5~20	0.3~0.5	—
MnO	0.5~1	1.3~10	0.3~11	—	—	—	—
S	1~2	—	—	0.2~0.4	—	1~2	—
其他	—	1~1.6 P_2O_5	—	0.5~0.8 Cu	0.1~0.25 Ni	1.5~2.5 Cu	5~30 ZnO

熔渣是金属提炼和精炼过程的重要产物之一。然而，不同的熔渣所起的作用是不完全一样的。现分别介绍几种主要熔渣如下。

3.2.1.1 冶炼渣

这种渣是在以矿石或精矿为原料、以粗金属或熔锍为冶炼产物的熔炼过程中生成的，其主要作用在于汇集炉料（矿石或精矿、燃料、熔剂等）中的全部脉石成分、灰分以及大部分杂质，从而使其与熔融的主要冶炼产物（金属、熔锍等）分离。例如，高炉炼铁的铁矿石中含有大量的脉石，在冶炼过程中，脉石成分（如 Al_2O_3、CaO、SiO_2 等）与燃料（焦炭）中的灰分以及为改善熔渣的物理化学性能而加入的熔剂（石灰石、白云石、硅石等）反应，形成熔渣，从而与金属铁分离。在硫化矿的造锍熔炼中，铜、镍等硫化物与炉料中铁的硫化物熔融在一起，形成熔锍，铁的氧化物（FeO、Fe_3O_4）则与造渣熔剂（SiO_2）及其脉石形成熔渣，熔锍与熔渣两者由于密度不同而实现分离。

实际上，冶炼过程中生成的金属或熔锍的液滴最初都是分散在熔渣中的，这些分散的微小液滴的汇集、长大和沉降过程都是在熔渣中进行的。因此，熔渣的物理化学性质（如黏度、密度等）对金属或熔锍与脉石成分的分离程度有着决定性的影响。

此外，在竖炉（如鼓风炉）冶炼过程中，熔渣的熔化温度（或化学组成）直接决定了炉缸的最高温度。因为对于熔化温度低的熔渣，增加燃料消耗量只能增大炉料的熔化量而不能进一步提高炉子的最高温度。因此，若要提高冶炼过程中的最高温度，必须选择熔化温度适当的渣型。

3.2.1.2 精炼渣

精炼渣是粗金属精炼过程中的产物，其主要作用是捕集粗金属中杂质元素的氧化产物，使之与主金属分离。例如，在炼钢时，原料（生铁或废钢）中杂质元素的氧化产物（FeO、Fe_2O_3、MnO、TiO_2、P_2O_5等）与加入的造渣熔剂（如 CaO 等）融合成熔渣，从而除去钢液中的硅、锰、磷等有害杂质，同时吸收钢液中的非金属夹杂物。

另一方面，在金属和合金的精炼时，熔渣覆盖在金属熔体表面，可以防止金属熔体被氧化性气体氧化，减小有害气体（如 H_2、N_2）在金属熔体中的溶解。

3.2.1.3 富集渣

富集渣的作用在于使原料中的某些有用成分富集于熔渣中，以便在后续工序中将它们回收利用。例如，以钛铁精矿（FeO TiO_2）为原料提取金属钛时，精矿中主要伴生物为氧化铁（占40%～80%）；为了将钛与铁分离并富集钛，生产中一般先将钛铁精矿在电弧炉中进行还原熔炼，使氧化铁还原成生铁而除去，TiO_2则造渣，得到TiO_2含量为80%～85%的高钛渣；然后从高钛渣中进一步提取金属钛。

3.2.1.4 合成渣

合成渣是指为达到一定的冶炼目的、按一定成分预先配制的渣料熔合而成的熔渣，如铸钢用保护渣、电渣重熔渣等。这些熔渣所起的冶金作用差别很大。例如，保护渣的主要作用是覆盖在熔融金属表面，将其与大气隔离开来，防止其二次氧化，从而使金属免受污染。而电渣重熔渣一方面作为发热体，为精炼提供所需要的热量；另一方面，还能脱除钢液中的杂质、吸收非金属夹杂物。例如，在电渣重熔法炼钢时，常以 CaF_2-Al_2O_3系渣为熔剂，一方面作为电阻发热体，另一方面钢液中的夹杂物（如 FeO 等）熔入渣中而被除去；同时，此熔渣亦具有保护钢液不被空气氧化的作用。

3.2.2 熔渣在冶金中的作用

在有色冶金中，熔渣的产出量按质量计，或按体积计时都超出金属或锍许多倍，一般说来，按质量计为3～5倍，按体积计时为8～10倍。因此熔渣在很大程度上决定着冶炼过程中的各项技术指标。

冶金熔渣的主要作用是使杂质与金属产品等分离：使矿石和熔剂中的脉石、燃料中的灰分等杂质集中，并在高温下与冶炼产品金属或熔锍等分离。此外还起着以下的作用：

（1）熔渣是进行冶金物理化学反应的载体。它为冶金物理化学反应顺利进行提供场所、环境和条件。例如，在铅还原熔炼时，溶解在熔渣中的硅酸铅直接在熔渣中被还原剂（CO或C）还原，金属铅在熔渣中的损失主要取决于这些反应的完全程度；在熔渣中发生金属液滴的沉降分离，沉降分离的完全程度对金属在熔渣中的机械夹杂损失起着决定性的作用。

（2）熔渣的熔化温度决定着炉内可能达到的最高冶炼温度。对鼓风炉这一类竖炉来说，炉内可能达到的最高冶炼温度取决于熔渣的熔化温度。最高冶炼温度大致为熔渣熔化温度加上一定的过热度（423～523K）。在熔渣组成一定的情况下，企图用向炉子增加热量的办法来提高炉温是不可能的，因为多供应的热量只能促使更多的炉料熔化。

（3）控制熔渣成分可以调节金属产品的杂质含量。在金属和合金的熔炼和精炼时，可以通过控制熔渣与金属熔体组分的相互反应的平衡关系，达到控制金属产品杂质含量的目的。

（4）在某些情况下，熔渣可用来覆盖在金属或合金之上，作为一种保护层，以防止金属熔体受炉气的饱和和氧化。

（5）熔渣是一种可以综合利用的中间产品。它不是废弃物，可以综合利用，变废为宝。例如，钛铁矿电炉冶炼的高钛渣是提取金属钛的好原料；铜、铅、砷和其他杂质很多的锡矿，可先进行造渣熔炼，使90%的锡进入熔渣，获得中间产品含锡渣，然后再冶炼含锡渣提取金属锡。

（6）熔渣是电炉冶金的电阻发热体。用矿热式电炉冶炼金属时，可通过控制电极插入

渣中的深度来调节电炉的输入功率;

(7) 熔渣是冶金过程中的传热介质。例如，用反射炉熔炼时，通过它把热量传递给金属熔体。

综上所述，熔渣在冶炼过程中起着非常重要的作用，俗话说“冶炼在于炼渣”，生动地说明了熔渣对于冶炼过程的重要性。冶金过程的正常进行及技术经济指标，在很大程度上取决于熔渣物理化学性质，而熔渣的物理化学性质主要是由熔渣的组成决定的。要使熔渣在冶炼过程中发挥其有利的作用，就必须根据各种金属冶炼过程的特点，合理地选择熔渣成分，使之具有符合要求的物理化学性质，如适当的熔化温度和酸碱性、较低的黏度和密度等。例如，在造锍熔炼过程中，为了使锍在熔渣中更好地沉降，降低主金属在渣中的损失，要求熔渣具有较低的黏度、密度和合适的渣-锍界面张力。

当然，熔渣对冶炼过程也会有一些不利的影响。例如，熔渣对炉衬的化学侵蚀和机械冲刷，大大缩短了炉子的使用寿命；产量很大的熔渣带走了大量热量，因而大大地增加了燃料的消耗；渣中含有各种有价金属，降低了金属的直收率等。

3.2.3 冶金熔渣的酸碱性

熔渣的酸碱性对火法冶金过程常常有较大的影响。例如，在高炉冶炼及炼钢生产中，高碱度渣有利于金属液中硫和磷的脱除，此外，它对熔渣的黏度，氧化能力等物理化学性质以及熔渣对炉子耐火材料的侵蚀等都有显著的影响。

3.2.3.1 冶金熔渣中氧化物的分类和酸碱性

A 熔渣中氧化物的分类

熔渣中的氧化物可分为碱性氧化物、酸性氧化物和两性氧化物。

(1) 碱性氧化物：在熔渣中离解形成金属阳离子和阴离子的氧化物称为碱性氧化物。例如:

$$CaO = Ca^{2+} + O^{2-}$$

(2) 酸性氧化物：在熔渣中吸收氧离子形成配合阴离子的氧化物称酸性氧化物。例如:

$$SiO_2 + 2O^{2-} = SiO_4^{4-}$$

(3) 中性氧化物（又称两性氧化物）：这类氧化物在酸性氧化物过剩时呈碱性，而在碱性氧化物过剩时则呈酸性。例如中性氧化物 Al_2O_3:

在酸性熔渣中呈碱性 $Al_2O_3 = 2Al^{3+} + 3O^{2-}$

在碱性熔渣中呈酸性 $Al_2O_3 + O^{2-} = 2AlO_2^-$

B 熔渣中氧化物的酸碱性

熔渣中各氧化物酸碱性强弱的顺序排列如下:

CaO、MnO、FeO、ZnO、MgO、Fe_2O_3、Al_2O_3、TiO_2、SiO_2、P_2O_5

碱性氧化物 中性氧化物 酸性氧化物

← 碱性增强

→ 酸性增强

3.2.3.2 熔渣的酸度（硅酸度）和碱度

熔渣的酸度和碱度是为了表示熔渣酸碱性的相对强弱而提出的概念，通常用熔渣中碱性氧化物与酸性氧化物的相对含量来表示，即熔渣的酸度和碱度来表示。

A 酸度（硅酸度）

在冶金中，有时用酸度（硅酸度）表示炉渣的酸碱性。酸度等于熔渣中所有酸性氧化物的氧的质量之和与所有碱性氧化物的氧的质量之和的比值。因此，熔渣酸度的表达式可写成：

$$\text{酸度（硅酸度）}=\frac{\text{熔渣中所有酸性氧化物的氧的质量之和}}{\text{熔渣中所有碱性氧化物的氧的质量之和}} \tag{3-1}$$

例 3-1 某铅鼓风炉熔炼的炉渣成分为 SiO_2(36%)，CaO(10%)，FeO(40%)，ZnO(8%)。试计算该炉渣的酸度。

解 此炉渣中的酸性氧化物为 SiO_2，碱性氧化物为 CaO、FeO 和 ZnO。故由式（3-1）可得此炉渣的酸度为：

$$\text{酸度}=\frac{36\times\frac{32}{60}}{10\times\frac{16}{56}+40\times\frac{16}{71.8}+8\times\frac{16}{81.4}}=1.44$$

酸度（硅酸度）这个概念其实并不能全面反映出炉渣的本质，但它在很大程度上表明了炉渣的酸碱性，对有色冶金炉选择耐火材料来说，它是一个重要的、必须考虑的因素。

B 碱度

在冶金生产中，常用碱度表示熔渣的酸碱性。所谓碱度是指熔渣中所有碱性氧化物含量与所有酸性氧化物含量（质量）之比，一般用 R 或 B 表示：

$$R=\frac{\text{熔渣中所有碱性氧化物含量（质量）之和}}{\text{熔渣中所有酸性氧化物含量（质量）之和}} \tag{3-2}$$

在冶金生产实际应用中，碱度一般用以下四种方式表示：

（1）采用二元碱度表示：当熔渣中除 CaO 和 SiO_2 外的其他氧化物含量较低或者含量基本上不变时，通常采用如下的计算式表示碱度：

$$R=\frac{w(\text{CaO})}{w(\text{SiO}_2)} \tag{3-3}$$

由于此表达式简单方便，且又能满足生产的要求，故在生产中应用最为普遍。

（2）采用三元碱度表示：对于 Al_2O_3 或 P_2O_5 含量较高和变化较大的炉渣，需要考虑 Al_2O_3 或 P_2O_5 的影响时，可采用如下计算式表示碱度：

$$R=\frac{w(\text{CaO})}{w(\text{SiO}_2)+w(\text{Al}_2\text{O}_3)} \tag{3-4}$$

$$R=\frac{w(\text{CaO})}{w(\text{SiO}_2)+w(\text{P}_2\text{O}_5)} \tag{3-5}$$

（3）采用四元碱度表示：对于 Al_2O_3 和 MgO 含量高和变化较大的熔渣，则应考虑两者的影响，故可采用如下表达式表示碱度：

$$R=\frac{w(\text{CaO})+w(\text{MgO})}{w(\text{SiO}_2)+w(\text{Al}_2\text{O}_3)} \tag{3-6}$$

（4）采用多元碱度表示：对于一般炉渣，既要考虑 CaO 和 SiO_2 对碱度的影响，也要考虑其他主要氧化物如 MgO、MnO、Al_2O_3、P_2O_5 等对碱度的影响，故可采用如下的一般表达式表示碱度：

$$R = \frac{w(CaO) + w(MgO) + w(MnO)}{w(SiO_2) + w(Al_2O_3) + w(P_2O_5)} \tag{3-7}$$

冶金生产中，一般根据碱度高低，将熔渣分为酸性渣、碱性渣和中性渣三类：

（1）$R<1$ 酸性渣；

（2）$R=1$ 中性渣；

（3）$R>1$ 碱性渣（低碱度渣 $R<1.5$；中碱度渣 $R=1.8\sim2.2$；高碱度渣 $R>2.5$）。

例 3-2 某高炉炼铁渣，$w(CaO)=44\%$，$w(SiO_2)=40\%$，求其碱度？

解 按 100kg 渣量计算，则根据式（3-3）可得该熔渣的碱度为：

$$R = \frac{w(CaO)}{w(SiO_2)} = 44\%/40\% = 1.1$$

3.2.4 熔渣的结构

冶炼过程要求熔渣具有良好的物理化学性质，如熔点、黏度、密度等。熔渣的性质与熔渣的结构有着内在的联系。由于熔渣熔化温度高，故目前对熔渣的研究方法和实验手段尚不完善，难于直接测定熔渣的结构。目前有关熔渣的结构理论是通过固态渣的结构和熔渣的某些间接推测得出的，因而尚不够成熟。

很多研究表明，炉渣是由很多矿物组成的。迄今为止，关于熔融炉渣的研究有两种理论：分子理论和离子理论。最先提出的是分子理论，比较新的是离子理论。

3.2.4.1 熔渣分子理论

A 熔渣分子理论要点

熔渣的分子理论可归纳为如下几个要点：

（1）与固态渣相似，熔渣是由各种不带电的简单化合物分子和由这些简单化合物所形成的复杂化合物分子组成。简单化合物分子有 SiO_2、Al_2O_3、P_2O_5、CaO、MgO、FeO、MnO、CaS、MgS 等，复杂化合物分子有 $CaO \cdot SiO_2$、$2FeO \cdot SiO_2$、$3CaO \cdot Fe_2O_3$、$2MnO \cdot SiO_2$、$3CaO \cdot P_2O_5$、$4CaO \cdot P_2O_5$ 等。

（2）简单化合物相互作用（一般是酸性氧化物和碱性氧化物相互作用）形成复杂化合物，且简单化合物与复杂化合物处于离解与生成的化学平衡状态，即：

$$2MeO \cdot SiO_2 = 2MeO + SiO_2,\ K = a_{MeO}^2 \cdot a_{SiO_2} / a_{2MeO \cdot SiO_2}$$

平衡常数 K 随温度升高而增大。温度升高，复杂化合物的离解程度增大，游离的简单氧化物浓度增加；温度降低，游离的简单氧化物浓度降低。

（3）熔渣中只有游离的简单化合物才能参与反应，而复杂化合物只有离解或被置换成简单化合物后，才能参与反应。

例如，炼铅熔渣中的（$PbO \cdot SiO_2$）只有成为游离的简单化合物 PbO，才能参与反应：

$$(PbO \cdot SiO_2) + 2CaO = (2CaO \cdot SiO_2) + (PbO),\ (PbO) + CO = Pb + CO_2$$

例如，在钢铁冶金中，只有炉渣中游离的简单氧化物 CaO 才能参与渣铁间的脱硫反应：

$$[FeS]+(CaO)=(CaS)+(FeO)$$

当炉渣中的 SiO_2 增加时，由于与 CaO 作用形成复杂化合物，减少了游离 CaO 的数量，从而降低了炉渣的脱硫能力。因此，要提高脱硫能力，必须提高碱度。

（4）认为熔渣是理想熔液，因而渣中简单化合物的活度可用摩尔分数（浓度）表示。

B 熔渣分子理论的优缺点

用熔渣结构的分子理论来分析有熔渣参与的反应的热力学规律和进行一些热力学计算，其结果往往符合经验公式，因而该理论得到广泛应用，然而分子理论有着明显的不足之处：

（1）确定熔渣中简单氧化物的浓度困难。渣中某氧化物的含量可由化学分析得出，然而在熔渣中该化合物既有简单的、也有结合成各种非简单化合物的，往往只能根据经验确定生成化合物的种类进行计算，而复杂化合物的离解度也缺乏准确数据。

（2）实际上只有在稀溶液的情况下，熔渣才符合理想溶液，而一般情况下必须用活度来代替浓度进行热力学计算。

（3）分子理论无法解释熔渣的电化学特性如熔渣的电导、黏度等性质。

3.2.4.2 熔渣离子理论

离子理论不否认凝固后的渣液中有各种氧化物及其化合物，但认为构成熔渣的基本质点不是中性分子，而是带电的离子。熔渣能够导电并且能被电解，这充分地证明了它由带电的离子组成。

A 熔渣离子理论的主要论点

（1）熔渣完全由阳离子和阴离子所构成，如 Ca^{2+}、Mg^{2+}、Mn^{2+}、Fe^{2+} 等阳离子，SiO_4^{4-}、PO_4^{3-}、O^{2-}、S^{2-} 等阴离子；与晶体一样，熔渣中每个离子的周围是异号离子；阳离子和阴离子所带的总电荷相等，熔渣总体不带电。

碱性氧化物在熔渣中，离解形成金属阳离子和阴离子，如：

$$CaO = Ca^{2+}+O^{2-},\ FeO = Fe^{2+}+O^{2-},\ MgO = Mg^{2+}+O^{2-}$$

酸性氧化物在熔渣中，吸收氧阴离子形成配合阴离子，如：

$$SiO_2+2O^{2-} = SiO_4^{4-},\ P_2O_5+3O^{2-} = 2PO_4^{3-},\ Al_2O_3+O^{2-} = 2AlO_2^{-}$$

（2）关于渣中的阳离子和阴离子，一般认为有以下类型：

简单阳离子：Ca^{2+}、Mg^{2+}、Mn^{2+}、Fe^{2+} 等；

简单阴离子：O^{2-}、S^{2-}、F^{-}；

配合阴离子：有简单配合阴离子和复杂配合阴离子。简单配合阴离子，如 SiO_4^{4-}、PO_4^{3-}、AlO_3^{3-} 等；复杂配合阴离子（团），由简单配合阴离子聚合而成，如 $Si_2O_7^{6-}$、$Si_3O_9^{6-}$、$Si_4O_{12}^{8-}$、$Si_6O_{18}^{12-}$、$(SiO_3)_n^{2n-}$、$(Si_4O_{11})_n^{6n-}$ 等。

（3）熔渣中的简单阳离子和简单阴离子主要有几种，常见的简单阳离子和简单阴离子的离子半径见表3-4。

表3-4 熔渣中常见的简单阳离子和简单阴离子的离子半径

离子及其电荷数	Si^{4+}	Al^{3+}	Ca^{2+}	Mg^{2+}	Fe^{2+}	P^{5+}	F^{-}	O^{2-}	S^{2-}
离子半径/nm	0.041	0.050	0.099	0.065	0.075	0.034	0.136	0.140	0.184

(4) 熔渣中，凡电荷大而离子半径小的简单阳离子最容易与阴离子（O^{2-}）结合形成配合阴离子。熔渣中 Si^{4+} 的电荷大而半径小，最易组成 Si-O 配合阴离子，如形成 SiO_4^{4-} 等硅氧配合阴离子。熔渣中 Al^{3+} 的电荷也较大而半径也较小，因此有时也与 O^{2-} 结合形成铝氧配合阴离子，如形成 AlO_4^{5-}、AlO_2^- 等。其他半径较大、电荷较少的简单阳离子不能与阴离子（O^{2-}）形成配合阴离子，而是单独以正离子的形态存在于熔渣中，如 Ca^{2+}、Mg^{2+} 等阳离子。

(5) 配合阴离子是由阴离子（O^{2-}）将阳离子（Si^{4+}，或 P^{5+}，或 Al^{3+} 等）包围起来形成的紧密结合体，如硅氧配合阴离子 SiO_4^{4-}、磷氧配合阴离子 $P_2O_7^{4-}$、铝氧配合阴离子 AlO_4^{5-}。

(6) 结构最简单的硅氧配合阴离子是 SiO_4^{4-}，它是构成炉渣的基本单元，其结构是四面体（故称为硅氧配合四面体阴离子），如图 3-1 所示：在四面体的中心位置上排列着一个 Si^{4+} 离子，周围四个顶点位置上排列着四个氧离子（O^{2-}），Si^{4+} 的四个正化合价分别与四个氧离子的四个负化合价结合，而四个氧离子剩余的四个负化合价，或与周围其他正离子 Fe^{2+}、Mn^{2+}、Mg^{2+}、Ca^{2+} 等结合形成简单的硅氧配合阴离子，或与其他硅氧四面体的 Si^{4+} 结合，形成共用顶点的、各种各样的、形态不同的复杂硅氧配合阴离子。炉渣的许多性质决定于配合阴离子的形态。

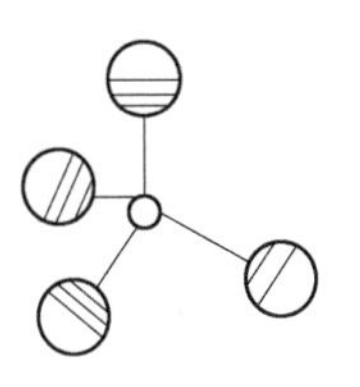
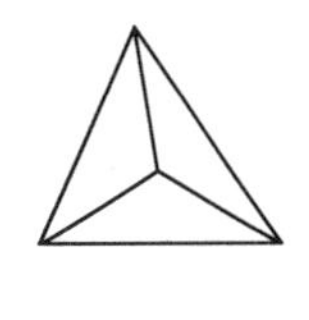

图 3-1 硅氧四面体结构

(7) 硅氧配合阴离子的结构是比较复杂的，它随熔渣组成及温度而改变。依据熔渣中 $w(O)/w(Si)$ 比值（碱度）的不同，可形成不同复杂程度的硅氧配合阴离子。随着熔渣中 $w(O)/w(Si)$ 比值（碱度）的降低，硅氧配合阴离子变得体积越来越庞大，结构越来越复杂。例如，熔渣中当 $w(O)/w(Si)=4$ 时，Si^{4+} 与 O^{2-} 结合形成最简单的硅氧配合阴离子 SiO_4^-；熔渣中当 $w(O)/w(Si)=3.5$ 时，Si^{4+} 与 O^{2-} 结合形成较复杂的硅氧配合阴离子 $(Si_2O_7)^{6-}$；熔渣中当 $w(O)/w(Si)=3$ 时，Si^{4+} 与 O^{2-} 结合形成更为复杂的硅氧配合阴离子 $(Si_3O_9)^{6-}$。熔渣中，某些不同氧硅比值（碱度）条件下形成的硅氧配合阴离子见表 3-5。

表 3-5 硅氧复合离子的结构特点

离子的种类	$w(O)/w(Si)$	一个硅原子的剩余电荷数	离子的结构形状
$(SiO_4)^{4-}$	4.0	-4	简单四面体
$(Si_2O_7)^{6-}$	3.5	-3	双连四面体
$(Si_3O_9)^{6-}$	3.0	-2	环 状
$(SiO_3)_n^{2n-}$	3.0	-2	链 状
$(Si_2O_5)_n^{2n-}$	2.5	-1	层 状

分析表 3-5 看出：当 $w(O)/w(Si)=4$ 时，一个 Si^{4+} 与四个 O^{2-} 结合形成一个负 4 价的简单硅氧配合阴离子 SiO_4^{4-}，这个硅氧配合阴离子有四个剩余电荷，将与周围 4 个金属正离子结合形成一个单独单元，四面体 SiO_4^{4-} 才可以单独存在于熔渣中。而当 $w(O)/w(Si)$ 比值（碱度）减小，四面体 SiO_4^{4-} 不能单独存在于熔渣中，此时是两个以上的四面

体共用顶点 O^{2-}，构成复杂的硅氧配合阴离子(团)，如构成复杂的硅氧配合阴离子 $(Si_2O_7)^{6-}$、$(Si_3O_9)^{6-}$ 等，这些复杂的硅氧配合阴离子的结构见图 3-2 所示。具有复杂配合阴离子(团)的熔渣，其物理性质与四面体单独存在的熔渣完全不相同，即熔渣的物理性质取决于配合阴离子的结构形态。

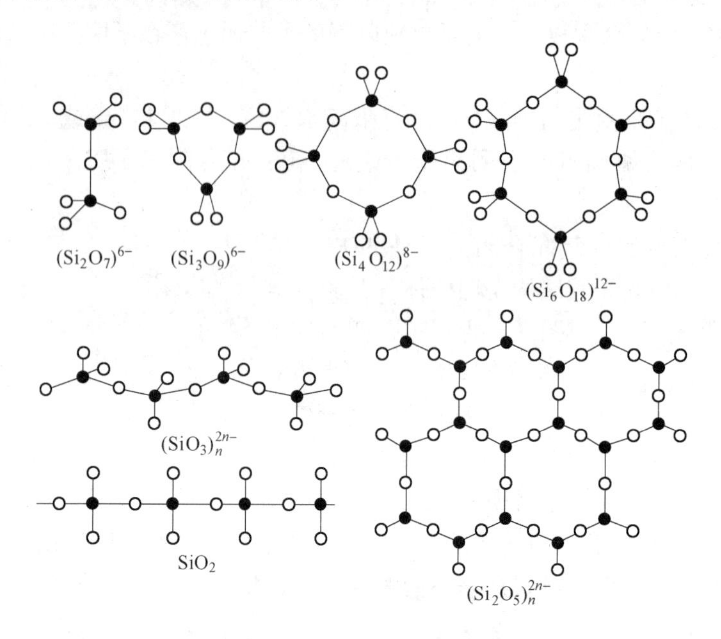

图 3-2 硅氧复合离子结构示意图
（黑点表示硅原子；圆点表示氧原子）

以上就是熔渣结构离子理论。这种理论能够比较圆满地解释炉渣的各种现象，是目前得到公认的理论。

B 熔渣离子理论的应用

应用上述离子理论，可以解释熔渣的一些重要现象。

(1) 酸性渣在熔化后黏度仍较大，这是由于酸性渣的 $w(O)/w(Si)$ 比值小，硅氧复合离子形成环状或链状等庞大结构离子，造成熔渣内摩擦力增强，黏度增加；而碱性渣在熔化后，液相中存在的硅氧复合离子结构是简单的形式，所有内摩擦力不大，黏度则低。

(2) 向酸性熔渣中加入碱性氧化物(MeO)，可以降低熔渣黏度，这是因为 MeO 离解成 Me^{2+} 和 O^{2-}，解离后的 O^{2-} 进入硅氧复合离子中，使 $w(O)/w(Si)$ 比值增大，硅氧配合阴离子分解为简单的硅氧配合阴离子。

(3) 在一定温度下，熔渣的碱度升高到一定值后，熔渣黏度增加是由于熔渣成分变化而使熔化温度升高，若此时熔渣温度处于熔化温度之下，则液相中出现固体结晶颗粒，破坏了熔渣的均一性，此时虽说碱性渣的硅氧配合离子较为简单，但仍具有较高黏度。

(4) 用离子理论还可以解释在熔渣中加入 CaF_2 后会大大降低熔渣黏度的原因。当熔渣碱度较小时，CaF_2 的影响可解释为 F^- 可使硅氧配合阴离子分解，变为简单的硅氧配合四面体阴离子，见图 3-3，反应为

$$(SiO_3)_3^{2-} + 2F^- = SiFO_3^{3-} + Si_2FO_6^{5-}$$

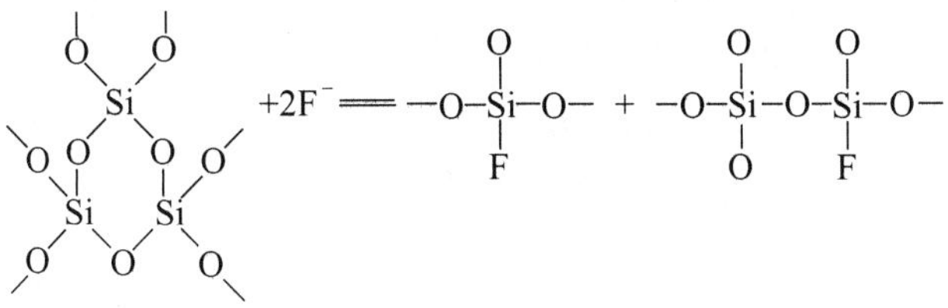

$$(Si_3O_9) + 2F^- = -O-\underset{F}{\overset{O}{Si}}-O- \; + \; -O-\underset{O}{\overset{O}{Si}}-O-\underset{F}{\overset{O}{Si}}-O-$$

图 3-3 低碱度熔渣复杂配合离子分解为简单配合离子示意图

对于高碱度熔渣，加入 CaF_2后，由于 F^-为 1 价，所以用 F^-截断 Ca^{2+}与硅氧配合四面体的离子键，而使硅氧配合阴离子结构变简单，于是黏度降低，反应如图 3-4 所示。另外，加入 CaF_2还有降低熔渣熔化温度的作用，这也使熔渣黏度降低。

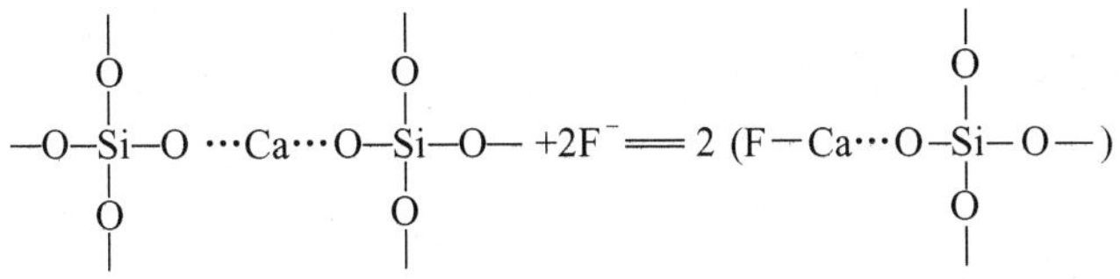

$$-O-\underset{O}{\overset{O}{Si}}-O \cdots Ca \cdots O-\underset{O}{\overset{O}{Si}}-O- + 2F^- = 2\,(F-Ca\cdots O-\underset{O}{\overset{O}{Si}}-O-)$$

图 3-4 高碱度熔渣复杂配合离子分解为简单配合离子示意图

(5) 在熔渣中增加碱性氧化物（增大碱度）能使熔渣电导升高是因为增加熔渣中碱性氧化物含量时，对熔渣电导的影响有两个方面的作用：一方面使 Me^{2+}数量增多，另一方面使硅氧配合阴离子解体，黏度下降，从而使熔渣电导升高。所以，在熔渣成分中增加碱性氧化物 CaO 能使熔渣电导升高，而增加酸性氧化物 SiO_2则使电导降低。

综上所述，用熔渣离子理论来解释熔渣的某些现象较为确切，因为它能更正确地反映熔渣的内部结构。

3.2.5 熔渣的物理化学性质

熔渣的物理化学性质直接关系到冶炼过程能否顺利进行和技术经济指标是否符合要求，是能否实现优质高产低消耗的重要因素。如熔渣的熔化温度和热含量影响热能消耗，熔渣的密度、表面张力和黏度影响冶炼过程金属的回收率。研究熔渣的性能也是认识熔渣结构的重要途径（如电导、黏度）。冶金工作者除了应对熔渣性能的原理和规律有所认识外，还要掌握组成—性能图和根据已知数据计算熔渣性能的方法，从而可以了解已知成分的熔渣性能是否能满足冶炼过程的要求，或由所要求的性质来选择合理的熔渣成分。

3.2.5.1 冶金熔渣的熔化性

熔化性是指熔渣熔化的难易程度。它可用熔化温度和熔化性温度这两个指标来表示。

A 熔化温度

熔化温度（或称熔度、初晶温度）是指固态熔渣完全熔化为液相时的温度，或液态熔渣冷却时开始析出固相的温度。熔渣不是纯物质，没有一个固定的熔点，熔渣从开始熔化到完全熔化是在一定的温度范围内完成的，即从固相线到液相线的温度区间。它可由熔渣状态图的液相线或液相面的温度来确定。熔渣的熔化温度高表明它难熔，熔化温度低表明它易熔。

熔化温度主要与组成有关。图 3-5 为 CaO-FeO-SiO_2系等熔度图。从熔渣的状态图可以看出各种渣系的熔化温度区。处在等温线上的各种组成的熔渣，其熔化温度相同。根据该线可以确定某一熔化温度时的熔渣成分，或根据熔渣成分估算出该组成下的熔化温度。

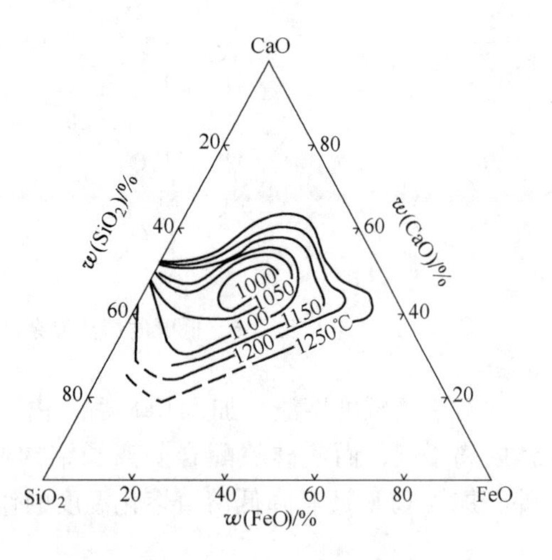

图 3-5 CaO-FeO-SiO_2系等熔度图

B 熔化性温度

熔化性温度是指熔渣从不能流动转变为能自由流动时的温度。

冶金上一般要求熔渣熔化后必须具有良好的流动性。有的熔渣（特别是酸性渣），加热到熔化温度后并不能自由流动，仍然十分黏稠，例如，成分（质量分数）为 SiO_2 62%，Al_2O_3 14. 25%，CaO 22. 25% 的高炉炼铁炉渣，在 1165℃ 熔化后再加热 300 ~ 400℃ 它的流动性仍然很差；成分（质量分数）为 CaO 24. 1%，SiO_2 47. 2%，Al_2O_3 18. 6% 的高炉炼铁炉渣，在 1290℃ 熔化，再加热到 1400℃ 就能自由流动。因此，为了保证冶金生产的正常进行，只了解炉渣的熔化温度还不够，还必须了解炉渣自由流动的温度，即熔化性温度。熔化性温度把熔化和流动联系起来考虑，能较确切地表明炉渣由不能自由流动变为能自由流动时的温度，这就克服了熔化温度的局限性。熔化性温度高表明熔渣难熔，熔化性温度低表明熔渣易熔。

熔化性温度可通过测定该熔渣在不同温度下的黏度，画出黏度-温度（η-t）曲线来确定，如图 3-6 所示。曲线上的转折点所对应的温度即是熔渣的熔化温度。成分为 A 的炉渣，转折点为 a，当温度高于 a 时，渣的黏度较小（d 点），有很好的流动性。a 就是 A 渣的熔化性温度。一般碱性渣属于这种情况，取样时这种熔渣的渣滴不能拉成长丝，渣样断面呈石头状，俗称短渣或石头渣。B 渣黏度随温度降低逐渐升高，在 η-t 曲线上无明显转折点，高炉炼铁炉渣一般取其黏度值为 2. 0 ~ 2. 5Pa·s 时的温度（相当于 b）为熔化性温度。为统一标准起见，常取 45°直线与 η-t 曲线相切点 e 所对应的 b 为熔化性温度。一般酸性渣类似 B 渣特性，取样时这种渣的渣滴能拉成长丝，且渣样断面呈玻璃状，俗称长渣或玻璃渣。

图 3-7 为三元系等熔化性温度图，其准确性差些，但仍有一定实用价值。

3. 2. 5. 2 冶金熔渣的黏度

黏度是熔渣的重要性质，直接关系到熔渣的流动性、冶炼过程能否进行，也关系到金属或锍能否充分地通过渣层沉降分离。它是冶金工作者最关心的熔渣性能指标。

A 黏度的定义

熔渣黏度与流动性在数值上互为倒数关系。黏度（η）是指速度不同的两层液体之间的内摩擦力计算公式中的比例系数（η）。当流体在管道中流动时，管道与流体、流体与

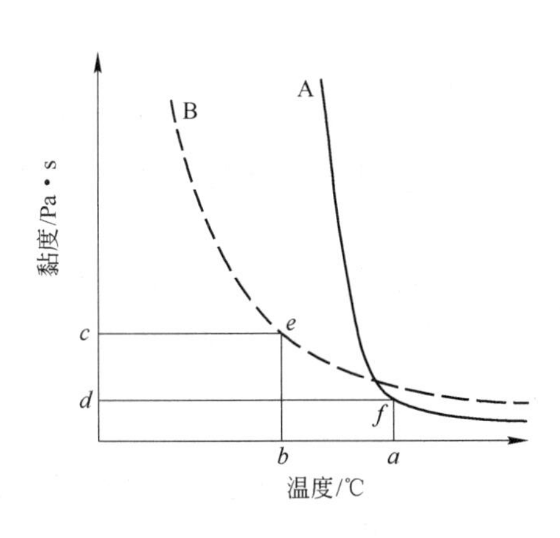

图 3-6 熔渣黏度-温度图

A—碱性熔渣；B—酸性熔渣

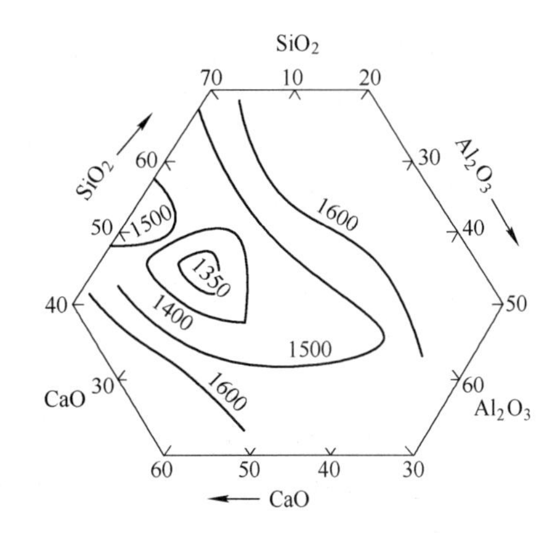

图 3-7 $CaO-SiO_2-Al_2O_3$三元系等熔化性温度图

（图中坐标数值为质量百分数）

流体之间内部的内摩擦力，使靠近管道的流体流速最小，而中心的流速最大。实验表明，流速不同的两层液体之间的内摩擦力（F）与其接触面积（S）和流速差值（$\mathrm{d}v$）成正比，与两液层之间的距离（$\mathrm{d}x$）成反比，可用如下公式表示：

$$F = \eta S \frac{\mathrm{d}v}{\mathrm{d}x}, \ \eta = \frac{F}{S}\frac{\mathrm{d}x}{\mathrm{d}v}$$

比例系数（η）称为黏度系数，亦称黏度。单位用 Pa·s（帕·秒）表示。过去使用泊（P）为单位。10P = 1Pa·s。

表 3-6 为某些液体的黏度数据，由表可看出，流动性好的渣，其黏度相当于甘油的室温黏度 0.5Pa·s。黏度 1.5～2.0Pa·s 的渣，虽然比较黏稠，但尚能满足冶炼要求。当渣的黏度达 3.0～5.0Pa·s 或更高时，则会造成冶炼过程难以进行，导致熔渣不易由炉内放出。

表 3-6 某些液体的黏度

液 体	温度/℃	黏度/Pa·s	液 体	温度/℃	黏度/Pa·s
水	298	0.00089	汞	273	0.0017
蓖麻油	298	0.8	流动好的渣		<0.50
甘 油	298	0.5	稠 渣		1.5～2.0
生铁液	1698	0.0015	很稠的渣		>3.0
钢 液	1868	<0.0025			

B 温度对黏度的影响

在组成熔渣的各种氧化物中，SiO_2对熔渣的黏度影响最大。前已述及，熔渣中 SiO_2含量愈高，硅氧配合阴离子的结构越复杂，离子半径愈大，熔体的黏度也愈大。Al_2O_3、ZnO 等也有类似的影响。而碱性氧化物的含量增加时，硅氧配合阴离子的离子半径变小，黏度将有所下降，但并不是说熔渣中碱性氧化物含量愈高黏度愈低，相反，碱度太高的熔渣是黏而难熔的。

任何组成的熔渣，其黏度都是随着温度的升高而降低的。但是温度对碱性渣和酸性渣的影响有显著的区别，如图 3-6 所示。

碱性熔渣（含 SiO_2小于 35%）在受热熔化时，立即转变为各种 Me^{2+}和半径较小的硅氧配合阴离子，黏度迅速下降，如图 3-6 所示，其黏度-温度曲线 A 上有明显的转折点，该点的对应温度 a 称为熔化性温度，当温度超过 a 后，曲线变得比较平缓，此时温度对黏度的影响已不明显了。

酸性熔渣因含 SiO_2高（SiO_2大于 40%），当升高温度时，复杂的硅氧配合阴离子逐步离解为简单的硅氧配合阴离子，离子半径逐步减小，因而黏度也是逐步降低的，其黏度－温度曲线 B 上不存在明显的熔化性温度，见图 3-6。

C　成分对黏度的影响

熔渣的黏度随成分的改变而改变。例如，在高炉炼铁生产中，常因炉料成分变化大，造成熔渣黏度过高难于流动，严重时还会生成炉瘤，致使炉况异常。常用加入萤石（CaF_2）、并同时升高炉温的方法降低熔渣的黏度，改善其流动性，从而能够冲刷洗去炉瘤。原因是 CaF_2能与 CaO 生成低共晶（熔点 1659.15K），促使 CaO 熔于渣中，同时 CaF_2中的 F^-可取代熔渣中硅氧配合离子中的 O^{2-}，促使硅氧配合阴离子解体分离成较小的硅氧配合阴离子，使熔渣黏度降低。所以 CaF_2不论对酸性渣还是碱性渣都具有大幅度降低黏度的作用。

成分对黏度的影响，可以用 CaO-FeO-SiO_2系熔渣在 1623.15K 时的等黏度图来说明。CaO-FeO-SiO_2系熔渣的黏度已有大量的测定数据，并已在浓度三角形中绘成等黏度曲线。图 3-8 为在 1623.15K 时 CaO-FeO-SiO_2系熔渣的等黏度图。由于黏度仅能在均一液相内测定，所以等黏度曲线图仅占有浓度三角形的局部（给定的等熔化温度曲线以内的液相区）。由图可见，在一定温度下，在每条曲线上的熔渣，虽然成分不同但却具有相同的黏度；在一定温度下，熔渣的黏度随成分的改变而改变。

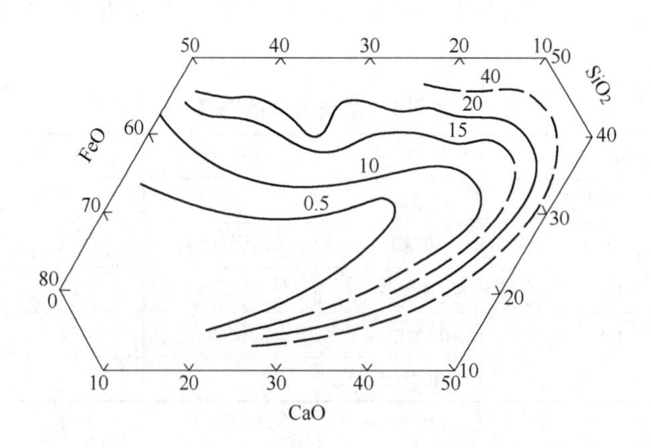

图 3-8　CaO-FeO-SiO_2系熔渣 1623.15K 等黏度图

（黏度单位为泊，1P = 0.1Pa · s；各个组分含量为质量百分数）

应用等黏度图，可以查得各种熔渣在给定温度下的黏度。在应用等黏度图时，首先应将熔渣中的三种主要氧化物换算为总和 100%，然后再查图可得各种熔渣在给定温度下的黏度值。

例 3-3　铜精矿的造锍熔炼熔渣中主要成分的质量分数为：SiO_2 37.3%、CaO 4.7%、

FeO 46.0%，如何查该熔渣的黏度？

解 先将三成分总和换算成百分之百，即：

$$w(SiO_2) = 37.3/(37.3 + 4.7 + 46.0) = 42.4\%$$

$$w(CaO) = 4.7/(37.7 + 4.7 + 46.0) = 5.3\%$$

$$w(FeO) = 46.0/(37.7 + 4.7 + 46.0) = 52.3\%$$

然后，再从图 3-8 中查得这种熔渣在 1623K 下的黏度约为 1.5Pa·s（因为这种熔渣并不是纯粹的三元系，因此查出的此数据只能作参考）。

由图还可得知：该熔渣系黏度最低的组成为：$w(CaO)=10\%\sim30\%$、$w(SiO_2)=15\%\sim30\%$，$w(FeO)=40\%\sim60\%$。

3.2.5.3 冶金熔渣的密度

熔渣密度的大小直接影响到冶炼过程中熔渣与金属之间分离的难易，所以在生产实践中具有重要意义。

熔渣的密度测定的数据较少，而固态熔渣熔化后的密度变化很小，故可近似地采用固态熔渣的密度值。这虽然不够精确，但生产实用是可取的。

熔渣的密度与所含的成分有关。当熔渣中含有较多质量大的氧化物如 PbO、FeO、Fe_3O_4、ZnO 等时，其密度增加；反之，若含质量小的氧化物如 SiO_2，CaO 等时，则熔渣的密度较小。熔渣的密度值常介于 $2.5\sim4.0g/cm^3$ 之间，见表 3-7。

表 3-7 不同氧化物的密度 (g/cm^3)

氧化物	密 度	氧化物	密 度	氧化物	密 度
SiO_2	2.20~2.55	MgO	3.65	PbO	9.21
CaO	3.40	CaF_2	2.8	ZnO	5.60
FeO	5.0	Al_2O_3	3.97	Cu_2O	6.0
Fe_3O_4	5~5.4	MnO	5.4	NaO	2.27

3.2.5.4 炉渣电导率

炉渣的电导率对电炉作业有很大的意义。炉渣的电导率与黏度有关。一般来说，黏度低的炉渣具有良好的电导性。含 FeO 高的炉渣除了有离子传导以外，还有电子传导而具有很好的电导性。铜炉渣的热导率为 2.09W/(m·K)。铜炉渣的表面张力可由 $0.7148-3.17\times10^{-4}(T_s-273)$ 求得，其单位为 N/m。实测的熔锍－熔渣系的界面张力依铜品位而异，在 0.05~0.2N/m 之间变化，远远小于铜-渣系的界面张力(0.90N/m)。这表明熔锍易分散在熔渣中，这也就是炉渣中金属损失的原因之一。一般硅酸盐渣熔体的比热容为：1.2kJ/(kg·K)(酸性渣)或 1.0kJ/(kg·K)(碱性渣)，熔渣的热焓为：1250(1373K)~1800(1673K)kJ/kg，熔化热为 420kJ/kg。

炉渣成分的变化（即常称的渣型变化），对炉渣的性质有重要影响。但各成分对炉渣性质的影响情况非常复杂，某些成分的影响仍未弄清楚。

表 3-8 列出了几种主要成分及温度对液态炉渣性质的影响。在一定渣成分范围内表中箭头表示提高某组分含量时，性质升高（↑）或降低（↓）。

表 3-8 炉渣成分对炉渣性质的影响

项 目	SiO_2	FeO	Fe_3O_4	Fe_2O_3	CaO	Al_2O_3	MgO	温度升高
黏 度	↑	↓	↑	↑	↓	↑	↑	↓
电导率	↓	↑	—	↓	↑	↑	↑	↑
密 度	↓	↑	↑	↑	↓	↓	↓	↓
表面张力	↓	↓	↓	↓	↑	↓	—	↓

习题与思考题

3-1 什么是金属熔体，它分为几种类型？

3-2 何为冶金熔渣，简述冶金熔渣的主要成分。

3-3 简述冶炼渣和精炼渣的主要作用。

3-4 什么是富集渣，它与冶炼渣的根本区别在哪里？

3-5 试说明熔盐在冶金中的主要应用。

3-6 冶金熔锍的主要成分是什么？

3-7 简述分子理论并分析它在实际应用中的优缺点。

3-8 简述离子理论观点，并举例说明它在实际中的应用。

3-9 简述熔渣的熔化温度和熔化性温度的区别。

3-10 某熔渣组成（质量分数）为：SiO_2 37%、CaO 11%、FeO 47%、Al_2O_3 35%，计算该熔渣的酸度和碱度。该熔渣偏酸性还是偏碱性？

3-11 已知熔渣的成分（质量分数）为 SiO_2 42%、CaO 12%、FeO 41%、Al_2O_3 5%，请查出该熔渣的近似熔化温度。若该渣在1623K时，查其黏度约为多少？

4 化合物的分解-生成反应

【本章学习要点】

(1) 化合物分解-生成反应的吉布斯自由能与反应方向的判断。可以通过化合物的摩尔生成吉布斯自由能的大小来判断化合物的生成或者分解，并引出物质亲和力的概念。

(2) 氧化物吉布斯自由能图的学习和在冶金过程中的使用方法。氧化物吉布斯自由能图只适用于标准状态，可以直观地分析和比较各种化合物稳定性的大小和分解顺序，判断分解-生成反应的方向和读出反应限度。结合专用标尺，还可以扩大氧化物吉布斯自由能图的使用范围。

(3) 硫化物、氯化物吉布斯自由能图的使用方法。（与氧化物吉布斯自由能图使用方法一致）

(4) 碳酸盐分解-生成反应的 $\lg\frac{p_{CO_2}}{p^\ominus}$-$T$ 图的使用以及物质稳定区的判断。

4.1 概述

4.1.1 化合物分解-生成反应的基本概念

任何化合物在受热时分解为元素（或较简单的化合物）和一种气体的反应就是化合物的分解反应（也称离解反应），而其逆反应则是化合物的生成反应。这类反应统称为化合物的分解-生成反应（或叫离解-生成反应）。

火法冶金过程中所用到的矿石、熔剂、还原剂等物料是由各种化合物组成的，其中常见的化合物有碳酸盐、氧化物、硫化物、硫酸盐和卤化物等，火法冶金过程中常见的分解-生成反应有：

(1) 氧化物的分解-生成反应。例如，$4Cu(s) + O_2(g) = 2Cu_2O(s)$，
$4Fe_3O_4(s) + O_2(g) = 6Fe_2O_3(s)$。

(2) 碳酸盐的分解-生成反应。例如，$CaO(s) + CO_2(g) = CaCO_3(s)$。

(3) 硫化物的分解-生成反应。例如，$2Fe(s) + S_2(g) = 2FeS(s)$。

(4) 氯化物的分解-生成反应。例如，$Ti(s) + 2Cl_2(g) = TiCl_4(s)$。

(5) 还原剂化合物的分解-生成反应。例如，$2C(s) + O_2(g) = 2CO(g)$，
$2CO(g) + O_2(g) = 2CO_2(g)$。

4.1.2 化合物分解-生成反应及其吉布斯自由能变化

绝大多数的分解-生成反应都是在恒压恒温条件下进行的，因此化合物分解-生成反应

及其吉布斯自由能变化可用下列通式表示：

$$A(s) + B(g) \longrightarrow AB(s) \tag{1}$$

$$\Delta_f G_m = \Delta_f G_m^{\ominus} + RT\ln\frac{p^{\ominus}}{p_B^*} = RT(\ln p_B - \ln p_B^*) \tag{4-1}$$

$$\Delta_f G_m^{\ominus} = -RT\ln K^{\ominus} = -RT\ln\frac{1}{p_B/p^{\ominus}} = -RT\ln\frac{1}{p_{分解}/p^{\ominus}} \tag{4-2}$$

式中 p_B——化合物 AB 的分解压（或称离解压），用 $p_{分解}$ 表示。它也是分解-生成反应（1）气相 B 的平衡分压，Pa；

p_B^*——反应（1）进行时气相 B 的实际分压，Pa。

4.1.3 化合物分解-生成反应进行方向的判断

4.1.3.1 用化合物的 $\Delta_f G_m$ 判断反应进行方向及其化合物稳定性

众所周知，化合物分解-生成反应大多是在恒温恒压不做非体积功的条件下进行的，此时分解-生成化学反应（1）进行的方向可用化合物的摩尔生成吉布斯自由能 $\Delta_f G_m$ 作判据，即对于化合物的分解-生成反应（1）来说

当化合物 AB 的 $\Delta_f G_m$
- <0 时，化合物分解-生成反应（1）正向自发进行，其值愈负化合物 AB 愈稳定；
- =0 时，化合物分解-生成反应（1）达到平衡；
- >0 时，化合物分解-生成反应（1）逆向自发进行，其值愈正化合物 AB 愈不稳定。

$\Delta_f G_m$ 表示化合物 AB 的摩尔生成吉布斯自由能变化。化合物的摩尔生成吉布斯自由能变化，是衡量该化合物稳定性的量度，摩尔生成吉布斯自由能变化的数值愈负，化合物就愈稳定；反之，则愈不稳定。即化合物的 $\Delta_f G_m$ 可表征 A 对 B 化学亲和力的大小和化合物 AB 稳定的程度。

在实际应用中，由于 $\Delta_f G_m$ 的获取往往比较困难，因此一般是用 $\Delta_f G_m^{\ominus}$ 近似代替 $\Delta_f G_m$，对化合物分解-生成反应进行的方向及其化合物的稳定性作近似的分析判断。

4.1.3.2 用化合物的分解压 $p_{分解}$ 判断反应进行方向及化合物的稳定性

分析化合物分解压 $p_{分解}$ 的大小，可判断化合物分解-生成反应进行的方向及化合物的稳定性，判断化合物分解-生成反应进行的方向及化合物的稳定性。化合物的分解压可直接由实验测定，也可用热力学方法通过方程（4-2）计算。

A 比较化合物分解压 $p_{分解}$ 与化合物分解所产气相 B 的实际分压 p_B^* 的大小，判断反应方向及化合物稳定性

从方程（4-1）可知：

（1）当 $p_{分解} < p_B^*$ 时，$\Delta_f G_m < 0$，反应（1）向生成化合物的方向进行（正向进行），亦即是化合物 AB 的分解压 $p_{分解}$ 愈小（$\Delta_f G_m$ 值愈负），反应（1）向生成化合物 AB 方向进行的趋势愈大，化合物 AB 愈稳定。

（2）当 $p_{分解} = p_B^*$ 时，$\Delta_f G_m = 0$，反应（1）达到平衡，A、B 和 AB 平衡共存。

（3）当 $p_{分解} > p_B^*$ 时，$\Delta_f G_m > 0$，反应（1）向化合物分解的方向进行（逆向进行），亦

即是化合物 AB 的分解压 $p_{分解}$ 愈大（$\Delta_f G_m$ 值愈正），反应（1）向化合物 AB 分解的方向进行的趋势愈大，化合物愈不稳定。

可见，用化合物的分解压判断分解-生成反应进行的方向和化合物的稳定程度，其实质也是用分解-生成反应的吉布斯自由能变化来进行判断分析的。

综上所述，化合物 AB 的分解压 $p_{分解}$ 愈小，说明 A 对 B 的化学亲和力愈大，化合物 AB 愈不易分解，化合物愈稳定；反之，化合物 AB 的分解压 $p_{分解}$ 愈大，说明 A 对 B 的化学亲和力愈小，化合物 AB 愈易分解，化合物愈不稳定。

B 利用化合物分解压 $p_{分解}$ 与温度关系图，判断化合物分解-生成反应方向及化合物稳定性

下面利用分解压随温度变化曲线图，判断化合物分解-生成反应进行的方向，并分析比较各种化合物的稳定性。

从图 4-1 可以看出，分解压-温度曲线将图分成Ⅰ和Ⅱ两个区域。如果化合物 AB 的分解-生成反应在恒定温度 T_a 下进行，则当体系内 B 气体实际分压 p_B^* 位于曲线以上的 a 点时，$p_B^* > p_{分解}$，于是从方程（4-1）可知，此时化合物的 $\Delta_f G_m < 0$，所以反应（1）只能向生成化合物 AB 的方向进行；当体系内 B 气体实际分压 p_B^* 位于曲线以下的 b 点时，$p_B^* < p_{分解}$，于是 $\Delta_f G_m > 0$，故反应（1）只能向 AB 分解的方向进行。

从图 4-2 可看出：如果化合物 AB 的分解-生成反应在某恒定分压 p_B^* 下进行，例如在 $p_B^* = p_{B2}^*$ 下进行，当反应处于 T_p 温度下时，则 $p_B^* = p_{分解}$，反应达到平衡；当反应在温度 T_1 下进行时，$T_1 < T_p$，实际分压 $p_{B2}^* >$ 分解压 $p'_{分解}$，于是反应向生成 AB 的方向进行；当反应在温度 T_2 下进行时，$T_2 > T_p$，实际分压 $p_{B2}^* <$ 分解压 $p''_{分解}$，于是反应向 AB 分解的方向进行。温度 T_p 称为化合物 AB 在某实际分压 p_B^*（为 p_{B2}^*）下的开始分解温度。实际分压 p_B^* 愈大，开始分解温度就愈高。如果平衡分压 p_B（也是化合物分解压 $p_{分解}$）等于气相总压，则分解反应激烈进行，过程处于所谓的“沸腾”状态。化合物分解压达到体系总压力所需温度称为“化学沸腾温度”。实际生产中，为提高分解速率，作业温度往往要比开始分解

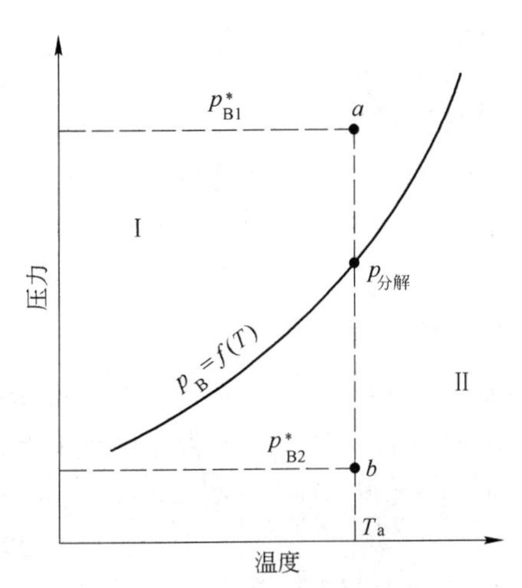

图 4-1 化合物分解压随温度变化示意图

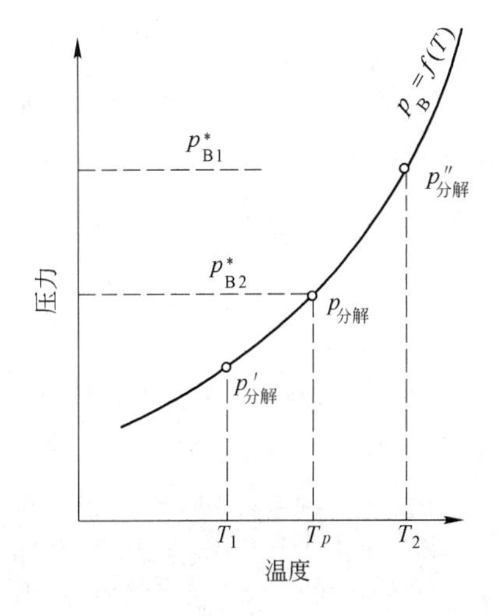

图 4-2 在恒定分压 p_B 下，化合物分解-生成反应的方向

温度高得多，一般是在化学沸腾温度下实现化合物的分解过程的。

由图4-3分析两种化合物分解压与温度的关系曲线，可以判断化合物的稳定性：

(1) 在体系温度恒定，例如在恒温 T_a 的条件下，曲线位置愈高，化合物分解压愈高，化合物愈不稳定；反之曲线位置愈低，化合物分解压愈小，化合物愈稳定，即分解压愈大的化合物愈不稳定，反之则愈稳定。

(2) 在气相B的实际分压 p_B^* 恒定的条件下，曲线位置愈靠左，化合物开始分解温度愈低，化合物愈不稳定；反之，曲线位置愈靠右，化合物开始分解温度愈高，化合物愈稳定。即化合物Ⅰ（左边曲线Ⅰ）的分解温度 T_{p_1} < 化合物Ⅱ（右边曲线Ⅱ）的分解温度 T_{p_2}。

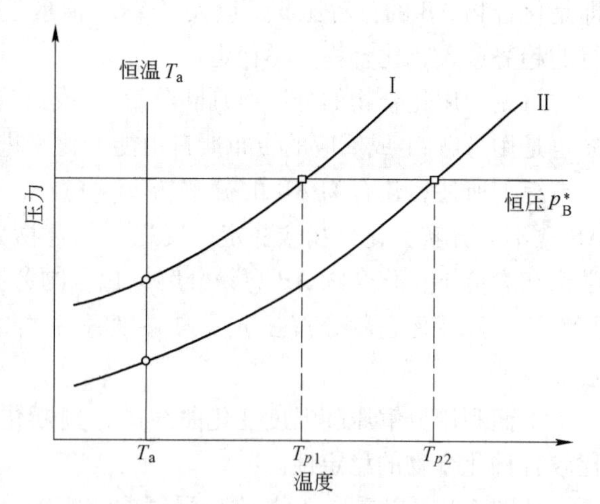

图4-3 恒温 T_a 或恒定分压 p_B^* 条件下化合物的稳定性

4.2 氧化物分解-生成反应

4.2.1 几个常用名词的基本概念

4.2.1.1 氧化物标准摩尔生成吉布斯自由能变化的两种表示方式

A 以生成1mol氧化物为标准的 $\Delta_f G_m^\ominus$

氧化物的标准摩尔生成吉布斯自由能 $\Delta_f G_m^\ominus$：是指在给定温度及标准压强（$p^\ominus$ = 101.325kPa）下，由标准态的单质反应生成1mol标准态下的氧化物时，反应的吉布斯自由能变化。具体来说，$\Delta_f G_m^\ominus$ 是以下氧化物生成反应的吉布斯自由能变化：

$$x\mathrm{Me(s)} + \frac{y}{2}\mathrm{O_2(g)} = \mathrm{Me}_x\mathrm{O}_y\mathrm{(s)}$$
$$\Delta_f G_m^\ominus = -RT\ln K^\ominus = \frac{y}{2}RT\ln(p_{O_2}/p^\ominus) \tag{1}$$

例如，FeO 的 $\Delta_f G_m^\ominus$ 是以下FeO生成反应的标准摩尔吉布斯自由能变化：

$$\mathrm{Fe(s)} + \frac{1}{2}\mathrm{O_2(g)} = \mathrm{FeO(s)}$$

$$\Delta_f G_m^\ominus = -RT\ln K^\ominus = \frac{1}{2}RT\ln(p_{O_2}/p^\ominus)$$

如果已知1000K时Fe、O_2、FeO的标准摩尔吉布斯自由能 $G_m^\ominus$ 分别为 -49.9kJ/mol、-220.62kJ/mol、-359.48kJ/mol，则可知1000K时FeO的标准摩尔生成吉布斯自由能为：

$$\Delta_f G_{m(FeO)}^\ominus = -359.48 + 220.62/2 + 49 = -199.27\mathrm{kJ/mol}$$

B 以1mol氧气（O_2）反应为标准的 $\Delta_f G_m^{\ominus\prime}$

氧化物的标准摩尔生成吉布斯自由能变化 $\Delta_f G_m^{\ominus\prime}$：表示在标准状态下，金属与1mol氧气反应生成$\frac{2}{y}$mol $\mathrm{Me}_x\mathrm{O}_y$ 反应的标准摩尔吉布斯自由能变化，即 $\Delta_f G_m^{\ominus\prime}$ 是下列氧化物分解-

生成反应的标准摩尔吉布斯自由能变化：

$$\frac{2x}{y}\mathrm{Me(s)} + \mathrm{O_2(g)} \xlongequal{\quad} \frac{2}{y}\mathrm{Me}_x\mathrm{O}_y\mathrm{(s)} \qquad (2)$$

$$\Delta_f G_m^{\ominus}{}' = -RT\ln K^{\ominus} = RT\ln(p_{O_2}/p^{\ominus})$$

之所以引入 $\Delta_f G_m^{\ominus}{}'$这个概念，是为了统一各种金属氧化物相互比较的标准，按习惯统一为：各金属氧化物含 O_2量相同，均为1mol O_2。在这样的标准条件下，比较它们的吉布斯自由能变化，以判断各金属对氧亲和力的强弱。这里，请注意与前述的 $\Delta_f G_m^{\ominus}$ 加以区别。

例如，FeO 的 $\Delta_f G_m^{\ominus}{}'$是下列 FeO 生成反应的标准摩尔吉布斯自由能变化：

$$2\mathrm{Fe(s)} + \mathrm{O_2(g)} \xlongequal{\quad} 2\mathrm{FeO(s)},\ \Delta_f G_m^{\ominus}{}' = -RT\ln K^{\ominus} = RT\ln(p_{O_2}/p^{\ominus})$$

可见，FeO 的 $\Delta_f G_m^{\ominus}$ 与 FeO 的 $\Delta_f G_m^{\ominus}{}'$存在如下关系：$\Delta_f G_m^{\ominus}{}' = 2\Delta_f G_m^{\ominus}$。

4.2.1.2 氧化物的氧势 $RT\ln$（$p_{O_2}/p^{\ominus}$）

若设氧化物生成反应中氧的平衡分压为 p_{O_2}，则我们把 $RT\ln$（$p_{O_2}/p^{\ominus}$）称为氧化物（生成反应）的氧势（或称氧位），在冶金中常用氧势作为评价氧化物相对稳定性的标志。对氧化物而言，其中氧势愈高，或者说平衡时，氧在气相中的平衡分压（氧化物的分解压）愈大，则意味着氧从氧化物中逸出的趋势愈大，氧化物愈不稳定。反之，则意味着氧从氧化物中逸出的趋势愈小，氧化物愈稳定。所以，氧化物的氧势可表征氧化物稳定的程度。

由反应（1）和（2）可知氧化物的氧势：

$$RT\ln(p_{O_2}/p^{\ominus}) = \Delta_f G_m^{\ominus}{}' = \frac{2}{y}\Delta_f G_m^{\ominus}$$

同理，对硫化物、氯化物体系而言，亦分别采用硫势 $RT\ln$（$p_{S_2}/p^{\ominus}$）、氯势 $RT\ln$（$p_{Cl_2}/p^{\ominus}$）作为衡量体系中硫化物、氯化物稳定性的标志。p_{S_2}、p_{Cl_2}分别为体系处于平衡时硫、氯的平衡分压（即硫化物和氯化物的分解压）。

4.2.2 氧化物吉布斯自由能图

吉布斯自由能图是反应的标准吉布斯自由能变化 $\Delta_f G_m^{\ominus}{}'$与温度的关系曲线图，因而只能适用于标准状态，即参与反应的物质中，凝聚相（固、液相）为定组成化合物，气相分压均为101.325kPa。若凝聚相为不定组成的化合物、固溶体或溶液，则不适用。

利用吉布斯自由能图可以直观地分析比较各种化合物稳定性的大小和分解顺序，以及分解-生成反应进行的方向和限度。按不同化合物分类，吉布斯自由能图分为：氧化物吉布斯自由能图（亦称氧势图或称氧位图）、硫化物吉布斯自由能图和氯化物吉布斯自由能图等。各种化合物吉布斯自由能图的作图方法、分析和使用方法都是一致的，下面以氧化物吉布斯自由能图为例，简要介绍化合物分解-生成反应吉布斯自由能图绘制、分析和使用的基本方法。

4.2.2.1 氧化物吉布斯自由能图绘制基本方法

在氧化物吉布斯自由能图中，氧化物分解-生成反应的通式可写为：

$$\frac{2x}{y}\mathrm{Me(s)} + \mathrm{O_2(g)} \xlongequal{\quad} \frac{2}{y}\mathrm{Me}_x\mathrm{O}_y\mathrm{(s)},\ \Delta_f G_m^{\ominus}{}' = a + bT$$

以 $\Delta_f G_m^{\ominus}{}'$ 为纵坐标，温度 T 为横坐标，将各氧化物 $\Delta_f G_m^{\ominus}{}' = a + bT$ 的关系曲线绘制在一

张图中，即构成氧化物吉布斯自由能图，见图 4-4。

A $\Delta_f G_m^{\ominus}{}'$-$T$ 直线的截距和斜率

由关系式 $\Delta_f G_m^{\ominus}{}' = a + bT$ 可以看出：a、b 为常数，与温度无关，且直线的斜率为 b；当 $T = 0$K时，$\Delta_f G_m^{\ominus}{}' = a$，所以 $\Delta_f G_m^{\ominus}{}'$-$T$ 直线在纵坐标上的截距为 a。

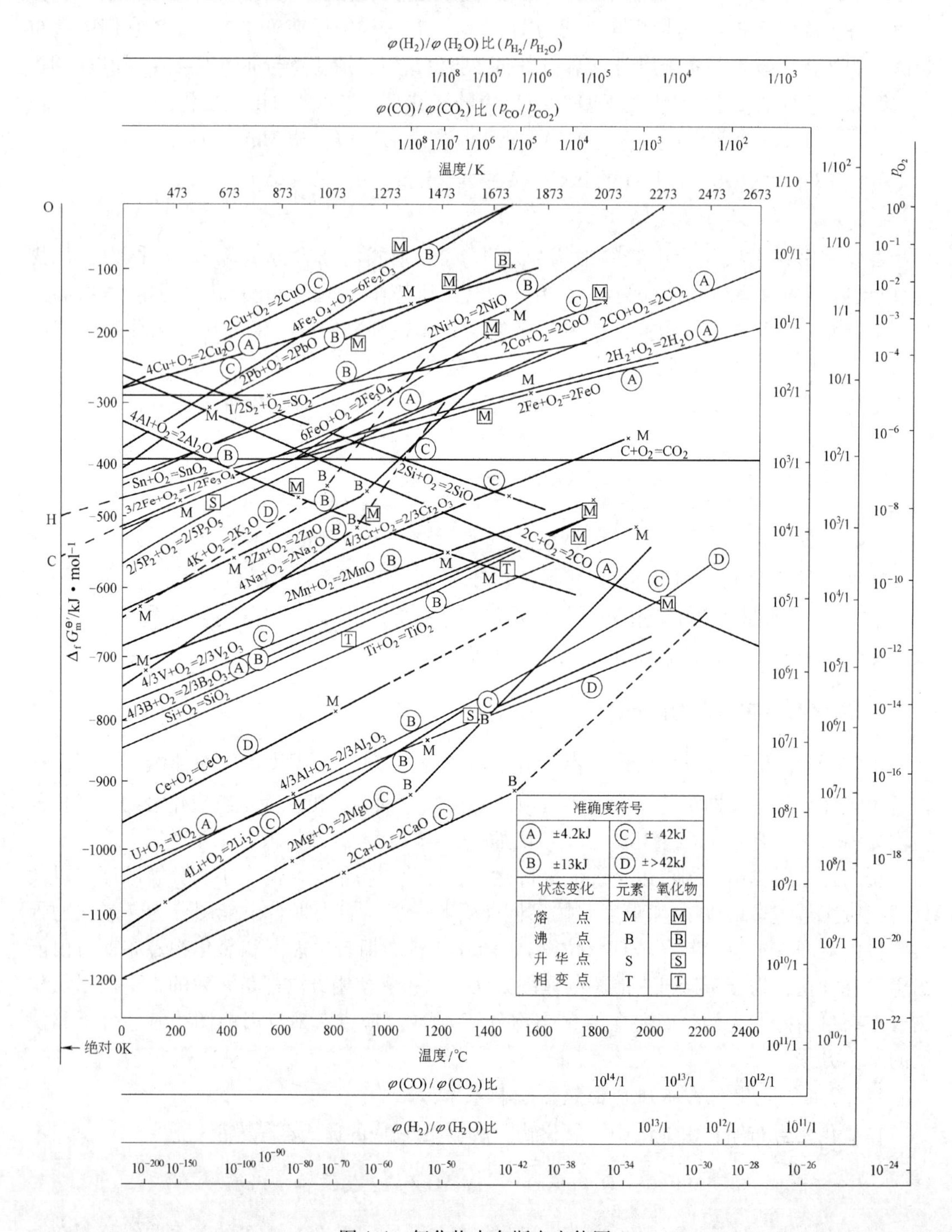

图 4-4 氧化物吉布斯自由能图

例如，对反应 $4Cu(s)+O_2(g)=2Cu_2O(s)$，若 $\Delta_f G_m^{\ominus\prime}=-333.465+0.1344T$，单位为kJ/mol，则该反应的 $\Delta_f G_m^{\ominus\prime}$-$T$ 直线在纵坐标上的截距 $a=-333.465$kJ/mol，斜率 $b=0.1344$。根据截距和斜率，就可绘出反应 $4Cu(s)+O_2(g)=2Cu_2O(s)$ 在图上的 $\Delta_f G_m^{\ominus\prime}$-$T$ 直线，如图4-5所示。

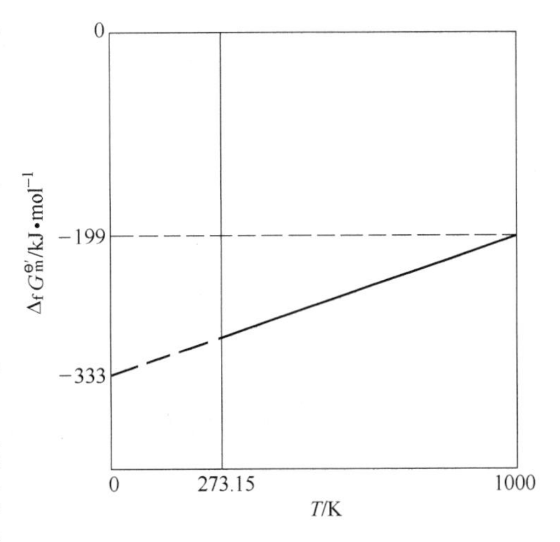

图4-5 $4Cu(s)+O_2(g)=2Cu_2O(s)$ 的 $\Delta_f G_m^{\ominus\prime}$-$T$ 直线

B $\Delta_f G_m^{\ominus\prime}$-$T$ 关系图中各反应直线斜率变化情况分析比较

氧化物的吉布斯自由能与温度的关系式 $\Delta_f G_m^{\ominus\prime}=a+bT$，与吉布斯自由能的定义式 $\Delta_r G_{mT}^{\ominus}=\Delta_r H_{mT}^{\ominus}-T\Delta_r S_{mT}^{\ominus}$ 在形式上相似，直线的斜率 b 相当于在关系式适用温度范围内反应的 $-\Delta_r S_{mT}^{\ominus}$ 平均值。为了便于分析吉布斯自由能图中各种氧化物 $\Delta_f G_m^{\ominus\prime}$-$T$ 关系式的斜率，现近似地用反应在298K时的 $\Delta_r S_{m298}^{\ominus}$ 来代替 $\Delta_r S_{mT}^{\ominus}$，这样虽然存在一定的误差，但用来说明斜率的方向变化仍是可行的。

在氧化物吉布斯自由能图（图4-4）中，各氧化物吉布斯自由能与温度关系直线的斜率，无论方向和大小都是有差异的，主要原因是反应前后气体摩尔数的变化。现对氧化物吉布斯自由能图中各种反应直线斜率变化情况分析比较如下。

a 金属与氧气反应的直线斜率变化

凝聚状态（固、液态）的金属与氧气反应生成凝聚态的氧化物时，$\Delta_f G_m^{\ominus\prime}$、$T$、$\Delta_r S_{mT}^{\ominus}$ 和 b 等存在如下关系：

$$2Me(s,l)+O_2(g)=2MeO(s,l),\ \Delta_f G_m^{\ominus\prime}=a+bT$$

$$\Delta_f G_m^{\ominus\prime}=\Delta_r H_{mT}^{\ominus}-T\cdot\Delta_r S_{mT}^{\ominus}\approx\Delta_r H_{mT}^{\ominus}-T\cdot\Delta_r S_{m298}^{\ominus}$$

斜率 $b\approx-\Delta_r S_{mT}^{\ominus}=-2S_{m298}^{\ominus}(MeO)+S_{m298}^{\ominus}(Me)+2S_{m298}^{\ominus}(O_2)$。

由于凝聚物质MeO和Me的 $S_{m298}^{\ominus}$ 都比较小，且多处于0～62.76J/(K·mol)范围内，故两项的差值接近于相互抵消，因而反应的 $\Delta S_{298}^{\ominus}$ 取决于 $2S_{m298}^{\ominus}(O_2)=-205.27$J/(K·mol)，所以 $\Delta_f G_m^{\ominus\prime}$-$T$ 直线的斜率 $b\approx205.27$。当然各种金属与其氧化物的 $S_{m298}^{\ominus}$ 是不完全相等的，因而各MeO的 $\Delta_f G_m^{\ominus\prime}$-$T$ 直线的斜率 b 也有差异，它们大约处于125.52～292.9的范围。但就其总的趋势来说，斜率 b 都为正值。所以，这些直线都是向上倾斜且为大致相互平行的直线。

b 冶金还原剂(C、CO、H_2)与氧气反应的直线斜率变化

对于冶金常用还原剂(C、CO、H_2)氧化反应而言，由于凝聚物质的 $S_{m298}^{\ominus}$ 很小，各种气体的摩尔熵 $S_{m298}^{\ominus}$ 相近，故当反应前后气体物质的量变化相等时反应的斜率接近于零，不相等时反应 $\Delta_f G_m^{\ominus\prime}$-$T$ 直线斜率 b 的值有各种不同的情况：

(1) 对于 $2CO(g)+O_2(g)=2CO_2(g)$，$\Delta_f G_m^{\ominus\prime}=-565258.4+173.46T$，即其斜率 $b\approx$

$-\Delta_r S^{\ominus}_{m298}=173.46$，与 MeO 的 $\Delta_f G^{\ominus}_m{}'$-$T$ 直线的斜率接近，因而该反应的 $\Delta_f G^{\ominus}_m{}'$-$T$ 直线与 MeO 的直线大致平行。

（2）对于 $2H_2(g)+O_2(g)=2H_2O(g)$，$\Delta_f G^{\ominus}_m{}'=-493712+111.92T$，其斜率 $b\approx 111.92$，比 MeO 的斜率小。

（3）对于 $C(s)+O_2(g)=CO_2(g)$，$\Delta_f G^{\ominus}_m{}'=-394133-0.84T$，由于凝聚物质的 $S^{\ominus}_{m298}$ 很小，各种气体的摩尔熵 $S^{\ominus}_{m298}$ 相近，故当反应前后气体摩尔数相等时，反应的斜率接近于零（其斜率 $b\approx -0.84$），为稍向下倾斜但近似于水平线的直线。

（4）对于 $2C(s)+O_2(g)=2CO(g)$，$\Delta_f G^{\ominus}_m{}'=-223425.3-175.3T$，由于气相生成物摩尔数大于气相反应物摩尔数，故 $\Delta_r S^{\ominus}_{m298}$ 为正值，直线斜率 $b\approx -175.3$，为向下倾斜的直线。

还原剂氧化反应的 $\Delta_f G^{\ominus}_m{}'$-$T$ 直线斜率变化的这些特点，对冶金生产过程中选择还原剂有很重要的意义，这将在以后分析。

c 相变对反应直线斜率的影响

参与反应的物质随温度升高发生相变，由固相变为液相，由液相变为气相，熵值将逐步加大，相变过程熵的增加值可由下式求得：$\Delta_r S^{\ominus}_{m相变}=\Delta_r H^{\ominus}_{m相变}/T_{相变}$，即相变熵等于相变热除以相变温度。

（1）当反应物发生相变时，$\Delta_r S^{\ominus}_{mT}$ 降低，b 值加大，故斜率加大，相应直线的截距 a 降低。如：

$$
\begin{aligned}
&2Ca(s)+O_2(g)=2CaO(s),\ \Delta_f G^{\ominus}_m{}'=-1266245.8+197.99T\\
-)\quad &2Ca(s)=2Ca(l),\quad \Delta_r S^{\ominus}_{m相变}=2\times 8786.4/1124=15.63\\
\hline
&2Ca(l)+O_2(g)=2CaO(s),\ \Delta S^{\ominus}_T=-197.99-15.63=-213.6\text{J/(K·mol)}
\end{aligned}
$$

该反应的 $\Delta_f G^{\ominus}_m{}'=-1284906.4+214.55T$，即斜率 b 由 197.99 加大到 214.55，截距 a 由 -1266245.8 降低到 -1284906.4，曲线由相变温度开始向上倾斜，见图 4-4。

（2）而当生成物发生相变时，则恰好相反，$\Delta_r S^{\ominus}_{mT}$ 增加，b 值降低变小，斜率变小，而截距 a 加大。如：

$$
\begin{aligned}
&4Cu(l)+O_2(g)=2Cu_2O(s),\ \Delta_f G^{\ominus}_m{}'=-385514+164.4T\\
+)\quad &2Cu_2O(s)=2Cu_2O(l),\ \Delta_r S^{\ominus}_{m相变}=2\times 56066/1503=74.6\\
\hline
&4Cu(l)+O_2(g)=2Cu_2O(l),\ \Delta S^{\ominus}_T\approx -164.4+74.6\approx -89.8\text{J/(K·mol)}
\end{aligned}
$$

该反应的 $\Delta_f G^{\ominus}_m{}'=-273048+89.7T$，见图 4-4，曲线由相变温度开始降低倾斜度。

4.2.2.2 吉布斯自由能图的应用

A 氧化物的标准生成吉布斯自由能随温度变化的规律

吉布斯自由能图直观地反映了各种化合物的标准生成吉布斯自由能随温度变化的规律，并可粗略得出指定温度下的 $\Delta_f G^{\ominus}_m{}'$ 数值。

由图 4-3 可见，几乎所有氧化物的生成反应在热力学上皆为自动过程。而且，除 CO 和 CO_2 外，几乎所有的氧化物的 $\Delta_f G^{\ominus}_m{}'$ 值皆随温度升高而加大，也就是说，氧化物的生成趋势随温度升高而减弱，或者说分解趋势加大。

B 氧化物的稳定性与还原剂的选择

通过吉布斯自由能图可粗略得出指定温度下化合物的 $\Delta_f G_m^{\ominus}{}'$ 数值。$\Delta_f G_m^{\ominus}{}'$ 数值的大小可反映化合物稳定的程度或生成反应顺序。一般而言，同等条件下 $\Delta_f G_m^{\ominus}{}'$ 的数值越小，化合物越稳定或化合物优先生成。例如：氧化物吉布斯自由能图就可表示不同元素和氧结合的生成顺序。氧化物的稳定性愈大，即该元素对氧的化学亲和力愈大。因此该元素就可以使图中平衡线位置较高的氧化物还原，该元素则转变为氧化物。冶金生产中常常利用这一特性选择还原剂。

如上所述，直线位置低的金属，从热力学方面来说，皆可作为位置高的氧化物的还原剂，如用 Al 可还原 TiO_2：

$$\frac{4}{3}Al(l) + O_2(g) = \frac{2}{3}Al_2O_3(s), \quad \Delta_f G_m^{\ominus}{}' = -1120475 + 214T \quad (932 \sim 1973K)$$

$$-)\quad Ti(s) + O_2(g) = TiO_2(s), \quad \Delta_f G_m^{\ominus}{}' = -210455 + 172.4T \quad (298 \sim 1973K)$$

$$\frac{4}{3}Al(l) + TiO_2(s) = \frac{2}{3}Al_2O_3(s) + Ti(s), \quad \Delta_r G_m^{\ominus} = -910020 + 41.6T \ \mathrm{J/mol}(932 \sim 1973K)$$

用 Al 还原 TiO_2 反应的 $\Delta_r G_m^{\ominus}$ 在该式适用温度范围内（932～1973K）均为负值，说明反应有向 TiO_2 还原方向进行的趋势，Al 可作为 TiO_2 的还原剂。

冶金工业上所用的还原剂除了具备上述热力学条件外，还需考虑经济效益，如还原剂的价格高低，资源是否丰富等。通常用的是还原剂为 C、CO、H_2 和某些价廉的金属。由图 4-4 可见 $2CO(g) + O_2(g) = 2CO_2(g)$、$2H_2(g) + O_2(g) = 2H_2O(g)$ 的 $\Delta_f G_m^{\ominus}{}'$ 值比较大，即曲线位置较高，因而只能用 C、CO、H_2 来还原位置比其更高的氧化物，如 Cu_2O、PbO、NiO、CoO、Fe_2O_3、Fe_3O_4、FeO、SnO_2 等。

用 C 作还原剂时，由于 $2C + O_2 = 2CO$ 反应的 $\Delta_f G_m^{\ominus}{}'$ 随温度升高而减小，因而升高温度有利于用 C 还原更多的氧化物，例如：

在 1273K 以下温度，C 可还原 NiO、CoO、Cu_2O、PbO、FeO 等；

在温度为 1273～1773K 时，C 可增加还原物质 MnO、Cr_2O_3、ZnO 等；

在温度为 1773～2273K 时，C 可增加还原物质 TiO_2、VO、SiO_2 等；

在温度为 2273K 以上时，C 可增加还原物质 CaO、MgO、Al_2O_3 等。

用 C 作还原剂时，除有些还原反应生成的金属含有 C 是允许的外（例如，生铁中含 C，或还原产物本身就是碳化物产品如 CaC、SiC 等），如果还原反应会导致金属产品含 C，则不能用 C 作还原剂；对于位置比 CO、H_2、C 氧化曲线还要低的氧化物，则 CO、H_2、C 不能使其还原，只能用位置比其低的金属作为还原剂，这种还原方法即称之为金属热还原。

金属对氧的亲和力随温度的升高而减小。由于生成各种氧化物的 $\Delta S_T^{\ominus}$ 不同，$\Delta_f G_m^{\ominus}{}'$-$T$ 直线斜率不同，因而常出现两直线相交的情况，在相交前后，亲和力的顺序也将随之改变。如用 C 还原 MnO_2 时：

$$2C(s) + O_2(g) = 2CO(g), \quad \Delta_f G_m^{\ominus}{}' = -223425.6 - 175.3T \ \mathrm{J/mol}$$

$$-)\, 2Mn(s) + O_2(g) = 2MnO(s), \quad \Delta_f G_m^{\ominus}{}' = -769437.6 + 144.9T \ \mathrm{J/mol}$$

$$2MnO(s) + 2C(s) = 2Mn(s) + 2CO(g), \quad \Delta_r G_m^{\ominus} = 546012 - 320.2T \ \mathrm{J/mol}$$

其交点温度为：

$$T_{交} = 546012/320.2 = 1705\text{K}$$

如图4-6所示，在 $T_{交}$ 时，反应的 $\Delta_r G_m^\ominus = 0$，反应平衡，如果温度高于 $T_{交}$，反应 $\Delta_r G_m^\ominus < 0$，MnO将被C还原，故 $T_{交}$ 为MnO被还原的最低还原温度。如果温度低于 $T_{交}$，$\Delta_r G_m^\ominus > 0$，则Mn将被CO氧化，因而 $T_{交}$ 又是CO被Mn还原的最高温度。$T_{交}$ 一般被称为反应的转化温度。

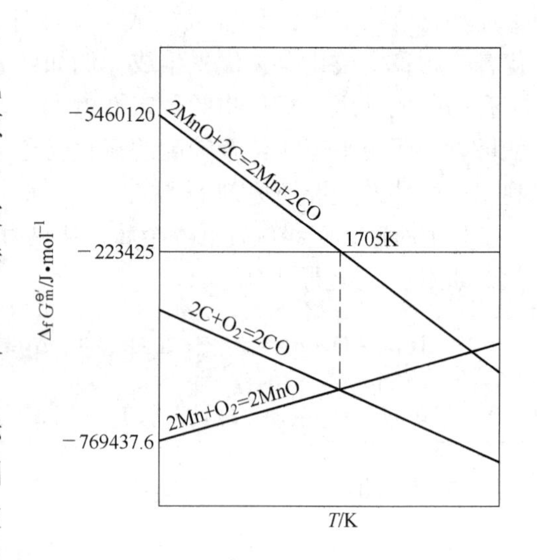

图4-6 反应的转化温度

4.2.2.3 吉布斯自由能图中的专用标尺及其使用

吉布斯自由能图周边可标出一些专用标尺，通过这些专用标尺可以简便、直观地得到相关的热力学数据，从而比较化合物的稳定性，判断反应进行的难易程度，选择合理的反应工艺条件。下面仍以图4-4为例加以说明。图中同时给出了 $p_{O_2}/p^\ominus$、CO/CO_2 和 H_2/H_2O 三个专用标尺，目的是用来直接从图上读出有关反应在不同温度下的平衡氧分压及 CO/CO_2 和 H_2/H_2O 的平衡比值。通过示意图4-7，说明三种专用标尺的构成原理及使用方法。

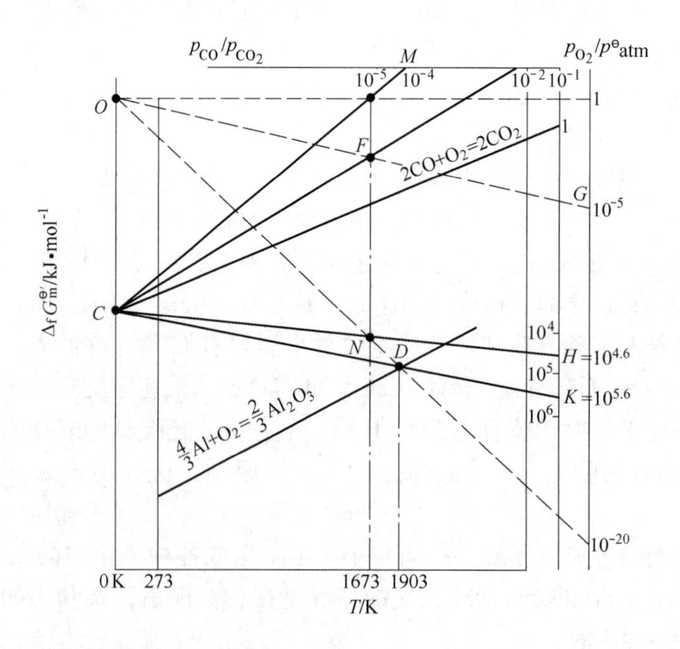

图4-7 用于说明专用标尺的氧化物 $\Delta_f G_m^{\ominus\prime}$-$T$ 关系示意图

A $p_{O_2}/p^\ominus$ 标尺

对某一金属氧化物的生成反应

$$2Me(s) + O_2(g) \xlongequal{} 2MeO(s), \quad \Delta_f G'_m = \Delta_f G_m^{\ominus\prime} - RT\ln p_{O_2}$$

令
$$\Delta G(O) = RT\ln p_{O_2}$$

则
$$\Delta_f G'_m = \Delta_f G_m^{\ominus\prime} - \Delta G(O)$$

式中，$\Delta G(O) = RT\ln p_{O_2}$称为系统的氧势，它与系统实际存在的氧分压 p_{O_2}和温度 T 有关。

对于给定系统而言，系统的氧势，可用氧势 $= RT\ln p_{O_2}/p^{\ominus}$表示。它随系统实际存在的氧分压 p_{O_2}和温度 T 的变化而改变。在系统的氧分压 p_{O_2}一定时，系统的氧势 $\Delta G(O)$随着系统温度 T 的变化而变化，且在氧势 $\Delta G(O)$-T 图上呈一条直线；当有一个确定的 p_{O_2}值时，就对应着一条氧势 $\Delta G(O)$-T 直线，无数个 p_{O_2}值就对应着无数条氧势 $\Delta G(O)$-T 直线，它们形成一个直线簇；簇中所有的直线在 $T=0$ 时，系统的氧势 $\Delta G(O)$均等于零，此值见图 4-7 中的 O 点。即系统的氧势 $\Delta G(O)$在不同 p_{O_2}的情况下，形成一直线簇，这些线簇在 $T=0$ 时相交于 O 点。将 O 点与 $p_{O_2}/p^{\ominus}$标尺上各刻度连接，则得不同氧分压下系统的氧势与温度的关系线，如图 4-7 中虚线所示。

将系统的氧势 $\Delta G(O) = RT\ln p_{O_2}$绘制在 $\Delta_f G_m^{\ominus\prime}$-$T$ 图上，可得到一系列等氧压线，这些线均通过坐标原点，这一点标为 O。只要将标尺上所考虑的 p_{O_2}点与 O 点连接即可重现这些等氧线，它们表示了在不同温度下的 $\Delta G(O)$值。

通过氧化物 $\Delta_f G_m^{\ominus\prime}$-$T$ 关系图上的 $p_{O_2}/p^{\ominus}$标尺，可读出在一定温度下某一氧化物的平衡氧分压(分解压)；如果已知该反应的平衡氧分压，则可以读出达到这一氧分压的平衡温度。例如，要从图中求出 Al_2O_3 在 1903K(1630℃)下的平衡氧分压 $p_{O_2}/p^{\ominus}$值，应首先从图中找出 Al_2O_3 生成反应的 $\Delta_f G_m^{\ominus\prime}$-$T$ 线，然后温度坐标上的 1903K(1630℃)处作垂线与 Al_2O_3 的 $\Delta_f G_m^{\ominus\prime}$-$T$ 线相交于 D 点，同样将 D 点与“O”点用虚线相连，并将连线向右延长至与 $p_{O_2}/p^{\ominus}$标尺相交，就可以从标尺上查出 Al_2O_3 在 1903K(1630℃)下的平衡氧分压(分解压)值为 $p_{O_2}/p^{\ominus} = p_{O_2}/p^{\ominus} = 10^{-20}$ atm，即 $p_{O_2} = 10^{-15}$ Pa。

B p_{CO}/p_{CO_2}标尺

为说明p_{CO}/p_{CO_2}标尺的意义及应用，先介绍 CO-CO_2 混合气体系统中存在的反应与系统中 CO、CO_2 分压的关系。在 CO、CO_2 混合气体中实际上存在下列平衡反应：

$$2CO(g) + O_2(g) \xlongequal{} 2CO_2(g)$$

该反应的吉布斯自由能变化为：

$$\Delta_r G_m(C) = \Delta_r G_m^{\ominus} - 2RT\ln(p_{CO}/p_{CO_2}) - RT\ln(p_{O_2}/p^{\ominus})$$

令
$$\Delta G(C) = \Delta_r G_m^{\ominus} - 2RT\ln(p_{CO}/p_{CO_2}) = a + [b - 2R\ln(p_{CO}/p_{CO_2})]T$$

则
$$\Delta_r G_m(C) = \Delta G(C) - RT\ln(p_{O_2}/p^{\ominus})$$

式中，p_{O_2}、p_{CO}、p_{CO_2}分别为 CO-CO_2 混合气体系统实际存在的 O_2、CO、CO_2 的分压。

由 $\Delta G(C) = a + [b - 2R\ln(p_{CO}/p_{CO_2})]T$ 可知，$\Delta G(C)$与系统中 p_{CO}/p_{CO_2}比值有关，同时也与 T 有关。当系统中 p_{CO}/p_{CO_2}一定时，系统的 $\Delta G(C)$随着 T 的变化而变化，且在 $\Delta G(C)$-T图上呈一条直线；当有一个确定的 p_{CO}/p_{CO_2}值时，就对应着一条 $\Delta G(C)$-T 直线，无数个确定的 p_{CO}/p_{CO_2}值就对应着无数条 $\Delta G(C)$-T 直线，它们形成一组直线簇；簇中所有的直线在 $T=0$ 时，系统的 $\Delta G(C)$均等于 a，此 a 值见图 4-7 中的 C 点。即系统中的 $\Delta G(C)$

在不同 p_{CO}/p_{CO_2} 情况下，形成一组直线簇，这组直线簇在 $T=0$ 时相交于 C 点，如图 4-7 中实线所示(为简单起见，只描出 C 点和不同 p_{CO}/p_{CO_2} 时直线簇在右边纵轴上的交点)。

利用专用标尺，从图 4-7 上我们可以得出：

(1) 在一定 p_{CO}/p_{CO_2} 下特定金属氧化物的开始还原温度，例如在 p_{CO}/p_{CO_2} 为 $10^{5.6}$ 时，Al_2O_3 被 CO 开始还原的温度为 1903K。

(2) 在任一温度下，CO 还原任一金属氧化物(如氧化铝)所需的最低 p_{CO}/p_{CO_2} 比值，例如 1903K(1630℃)下 CO 还原三氧化铝所需的最低 p_{CO}/p_{CO_2} 比值为 $10^{5.6}$。

(3) 任一温度一定 p_{CO}/p_{CO_2} 比值下，混合气体系统中氧气的平衡分压 p_{O_2} 值。

(4) 任一温度一定 $p_{O_2}/p^{\ominus}$ 下，混合气体系统中 p_{CO}/p_{CO_2} 平衡比值。

例如，已知混合气体系统中氧气的分压 p_{O_2} 分别为 10^5、1 及 10^{-15} Pa，即 $p_{O_2}/p^{\ominus}$ 为 1、10^{-5} 及 10^{-20} atm 时，确定 1673K(1400℃)温度下反应 $2CO + O_2 = 2CO_2$ 的 p_{CO}/p_{CO_2} 比值：

(1) 当混合气体系统中 $p_{O_2}/p^{\ominus}$ 为 10^{-5} atm 时，首先在图 4-7 中 $p_{O_2}/p^{\ominus}$ 标尺上找出 $p_{O_2}/p^{\ominus} = 10^{-5}$ 的点 G，作“O”和 G 点的连线 OG；然后从温度坐标轴上的 1673K 处作垂线，得 OG 线与垂线交于 F 点。接着从“C”点通过 F 点作直线 CF 与 p_{CO}/p_{CO_2} 标尺相交，交点读数 10^{-2} 即为所求的、混合气体系统中的 p_{CO}/p_{CO_2} 平衡比值。

(2) 当 $p_{O_2}/p^{\ominus} = 10^{-20}$ atm 时，按同样的方法可求得在 p_{CO}/p_{CO_2} 标尺线上的交点为 H，H 点的 p_{CO}/p_{CO_2} 平衡比值为 $10^{4.6}$。

(3) 当 $p_{O_2}/p^{\ominus} = 1$ atm 时，同样方法可找到在 p_{CO}/p_{CO_2} 标尺线上的交点为 M，M 点的 p_{CO}/p_{CO_2} 平衡比值为 $10^{-5.0}$。

C H_2/H_2O 标尺

氧化物 $\Delta_f G_m^{\ominus\prime}$-$T$ 图上标出 H_2/H_2O 专用标尺，目的在于查出反应 $2H_2 + O_2 = 2H_2O$ 的平衡值，从而能迅速求得各种氧化物被 H_2 还原的可能性及现实的条件。由于 H_2/H_2O 标尺构成原理及使用方法与 p_{CO}/p_{CO_2} 标尺完全相似，所不同的是参考点为“H”，故在此就不详述。

4.3 碳酸盐的分解-生成反应

4.3.1 碳酸盐分解-生成反应的热力学规律

在冶金生产中经常使用的碳酸盐有石灰石 $CaCO_3$、菱镁矿 $MgCO_3$、白云石 $CaCO_3 \cdot MgCO_3$、菱铁矿 $FeCO_3$、菱锌矿 $ZnCO_3$ 等，这些碳酸盐有的作为冶金原料，有的作为造渣熔剂。碳酸盐焙解要消耗大量热量，并且会使炉气成分发生变化，因此在冶金生产中使用碳酸盐一般要先进行焙解。

碳酸盐的分解-生成反应通式可用下式表示：

$$MeO(s) + CO_2(g) = MeCO_3(s), \quad \Delta_f G_m = \Delta_f G_m^{\ominus} + RT\ln \frac{p^{\ominus}}{p^*_{CO_2}}$$

该反应式的正反应为碳酸盐的生成反应，逆反应为碳酸盐的分解反应。对碳酸盐的生成反应而言，在任一 CO_2 实际分压为 $p^*_{CO_2}$ 的条件下，其碳酸盐生成反应的吉布斯自由能变化为：

$$\Delta_f G_m = -RT\ln\frac{p^\ominus}{p_{CO_2}} + RT\ln\frac{p^\ominus}{p^*_{CO_2}} = RT(\ln p_{CO_2} - \ln p^*_{CO_2})$$

$$\Delta_f G^\ominus_m = -RT\ln K^\ominus = -RT\ln\frac{p^\ominus}{p_{CO_2}} = -RT\ln\frac{p^\ominus}{p_{分解}} = \Delta_f G^{\ominus\prime}_m$$

式中，p_{CO_2}为碳酸盐的分解压$p_{分解}$；$p^*_{CO_2}$为体系内实际存在的CO_2分压。

碳酸盐的分解-生成反应与氧化物的分解-生成反应相似，因而其热力学的分析方法和规律也与氧化物相似。根据碳酸盐分解压$p_{分解}$与体系内实际存在的$p^*_{CO_2}$的大小，可以确定碳酸盐分解-生成反应进行的方向。图4-8是碳酸盐（$CaCO_3$）分解-生成反应的$\lg(p_{CO_2}/p^\ominus)$-T平衡图，图中的$\lg(p_{CO_2}/p^\ominus)$-T曲线将该图划分为两个区域：$MeCO_3$稳定区和MeO稳定区（$MeCO_3$不稳定区）。在一定温度条件下：

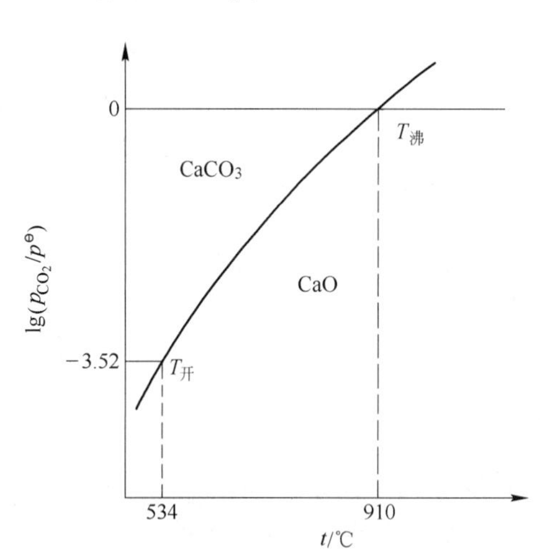

图4-8 碳酸盐（$CaCO_3$）分解-生成反应的$\lg(p_{CO_2}/p^\ominus)$-T平衡图

（1）当分解-生成反应处于MeO稳定区时，$p^*_{CO_2} < p_{分解}$，$\Delta_f G_m > 0$，反应向碳酸盐分解生成MeO的方向进行，在此条件下$MeCO_3$是不稳定的。

（2）当分解-生成反应处于$MeCO_3$稳定区时，$p^*_{CO_2} > p_{分解}$，$\Delta_f G_m < 0$，反应向生成碳酸盐的方向进行，在此条件下$MeCO_3$是稳定的。

（3）当分解-生成反应处于$\lg p_{CO_2}$-T曲线上时，$p^*_{CO_2} = p_{分解}$，$\Delta_f G_m = 0$，反应达到平衡，在此条件下MeO(s)、C_2和$MeCO_3$(s)三相平衡共存。

4.3.2 碳酸钙分解-生成反应的热力学规律

碳酸钙的分解-生成反应及其$\Delta_f G^{\ominus\prime}_m$为：

$$CaO + CO_2(g) = CaCO_3,\quad \Delta_f G^{\ominus\prime}_m = -170925 + 144.4T \quad J/mol$$

所以，根据$\Delta_f G^{\ominus\prime}_m = RT\ln\frac{p_{CO_2}}{p^\ominus}$可导出：

$$\lg\frac{p_{CO_2}}{p^\ominus} = -\frac{8920}{T} + 7.54 \tag{4-3}$$

以$\lg(p_{CO_2}/p^\ominus)$为纵坐标，T为横坐标，将关系式（4-3）绘制在图中，可得到$CaCO_3$分解-生成反应的$\lg(p_{CO_2}/p^\ominus)$-T平衡图，见图4-8。

在图4-8中的曲线上，$CaCO_3$、CaO、CO_2平衡共存，曲线以上区域为$CaCO_3$稳定区，曲线以下为CaO稳定区。

当在大气中焙烧$CaCO_3$时，大气中CO_2含量约为0.03%，即：大气中CO_2分压$p^*_{CO_2}$

$=0.0003\times101325\text{Pa}=30.4\text{Pa}$。因而 $CaCO_3$ 开始分解温度可由 $p_{分解}=p^*_{CO_2}=30.4\text{Pa}$ 求出：

由式(4-3) $\lg0.0003=-\dfrac{8920}{T}+7.54$

得 $CaCO_3$ 开始分解温度 $T_{开}=807\text{K}$

根据以上计算，$CaCO_3$ 在大气中只要加热到 807K(534℃)即可分解，然而低温分解速度慢，同时，由于分解后产生 CO_2 将使气相中 $p^*_{CO_2}$ 升高，阻滞反应的进行，对实际冶金过程无意义。因而由动力学因素与实际冶金的要求考虑，应使分解温度提高到使碳酸钙的分解压 $p_{分解}$ 稍大于大气总压力，这样分解反应将迅速进行。通常将碳酸盐分解压 $p_{分解}$ 为 101.325kPa 时的温度称为碳酸盐的化学沸腾温度。

由式（4-3），当碳酸盐分解压 $p_{分解}=101325\text{Pa}(1\text{atm})$ 时，得：

$$\lg\frac{p_{分解}}{p^{\ominus}}=\lg1=-\frac{8920}{T_{沸}}+7.54,\ T_{沸}=1183\text{K}$$

即 $CaCO_3$ 的化学沸腾温度为 1183K（910℃）。

图 4-9 中绘出了几种碳酸盐分解压的常用对数与温度关系平衡曲线。由图 4-9 可见，碳酸铁、碳酸镁和碳酸钙三种化合物相比较，$CaCO_3$ 最稳定最不易分解，它的开始分解温度和化学沸腾温度最高；$FeCO_3$ 最不稳定最易分解，它的开始分解温度和化学沸腾温度最低。

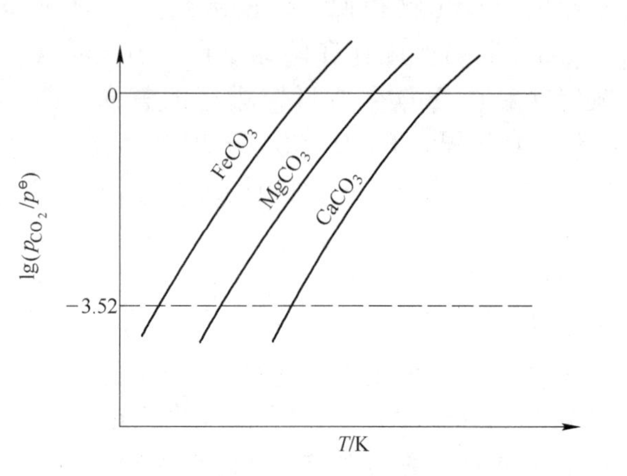

图 4-9 几种碳酸盐分解压的常用对数与温度关系平衡图

4.4 硫化物的分解-生成反应

4.4.1 气态硫的结构

硫化物的分解-生成反应与氧化物、碳酸盐相似，所不同的是分解产物气态硫具有多种结构。

由金属硫化物热分解产出的硫，在通常的火法冶金温度下都是气态硫(硫的沸点为 717.5K)。在不同温度下，这种气态硫中含有多原子的 S_8、S_6、S_2 和单原子的 S。它们各自的含量变化取决于温度，如表 4-1 所示。

表 4-1 不同气态硫在不同温度下和 101325Pa 时所占的分压 (Pa)

T/K	p_{S_8}	p_{S_6}	p_{S_2}	p_S
800	32931	59782	8613	
900	3546	20468	71738	
1000		1520	99805	
1200			≈101325	
1500			≈101325	2229
2000			85113	10133
3000			29384	70928

表4-1所示的数据是根据以下三种平衡反应的平衡常数公式和一个总压方程计算得到的：

$$3S_8 \rightleftharpoons 4S_6 \qquad \lg\frac{(p_{S_6}/p^{\ominus})^4}{(p_{S_8}/p^{\ominus})^3}=\frac{121336}{19.146}+1.75\lg T+3.9$$

$$S_6 \rightleftharpoons 3S_2 \qquad \lg\frac{(p_{S_2}/p^{\ominus})^3}{p_{S_6}/p^{\ominus}}=-\frac{267776}{19.146T}+3.5\lg T+5.3$$

$$S_2 \rightleftharpoons 2S \qquad \lg\frac{(p_{S}/p^{\ominus})^2}{p_{S_2}/p^{\ominus}}=-\frac{316352.2}{19.146T}+1.75\lg T$$

$$p_S+p_{S_2}+p_{S_6}+p_{S_8}=101325\text{Pa}$$

从表4-1可见，在温度800K以下气态硫主要是S_8、S_6；在高于1500K的温度时，就必须考虑到单体硫的存在；在火法冶金的作业温度范围内(1000～1500K)主要是双原子的气态硫(S_2)。

4.4.2 硫化物的分解-生成反应热力学

在火法冶金的作业温度范围内(1000～1500K)主要是双原子的气态硫(S_2)。因此金属硫化物的分解-生成反应可用下面通式表示：

$$\frac{2x}{y}\text{Me(s)}+S_2\text{(g)}=\!=\!=\frac{2}{y}\text{Me}_x\text{S}_y\text{(s)}$$

如果体系中金属和硫化物都以纯聚集态存在，则反应的标准吉布斯自由能为：

$$\Delta_f G_m^{\ominus}{}'=-RT\ln K_p^{\ominus}=RT\ln(p_{S_2}/p^{\ominus})$$

式中，$RT\ln(p_{S_2}/p^{\ominus})$，称为硫势，表示体系硫化能力的大小。

按照前面已经讲过的计算氧化物分解-生成反应式$\Delta_f G_m^{\ominus}{}'$-$T$的方法，可以算出各种硫化物生成反应的$\Delta_f G_m^{\ominus}{}'$-$T$的关系式，由此并求得各种硫化物在不同温度下的分解压。将$\Delta_f G_m^{\ominus}{}'$与$T$的关系作成图，即可得到如图4-10所示的**硫化物吉布斯自由能图**。由图可直观地衡量各种硫化物稳定性的大小。图中附有硫和H_2/H_2S的专用标尺及其相应参考点"S"和"H"，其构成原理与使用方法与氧化物吉布斯自由能图相似。

4.4.3 硫化物吉布斯自由能图的应用

吉布斯自由能图直观地绘出了各种硫化物的标准生成吉布斯自由能随温度变化的规律，并可粗略得出指定温度下的$\Delta_f G_m^{\ominus}{}'$数值。由图4-10可见，除了C元素以外，几乎所有的硫化物的$\Delta_f G_m^{\ominus}{}'$值皆随温度升高而加大，也就是说，硫化物的生成趋势随温度升高而减弱，或者说分解趋势加大。

图4-10表示了不同元素和硫结合的生成顺序。硫化物的稳定性愈大，即该元素对硫的化学亲和力愈大。因此，图中平衡线位置较低的元素，可以使图中平衡线位置较高的硫化物还原，该元素则转变为硫化物。冶金生产中常常利用这一特性生产某些金属。

金属对硫的亲和力随温度的升高而减小。由于生成各种硫化物的$\Delta_f S_{mT}^{\ominus}$不同，$\Delta_f G_m^{\ominus}{}'$-$T$

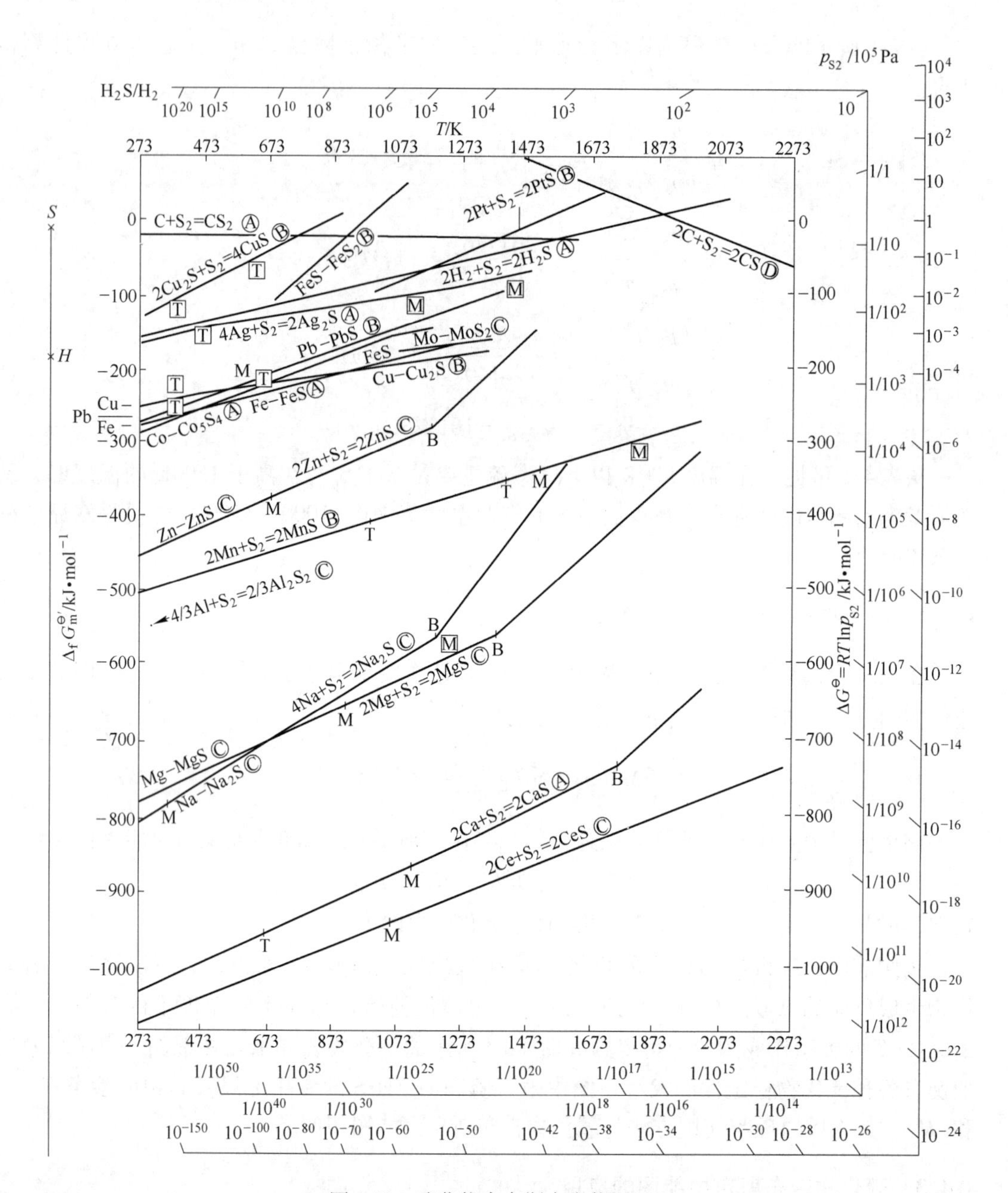

图 4-10 硫化物吉布斯自由能图

直线斜率不同，因而常出现两直线相交的情况，在相交前后，亲和力的顺序也将随之改变。

在吉布斯自由能图中附有硫和 H_2/H_2S 的专用标尺，利用它们可以研究不同气氛、温度条件下硫化物的稳定性。

4.5 氯化物的分解-生成反应

氯是一种化学性质活泼的元素，绝大多数金属都容易被氯气氯化成金属氯化物。多价金属氯化物的分解-生成反应也是分阶段进行的。其分解-生成反应通式如下：

$$\frac{2}{y}\mathrm{Me(s)} + \mathrm{Cl_2(g)} = \frac{2}{y}\mathrm{MeCl}_y\mathrm{(s)}$$

式中，y 为金属元素的价数。

金属与氯气反应的 $\Delta_f G_m^{\ominus\prime}\text{-}T$ 关系如图 4-11 所示。

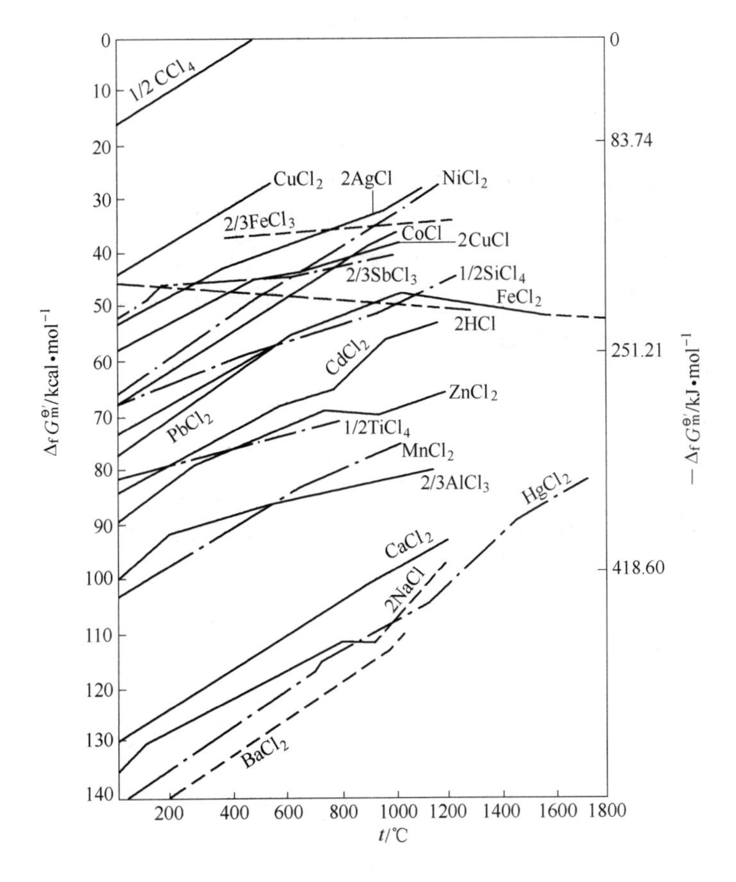

图 4-11 氯化物吉布斯自由能图

从图 4-11 可以看出下述规律性：

(1) 与氧化物和硫化物的 $\Delta_f G_m^{\ominus\prime}\text{-}T$ 图相似，图 4-11 也同样表示了不同元素和氯相结合的生成顺序或氯化物的分解顺序。氯化物的 $\Delta_f G_m^{\ominus\prime}\text{-}T$ 平衡线在图中位置愈低，$\Delta_f G_m^{\ominus\prime}$ 负值愈大，该氯化物的稳定性愈大，即该元素对氯的化学亲和力愈大。因此这种元素就可以使图中平衡线位置较高的氯化物还原，而该元素则转变为氯化物。冶金工业上正是利用这一特性生产某些金属。因此，图 4-11 对金属特别是稀有金属冶金具有重要意义，可用来说明金属及其氯化物在氯化冶金过程中的行为。

(2) 金属对氯的亲和力随温度升高而减小，由于生成各种氯化物的 $\Delta_f S_{mT}^{\ominus}$ 不同，故 $\Delta_f G_m^{\ominus\prime}\text{-}T$ 线斜率不同，因此，有许多这样的线将会相交，在相交前后，亲和力的相对顺序也将随之改变。

(3) 氢对氯的亲和力随温度变化不大。随温度升高，$\Delta_f G_m^{\ominus\prime}$ 负值稍有加大，也就是说亲和力稍有加大的趋势。而许多金属对氯的亲和力往往随温度升高而降低，这种性质对许多氯化物的还原有重要意义。

（4）由于氯化物的熔点和沸点较低，因此在图示温度范围内，图 4-11 中的 $\Delta_f G_m^{\ominus\prime}$-$T$ 线转折点比图 4-7 要多些。

习题与思考题

4-1 什么叫做分解压，分解压的大小与哪些因素有关？

4-2 化合物吉布斯自由能图是什么，该图在火法冶金过程中如何应用？

4-3 某金属在不同相态下氧化生成 MeO 的标准吉布斯自由能-温度关系如下：

$2Me_{①} + O_2(g) = 2MeO(s)$，$\Delta_f G_{m①}^{\ominus\prime} = -1215033.6 + 192.88T$，J/mol

$2Me_{②} + O_2(g) = 2MeO(s)$，$\Delta_f G_{m②}^{\ominus\prime} = -1500800.8 + 429.3T$，J/mol

$2Me_{③} + O_2(g) = 2MeO(s)$，$\Delta_f G_{m③}^{\ominus\prime} = -1248505.6 + 231.8T$，J/mol

（1）确定 $Me_{①}$、$Me_{②}$、$Me_{③}$的相态；

（2）计算 Me 的熔点和沸点；

（3）作吉布斯自由能变化-温度图。

4-4 试计算碳酸镁在空气中的开始分解温度和化学沸腾温度。已知：

$MgO + CO_2(g) = MgCO_3$，$\Delta_f G_m^{\ominus\prime}(T) = -110750.5 + 120.12T$，J/mol

4-5 将碳酸钙置于容积为 1L 的容器中加热到 1073K，问有多少 $CaCO_3$ 分解？

5　硫化物焙烧

【本章学习要点】

（1）焙烧的概念和目的。焙烧是指在一定的气氛中，将矿石（或精矿或冶炼过程的伴生物）加热至低于其熔点的温度，发生氧化、还原或其他物理化学变化的过程。焙烧的目的是通过矿石（或精矿或冶炼过程的伴生物）与焙烧气氛的化合反应来改变其化学组成等，使所产物料能适应满足后续冶金过程（熔炼或浸出等）的要求。

（2）根据焙烧过程可以将硫化物焙烧分成以下几种类型：氧化还原焙烧、氧化焙烧（又称死烧）、硫酸化焙烧。

（3）Me-S-O 系平衡图在硫化物焙烧过程中的应用。

（4）硫化物的氧化焙烧、氧化还原焙烧和硫酸化焙烧的实例。

5.1　概述

5.1.1　焙烧的概念和目的

焙烧是指在一定的气氛中，将矿石（或精矿或冶炼过程的伴生物）加热至低于它们熔点的温度，发生氧化、还原或其他物理化学变化的过程。

焙烧的目的是通过矿石（或精矿或冶炼过程的伴生物）与焙烧气氛的化合反应来改变其化学组成等，使所产物料能满足后续冶金过程（如熔炼或浸出等）的要求。

5.1.2　硫化物焙烧的反应类型

硫化物焙烧通过控制温度和气相组成可以达到不同的目的。根据焙烧目的不同，可以将硫化物的焙烧过程分成以下几种类型：

（1）氧化还原焙烧。在氧化性气氛中，将硫化物所含的硫全部脱除，并使其中金属直接还原出来的过程。例如辰砂（HgS）的氧化还原焙烧：

$$HgS(s) + O_2(g) = Hg(g) + SO_2(g)$$

（2）氧化焙烧（又称死烧）。在强氧化性气氛中，将硫化矿物中的硫全部脱除，并同时将硫化物全部转化为氧化物的过程。例如方铅矿的氧化焙烧：

$$2PbS(s) + 3O_2(g) = 2PbO(s) + 2SO_2(g)$$

（3）硫酸化焙烧。在严格控制的气氛和温度下，使矿物中主体金属硫化物全部转变为硫酸盐的过程。例如 400～600℃下黄铜矿的硫酸化焙烧：

$$4CuFeS_2(s) + 15O_2(g) = 4CuSO_4(s) + 2Fe_2O_3(s) + 4SO_2(g)$$

此外，属于硫化物氧化反应类型的还有铜镍硫化矿的部分氧化焙烧，硫化锑矿的氧化挥发焙烧及硫化铅矿的烧结焙烧，等等。

5.1.3 各种硫化物焙烧在冶金中的用途和共同特点

氧化焙烧产物多用于火法冶炼，而硫酸化焙烧产物多用于湿法浸出。

在以上各种焙烧过程中，所用氧化剂都是空气或富氧空气，焙烧过程都是固相与气相间的多相反应过程。另外，硫化物的焙烧是放热过程，因此，焙烧一般可以在不加外热或加很少外热的条件下自动进行。这一点与吸热的离解和煅烧过程是不同的。几乎所有金属硫化物的氧化焙烧反应和硫酸化焙烧反应的标准吉布斯自由能都是一个很大的负值。因此从热力学角度看，金属硫化物的这些反应在工业焙烧条件下都能自动进行。如果不同金属硫化物处于同一焙烧体系中，那么它们氧化过程的先后次序为：吉布斯自由能负值大的反应优先进行。与上述两类反应不同，在焙烧条件下，只有极少数金属硫化物的氧化还原焙烧反应能自动进行。

5.1.4 金属硫化物焙烧最终产物的分析判断方法

在一定条件下，进行同一种金属硫化物焙烧，最终究竟获得何种产物，可以由以下几个方面进行分析判断。

（1）比较焙烧过程中可能发生的几种反应的吉布斯自由能，其中优先进行的是吉布斯自由能负值最大的反应。

（2）金属硫化物焙烧的最终产物，除了取决于焙烧温度下反应的标准吉布斯自由能以外，还取决于焙烧过程的气相组成（见图 5-1）和凝聚相的活度。

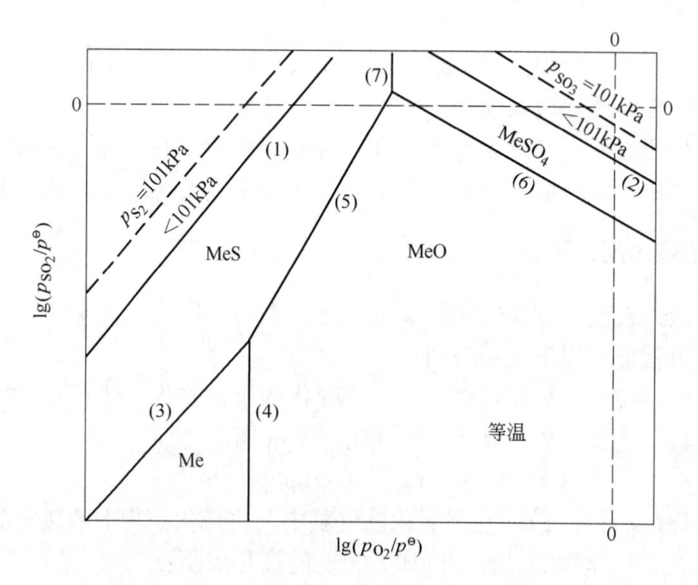

图 5-1 恒温下 Me-S-O 系平衡图

（3）比较在焙烧条件下存在的各种物质的稳定程度。例如，当体系中金属氧化物的离解压大于 SO_2 离解反应产生的氧的平衡压力时，焙烧产物就可能是纯金属，当硫酸盐的离解压大于气相中的平衡压力时，焙烧产物就很可能是金属氧化物。

(4) 实际焙烧过程中，在硫化物与硫酸盐之间也可能发生反应，例如：

$$FeS(s) + 3FeSO_4(s) = 4FeO(s) + 4SO_2(g)$$

这是当金属硫化物和硫酸盐都是不稳定化合物时，可能发生的反应。当金属氧化物也是热的不稳定化合物时，硫化物与硫酸盐反应的结果，可能直接得出金属，例如：

$$2PbS(s) + 2PbO \cdot PbSO_4(s) = 5Pb(s) + 3SO_2(g)$$

(5) 在工业焙烧条件下，何种物质为最终产物，除了取决于热力学条件外，动力学因素，例如焙烧时间、焙烧方式(固定床或沸腾床)、气流分布、物料透气性及物料之间接触情况等，也起着很大的作用。

5.2 Me-S-O 系平衡图在硫化物焙烧过程中的应用

5.2.1 等温下 Me-S-O 系平衡图的绘制原理和在硫化物焙烧中的应用

金属硫化物的焙烧过程，可以认为是在三元系中进行的。在假设凝聚相活度为 1 的条件下，焙烧产物取决于实际焙烧温度和平衡气相组成。在 Me-S-O 三元系中，至少有两相(气相和凝聚相)平衡共存，体系最大自由度数为 3。因此研究本体系常采用的平衡状态图有两种：恒温下的 $\lg(p_{SO_2}/p^\ominus)$ 或 $\lg(p_{S_2}/p^\ominus)$，与 $\lg(p_{O_2}/p^\ominus)$ 关系图和恒定 SO_2 分压下的 $\lg(p_{O_2}/p^\ominus)$ 与 $\frac{1}{T}$ 的关系图。

恒温下 Me-S-O 平衡图清楚地表明了平衡气相组成对焙烧产物的影响，下面以几个典型反应为例说明这类平衡图(见图 5-1)的绘制方法。

5.2.1.1 Me-S-O 系平衡图的绘制步骤

焙烧过程中 Me-S-O 系平衡图的绘制过程包括如下几步：

(1) 确定体系中可能存在的化合物。

(2) 确定化合物间可能存在的反应及反应标准吉布斯自由能与温度关系式。

(3) 在假设凝聚相物质活度为 1 的条件下，计算出各反应中气相组成间的定量关系式。

(4) 根据已求出的各关系式绘制 $\lg(p_{SO_2}/p^\ominus)$ 与 $\lg(p_{O_2}/p^\ominus)$ 在恒温条件下的关系图。

5.2.1.2 求解硫酸盐生成反应平衡时气相中 SO_2 与 O_2 分压间的关系式

硫酸盐的生成反应可用图 5-1 中的直线(6)表示，该反应为：

$$MeO(s) + SO_2(g) + \frac{1}{2}O_2(g) = MeSO_4(s)$$

其平衡常数为：

$$K^\ominus_{MeSO_4} = \frac{a_{MeSO_4}}{a_{MeO} \cdot \frac{p_{SO_2}}{p^\ominus} \cdot \left(\frac{p_{O_2}}{p^\ominus}\right)^{1/2}} \tag{5-1}$$

当 MeO 和 $MeSO_4$ 活度都为 1 时，气相中 SO_2 与 O_2 分压间的关系为：

$$\lg(p_{SO_2}/p^\ominus) = -\lg K^\ominus_{MeSO_4} - \frac{1}{2}\lg(p_{O_2}/p^\ominus) \tag{5-2}$$

在以 $\lg(p_{SO_2}/p^{\ominus})$ 为纵坐标，$\lg(p_{O_2}/p^{\ominus})$ 为横坐标的平衡图中，根据这种关系式可绘制出一条斜率为 $-\frac{1}{2}$ 的直线(6)(见图5-1)。应该指出，直线的斜率与金属的种类和反应的复杂程度无关，它只取决于反应式中 SO_2 和 O_2 的系数比。例如反应：

$$Fe_2O_3(s) + 3SO_2(g) + \frac{3}{2}O_2(g) = Fe_2(SO_4)_3(s)$$

在标准状态下，可写出：

$$\lg(p_{SO_2}/p^{\ominus}) = -\frac{1}{3}\lg K^{\ominus}_{Fe_2(SO_4)_3} - \frac{1}{2}\lg(p_{O_2}/p^{\ominus}) \tag{5-3}$$

因此，在 SO_2 和 O_2 系数比相等的同一类型的反应中，不同金属对应的平衡线的斜率相等，即平衡线彼此平行，但截距一般是不同的。

5.2.1.3 求解金属氧化物生成反应平衡时气相中 O_2 分压的关系式

金属氧化物的生成反应，可用图5-1中的直线(4)表示，其反应为：

$$Me(s) + O_2(s) = 2MeO(s)$$

当 Me 与 MeO 的活度为1时，直线(4)的方程为：

$$\lg(p_{O_2}/p^{\ominus}) = -\lg K^{\ominus}_{MeO} \tag{5-4}$$

因此，这是一条与 p_{SO_2} 无关的，平行于纵坐标的直线。

5.2.1.4 硫化物焙烧过程中各种主要反应和气相中各组分分压的关系式

图5-1中其余各条平衡线，可用同样方法分析，并得出相应的关系式，其结果列于表5-1中。

表5-1 Me-S-O 系中通常存在的反应及其相应关系式

直线编号和反应式		关 系 式
(1)	$S_2(g) + 2O_2(g) = 2SO_2(g)$	$\lg(p_{SO_2}/p^{\ominus}) = \lg(p_{O_2}/p^{\ominus}) + \frac{1}{2}\lg K_1^{\ominus} + \frac{1}{2}\lg(p_{S_2}/p^{\ominus})$
(2)	$2SO_2(g) + O_2(g) = 2SO_3(g)$	$\lg(p_{SO_2}/p^{\ominus}) = -\frac{1}{2}\lg(p_{O_2}/p^{\ominus}) - \frac{1}{2}\lg K_2^{\ominus} + \lg(p_{SO_3}/p^{\ominus})$
(3)	$Me(s) + SO_2(g) = MeS(s) + O_2(g)$	$\lg(p_{SO_2}/p^{\ominus}) = \lg(p_{O_2}/p^{\ominus}) - \frac{1}{2}\lg K_3^{\ominus}$
(4)	$2Me(s) + O_2(g) = 2MeO(s)$	$\lg(p_{O_2}/p^{\ominus}) = -\lg K_4^{\ominus}$
(5)	$2MeS(s) + 3O_2(g) = 2MeO(s) + 2SO_2(g)$	$\lg(p_{SO_2}/p^{\ominus}) = \frac{3}{2}\lg(p_{O_2}/p^{\ominus}) + \lg K_5^{\ominus}$
(6)	$2MeO(s) + 2SO_2 + O_2(g) = 2MeSO_4(s)$	$\lg(p_{SO_2}/p^{\ominus}) = -\frac{1}{2}\lg(p_{O_2}/p^{\ominus}) - \frac{1}{2}\lg K_6^{\ominus}$
(7)	$MeS(s) + 2O_2(g) = MeSO_4(s)$	$\lg(p_{O_2}/p^{\ominus}) = -\lg K_7^{\ominus}$

当一种金属能生成几种硫化物和氧化物，以及有的金属还能生成几种很稳定的碱式硫酸盐时，根据反应方程式，用上述类似方法，也可以在平衡图中表示出各组成间的平衡关系，只是平衡图变得更加复杂了（见图5-2中的虚线部分）。

5.2.1.5 等温下 Me-S-O 系平衡图在焙烧过程中的分析应用

由图5-2可以看出：

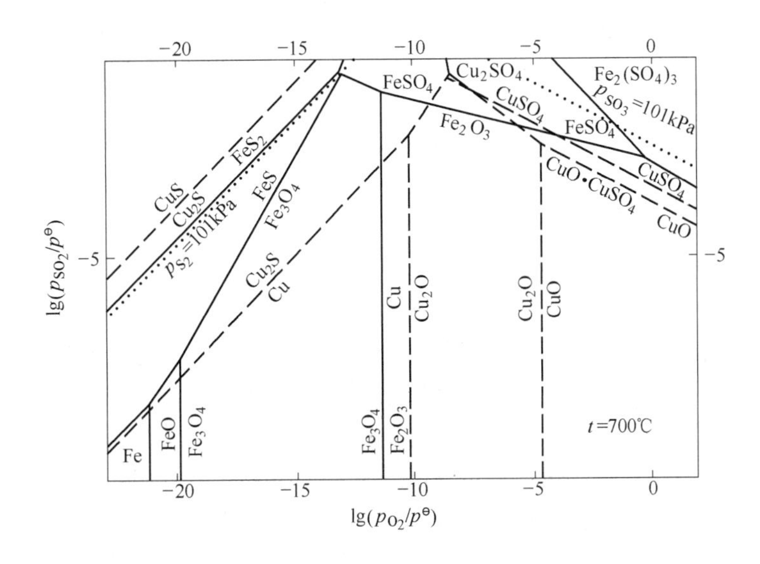

图 5-2 铁和铜硫化物焙烧过程选印图

(1) 很明显，所有低价氧化物与高价氧化物之间的分界线，例如 Cu_2O 与 CuO 之间的分界线应互相平行，并垂直于横坐标。

(2) 所有低价硫化物和高价硫化物的分界线，应与图 5-1 中的直线 (1) 具有相等的斜率，即互相平行。例如，Cu 与 Cu_2S 之间、Cu_2S 与 CuS 之间的分界线相互平行。因为高价硫化物离解反应，

$$4CuS(s) = 2Cu_2S(s) + S_2(g)$$

产生的硫蒸气(p_{S_2})在含氧气氛中按如下反应被氧化：

$$S_2(g) + 2O_2(g) = 2SO_2(s)$$

气相组成间的关系式为：

$$\lg(p_{SO_2}/p^\ominus) = \lg(p_{O_2}/p^\ominus) + \frac{1}{2}\lg K_1^\ominus + \frac{1}{2}\lg(p_{S_2}/p^\ominus) \tag{5-5}$$

在一定的硫蒸气压力 p_{S_2} 下，由上式可以得出一条斜率为 1 的直线。但是，由于不同的金属硫化物具有不同的分解压，因此在图 5-1 和图 5-2 这类平衡图中，与各种硫化物离解平衡相对应的直线具有不同的截距。

(3) 用同样的方法分析，可以得出结论：所有金属氧化物与硫酸盐的分界线，应与图 5-1 中的直线(2)具有相同的斜率(为 $-\frac{1}{2}$)。因为 $MeSO_4$ 的离解反应为：

$$2MeO(s) + 2SO_2(g) + O_2(g) = 2MeSO_4(s)$$

反应产生的 SO_2、O_2 在气相中与 SO_3 存在如下平衡：

$$2SO_2(g) + O_2(g) = 2SO_3(g),\ K_2^\ominus$$

该平衡中各组元分压间的关系式为：

$$\lg(p_{SO_2}/p^\ominus) = -\frac{1}{2}\lg(p_{O_2}/p^\ominus) - \frac{1}{2}\lg K_2^\ominus + \lg(p_{SO_3}/p^\ominus) \tag{5-6}$$

在图 5-1 中，这是一组对应于给定 p_{SO_3} 及斜率为 $-\frac{1}{2}$ 的直线（见图中直线(2)）。

（4）在图 5-1 或图 5-2 中，线与线之间的区域是某一种凝聚相与一定组成的气相平衡共存区，该区又称为这种凝聚相的稳定区。因此，当仅考虑热力学条件时，在一定温度下焙烧，只要保持气相组成在稳定区内变化，那么就可以获得与该稳定区对应的凝聚相产物。

5.2.2 Me-S-O 系迭印平衡图在焙烧过程中的应用

有色金属硫化矿，一般为多种金属硫化物的混合矿。为了便于分析不同金属化合物稳定区间的相互关系，常常把两种或多种金属硫化物体系各自的 $\lg(p_{SO_2}/p^{\ominus})$-$\lg(p_{O_2}/p^{\ominus})$ 平衡图绘制在一张图上。这种图称为迭印图。在迭印图上，不同金属的同类型平衡线一般不重合，而且同类型的不同金属化合物稳定区的位置和大小一般也不相同。这样就有可能通过控制焙烧气氛和温度，使之生成具有不同性质的产物，以便在冶金过程中进行金属化合物的分离。

例如，黄铜矿焙烧过程，可以采用图 5-2 所示的迭印图进行分析。图中虚线表示 Cu-S-O三元系、实线表示 Fe-S-O 三元系 700℃ 下各相之间的平衡关系。由图可见，焙烧过程中，在铁的硫化物已经氧化生成 Fe_3O_4 的气氛中，铜仍能呈 Cu_2S 形态存在。当维持 $\lg(p_{SO_2}/p^{\ominus}) \approx -1.5$ 及逐步增大氧分压时，可使 Fe_3O_4 氧化为 Fe_2O_3，而铜则逐步被氧化生成 Cu_2O、CuO、$CuO \cdot CuSO_4$ 及 $CuSO_4$。在 $\lg(p_{SO_2}/p^{\ominus})$ 和 $\lg(p_{O_2}/p^{\ominus})$ 皆约为 -1.5 时，黄铜矿的焙烧产物为 $CuO \cdot CuSO_4$、$CuSO_4$ 和 Fe_2O_3。这种铜和铁的化合物的混合物可以通过浸出过程使其分离。

5.2.3 温度对焙烧产物影响的图解分析

若要分析温度对硫化物焙烧产物的影响，可以利用两种平衡图，其一是在不同温度下，作出一系列上述的 $\lg(p_{SO_2}/p^{\ominus})$-$\lg(p_{O_2}/p^{\ominus})$ 平衡图，使给定的气相组成点落在所求的凝聚相稳定区之中，以便选定适当的焙烧温度。

（1）不同温度下的 $\lg(p_{SO_2}/p^{\ominus})$-$\lg(p_{O_2}/p^{\ominus})$ 平衡图：如图 5-3 所示，欲在三元系 Fe-S-O 中，在工业焙烧气氛下（如图 5-3 中黑方块所示），获得铁的氧化物。则需要在较高温度（例如 800℃以上）下焙烧，若要得到铁的硫酸盐，则需要在较低温度（例如 600℃以下）下焙烧。

（2）等 SO_2 分压下的 $\lg(p_{O_2}/p^{\ominus})$-$\frac{1}{T}$ 关系图：图 5-4 是另一种类型的平衡图，它是在恒定 SO_2 分压下绘制的 $\lg(p_{O_2}/p^{\ominus})$-$\frac{1}{T}$ 关系图。图中直线上的数字分别与表 5-1 中各反应编号相对应，实线体系的 p_{SO_2} 为 100kPa，虚线体系的 p_{SO_2} 为 10kPa。

该图清楚表明，硫化物在低温氧化生成硫酸盐，在高温氧化生成金属。而在图中 *a*、*b* 二点对应的温度之间，硫化物与氧化物可以平衡共存，但在 *a* 点条件下，硫化物与氧化物将发生交互反应，直接生成金属：

$$MeS(s) + 2MeO(s) = 3Me(s) + SO_2(g)$$

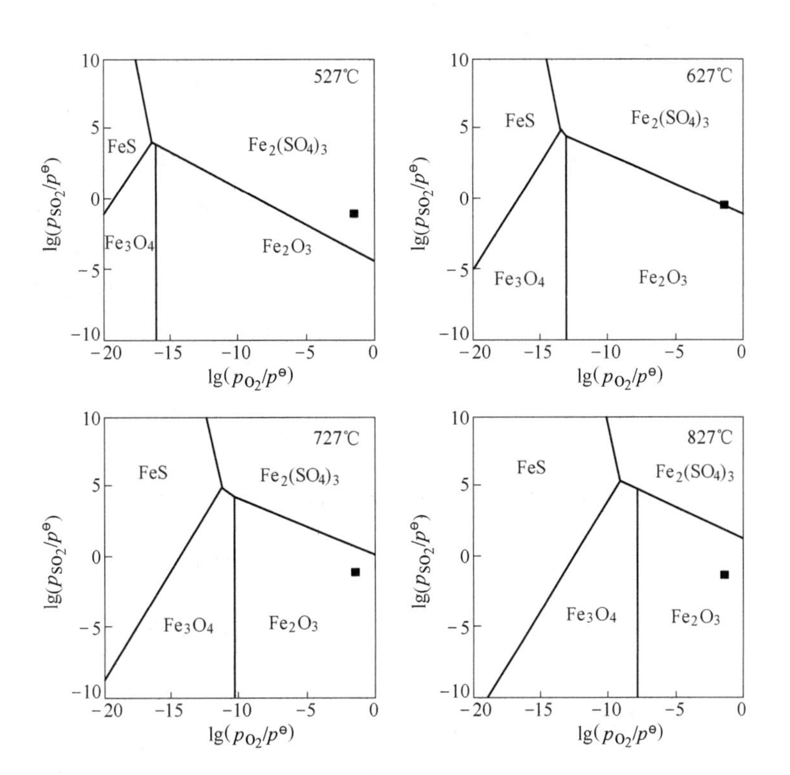

图 5-3 不同温度下 Fe-S-O 系示意图

该反应是熔锍吹炼的基本反应，其发生的最低温度对不同金属是大不相同的，对诸如铜、铅和贵金属，该反应可以在 1000℃下发生，也就是说能在焙烧条件下发生；但对于镍、铁和锌等金属，交互反应只能在相当高的温度下才能进行，而这种高温常常是工业上难以实现的。

由图 5-4 还可以看到，在同一个氧分压下，与金属和金属氧化物相比，硫酸盐的生成温度最低。由硫化物焙烧直接生成硫酸盐反应：

$$MeS(s) + 2O_2(g) = MeSO_4(s)$$

可在图中 b 点温度以下进行，而在 b 点所示的条件下，MeS、MeO 与 $MeSO_4$ 可以平衡共存：

$$MeS(s) + MeSO_4(s) + O_2(g) = 2MeO(s) + 2SO_2(g)$$

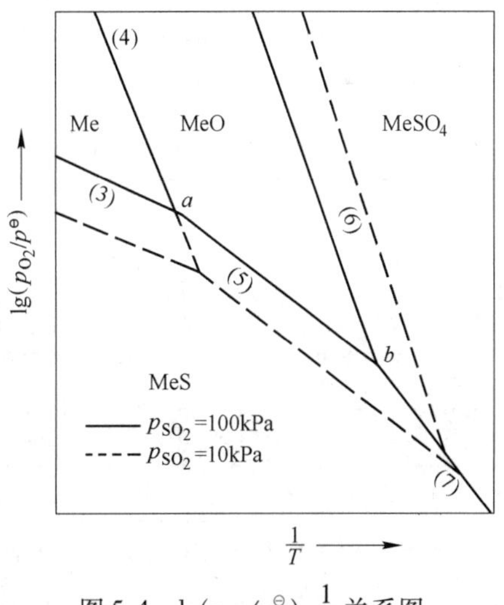

图 5-4 $\lg(p_{O_2}/p^\ominus)$-$\frac{1}{T}$关系图

b 点对应的温度是 Me-S-O 系中 MeS 与 $MeSO_4$ 平衡共存的最高温度，也是 MeO 能稳定存在的最低温度。这个温度对不同金属是不同的，例如，对铅和锌，b 点对应的温度较高，铜和镍次之；而对 Fe-S-O 系，b 点温度最低，约为 600℃。

图 5-4 还表明，当 p_{SO_2} 由 100kPa 降为 10kPa 时，硫酸盐稳定区缩小，而氧化物稳定区增大。这说明硫酸化焙烧要求气氛中含有较高的 SO_2 分压。以上讨论的平衡图，都是在焙

烧体系中，凝聚相活度为1的情况下绘制的，而在复杂硫化矿焙烧过程中，还有各种副反应发生。例如，不同的硫化物可能形成固溶体，产物与反应物之间及产物之间也可能发生反应。前者如铜的硫化矿焙烧时有 FeS 与 Cu_2S 固溶体生成，后者如闪锌矿焙烧时有铁酸盐 $ZnO \cdot Fe_2O_3$ 生成。这些复杂相的生成，可能在一定程度上使以上列举的各种平衡图中化合物的实际稳定区的形状和大小发生变化。因为一般情况下，由于固溶体或复杂化合物生成，将使该化合物的活度显著减小，所以，以固溶体或化合物形态存在的反应物有较大的稳定性。例如，要想使 $ZnO \cdot Fe_2O_3$ 焙烧生成 $ZnSO_4$，则需要的 SO_2 和 O_2 的分压比纯 ZnO 焙烧成 $ZnSO_4$ 时为高。

5.3 硫化物氧化焙烧

将硫化物保持在熔点以下加热，使其发生氧化作用，氧化的结果，使矿物中的硫部分或全部除去，这样的作业称为氧化焙烧。例如，闪锌矿的氧化焙烧，其反应式为：

$$ZnS(s) + \frac{2}{3}O_2(g) = ZnO(s) + SO_2(g)$$

经焙烧使锌的硫化物变为氧化物，硫呈二氧化硫烟气逸出。显然，氧化焙烧的反应通式可以写成：

$$MeS(s) + \frac{3}{2}O_2(g) = MeO(s) + SO_2(g)$$

硫化物的氧化反应是高度放热过程，当硫化物受热至着火温度时，其热效应能使过程在不需要外加燃料的条件下自发地进行。

表5-2列出了这类反应在不同温度下的 $\Delta_r G_m^\ominus$。从表中的数据可以看出，表中所有硫化物被氧化成氧化物的反应，其吉布斯自由能变化都为负值，而且其绝对值都相当大，可见，这些反应都能进行到底。

表5-2 $MeS + 2/3O_2 = MeO + SO_2$ 类型反应的 $\Delta_r G_m^\ominus$ 与温度的关系 (J/mol)

反　应	673K	773K	873K	973K
$Ag_2S + 3/2O_2 = Ag_2O + SO_2$	—	-200832	-171628	-143930
$CaS + 3/2O_2 = CaO + SO_2$	-531368	-535970	-540363	-546849
$CoS + 3/2O_2 = CoO + SO_2$	-391915.3	-385765	-379196	-371497
$Cu_2S + 3/2O_2 = Cu_2O + SO_2$	-323674	-311582	-300244	-287985
$FeS + 3/2O_2 = FeO + SO_2$	-373882	364845	-355724	-366351
$3FeS + 5O_2 = Fe_3O_4 + 3SO_2$	-1359800	-1316705	-1282814	-1235117
$NiS + 3/2O_2 = NiO + SO_2$	-361999	-338235	-307106	-29243
$ZnS + 3/2O_2 = ZnO + SO_2$	—	-385313	-377731	-370117

实际上只要有足够高的温度和足够量的氧气，这些金属硫化物在细磨状态下都能够氧化变为氧化物。但是在焙烧过程中由于可能发生一些副反应，对所用焙烧温度和氧气的浓度都受限制，以致不能使硫化物达到完全变为氧化物的目的。例如，含铁的锌精矿在大约1173K以下不可能把其中的硫化锌全部变为氧化锌。因这个温度可促使氧化锌与氧化铁形

成不溶于稀硫酸的铁酸锌(副反应)，这对于以湿法炼锌为目的的焙烧来说是不利的。如果锌精矿内含有硫化铜或硫化铁，则硫化铜或硫化铁对硫化锌的氧化起到催化作用，从而能够在 973 ~ 1073K 的温度范围内达到硫化锌完全氧化的目的。

5.4 硫化物硫酸化焙烧

硫酸化焙烧时，氧化物和硫酸盐的生成可按下列反应进行：

$$\frac{2}{3}\mathrm{MeS(s)} + \mathrm{O_2(g)} = \frac{2}{3}\mathrm{MeO(s)} + \frac{2}{3}\mathrm{SO_2(g)} \tag{1}$$

$$2\mathrm{SO_2(g)} + \mathrm{O_2(g)} = 2\mathrm{SO_3(g)} \tag{2}$$

$$\mathrm{MeO(s)} + \mathrm{SO_3(g)} = \mathrm{MeSO_4(s)} \tag{3}$$

由反应(3)的平衡常数可计算一定温度下硫酸盐的分解压 $p_{SO_3}^{(3)}$：

$$p_{SO_3}^{(3)}/p^{\ominus} = \frac{1}{K_{(3)}^{\ominus}} \tag{5-7}$$

在此已假定凝聚相活度为1(下同)。又由反应(2)的平衡常数 $K_{p(2)}^{\ominus}$，可计算出气相中 SO_3的平衡分压 $p_{SO_3}^{(2)}$：

$$p_{SO_3}^{(2)}/p^{\ominus} = \left[\left(\frac{p_{SO_2}}{p^{\ominus}}\right)^2 \cdot K_{p(2)}^{\ominus} \cdot \frac{p_{O_2}}{p^{\ominus}}\right]^{1/2} \tag{5-8}$$

当给定总压 p，例如 $p = p^{\ominus}$，并设气相中 SO_2 和 O_2 的分压符合反应(2)的化学计量关系后，则体系中 SO_3、SO_2 及 O_2 的分压可通过解下列联立方程得出：

$$p = p_{SO_3} + p_{SO_2} + p_{O_2} = p^{\ominus} \tag{5-9}$$

$$p_{SO_2} = 2p_{O_2} \tag{5-10}$$

$$\lg K_{p(2)}^{\ominus} = \lg \frac{p_{SO_3}^2 \cdot p^{\ominus}}{p_{SO_2}^2 \cdot p_{O_2}} = \frac{9876}{T} - 9.335 \tag{5-11}$$

计算结果表明，低温下气氛中几乎全部为 SO_3，例如500K 温度下，SO_3 占气相总体积的99.94%；在高温下，例如1100K，SO_2 和 O_2 的浓度分别上升为54.3%和27.15%(体积分数)，而 SO_3 浓度却急剧下降为18.55%(体积)。这个计算结果与低温下高价氧化物稳定，高温下低价氧化物稳定的规律是一致的。

一定温度下，当硫酸盐的离解压 $p_{SO_3}^{(3)}$ 大于气相中 SO_3 的平衡分压 $p_{SO_3}^{(2)}$，即 $p_{SO_3}^{(3)} > p_{SO_3}^{(2)}$ 时，则发生硫酸盐的离解或氧化物的生成，亦即进行氧化焙烧过程；而当 $p_{SO_3}^{(3)} < p_{SO_3}^{(2)}$ 时，体系中将生成硫酸盐，亦即进行硫酸化焙烧过程。

各种金属硫酸盐的稳定性不同，比较其稳定性大小的方法有二：一是按式(5-7)计算各种硫酸盐的离解压 $p_{SO_3}^{(3)}$，并与气相中 SO_3 平衡分压 $p_{SO_3}^{(2)}$ 比较；二是利用与硫酸盐稳定性有关的平衡图。这种常被应用的图主要有两种：

(1) 分解压 $p_{SO_3}^{(3)}$ 与温度 T 的关系图，或 $\lg(p_{SO_3}^{(3)}/p^{\ominus})$-$\frac{1}{T}$ 关系图。

(2) 硫酸盐生成反应的标准自由能 $\Delta_r G_m^\ominus$-T 关系图。

图 5-5 是部分重金属硫酸盐的 $\lg(p_{SO_3}^{(3)}/p^\ominus)$ 对数与$\frac{1}{T}$关系图。图中还绘出了 SO_2 和 O_2 混合气相中 SO_3 平衡压力对数 $\lg(p_{SO_3}^{(2)}/p^\ominus)$ 与$\frac{1}{T}$关系线（虚线）。在一定气氛下，控制适当温度，使焙烧作业处于两种金属硫酸盐离解平衡线之间，以使焙烧产物便于下一步分离。例如，在图中 A 点所示的条件下焙烧，$Fe_2(SO_4)_3$ 和 $Fe_2O_3 \cdot SO_3$ 将离解，而 Cu、Ni、Co 等的硫酸盐将生成。这样的焙烧产物，通过湿法处理可以达到有色金属 Cu、Ni、Co 与 Fe 分离的目的。当然，如果能严格控制温度和气氛的话，亦可以使 Cu、Ni、Co 等金属逐一分离。

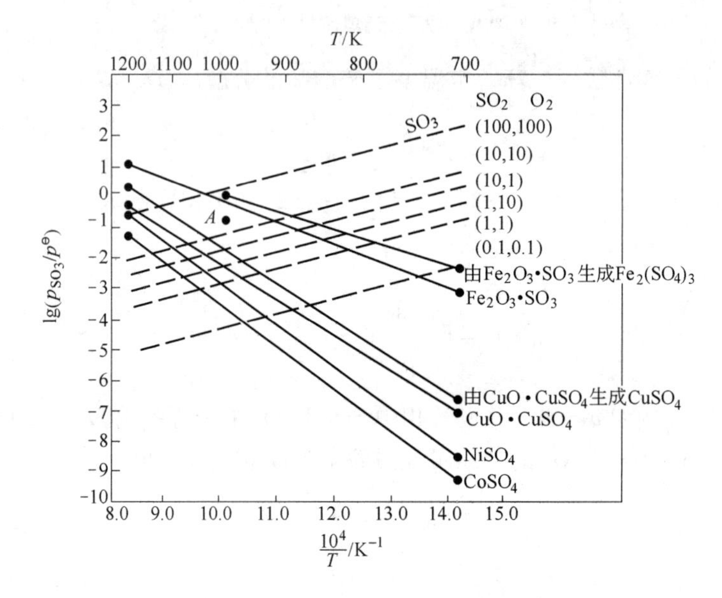

图 5-5　部分重金属硫酸盐的 $\lg(p_{SO_3}^{(3)}/p^\ominus)$ 及焙烧气相中 $\lg(p_{SO_3}^{(2)}/p^\ominus)$ 与$\frac{1}{T}$关系图

（图内括号里的数字表示各条线上 SO_2 和 O_2 的分压(0.1MPa)）

由图 5-5 还可以看出，在低温范围和总压为 $p^\ominus$(100kPa)下焙烧时，气相中仅含有少量 SO_2 和 O_2。

图 5-6 是某些金属硫酸盐按如下反应：

$$2MeO(s) + 2SO_2(g) + O_2(g) = 2MeSO_4(s) \tag{4}$$

生成的标准吉布斯自由能 $\Delta_r G_m^\ominus$ 与温度 T 关系图。造成某些常见金属硫酸盐标准生成吉布斯自由能不相等的主要原因是硫酸盐的标准生成热不同，而大多数硫酸盐的标准生成熵都很接近。由于这个事实，使得图 5-6 中很多金属硫酸盐的平衡线几乎彼此平行。由该图很容易得出具体条件下硫酸盐稳定存在的温度范围，并且很明显，在相同温度下，生成吉布斯自由能负值较大的盐要比负值较小的盐更稳定。

例 5-1　利用图 5-6 求出在 700℃下，可使 Fe 与 Cu、Co、Ni 分离的气相中 $p_{SO_2}^2 \cdot p_{O_2}$之积为多少？

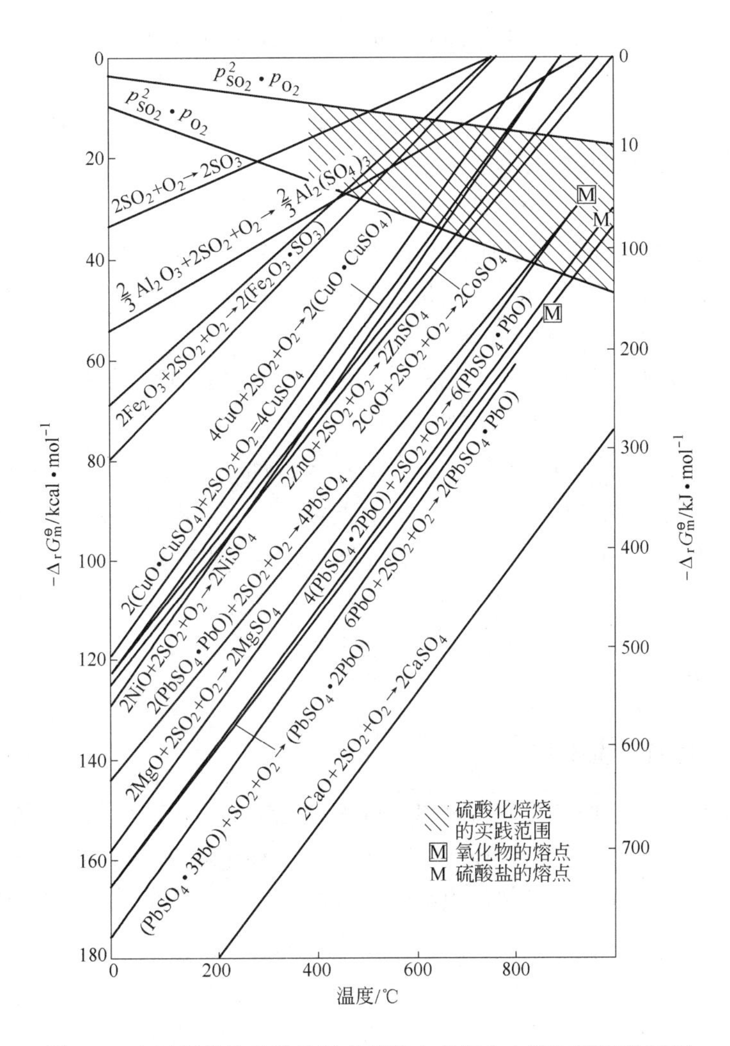

图 5-6 金属氧化物硫酸化反应标准吉布斯自由能与温度关系图

解 查图 5-6 得出反应：

$$2Fe_2O_3(s)+2SO_2(g)+O_2(g)=\!=\!=2(Fe_2O_3\cdot SO_3)(s)$$

在 973K 下 $\Delta_r G^{\ominus}_{973}\approx -29300J$

所以 $$\ln(p^2_{SO_2}\cdot p_{O_2})=-\frac{29300}{8.314\times 973}=-3.62$$

由此可得 $p^2_{SO_2}\cdot p_{O_2}=0.027atm^3=2.7\times 10^{13}Pa^3$

又查图 5-6 得反应：

$$2(CuO\cdot CuSO_4)(s)+2SO_2(g)+O_2(g)=\!=\!=4CuSO_4(s)$$

的 $\Delta_r G^{\ominus}_{973}\approx -104600J$，所以 $\ln(p^2_{SO_2}\cdot p_{O_2})=-12.93$，由此可得 $p^2_{SO_2}\cdot p_{O_2}=2.4\times 10^{-6}atm^3$ $=2.4\times 10^9Pa^3$。

如果控制气相中 SO_2 和 O_2 实际分压之积（$p^2_{SO_2}\cdot p_{O_2}$）介于 $2.7\times 10^{13}\sim 2.4\times 10^9Pa^3$ 之

间，则在 700℃下焙烧，预计可以得到 Cu、Co、Ni 的硫酸盐，而不会有碱式硫酸铁 $Fe_2O_3 \cdot SO_3$生成。这种结果曾在含铜黄铁矿焙烧过程中得到证实。此时出炉炉气常含有 4% SO_2 和 5% O_2，即 $p_{SO_2}^2 \cdot p_{O_2} = 8 \times 10^{10}$ Pa^3。焙烧后用水浸出时，发现铜全部以 $CuSO_4$ 被浸出，而绝大部分铁呈氧化物存在，不被浸出。

与上例相反，如果给定焙烧气相组成以后，同样可以利用图 5-6 求出合适的焙烧温度。低于 600K 的硫酸化焙烧的反应速率很小，因此在实际生产中没有意义。而在 1200K 以上，为了得到硫酸盐，必须使实际焙烧气相中含有较高的 SO_2，否则分解压较高的硫酸盐将分解为 SO_2、O_2 和金属氧化物。

当用空气焙烧含有大量黄铁矿的物料时，炉气实际含有 10% 的 SO_2 和 7% 的 O_2，亦即 $p_{SO_2}^2 \cdot p_{O_2} = 7 \times 10^{11}$ Pa^3。由此得出一直线方程：

$$RT\ln[p_{SO_2}^2 \cdot p_{O_2} \cdot (p^\ominus)^{-3}] = 8.314 \times 2.303T\lg(7 \times 10^{-4}) = -60.41T \tag{5-12}$$

关于炉气中浓度的最低值，由于动力学数据缺乏，还不能作出确切的结论，但一般认为其下限为 1% 的 O_2 和 0.1% 的 SO_2。由此可得到另一直线方程：

$$RT\ln(1 \times 10^{-8}) = -153.2T \tag{5-13}$$

将式(5-12)、式(5-13)表示的两条直线绘于图 5-6 中，图中有阴影线部分就是硫酸化焙烧实际可行的作业范围。

5.5 硫化物氧化还原焙烧

硫化物经氧化还原焙烧直接获得金属的过程，仅为少数几种金属所特有，这几种金属的共同点是，其氧化物的热稳定性比 SO_2 小很多。当纯金属在 SO_2 和 O_2 气氛中与金属的最低价硫化物接触时，硫化物分解产出的硫蒸气优先与气氛中的氧化合生成 SO_2，以致气氛中氧分压过低，不再可能生成分解压较大的金属氧化物。气氛中的氧分压由反应$\frac{1}{2}S_2(g) + O_2(g) = SO_2(g)$的平衡常数确定。

$$K_p^\ominus = \frac{p_{SO_2} \cdot (p^\ominus)^{1/2}}{p_{S_2}^{\frac{1}{2}} \cdot p_{O_2}} \tag{5-14}$$

具有上述性质的金属有 Ag、Hg、铂族金属等。但是，为了能作为一种冶炼方法在工业上得到应用，还必须解决生成的金属与脉石分离问题。因此在较低温度下能以气态纯金属产出的过程，将是一种较理想的焙烧过程。这种能生成气态产物的焙烧过程又称为氧化挥发焙烧。

辰砂是一种较纯的硫化汞矿物，它可以作为应用氧化还原焙烧方法获得纯金属的典型例子。辰砂(HgS)在氧化性气氛中可能发生的化学反应如下：

$$Hg(l) + \frac{1}{2}S_2(g) = HgS(s),\ \Delta_r G_m^\ominus = -123428 + 108.4T \tag{5-15}$$

$$Hg(l) + \frac{1}{2}O_2(g) = HgO(s),\ \Delta_r G_m^\ominus = -90973 + 108.4T \tag{5-16}$$

$$\frac{1}{2}S_2(g) + O_2(g) = SO_2(g),\ \Delta_r G_m^\ominus = -362334 + 71.97T \tag{5-17}$$

$$\frac{2}{3}HgS(s)+O_2(g)=\!=\!=\frac{2}{3}HgO(s)+\frac{2}{3}SO_2(g),\ \Delta_r G_m^{\ominus}=-219522+48.10T \tag{5-18}$$

$$HgS(s)+O_2(g)=\!=\!=Hg(l)+SO_2(g),\ \Delta_r G_m^{\ominus}=-238448-35.98T \tag{5-19}$$

$$HgS(s)+O_2(g)=\!=\!=Hg(g)+SO_2(g),\ \Delta_r G_m^{\ominus}=-176146-129.7T \tag{5-20}$$

根据式(5-15)～式(5-20)的数据，绘制标准吉布斯自由能 $\Delta_r G_m^{\ominus}$ 与温度 T 关系图5-7。

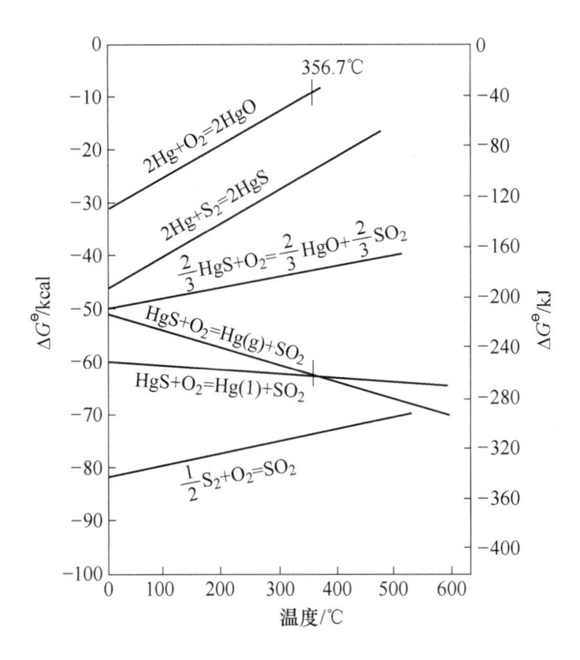

图5-7 HgS氧化还原焙烧过程中有关反应的 $\Delta_r G_m^{\ominus}$-T 关系图

由该图可以看出，在标准状态下，HgO远不如 SO_2 稳定。图中还表明，在高于356.7℃温度下，焙烧HgS可能有三种产物：HgO、液态汞和气态汞。但其中以生成气态汞的标准吉布斯自由能负值最大。因此在标准状态下气态汞应该是焙烧的最终产物。反应(5-20)向右进行的趋势很大，这可由下面计算的平衡常数看出：在700℃，反应(5-20)的 $\Delta_r G_m^{\ominus}=-302314$J，所以实际上汞的硫化矿焙烧温度大都在650～750℃之间，因此HgS的氧化挥发焙烧过程进行得非常完全。

汞的火法冶炼包括两个主要过程，即含汞硫化矿物的氧化挥发焙烧及在凝结器中汞蒸气冷凝为液态汞。

习题与思考题

5-1 硫化物焙烧有哪几种类型，不同类型焙烧的目的是什么？

5-2 Me-S-O系平衡图的绘制步骤有哪些，Me-S-O系平衡图在硫化物焙烧过程中的作用是什么？

5-3 闪锌矿焙烧产物可能有三种：ZnO、$ZnO\cdot 2ZnSO_4$ 和 $ZnSO_4$。当总压为101325Pa，温度为830℃，炉气成分为10%的 SO_2，4%的 O_2 的条件下焙烧，问将可得到何种焙烧产物？当炉气条件不变，如果要得到另外两种产物时，应该如何控制温度？已知：

$$SO_2+\frac{1}{2}O_2=\!=\!=SO_3(g),\ \Delta_r G_m^{\ominus}=-94598+89T$$

$$\frac{3}{2}ZnO + 2SO_3 = \frac{1}{2}(ZnO \cdot 2ZnSO_4),\ \Delta_r G_m^{\ominus} = -2272 + 167.05T$$

$$ZnO \cdot 2ZnSO_4 + SO_3 = 3ZnSO_4,\ \Delta_r G_m^{\ominus} = -164348 + 129.2T$$

5-4 含钴和铜的硫化矿于950K、101325Pa条件下进行焙烧，要生成能溶于水的硫酸钴和不溶于水的氧化铜，达到易于用水分离两者的目的，试确定这种选择硫酸化焙烧的炉气组成的控制范围，已知温度为950K：

$$2CuO + 2SO_2 + O_2 \longrightarrow 2CuSO_4,\ \Delta_r G_m^{\ominus} = -119053\text{J/mol}$$

$$2CoO + 2SO_2 + O_2 \longrightarrow 2CoSO_4,\ \Delta_r G_m^{\ominus} = -60482\text{J/mol}$$

5-5 硫化镍(Ni_3S_2)在总压为101325Pa，温度为1000K，气相组成范围是3%～10%的O_2，3%～10%的SO_2的条件下进行焙烧，问所得焙烧产物应是什么？已知：

$$NiO + SO_3 = NiSO_4,\ \Delta_r G_m^{\ominus} = -248069 + 198.82T,\ \text{J/mol}$$

6　还原熔炼

【本章学习要点】

（1）氧化物的间接还原。

1）CO、H_2 还原金属氧化物的热力学原理及平衡图。

2）CO、H_2 或它们的混合物是铁冶金中主要的还原剂。反应的热力学式可由 $CO(H_2)$ 的燃烧反应与氧化物的形成反应之差得出。

（2）氧化物直接还原的热力学原理。

（3）碳的气化反应及其对铁氧化物还原的影响：碳的气化反应又称为布多尔反应，或碳的溶损反应，它是用固体碳作燃料和还原剂时冶金过程中最主要的反应之一。例如，高炉内充满了焦炭，铁氧化物还原反应是在有固体碳存在的情况下进行的。因此，在一定的温度条件下，还原产生的 CO_2 将与固体碳发生反应。该反应称为碳的气化反应，即：$C_{石墨} + CO_2 = 2CO$。

6.1　概述

由金属氧化物提取金属的最简单方法是氧化物的热分解。但是，绝大多数金属氧化物的稳定性都很高，在一般冶炼温度（1000 ~ 2000K）的分解压都很小，即使在真空下，热分解也难于进行或其进行的速率很低。因此，在工业上由矿石提取金属一般是采用还原法，即利用能与金属氧化物中的氧结合的还原剂，除去金属氧化物中的氧而获得金属。金属氧化物在高温下还原熔炼是金属火法冶金过程中最重要的一环，它被广泛地应用于黑色、有色及稀有金属冶金中。本章主要以炼铁生产为例，说明金属氧化物还原熔炼的基本原理。

6.1.1　钢铁生产方法简介

钢铁生产可分为炼铁、炼钢和轧钢三个过程，钢铁生产由矿石到钢材又可分为两种流程，一种是“高炉炼铁”钢铁生产流程，另一种是“非高炉炼铁”钢铁生产流程，如图 6-1 所示。

“高炉炼铁”钢铁生产流程是：高炉还原炼铁→氧气转炉炼钢→轧机轧钢；“非高炉炼铁”钢铁生产流程是：直接还原熔炼或熔融还原熔炼→电炉炼钢→轧机轧钢。虽然各种钢铁生产方法的设备及生产方式差别很大，但其原理是相同的。

6.1.2　金属氧化物还原的热力学原理

在金属氧化物的还原熔炼中，伴随有还原剂的氧化，通过新氧化物的形成，金属氧化

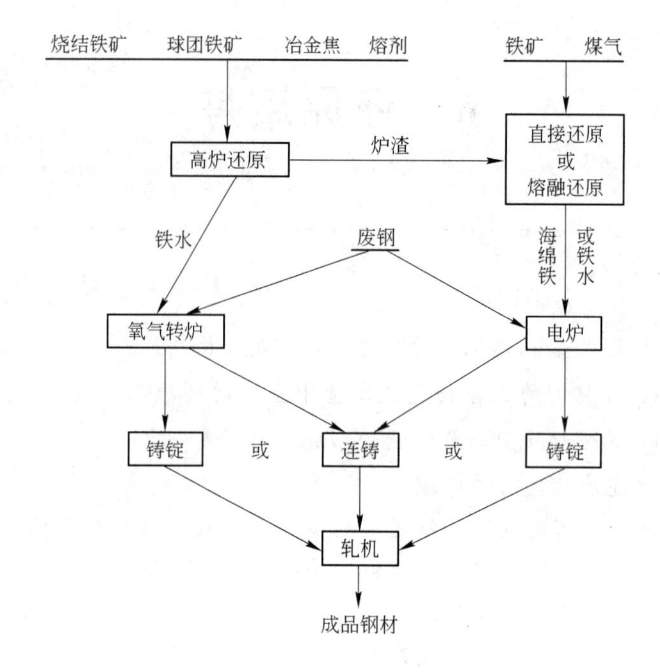

图 6-1 钢铁生产流程图

物中的氧被移去而获得金属。因此还原反应可表示为：

$$MO + B \xlongequal{\quad} M + BO,\ K_1^{\ominus},\ \Delta_r G_{m1} \tag{1}$$

式中，MO、BO 为金属 M 及还原剂 B 的氧化物。

反应(1)可视为如下两个反应即 BO 及 MO 生成反应的差：

$$B + \frac{1}{2}O_2 \xlongequal{\quad} BO,\ K_{BO}^{\ominus} = [p_{O_2(BO)}/p^{\ominus}]^{-\frac{1}{2}},\ \Delta_f G_{m(BO)} \tag{2}$$

$$-)\ M + \frac{1}{2}O_2 \xlongequal{\quad} MO,\ K_{MO}^{\ominus} = [p_{O_2(MO)}/p^{\ominus}]^{-\frac{1}{2}},\ \Delta_f G_{m(MO)} \tag{3}$$

$$MO + B \xlongequal{\quad} M + BO,\ K_1^{\ominus} = K_{BO}^{\ominus}/K_{MO}^{\ominus},\ \Delta_r G_{m1} = \Delta_f G_{m(BO)} - \Delta_f G_{m(MO)} \tag{1}$$

所以，还原反应(1)的等温方程可表示为：

$$\Delta_r G_{m1} = RT\left(\ln\frac{a_{BO}\cdot a_M}{a_{MO}\cdot a_B} - \ln K_1^{\ominus}\right) = RT\left\{\ln\frac{a_{BO}\cdot a_M}{a_{MO}\cdot a_B} - \ln\left[\frac{p_{O_2(MO)}}{p_{O_2(BO)}}\right]^{\frac{1}{2}}\right\} \tag{6-1}$$

当参加反应的各物质是纯态时（即处于标准态时），则各物质的活度（a_{MO}、a_{BO}、a_M、a_B）均等于 1，故

$$\Delta_r G_{m1} = \Delta_r G_{m1}^{\ominus} = \frac{1}{2}RT[\ln p_{O_2(BO)} - \ln p_{O_2(MO)}] \tag{6-2}$$

由式（6-2）分析可知：

（1）在标准状态条件下，当 $p_{O_2(BO)} < p_{O_2(MO)}$ 时，$\Delta_r G_{m1}^{\ominus} < 0$，反应（1）正向进行，故还原剂氧化物的分解压 $p_{O_2(BO)}$ 小于金属氧化物的分解压 $p_{O_2(MO)}$ 时，B 是还原剂。

（2）在标准状态条件下，当 $p_{O_2(BO)} = p_{O_2(MO)}$ 时，$\Delta_r G_{m1}^{\ominus} = 0$，反应（1）达到平衡，故 $\ln p_{O_2(BO)} = \ln p_{O_2(MO)}$ 的温度是 B 能还原 MO 的开始温度。因此，可由氧化物的 $\Delta_r G_m^{\ominus}$-T 平衡图确定任一氧化物的还原剂、还原反应的 $\Delta_r G_m^{\ominus}$ 及还原的开始温度（MO 及 BO 的 $\Delta_r G_m^{\ominus}$-T 直线的交点）。例如，用 C 还原 MnO_2 时，反应为：

$$2MnO + 2C \longrightarrow 2Mn + 2CO, \quad \Delta_r G_{m4}^{\ominus} = 546012 - 320.2T \quad J/mol \tag{4}$$

反应（4）可由反应（5）减反应（6）得到：

$$2C + O_2 \longrightarrow 2CO, \quad \Delta_r G_{m5}^{\ominus} = -223425.6 - 175.3T \tag{5}$$

$$-）2Mn + O_2 \longrightarrow 2MnO, \quad \Delta_r G_{m6}^{\ominus} = -769437.6 + 144.9T \tag{6}$$

$$2MnO + 2C \longrightarrow 2Mn + 2CO, \quad \Delta_r G_{m4}^{\ominus} = \Delta_r G_{m5}^{\ominus} - \Delta_r G_{m6}^{\ominus} \tag{4}$$

图 6-2 是反应（4）、（5）、（6）的 $\Delta_r G_m^{\ominus}$-T 平衡图。由图可以看出，反应（5）与反应（6）的 $\Delta_r G_m^{\ominus}$-T 线的交点温度为：$T_交 = 546012/320.2 = 1705K$。因此，对于反应（4）来说，在 $T_交$ 时，反应的 $\Delta_r G_{m4}^{\ominus} = 0$，反应平衡；如果温度高于 $T_交$，$\Delta_r G_{m4}^{\ominus} < 0$，反应（4）正向进行，MnO 将被 C 还原，故 $T_交$ 为 MnO 被 C 还原的开始温度（即最低还原温度）；如果温度低于 $T_交$，$\Delta_r G_{m4}^{\ominus} > 0$，则反应（4）逆向进行，Mn 将被 CO 氧化，因而 $T_交$ 又是 CO 被 Mn 还原的最高温度。所以，$T_交$ 一般被人们称为反应（4）的转化温度。

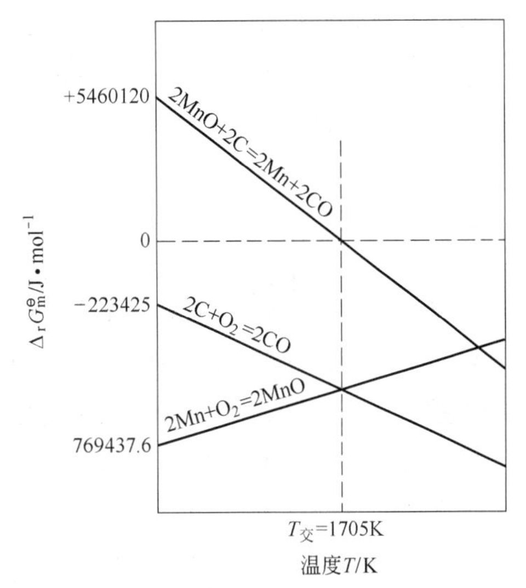

图 6-2 反应（4）、（5）、（6）的 $\Delta_r G_m^{\ominus}$-T 平衡图

在实际的还原过程中，并不是纯氧化物而是比较复杂的氧化物或溶解态氧化物参加还原，而还原的金属可形成碳化物或溶解态，这时需利用式（6-1），考虑物质的活度，来确定还原的条件。

冶金中选用的还原剂应是来源普遍、价格便宜的物质。常用的是固定碳 C、CO、H_2 及 Si、Al 等。在黑色冶金中，把用 CO 和 H_2 做还原剂，最终生成的气体产物是 CO_2 或 H_2O 的还原反应称为间接还原；把用 C 做还原剂，最终生成的气体产物是 CO 的还原反应称为直接还原；把用 Si、Al 等金属作还原剂的还原称为金属热还原。

6.1.3 燃料的燃烧与还原能力

火法冶金过程需要用燃料来得到高温，而燃料与还原剂、氧化剂又是相互联系的。碳、氢、CO 包括 CH_4 是冶金中燃料的主要成分。它们在冶炼过程中除燃烧供给热能外，还直接参加冶金反应。这是因为它们是冶金中氧化物还原的主要还原剂，同时，其燃烧产物 CO_2、$H_2O(g)$ 在一定条件下又是冶金中的氧化剂。因此，燃料燃烧除为冶金提供热量外，本身也是重要的冶金氧化还原反应。

6.1.3.1 燃料燃烧主要反应

所谓燃烧反应是指 C、H、CO 与氧化合的反应。冶金中主要的燃烧反应有如下 8 个：

$$C + O_2 = CO_2 \quad （碳的完全燃烧反应） \tag{1}$$

$$2C + O_2 = 2CO \quad （碳的不完全燃烧反应） \tag{2}$$

$$2CO + O_2 = 2CO_2 \quad （CO 燃烧反应） \tag{3}$$

$$2H_2 + O_2 = 2H_2O(g) \quad （H_2 燃烧反应） \tag{4}$$

反应（1）和（2）：是固定碳燃烧的两种反应，反应（1）称为碳的完全燃烧反应，反应（2）称为碳的不完全燃烧反应。在有过剩固定碳存在的条件下，两反应表现的特点是气相中氧的平衡分压很低。在高温条件下（高于900℃），C 与 O_2 的亲和力很高，且 CO 较稳定，因此在较高温度下主要是反应 $2C + O_2 = 2CO$ 得到发展形成较多的 CO。在比较低的温度下，C 和 O_2 主要按 $C + O_2 = CO_2$ 进行反应形成较多的 CO_2。

反应（3）、（4）：是 CO、H_2 的燃烧反应，两反应有很高的热效应，热效应不低于 500kJ/mol，所以 CO 及 H_2 是煤气的主要成分。

上述燃烧反应的产物 CO_2 和 $H_2O(g)$ 在一定条件下，也能再与 C 或 CO 反应，进行另一类燃烧反应，即：

$$C + CO_2 = 2CO \quad （碳的气化反应） \tag{5}$$

$$C + 2H_2O(g) = CO_2 + 2H_2 \tag{6}$$

$$C + H_2O(g) = CO + H_2 \tag{7}$$

$$CO + H_2O(g) = H_2 + CO_2 \quad （水煤气反应） \tag{8}$$

反应（5）称为布多尔反应，又称为碳的溶损反应，或简称碳的气化反应。它是用固定碳作燃料和还原剂时冶金过程中最主要的反应之一。

因此，可以认为 C、H、CO 燃烧反应是广义的燃烧反应，它们包括了产物 CO_2 和 H_2O 与 C 和 CO 的燃烧反应，在不同条件下可能出现上列 8 种燃烧反应。

6.1.3.2 CO 和 H_2 的燃烧与还原能力

CO、H_2 燃烧反应及其 $\Delta_r G_m^\ominus$-T 关系如下：

$$2H_2 + O_2 = 2H_2O(g), \quad \Delta_r G_{m\mathrm{I}}^\ominus = -494784 + 111.70T \tag{Ⅰ}$$

$$2CO + O_2 = 2CO_2, \quad \Delta_r G_{m\mathrm{II}}^\ominus = -563770 + 171.35T \tag{Ⅱ}$$

从反应的 $\Delta_r G_m^\ominus$-T 关系式可以看出，上述两反应有很高的热效应，热效应不低于 500kJ/mol，所以 CO 及 H_2 是煤气的主要成分。

利用反应的 $\Delta_r G_m^\ominus$-T 关系式，可分别作出反应（Ⅰ）、（Ⅱ）的 $\Delta_r G_m^\ominus$-T 关系图，如图 6-3 所示。

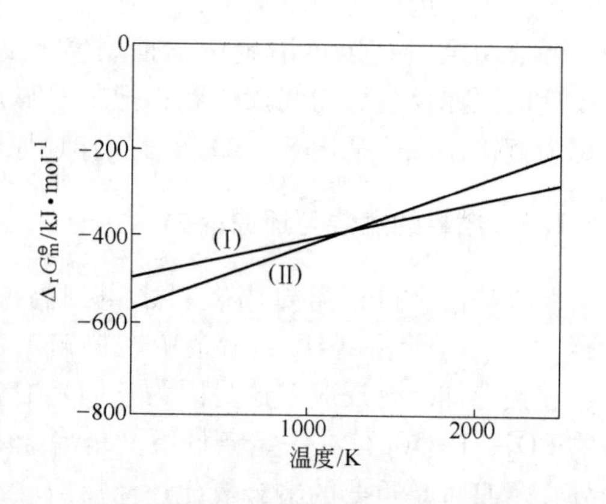

图 6-3 反应（Ⅰ）、（Ⅱ）的 $\Delta_r G_m^\ominus$-T 关系图

从图 6-3 可以看出：

（1）上述两反应的 $\Delta_r G_m^\ominus$ 在 2500K 以下都是负值，反应实际上是不可逆地向右进行。达平衡时，氧的平衡分压很低，例如，1873K 时，反应（Ⅰ）的 $p_{O_2(\mathrm{I})} = 2.3 \times 10^{-2}$Pa，而 1873K 时，反应（Ⅱ）的 $p_{O_2(\mathrm{II})} = 802 \times 10^{-1}$Pa。或可

认为高温下 CO_2 及 H_2O（g）的离解度很小。所以，CO 及 H_2 和氧有很大的亲和力。

（2）两反应的 $\Delta_r G_m^{\ominus}$-T 直线在 1083K（810℃）相交，它们的 $\Delta_r G_m^{\ominus}$ 值相同，即它们和氧有相同的亲和力。

（3）在温度低于 1083K 的条件下，$\Delta_r G_{m\,I}^{\ominus} < \Delta_r G_{m\,II}^{\ominus}$，所以，CO 和氧的亲和力大于 H_2 和氧的亲和力，CO_2 比 H_2O 稳定。

（4）在温度高于 1083K 的条件下，$\Delta_r G_{m\,I}^{\ominus} > \Delta_r G_{m\,II}^{\ominus}$，所以，CO 和氧的亲和力小于 H_2 和氧的亲和力，H_2O 则比 CO_2 稳定。

也就是说，在温度低于 1083K 时，CO 的还原能力比 H_2 强，在温度高于 1083K 时，H_2 的还原能力比 CO 强，这是 CO 和 H_2 作为还原剂的（特点和差异）热力学特征。

6.2 氧化物的间接还原

6.2.1 CO、H_2 还原金属氧化物的热力学原理

CO、H_2 或它们的混合物是铁冶金中主要的还原剂。反应的热力学式可由 CO(H_2)的燃烧反应与氧化物的形成反应之差得出：

$$2CO + O_2 = 2CO_2, \quad \Delta_r G_{m1}^{\ominus},\ \Delta_r H_{m1}^{\ominus} = -563770\ \text{J/mol} \tag{1}$$

$$-)\quad 2M + O_2 = 2MO, \quad \Delta_r G_{m2}^{\ominus},\ \Delta_r H_{m2}^{\ominus} \tag{2}$$

$$MO + CO = M + CO_2,\ \Delta_r G_{m3}^{\ominus} = \frac{1}{2}(\Delta_r G_{m1}^{\ominus} - \Delta_r G_{m2}^{\ominus}) \tag{3}$$

$$\Delta_r H_{m3}^{\ominus} = \frac{1}{2}(\Delta_r H_{m1}^{\ominus} - \Delta_r H_{m2}^{\ominus}) = \frac{1}{2}(\,|\Delta_r H_{m2}^{\ominus}| - 563770) \tag{6-3}$$

由式（6-3）看出，还原反应（3）是吸热或放热取决于 $|\Delta_r H_{m2}^{\ominus}|$ 是大于还是小于 563770，因为反应（2）的 $\Delta_r H_{m2}^{\ominus} < 0$。

反应（3）的平衡常数可表示如下：

$$K^{\ominus} = \frac{a_M \cdot (p_{CO_2}/p^{\ominus})}{a_{MO} \cdot (p_{CO}/p^{\ominus})} = \frac{p_{CO_2}}{p_{CO}} = \frac{\varphi(CO_2)}{\varphi(CO)} \tag{6-4}$$

式中，以纯物质为标准态时，$a_{MO}=1$，$a_M=1$，而 $p_{CO}=\varphi(CO)p$，$p_{CO_2}=\varphi(CO_2)p$，又由于 $\varphi(CO)+\varphi(CO_2)=100\%$，故可进一步导出气相平衡成分和温度的关系式：

$$\varphi(CO) = \frac{1}{1+K^{\ominus}},\quad \varphi(CO_2) = \frac{K^{\ominus}}{1+K^{\ominus}} \tag{6-5}$$

从式（6-5）可以看出，气相的平衡成分仅是温度的函数，而与总压无关。因为 $K^{\ominus}$ 只是温度的函数。

还原反应（3）的 $\Delta_r G_{m3}$ 可表示如下

$$\Delta_r G_{m3} = RT\ln \frac{\varphi(CO_2)/\varphi(CO)}{[\varphi(CO_2)/\varphi(CO)]_{平}} \tag{6-6}$$

反应（3）的方向决定于 $\Delta_r G_{m3}$，即 $\varphi(CO_2)/\varphi(CO)$ 与 $[\varphi(CO_2)/\varphi(CO)]_{平}$ 的关系，式中 $\varphi(CO_2)/\varphi(CO)$ 为体系的气相组分浓度比，而 $[\varphi(CO_2)/\varphi(CO)]_{平}$ 为反应的平衡值。

利用式（6-5）可绘出还原反应(3)的 $\varphi(CO)$-T 关系平衡图，如图6-4所示。

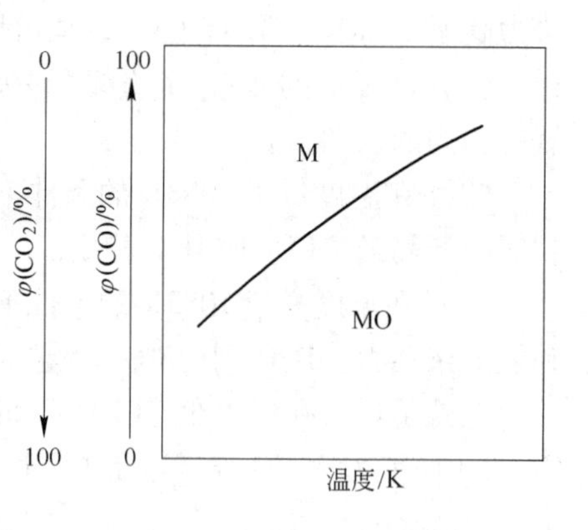

图6-4 CO还原MO的 $\varphi(CO)$-T 平衡图

图中曲线为平衡气相成分的温度关系线。对M及MO来说，线上的气相组成是还原反应达到平衡的组成，此时还原反应的 $\Delta_r G_{m3}=0$；在曲线以上区域内的点，其 $\varphi(CO_2)/\varphi(CO)<[\varphi(CO_2)/\varphi(CO)]_{平}$，$\Delta_r G_{m3}<0$，还原反应正向进行，气相组成对MO是还原性的；在曲线以下区域内的点，其 $\varphi(CO_2)/\varphi(CO)>[\varphi(CO_2)/\varphi(CO)]_{平}$，$\Delta_r G_{m3}>0$，反应逆向进行，即还原的M受到氧化，气相组成对M是氧化性的。所以，曲线以上为氧化物的还原区，曲线以下是金属的氧化区。

平衡曲线的走向则与反应（3）的 $\Delta_r H^{\ominus}_{m3}$ 的符号有关。由于 $d\ln K^{\ominus}/dT=\Delta H/(RT^2)$ 及 $\varphi(CO)_{平}=1/(1+K^{\ominus})$ 知，随着温度的升高，吸热反应的 $K^{\ominus}$ 增大，从而 $\varphi(CO)_{平}$ 降低，所以平衡曲线向右下降；相反，放热反应的 $K^{\ominus}$ 减小，从而 $\varphi(CO)_{平}$ 增高，平衡曲线向右上升。

平衡曲线在图中的位置则与 $K^{\ominus}$ 值的大小有关。当 $K^{\ominus}\ll 1$ 时，$\varphi(CO)_{平}\approx 100\%$，曲线接近于上横轴，是难还原的氧化物，如MnO、$SiO_2$、$TiO_2$ 等；当 $K^{\ominus}\gg 1$ 时，$\varphi(CO)_{平}\approx 0$，曲线接近下横轴，是易还原的氧化物，如NiO、CuO、Fe_2O_3 等；当 $K^{\ominus}\approx 1$ 时，$\varphi(CO)_{平}\approx 50\%$，曲线位于图中中部，还原性介于前两者之间的氧化物，如FeO、Fe_3O_4、Mn_3O_4 等。

总之，氧化物的 $\Delta_f G^{\ominus}$ 值愈负，其稳定性也愈大，难还原性增加。

当MO及M互溶解或溶于其他物质（溶剂）内时，a_{MO} 及 a_M 均小于1，而反应的平衡常数

$$K^{\ominus}=\frac{a_M\cdot(p_{CO_2}/p^{\ominus})}{a_{MO}\cdot(p_{CO}/p^{\ominus})}=\frac{a_M}{a_{MO}}\times\frac{\varphi(CO_2)_{平}}{\varphi(CO)_{平}}$$

而

$$\frac{\varphi(CO_2)_{平}}{\varphi(CO)_{平}}=\frac{1}{K^{\ominus}}\times\frac{a_M}{a_{MO}} \tag{6-7}$$

这时气相平衡成分不仅与温度有关，还与MO及M所在的溶液的组成有关。随着反应的进行，MO的浓度在减小，而M的浓度在增加，故 a_{MO} 减小及 a_M 增加，从而 $\varphi(CO)_{平}$ 增大。这即意味着MO就愈难还原。

需要指出，上面的讨论是在CO不发生分解或无固定碳存在的条件下出现的。

6.2.2 CO还原铁氧化物的平衡图

铁的氧化物形式很多。这些铁的氧化物的自由能或分解压是不同的，所以稳定性也不同。一般低级氧化物的自由能或分解压较小，而高级氧化物的自由能和分解压较大，所以氧化物的分解顺序是由高级氧化物向低级氧化物转化，即：

$t>570$℃时　$Fe_2O_3\rightarrow Fe_3O_4\rightarrow FeO\rightarrow Fe$

$t<570$℃时　$Fe_2O_3\rightarrow Fe_3O_4\rightarrow Fe$（FeO在温度低于570℃时不稳定，分解成 Fe_3O_4 和Fe）

还原顺序与分解顺序是相同的，从高级氧化物逐级还原成低级氧化物，最后获得金

属。铁氧化物的还原顺序为：

$t>570℃$ $3Fe_2O_3+CO \xlongequal{} 2Fe_3O_4+CO_2$，$\Delta_r G_m^\ominus=-52130-41.0T$ （1）

$Fe_3O_4+CO \xlongequal{} 3FeO+CO_2$，$\Delta_r G_m^\ominus=35380-40.16T$ （2）

$FeO+CO \xlongequal{} Fe+CO_2$，$\Delta_r G_m^\ominus=-13160+17.21T$ （3）

$t<570℃$ $3Fe_2O_3+CO \xlongequal{} 2Fe_3O_4+CO_2$，$\Delta_r G_m^\ominus=-52130-41.0T$

$\frac{1}{4}Fe_3O_4+CO \xlongequal{} \frac{3}{4}Fe+CO_2$，$\Delta_r G_m^\ominus=-1030+2.96T$ （4）

上述反应的平衡常数 K 和平衡气相成分可用下式表示：

$$K^\ominus=\frac{\varphi(CO_2)_{平}}{\varphi(CO)_{平}},\ \varphi(CO)_{平}=\frac{1}{1+K^\ominus} \tag{6-8}$$

反应（1）的 $K^\ominus \gg 1$，而其 $\varphi(CO)_{平}<0.01\%$，其余反应的 $K^\ominus=0.3\sim9$，而 $\varphi(CO)_{平}$有相同的数量级。

利用诸反应的式（6-8）可绘出 CO 还原铁氧化物的平衡图，如图 6-5 所示。从图可以看出：

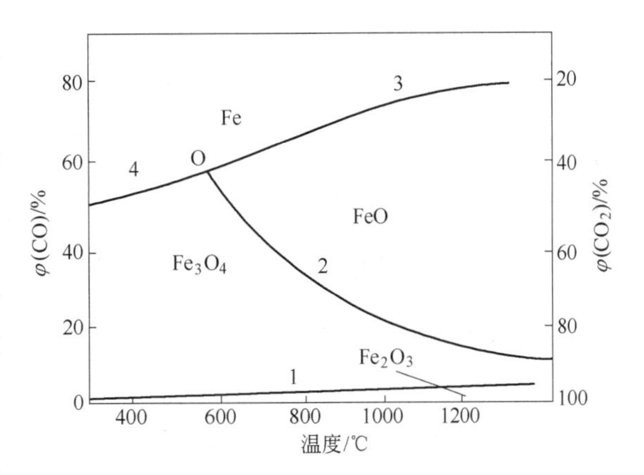

图 6-5 CO 还原氧化铁的平衡图

（1）Fe_2O_3 还原反应（1）的 $K^\ominus \gg 1$，$\varphi(CO)_{平}\approx 0$，曲线接近下横轴，微量的 CO 即可使 Fe_2O_3 还原，所以 Fe_2O_3 还原反应(1)实际上是不可逆的。

（2）反应(2)、(3)、(4)的曲线在 570℃交于 O 点(气相成分：$\varphi(CO)=52.24\%$)，形成"叉形"。除反应(2)外，其余反应的 $\Delta_r H_m^\ominus<0$，故随着温度升高，$\varphi(CO)_{平}$增加，曲线的走向向上。

（3）四条曲线把图面划分为 Fe_2O_3、Fe_3O_4、FeO 及 Fe 的四个稳定存在区域。当气相的$\varphi(CO)$高于一定温度某曲线的 $\varphi(CO)_{平}$时，该曲线所代表的还原反应能够正向进行；当气相的$\varphi(CO)$低于一定温度某曲线的 $\varphi(CO)_{平}$时，该曲线所代表的还原反应能够逆向进行。而一定组成的气相在同一温度下对某铁氧化物显还原性，而对另一些铁氧化物则可能显氧化性。因此，平衡图可直观地确定一定温度及气相成分下任一氧化铁转变的方向及最终的相态。

6.2.3 H_2 还原铁氧化物的平衡图

H_2 还原铁氧化物与 CO 还原铁氧化物一样，其还原反应也是逐级进行的：

$3Fe_2O_3+H_2 \xlongequal{} 2Fe_3O_4+H_2O(g)$，$\Delta_r G_m^\ominus=-15547-74.40T$ （1′）

$Fe_3O_4+H_2 \xlongequal{} 3FeO+H_2O(g)$，$\Delta_r G_m^\ominus=71940-73.62T$ （2′）

$FeO+H_2 \xlongequal{} Fe+H_2O(g)$，$\Delta_r G_m^\ominus=23430-16.16T$ （3′）

$$\frac{1}{4}Fe_3O_4 + H_2 \longrightarrow \frac{3}{4}Fe + H_2O(g), \quad \Delta_rG_m^\ominus = 35550 - 30.40T \tag{4'}$$

上述反应的平衡常数及 $\varphi(H_2)_平$ 可用下式表示：

$$K^\ominus = \frac{\varphi(H_2O)_平}{\varphi(H_2)_平}, \ \varphi(H_2)_平 = \frac{1}{1+K^\ominus}$$

利用上式可绘出 H_2 还原氧化的平衡曲线，如图 6-6 中所示的反应(2′)、反应(3′)、反应(4′)的三条平衡曲线。它们和 CO 还原氧化铁的平衡图相似，但除反应(1′)外，其余反应的曲线的走向是向右下降的，即随着温度的升高，$\varphi(H_2)_平$ 下降，因为反应的 $\Delta_rH_m^\ominus > 0$。

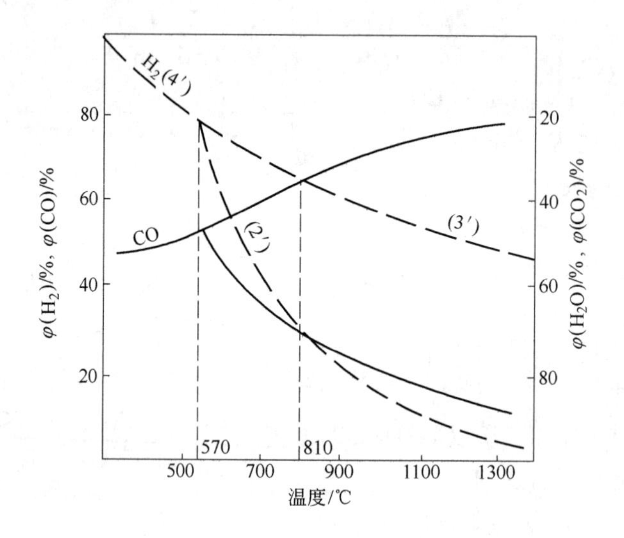

图 6-6 CO 及 H_2 还原铁氧化物的平衡图

为比较 H_2 和 CO 对铁氧化物的还原特性，图 6-5 中添绘了 CO 还原氧化铁的平衡曲线。从图 6-6 可以看出：

（1）两组相应的曲线在 810℃相交，此时$\dfrac{\varphi(CO_2)_平}{\varphi(CO)_平} = \dfrac{\varphi(H_2O)_平}{\varphi(H_2)_平}$，故 $K^\ominus_{CO_2/CO} = K^\ominus_{H_2O/H_2}$，而 $\varphi(CO)_平 = \varphi(H_2)_平$。即在 810℃时，$H_2$ 和 CO 有相同的还原能力。

（2）温度低于 810℃时，$\varphi(CO)_平 < \varphi(H_2)_平$，CO 的还原能力高于 H_2 的还原能力。

（3）温度高于 810℃时，$\varphi(H_2)_平 < \varphi(CO)_平$，$H_2$ 的还原能力高于 CO 的还原能力。

H_2 和 CO 对铁氧化物之所以具有这种还原特性，是因为 CO 及 H_2 和氧的亲和力在 810℃以上及其以下有相反的变化。

6.2.4 浮氏体的还原

上面的讨论把 FeO 当作纯凝聚相处理，实际上参加还原反应的 FeO 应是 Fe_xO(浮氏体)，即在一定组成范围内溶解有氧(Fe_3O_4 形式)的 FeO。因此，浮氏体的还原首先是其内溶解的 Fe_3O_4 还原成 FeO[$(Fe_3O_4) + CO = 3(FeO) + CO_2$]，而后才是纯 FeO 的还原。

浮氏体的还原反应为

$$Fe_{0.947}O + CO = 0.947Fe + CO_2, \quad \Delta_r G_m^\ominus = -17883 + 21.08T$$

$$Fe_{0.947}O + H_2 = 0.947Fe + H_2O(g), \quad \Delta_r G_m^\ominus = -17988 - 9.95T$$

浮氏体中溶解氧(Fe_3O_4)的还原反应为：

$$(Fe_3O_4) + H_2 = 3(FeO) + H_2O(g) \qquad (\text{I})$$

或

$$(O)_{FeO} + H_2 = H_2O(g) \qquad (\text{II})$$

$$K_{\text{I}}^\ominus = \frac{\varphi(H_2O)_{平} \cdot a_{(FeO)}^3}{\varphi(H_2)_{平} \cdot a_{(Fe_3O_4)}}$$

$$K_{\text{II}}^\ominus = \frac{\varphi(H_2O)_{平}}{\varphi(H_2)_{平}} \times \frac{1}{a_{(O)}}$$

从而

$$\frac{\varphi(H_2)_{平}}{1-\varphi(H_2)_{平}} = \frac{1}{K_{\text{I}}^\ominus} \cdot \frac{a_{(FeO)}^3}{a_{(Fe_3O_4)}}, \quad \frac{\varphi(H_2)_{平}}{1-\varphi(H_2)_{平}} = \frac{1}{K_{\text{II}}^\ominus} \cdot \frac{1}{a_{(O)}}$$

上两式表明，浮氏体还原的 $\varphi(H_2)_{平}$ 不仅与温度，而且还与浮氏体的成分(氧的活度)有关。随着浮氏体中 Fe_3O_4 活度的降低，而 FeO 活度的提高，亦即浮氏体含氧量的减小，$\varphi(H_2)_{平}$ 增加，图 6-7 为浮氏体区域内不同含氧量浮氏体的还原平衡线。图中最上方的曲线(3)相当于含氧量最小的浮氏体即 FeO 的还原平衡线，而最下方的曲线(2)则相当于含氧量最大的浮氏体，即 Fe_3O_4 的还原平衡线。

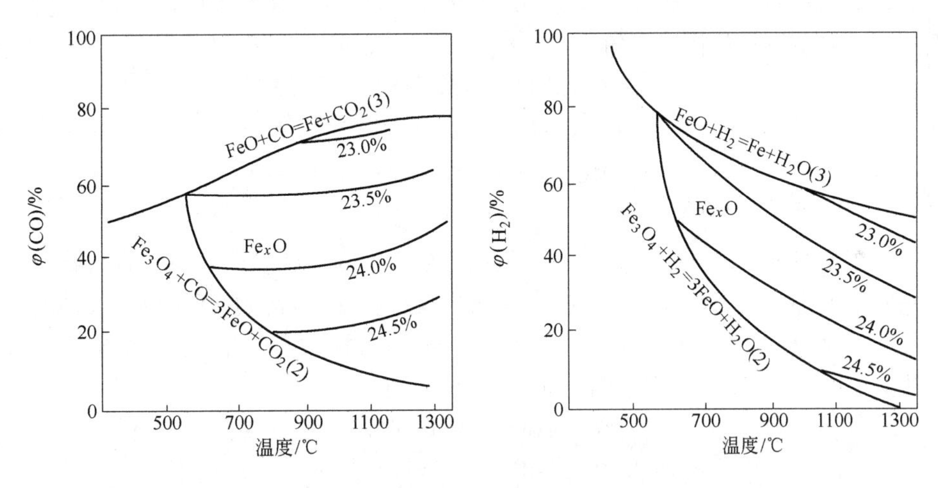

图 6-7 CO 及 H_2 还原 Fe_xO 的平衡图

6.3 氧化物的直接还原

6.3.1 氧化物直接还原的热力学原理

作为固体还原剂的碳有煤、焦炭、无烟煤和石墨等。石墨是碳的最稳定形态，其他的为无定形态。它们的活度比石墨高，因为有很大的比表面。但由无定形碳转化石墨时，每摩尔碳放出约 15kJ 的热，这个数值不大，而在热力学计算中是以石墨炭作为标准态的。

固体碳的还原反应可表示为：

$$MO(s) + C_{石墨} = M(s) + CO, \quad \Delta_r H_m^\ominus > 0 \qquad (\text{I})$$

直接还原反应(Ⅰ)是强烈吸热反应，反应的 $p_{CO平}$ 随温度的升高而增大。

当凝聚相是纯态时，MO(s)、$C_{石墨}$和 M(s)的活度为1，反应的平衡常数为：

$$K_{\mathrm{I}}^{\ominus}=\frac{a_{\mathrm{M}}\cdot(p_{\mathrm{CO}}/p^{\ominus})}{a_{\mathrm{MO}}\cdot a_{\mathrm{C}}}=\frac{p_{\mathrm{CO}}}{p^{\ominus}}=\varphi(\mathrm{CO})_{平}\times\frac{p}{p^{\ominus}} \tag{6-9}$$

而

$$\varphi(\mathrm{CO})_{平}=\frac{K_{\mathrm{I}}^{\ominus}}{p/p^{\ominus}} \tag{6-10}$$

式中，p_{CO}为反应的 CO 平衡分压，Pa；p 为反应平衡时的总压，Pa。

由式(6-10)可知，直接还原反应(Ⅰ)的气相组分的平衡浓度 $\varphi(\mathrm{CO})_{平}$和 T、p 有关。在一定的总压(p)下，则有 $p_{\mathrm{CO}}=f(T)$的关系，即在总压(p)一定的条件下，反应的 p_{CO}随温度的改变而变化。

直接还原反应(Ⅰ)的等温方程可表示为：

$$\Delta_{\mathrm{r}}G_{\mathrm{m}}=RT(\ln p_{\mathrm{CO}}^{*}-\ln p_{\mathrm{CO}}) \tag{6-11}$$

式中 p_{CO}^{*}——反应的 CO 实际分压，Pa。

由式(6-11)可知：当 $p_{\mathrm{CO}}^{*}=p_{\mathrm{CO}}$时，$\Delta_{\mathrm{r}}G_{\mathrm{m}}=0$，还原反应达到平衡；当 $p_{\mathrm{CO}}^{*}<p_{\mathrm{CO}}$时，$\Delta_{\mathrm{r}}G_{\mathrm{m}}<0$，还原反应正向进行；当 $p_{\mathrm{CO}}^{*}>p_{\mathrm{CO}}$时，$\Delta_{\mathrm{r}}G_{\mathrm{m}}>0$，还原反应逆向进行。

实际上，在有固定碳存在时，固定碳与金属氧化物的直接还原反应(Ⅰ)是通过如下两个反应的叠加实现的，即是通过 CO_2 消耗固定碳产生 CO，CO 与 MO 接触发生还原反应，而实现固定碳将金属氧化物还原的：

$$\mathrm{MO+CO=\!=\!=M+CO_2} \qquad K_{\mathrm{II}}^{\ominus} \tag{Ⅱ}$$

$$+)\ \mathrm{C+CO_2=\!=\!=2CO} \qquad K_{\mathrm{III}}^{\ominus} \tag{Ⅲ}$$

$$\mathrm{MO+C=\!=\!=M+CO} \qquad K_{\mathrm{I}}^{\ominus} \tag{Ⅰ}$$

因此

$$K_{\mathrm{I}}^{\ominus}=K_{\mathrm{II}}^{\ominus}\times K_{\mathrm{III}}^{\ominus}$$

例如，在还原炼铁过程中，高炉中的焦炭和矿石均为块状物体，在矿石熔化之前，它们的接触面积极小，碳与铁氧化物直接接触发生反应(Ⅰ)实际上是很困难的，此时直接还原主要是通过反应(Ⅱ)和(Ⅲ)的叠加实现的，即是通过 CO_2 消耗固定碳产生 CO，CO 与 FeO 接触发生还原反应，而实现固定碳将 FeO 还原的：

$$\mathrm{FeO+CO=\!=\!=Fe+CO_2}$$

$$+)\ \mathrm{CO_2+C=\!=\!=2CO}$$

$$\mathrm{FeO+C=\!=\!=Fe+CO}$$

所以，可通过反应(Ⅱ)及(Ⅲ)的平衡曲线来研究反应(Ⅰ)的平衡。为此，可将反应(Ⅲ)及反应(Ⅱ)的平衡曲线绘于同一图中，如图 6-8 所示。两曲线在 O 点相交，自由度数为零，它是体系的平衡点。

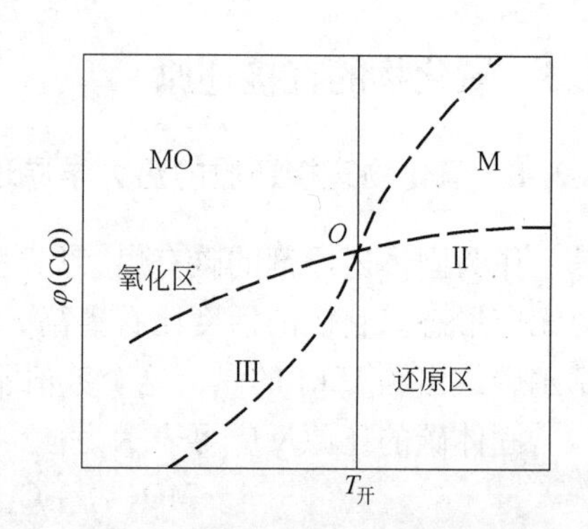

图 6-8 直接还原的 $\varphi(\mathrm{CO})$-T 平衡图

从图 6-8 可以看出：

(1) 在有固定碳存在时，体系实际存在的 CO 浓度由曲线(Ⅲ)确定。

(2) 当温度高于 O 点时，在有固定碳存在条件下，体系气相实际存在的 $\varphi(\mathrm{CO})$(即反应(Ⅲ)的 $\varphi(\mathrm{CO})_{平}$) > 反应(Ⅱ)的 $\varphi(\mathrm{CO})_{平}$，故还原反应(Ⅱ)

正向进行，于是直接还原反应(Ⅰ)正向进行而得以实现，MO 被 C 还原。

(3) 相反，当温度低于 O 点时，在有固定碳存在条件下，体系气相实际存在的 $\varphi(CO)<$ 反应(Ⅱ)的 $\varphi(CO)_{平}$，故还原反应(Ⅱ)逆向进行，于是直接还原反应(Ⅰ)逆向进行，还原的 M 被 CO 氧化成 MO。

因此，通过 O 点作一垂线将图面划分为两个区，右面是 MO 的还原区(即 M 稳定存在区)，左面是 M 的氧化区(即 MO 稳定存在区)。

O 点的温度称为 C 直接还原氧化物的开始温度。这个开始温度和体系的压力及氧化物的稳定性有关。

压力提高，曲线(Ⅲ)的位置右移，氧化物的稳定性提高，曲线(Ⅱ)的位置上移，因而两者的交点温度($T_{开}$)提高。但即使最稳定的氧化物亦能为 C 所还原，因为两曲线的走向不同，必有交点。所以 C 称为“万能还原剂”。

由于总压($p=p_{CO}+p_{CO_2}$)决定了 O 点的温度，故可进一步导出它们之间的关系。由前面介绍可知，$K_{Ⅰ}=K_{Ⅱ}\times K_{Ⅲ}$，但

$$K_{Ⅲ}^{\ominus}=\frac{[\varphi(CO)_{平}]^2\times(p/p^{\ominus})}{1-\varphi(CO)_{平}} \tag{6-12}$$

故
$$p/p^{\ominus}=\frac{[1-\varphi(CO)_{平}]\times K_{Ⅲ}^{\ominus}}{[\varphi(CO)_{平}]^2} \tag{6-13}$$

又
$$\varphi(CO)_{平}=\frac{1}{1+K_{Ⅱ}^{\ominus}} \tag{6-14}$$

将式(6-14)代入式(6-13)，得：

$$p/p^{\ominus}=K_{Ⅱ}^{\ominus}\times K_{Ⅲ}^{\ominus}\times(1+K_{Ⅱ}^{\ominus})=f(T) \tag{6-15}$$

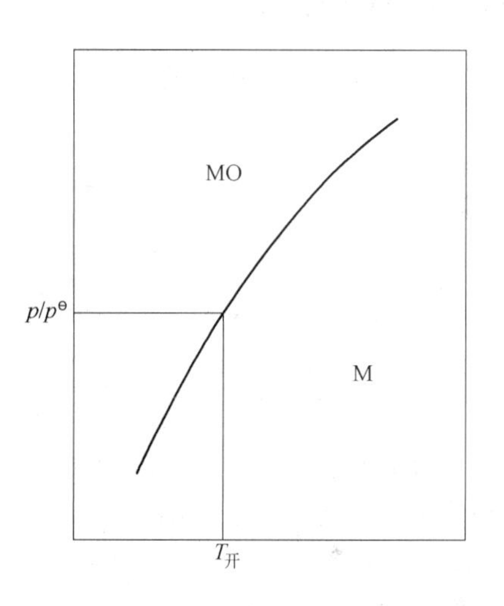

图 6-9 直接还原反应的 $p/p^{\ominus}$-T 平衡图

由式(6-15)可绘出 $p/p^{\ominus}$-T 表示的平衡图。如图 6-9 所示，曲线以上为 MO 稳定区，而其下则为 MO 的还原区。由图可求得一定总压(p)的还原开始温度($T_{开}$)。降低总压，还原开始温度亦降低，所以利用真空还原，可降低还原的开始温度。

例 6-1 已知氧化锰还原反应

$$MnO(s)+C_{石}═══Mn(s)+CO$$

$$\Delta_r G_m^{\ominus}=275984-162.84T$$

试计算为使 MnO 在 1450K 为 C 还原所需的总压(p)。

解 当体系的 $p=1.01325\times10^5$Pa 时

$$\Delta_r G_m=\Delta_r G_m^{\ominus}=275984-162.84T=0$$

还原的开始温度 $T_{开}=275984/162.84=1695$K。为使此还原温度下降到 1450K，需要降低体系的压力。

因为真空室内的 $p=p_{CO}^*$，故根据等温方程可得

$$\Delta_r G_m=\Delta_r G_m^{\ominus}+RT\ln(p_{CO}^*/p^{\ominus})=275948-162.84T+19.147T\lg(p/p^{\ominus})$$

在还原温度下降到 1450K，反应达平衡时，

$$\Delta_r G_m = 275948 - 162.84T + 19.147T\lg(p/p^\ominus) = 0$$

故由上式得

$$\lg(p/p^\ominus) = \frac{-275984 + 162.84 \times 1450}{19.147 \times 1450} = -1.44$$

$$p/p^\ominus = 3.6 \times 10^{-2}，即总压 p = 3.6 \times 10^3 Pa$$

因此，降低体系的压力到 $p = 3.6 \times 10^3$ Pa，可使 C 还原 MnO 的开始温度下降到 1450K。

此外，当氧化物形成复杂氧化物或存于熔渣中，而还原的金属与还原剂碳形成碳化物或位于溶体中时，MO 及 M 的活度将减小，这时反应(Ⅲ)平衡曲线的位置也会相应改变，从而还原开始温度也将改变。

6.3.2 铁氧化物的直接还原

利用各级铁氧化物的间接还原反应与碳气化反应的组合，可求得它们的直接还原反应及 $\Delta_r G_m^\ominus$：

$$3Fe_2O_3 + C = 2Fe_3O_4 + CO, \quad \Delta_r G_m^\ominus = 120000 - 218.46T \tag{1}$$

$$Fe_3O_4 + C = 3FeO + CO, \quad \Delta_r G_m^\ominus = 207510 - 217.62T \tag{2}$$

$$FeO + C = Fe + CO, \quad \Delta_r G_m^\ominus = 158970 - 160.25T \tag{3}$$

$$\frac{1}{4}Fe_3O_4 + C = \frac{3}{4}Fe + CO, \quad \Delta_r G_m^\ominus = 171100 - 174.5T \tag{4}$$

因为 Fe_2O_3 在实际上已很易为 C 还原，故限于研究反应(2)、(3)、(4)的平衡。利用前述的方法可绘出它们的平衡图[φ(CO)-T 图]，如图 6-10 所示。图中碳气化曲线的总压为 1.01325×10^5Pa。它分别与两间接还原反应的曲线交于 a、b 两点：a 点的坐标为[φ(CO)≈62%，T≈1010K]，是反应(3)的还原开始温度；b 点的坐标是[φ(CO)≈42%，T≈950K]，是反应(2)的还原开始温度。由图可以看出：

(1) 在 a 点的温度(1010K)以上，由于固定碳的存在，体系的 φ(CO)高于各级氧化铁间接还原反应的 $\varphi(CO)_平$，将发生 $Fe_2O_3 \rightarrow Fe_3O_4 \rightarrow Fe_xO \rightarrow Fe$ 的转变。

(2) 在 ab 之间，由于体系的 φ(CO)仅高于 Fe_3O_4 间接还原反应(2)的 $\varphi(CO)_平$，而低

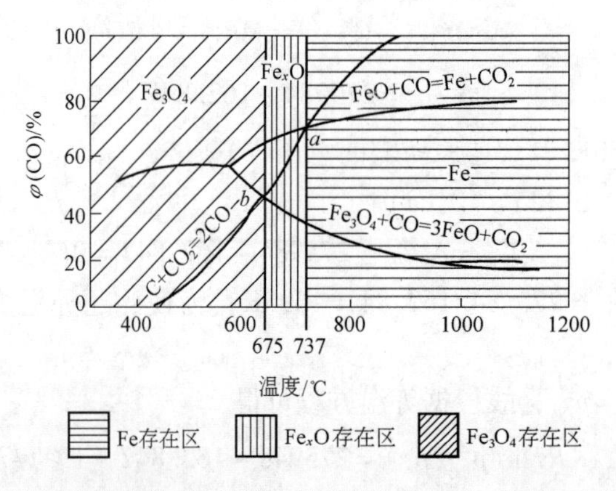

图 6-10 铁氧化物直接还原平衡图(碳的气化反应对还原反应的影响)

于 Fe_xO 间接还原反应(3)的 $\varphi(CO)_{平}$，故将发生 $Fe_2O_3 \rightarrow Fe_3O_4 \rightarrow Fe_xO$ 及 $Fe \rightarrow Fe_xO$ 的转变。

(3) 在 b 点以下，体系的 $\varphi(CO)$ 低于间接还原反应(3)及(2)的 $\varphi(CO)_{平}$，将发生 $Fe_2O_3 \rightarrow Fe_3O_4$ 及 $Fe \rightarrow Fe_xO \rightarrow Fe_3O_4$ 的转变。

因此，当体系达到平衡时，a 点温度以上最终稳定相是 Fe，在 ab 点间的温度内是 Fe_xO，而在 b 点温度以下是 Fe_3O_4。所以，从此两温度点作垂线，可将图面划分为 Fe_3O_4、Fe_xO 和 Fe 稳定存在的三个区域。

体系的总压增加，碳气化反应曲线向右移动，因而各级氧化铁还原的开始温度升高，如图 6-11 所示。因此还原开始温度决定于总压，而与体系的 CO 含量无关。利用式(6-15)的关系可绘出氧化铁还原 p-T 平衡图，如图 6-12 所示。由此图可求出一定总压下各级氧化铁还原的开始温度。而仅当体系的总压及温度位于该区内时，才能获得相应的氧化铁或 Fe。

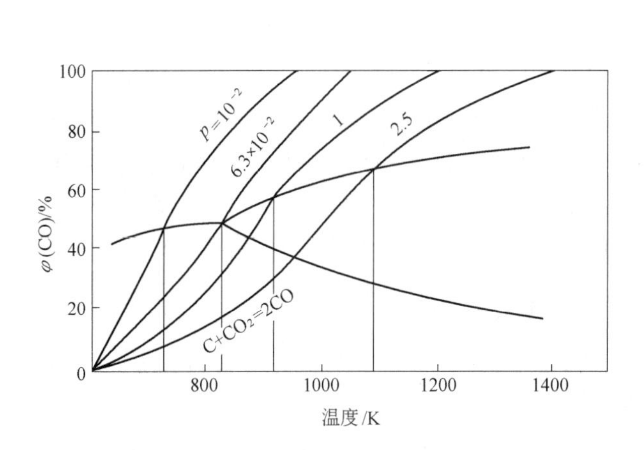

图 6-11 总压对氧化铁还原开始温度的影响

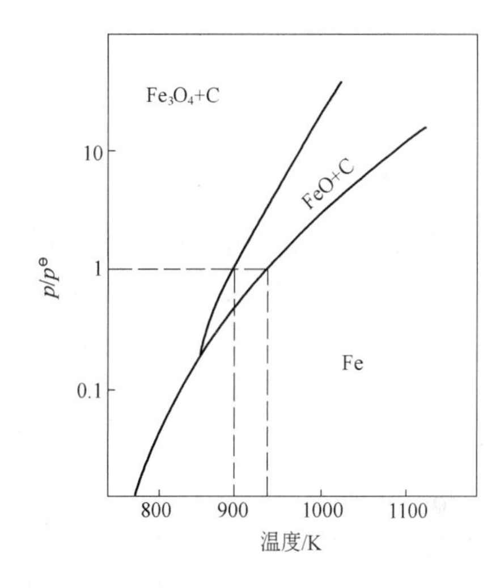

图 6-12 氧化铁直接还原的 p-T 图

6.4 碳的气化反应及其对铁氧化物还原的影响

6.4.1 碳的气化反应

碳的气化反应是用固定碳作燃料和还原剂时冶金过程中最主要的反应之一。例如，高炉内充满了焦炭，铁氧化物还原反应是在有固定碳存在的情况下进行的。因此，在一定的温度条件下，还原产生的 CO_2 将与固定碳发生反应，该反应称碳的气化反应，即：

$$C_{石墨} + CO_2 = 2CO \qquad (\mathrm{I})$$

$$\Delta_r G^{\ominus}_{m\,\mathrm{I}} = -RT\ln K^{\ominus}_{\mathrm{I}} = -RT\ln \frac{(p_{CO}/p^{\ominus})^2}{(p_{CO_2}/p^{\ominus}) \cdot a_C} = 166550 - 171T \quad \mathrm{J/mol} \qquad (6\text{-}16)$$

此反应为可逆反应，反应向左进行时 CO 分解析出碳和 CO_2，当反应向右进行时，碳气化生成 CO。

这个反应不仅是强烈的吸热反应，而且体系的体积发生了变化，因此，外界对反应的平衡状态有影响。例如，反应向右进行时，1mol 的 CO_2 体积变为 2mol 的 CO 体积。所以，它的平衡不仅与气体成分有关，而且还与压力和温度有关。根据化学平衡移动的原理，在一定的压力条件下，当温度升高时，反应向右进行，当温度降低时，反应向左进行；在一定的温度条件下，当压力升高时反应向左进行，当压力降低时反应向右进行，但高炉在正常生产时，压力变化很小，对反应影响不大。

将式(6-16)中组分的平衡分压用体积分数表示：$p_{CO}=\varphi(CO)_{平}\cdot p$，$p_{CO_2}=\varphi(CO_2)_{平}\cdot p$。如气相中仅有 CO 及 CO_2，则 $\varphi(CO)+\varphi(CO_2)=100\%$。又因为 $C_{石墨}$以纯石墨为标准态时，$a_C=1$，则式(6-16)可变为：

$$\Delta_r G_{m\,I}^{\ominus}=-RT\ln K_I^{\ominus}=-RT\ln\frac{(p_{CO}/p^{\ominus})^2}{(p_{CO_2}/p^{\ominus})\cdot a_C}=-RT\ln\frac{[\varphi(CO)_{平}]^2\times(p/p^{\ominus})}{1-\varphi(CO)_{平}} \qquad (6\text{-}17)$$

于是，可得气相平衡成分

$$\varphi(CO)_{平}=\frac{K_I^{\ominus}}{2\times(p/p^{\ominus})}\left(\sqrt{1+\frac{4\times(p/p^{\ominus})}{K_I^{\ominus}}}-1\right) \qquad (6\text{-}18)$$

利用式(6-17)或式(6-18)可作出反应(Ⅰ)的平衡图，见图6-13。图中曲线为 $p/p^{\ominus}=1$（无量纲)的平衡线。由图可见，当温度<400℃（a 点)时，$\varphi(CO)_{平}\approx 0$，而 $\varphi(CO_2)_{平}\approx 100\%$；当温度>1000℃（$b$ 点)时，$\varphi(CO)_{平}\approx 100\%$，而 $\varphi(CO_2)_{平}\approx 0$，而在温度区间内，随着温度的升高，$\varphi(CO_2)_{平}$减小，而 $\varphi(CO)_{平}$增大。

平衡曲线把图面划分为两个区：(1)曲线以上是 CO 的分解区，因为体系的 $\varphi(CO)>\varphi(CO)_{平}$，故 $\Delta_r G_{m\,I}^{\ominus}=-RT\ln\frac{[\varphi(CO)_{平}]^2\times p}{\varphi(CO_2)_{平}}+RT\ln\frac{[\varphi(CO)]^2\times p}{\varphi(CO_2)}>0$；(2)曲线以下为 C 的气化区，因为体系的 $\varphi(CO)<\varphi(CO)_{平}$，故 $\Delta_r G_{m\,I}^{\ominus}<0$。因此，利用平衡图可确定一定条件(气相成分及温度)下反应(Ⅰ)的方向和限度。

由于反应前、后气体物质的物质的量有改变，所以压力对平衡成分有影响。按吕·查德里原则，压力增加，促使平衡向着 $2CO=C+CO_2$ 方向移动，即 $\varphi(CO_2)_{平}$增加，因此，平衡曲线的位置向右下方移动，如图 6-14 所示。

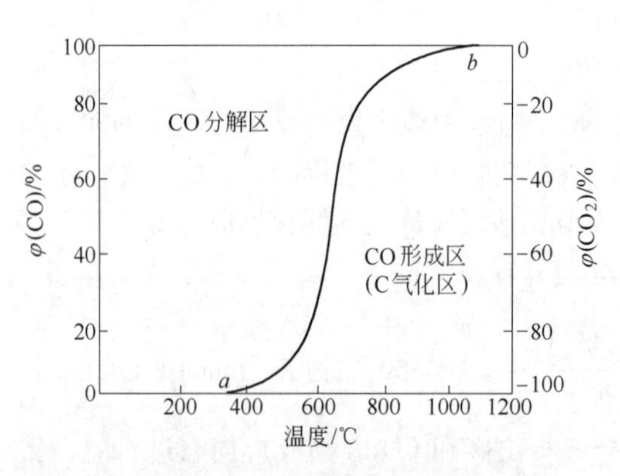

图6-13　$C+CO_2=2CO$ 反应的平衡图
[$p/p^{\ominus}$(量纲一的量)=1]

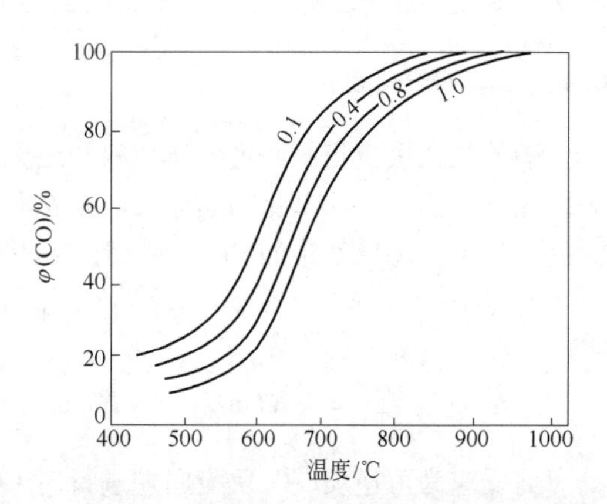

图6-14　$p/p^{\ominus}$为0.1、0.4、0.8、1.0时对反应平衡曲线的影响

6.4.2 碳的气化反应对还原反应的影响

碳的气化反应决定着直接还原反应的产生和发展，因而也决定着直接还原反应与间接还原反应区域的划分。把碳的气化反应(Ⅰ)的平衡气相成分曲线Ⅰ绘入图6-5中，得图6-10。图6-10中反应(Ⅰ)的曲线Ⅰ分别与曲线2、曲线3相交于b和a两点，对应的温度分别为$T_b=675$℃和$T_a=737$℃。从该图可以看出，由于反应体系中有过剩的碳存在，最终的气相成分，总是要达到碳的气化反应平衡曲线上，这必然对铁氧化物还原反应产生影响，碳素气化反应使铁和铁氧化物的稳定存在区域发生变化。在温度高于737℃的区域中，曲线Ⅰ的位置高于曲线3和曲线2，碳的气化反应的平衡气相浓度$\varphi(CO)$大于曲线3、曲线2表示的两个反应的平衡气相浓度$\varphi(CO)_{平}$(两个反应是$Fe_3O_4+CO=3FeO+CO_2$和$FeO+CO=Fe+CO_2$)，因此这两个反应向右进行，直到Fe_3O_4和FeO全部还原为Fe为止。所以，这个区域是铁的稳定区域。

在温度低于675℃的区域，曲线Ⅰ的位置低于曲线4、曲线3、曲线2，与温度高于737℃的情况正好相反，因此，曲线4、曲线3、曲线2所表示的三个反应向左进行，直至Fe和FeO全部氧化成Fe_3O_4为止，所以，这个区域是Fe_3O_4的稳定区域。

在675~737℃之间的区域，曲线Ⅰ的位置高于曲线2，低于曲线3，因此，曲线2表示的反应向右进行，曲线3表示的反应向左进行，直至Fe被氧化为FeO，Fe_3O_4被还原为FeO为止。所以，675~737℃之间的区域是FeO的稳定区域。

上述分析说明，碳的气化反应既影响着间接还原反应，又影响着直接还原反应。它对直接还原反应的影响是：使固体矿石与焦炭能很好地进行还原反应，从而促进了直接还原反应；它对间接还原反应的影响是：使间接还原反应转变为直接还原反应，改变了间接还原铁氧化物的稳定区域(见图6-5)，使之成为以温度为界限的三个稳定区域(见图6-10)。

6.5 复杂氧化物的还原

天然矿石及矿石的处理产品中有些主要氧化物是以复杂氧化物的形式存在，如Fe_2SiO_4、Mn_2SiO_4、$3CaO\cdot P_2O_5$、$3FeO\cdot P_2O_5\cdot 8H_2O$、$FeTiO_3$等。它们的稳定性比单独存在时的高，因此只能在高温下C直接还原。它们还原的反应和$\Delta_r G_m^\ominus$可由简单氧化物的直接还原反应与复杂氧化物的生成反应组合得出。例如，对于硅酸铁的还原：

$$Fe_2SiO_4(s)+2C = 2Fe(s)+SiO_2+2CO$$

可由以下两个反应的组合得出：

$$2FeO(s)+2C = 2Fe(s)+2CO,\quad \Delta_r G_m^\ominus=317940-320.5T$$

$$-)\quad 2FeO(s)+SiO_2(s) = FeSiO_4(s),\quad \Delta_r G_m^\ominus=-36233+21.09T$$

$$Fe_2SiO_4(s)+2C = 2Fe(s)+SiO_2(s)+2CO,\quad \Delta_r G_m^\ominus=354173-341.59T$$

由计算知，FeO及Fe_2SiO_4的还原开始温度分别为992K及1037K。可见，复杂氧化铁比简单氧化铁难于还原。这是因为前者的分解压比后者的分解压低。与主要金属氧化物结合的多半是酸性氧化物的脉石，如SiO_2、Al_2O_3、TiO_2等。它们在主要金属氧化物还原时，多进入炉渣中，仅在很高的温度下才能部分还原。

在冶炼中通过添加剂的作用，促使复杂氧化物分解，提高主要金属氧化物的活度，以降低其还原开始温度。例如，在高炉冶炼中，加入石灰石或在铁矿石的烧结中加入碱性熔剂，由于 CaO 能取代 Fe_2SiO_4 中的 FeO，成为游离的 FeO，就易于还原。这一过程可用下列反应表示：

$$Fe_2SiO_4 = 2FeO + SiO_2, \ \Delta_r G_m^{\ominus} = 36233 + 21.09T$$

$$2FeO + 2C = 2Fe + 2CO, \ \Delta_r G_m^{\ominus} = 317940 - 320.5T$$

$$SiO_2 + 2CaO = Ca_2SiO_4, \ \Delta_r G_m^{\ominus} = -118826 - 11.30T$$

$$FeSiO_4 + 2CaO + 2C = 2Fe + Ca_2SiO_4 + 2CO, \ \Delta_r G_m^{\ominus} = 235347 - 310.71T$$

或

$$Fe_2SiO_4 + 2CaO = 2FeO + Ca_2SiO_4, \ \Delta_r G_m^{\ominus} = -82593 + 9.79T$$

$$2FeO + 2C = 2Fe + 2CO, \ \Delta_r G_m^{\ominus} = 317940 - 320.5T$$

$$Fe_2SiO_4 + 2CaO + 2C = 2Fe + Ca_2SiO_4 + 2CO, \ \Delta_r G_m^{\ominus} = 235347 - 310.71T$$

由于 CaO 的加入，Fe_2SiO_4 的还原开始温度可降低到 757K。但是，上列两种组合反应的方式仅代表热力学的结果，而不能反映出反应的机理。

习题与思考题

6-1 简述钢铁生产方法。

6-2 冶金中常用的还原剂有哪些？

6-3 解释间接还原、直接还原。

6-4 写出铁氧化物逐级分解的顺序，以及用 CO 还原铁氧化物的逐级还原反应。

6-5 用图 6-6 分析比较 H_2 和 CO 对铁氧化物的逐级还原能力。

6-6 计算 1200℃时，CO 及其 H_2 分别还原 Fe_2O_3、Fe_3O_4 及 FeO 的气相平衡成分。

7 氧化熔炼

【本章学习要点】

(1) 炼钢熔渣的来源、组成、性质和作用。炼钢炉渣来源于炼钢过程，其主要成分是：CaO、SiO_2、Fe_2O_3、FeO、MgO、P_2O_5、MnO、CaS 等。这些物质在炉渣中能以多种形式存在。炉渣的性质包括化学性质和物理性质。炼钢过程中熔渣的主要作用可归纳成如下 5 点：1）控制钢液中各元素的氧化还原反应过程；2）吸收金属液中的非金属夹杂物；3）覆盖在钢液上面，可减少热损失，防止钢液吸收气体；4）可使炼钢设备稳定；5）有一定的传氧。

(2) 杂质的氧化方式和氧化物的 $\Delta_f G_m^{\ominus}{}'$-$T$ 关系图。

炼钢熔池中，各种元素的氧化方式有两种：直接氧化和间接氧化。

利用 $\Delta_f G_m^{\ominus}{}'$-$T$ 的关系式，可作出铁液中三种氧化反应的 $\Delta_f G_m^{\ominus}{}'$-$T$ 图。

(3) 炼钢的基本原理：利用炼钢熔池中元素与氧亲和力大小的不同完成杂质的脱去。成铁和氧的亲和力小于 Si、Mn、P，但由于金属液中铁的浓度最高，质量分数达 90% 以上，所以铁最先被氧化，生成大量的 FeO，并通过 FeO 使其与氧亲和力大的 Si、Mn、P 等迅速氧化。在转炉中，Si、Mn、P、Fe 在熔炼初期的大量氧化，使熔池温度迅速上升，为碳的迅速氧化提供了有利条件；同时，也对炉渣的碱度和流动性产生影响。

本章以炼钢过程为例，说明氧化熔炼过程。

7.1 概述

7.1.1 钢和铁的主要区别

钢和生铁都是铁基合金，都含有碳、硅、锰、硫、磷 5 种元素。其主要区别见表 7-1。钢和生铁最根本的区别是含碳量不同，生铁中碳含量高于 2%，钢中碳含量低于 2%。碳含量的变化引起铁碳合金质的变化。钢的综合性能，特别是力学性能（抗拉强度、韧性、塑性）比生铁好得多，从而用途也比生铁广泛得多。以此，除约占生铁总量 10% 的铸造生铁用于生产铁铸件外，约占生铁总量 90% 的炼钢生铁要进一步冶炼成钢，以满足国民经济各部门的需要。

表 7-1 钢和铁的主要区别

项　目	钢	生　铁
碳含量(质量分数)	≤2%，一般为 0.04% ~1.7%	>2%，一般为 2.5% ~4.3%
硅锰硫磷含量	较少	较多

续表 7-1

项　　目	钢	生　　铁
熔点	1450～1530℃	1100～1150℃
力学性能	强度、塑性、韧性好	硬而脆，耐磨性好
可锻性	好	差
焊接性	好	差
热处理性能	好	差
铸造性	好	更好

7.1.2 炼钢的基本任务

炼钢过程属于氧化熔炼，它是铁水及废钢在氧（用于氧化的氧化剂可以是氧、空气、含氧的气体及铁矿石等）的作用下，其中的 Si、Mn、P、C 元素被氧化，杂质（S、H、N）被除去达到规定的限度。在大量元素，特别是 C 量降低到很低时，钢液的氧含量提高，最后还得加入脱氧剂对钢液进行脱氧及合金化，获得成分合格的钢液，浇铸成钢锭或钢坯。所谓炼钢，就是通过氧化熔炼降低生铁中的碳和去除有害杂质，再根据对钢性能的要求加入适量的合金元素，使之成为性能优良的钢。炼钢的基本任务可归纳为六个方面：

（1）脱碳。在高温熔融状态下进行氧化熔炼，把生铁中的碳氧化降低到所炼钢号的规格范围内，是炼钢过程的一项最主要任务。

（2）去磷和去硫。把生铁中的有害杂质磷和硫降低到所炼钢号的规格范围内。

（3）去气和去非金属夹杂物。把熔炼过程中进入钢液的有害气体（氢和氮）及非金属夹杂物（氧化物、硫化物和硅酸盐等）排除掉。

（4）脱氧与合金化。把氧化熔炼过程中生成的对钢质有害的过量的氧（以 FeO 形式存在）从钢液中排除掉；同时加入合金元素，将钢液中的各种合金元素调整到所炼钢号的规格范围内。

（5）调温。按照熔炼工艺的需要适时地提高和调整钢液温度到出钢温度。

（6）浇铸。把熔炼好的合格钢液浇铸成一定尺寸和形状的钢锭和连铸坯，以便下一步轧成钢材。浇铸包括铸锭和连续铸钢。值得强调的是，炼钢过程主要是氧化过程，而且氧化反应主要在熔渣-金属液间界面上进行。

7.1.3 现代炼钢方法及其发展趋势

现代炼钢方法主要有氧气转炉炼钢法、电炉炼钢法、平炉炼钢法。平炉炼钢法由于用重油成本高、冶炼周期长、热效率低等致命弱点，已基本上被淘汰。

氧气转炉炼钢法以氧气顶吹转炉炼钢法为主，同时还有底吹氧气转炉炼钢法、顶底复合吹炼氧气转炉炼钢法。氧气转炉炼钢法的产量约占钢产量的 70%。

电炉炼钢法以交流电弧炉炼钢为主，同时也有少部分直流电弧炉炼钢、感应炉炼钢及电渣重熔等。

纵观国内外炼钢方法的发展，以上三种主要炼钢方法的总发展趋势是：转炉炼钢方法大力发展，成为主要的炼钢方法；电炉炼钢法稳步发展、长兴不衰；平炉炼钢法则被淘汰。

7.2 炼钢熔渣

7.2.1 熔渣的来源、组成和作用

（1）熔渣的来源。熔渣又叫炉渣，是炼钢过程中产生的。熔渣的主要来源有：1）为了完成炼钢任务，有意向炉内加入造渣材料，如石灰、萤石、白云石、氧化铁皮、矿石等，这是炉渣的主要来源。2）含铁原料中的部分元素如 Si、Mn、P、Fe 等氧化后生成的氧化物，如 SiO_2、MnO、FeO、P_2O_5等。3）被侵蚀的炉衬以及各种原料带入的泥沙杂质等，如 CaO、MgO、SiO_2。

（2）熔渣的组成。化学分析表明，炼钢炉渣的主要成分是：CaO、SiO_2、Fe_2O_3、FeO、MgO、P_2O_5、MnO、CaS 等，这些物质在炉渣中能以多种形式存在，除了上面所说的简单分子化合物以外，还能形成复杂的复合化合物，如 $2FeO \cdot SiO_2$、$2CaO \cdot SiO_2$、$4CaO \cdot P_2O_5$等。

（3）熔渣的作用。炼钢过程中熔渣的主要作用可归纳成如下几点：1）通过调整炉渣成分、性质和数量，来控制钢液中各元素的氧化还原反应过程。如脱碳、脱磷、脱氧、脱硫等。2）吸收金属液中的非金属夹杂物。3）覆盖在钢液上面，可减少热损失，防止钢液吸收气体。4）能吸收铁的蒸发物，能吸收转炉氧硫下的反射铁粒，可稳定电弧炉的电弧。5）冲刷和侵蚀炉衬，好的炉渣能减轻这种不良影响，延长炉衬寿命。

由此可以看出：造好渣是实现炼钢生产优质、高产、低消耗的重要保证。因此实际生产中常讲：炼钢就是炼渣。

7.2.2 熔渣的性质

为了准确描述反应物和产物所处的环境，规定用“[ ]”表示其中的物质在金属液中，“( )”表示在渣液中，“{ }”表示在气相中。

7.2.2.1 熔渣的化学性质

A 熔渣的碱度

碱度是指熔渣中碱性氧化物与酸性氧化物浓度的比值，用“R”来表示。碱度是判断熔渣碱性强弱的指标。去磷、去硫以及防止金属液吸收气体等都和熔渣的碱度有关，因此碱度是影响渣、钢反应的重要元素。由于熔渣中 CaO 和 SiO_2的数量最多，约为渣量的60%以上，所以在熔渣含磷不高时，常以 CaO 与 SiO_2浓度之比表示熔渣的碱度，即：

$$R = w(CaO)/w(SiO_2)$$

若熔渣中含磷量较高，也可表示为：

$$R = w(CaO)/[w(SiO_2) + w(P_2O_5)]$$

根据碱度高低，熔渣可分为三类：（1）$R<1$ 酸性渣；（2）$R=1$ 中性渣；（3）$R>1$ 碱性渣（低碱度渣 $R<1.5$；中碱度渣 $R=1.8 \sim 2.2$；高碱度渣 $R>2.5$）。

B 熔渣的氧化性

熔渣的氧化性是指熔渣所具备的氧化能力的大小。它对炼钢过程中的成渣速度、去磷、去硫、喷溅、金属收得率和终点钢水含氧量等均有重大影响。根据熔渣的分子理论，

FeO 能同时存在于渣-钢之中，并在渣-钢之间建立一种平衡 $w(FeO)=w[FeO]$，所以一般认为渣钢中的氧是通过 FeO 传递到钢液中的。因而熔渣中的 FeO 含量便可代表熔渣所具备的氧化能力的大小，即熔渣的氧化性通常用渣中氧化亚铁总含量 $\Sigma w(FeO)$ 表示。

渣中氧化铁含量即渣的氧化性，它对熔渣的反应能力及物理性能有重要的影响。转炉熔渣 FeO 含量过低，造渣困难，炉渣的反应能力低。在转炉冶炼过程中，一般控制在 10% ~20% 为好。

C 熔渣的还原性

熔渣的还原性和氧化性是炉渣的同一种化学性质的两种不同说法。在碱性电弧炉操作中，要求炉渣具有高碱度、低氧化性、流动性好的特点，以达到钢液脱氧、去硫和减少合金元素烧损的目的。所以应降低渣中的 FeO 含量，提高渣的还原性。电弧炉还原期出钢时，一般要求渣中的 FeO 质量分数应小于 0.5%，以满足出钢时对渣还原性的要求。

7.2.2.2 熔渣的物理性质

A 熔渣的黏度

黏度是表示熔渣内部各部分质点间移动时的内摩擦力的大小。黏度的单位是 P（泊）或 Pa · s（帕 · 秒），1Pa · s = 10P。黏度与流动性正好相反，黏度低则流动性好。

冶炼时，若熔渣的黏度过大，则物质在钢液及炉渣之间的传递缓慢，不利于炼钢反应的迅速进行；但若黏度过小，又会加剧炉衬的侵蚀。所以，在炼钢时，希望获得适当黏度的炉渣。影响熔渣黏度的主要因素是熔渣成分和温度。凡是能降低炉渣熔点的成分均可以改善熔渣的流动性，降低渣的黏度；熔池温度越高，渣的黏度越小，流动性越好。实际操作中，黏度的调节主要是靠控制渣中的 FeO、碱度和加入萤石等来实现的。

B 熔渣的熔点

炉渣是多元组成物，成分复杂，当它由固相转变成液相时，是逐渐进行的，不存在明显的熔点，其熔化过程有一个温度范围。通常炉渣的熔点是指炉渣完全转化成均匀液体状态时的温度。

不同的氧化物和复合氧化物的熔点是不同的，炉渣中各种氧化物的熔点见表 7-2。

炉渣中最常见的氧化物都有很高的熔点。炼钢温度下，这些氧化物很难熔化。但实际上，它们相互作用生成了各种复杂化合物，这些化合物的熔点低于原氧化物的熔点，从而降低了熔渣的熔点。降低炉渣熔点的主要措施是：加入一定的助熔剂，如矿石（Fe_2O_3）、萤石（CaF_2）等，以便形成低熔点的多元系化合物。

表 7-2 炉渣中各种氧化物的熔点

氧化物	CaO	MgO	SiO_2	FeO	Fe_2O_3	MnO	Al_2O_3	CaF_2
熔点/℃	2570	2800	1710	1370	1457	1785	2050	1418
复合化合物	$CaO \cdot SiO_2$	$2CaO \cdot SiO_2$	$2FeO \cdot SiO_2$	$MnO \cdot SiO_2$	$MgO \cdot SiO_2$	$MgO \cdot Al_2O_3$	$CaO \cdot FeO \cdot SiO_2$	$3CaO \cdot P_2O_5$
熔点/℃	1540	2130	1217	1285	1557	2135	1400	1800

7.2.3 熔渣的传氧作用

在炼钢炉内，熔渣中的（FeO）与氧化性气体（O_2、CO_2）接触时，被氧化成高价氧

化物 Fe_2O_3。而在炉渣与钢液接触时，炉渣中的高价氧化铁 Fe_2O_3 被钢液中的金属铁还原成低价氧化铁 FeO。通过这个转变过程，气相中的氧可透过熔渣层传递给钢液，其过程如图7-1所示。在电炉氧化期和氧气顶吹转炉高枪位操作时，都具有这样的传氧特征。

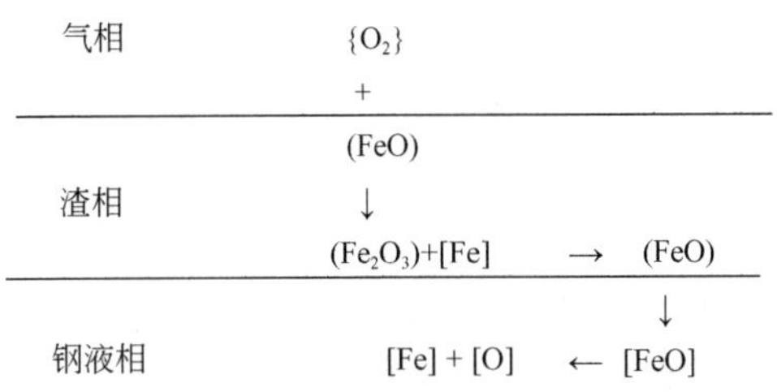

气相	$\{O_2\}$ +	
渣相	(FeO) ↓ (Fe_2O_3)+[Fe]	→ (FeO)
钢液相	[Fe] + [O]	← [FeO]

图 7-1 炉渣传氧示意图

当熔渣的这种传氧过程达到平衡时，钢液中［O］的溶解度由熔渣的氧化性（熔渣中 FeO 含量）所确定，即由如下化学反应平衡决定：

$$(FeO) = [FeO] = [Fe] + [O], \quad \lg \frac{w[O]}{a_{FeO}} = \frac{-6320}{T} + 2.734 \tag{7-1}$$

由式（7-1）可以看出，在一定温度下对于不同 a_{FeO} 的熔渣，钢液中［O］的饱和含量不同。由于金属中杂质和氧的反应，金属液中实际含氧量低于按式（7-1）所计算的数值。

7.3 杂质的氧化方式——直接氧化和间接氧化

炼钢熔池中，各种元素的氧化方式有两种：直接氧化和间接氧化。

直接氧化方式：所谓直接氧化指的是气相中的氧与熔池中的各种元素如 Fe、C、Si、Mn、P 等等直接发生作用。例如对于锰，直接氧化反应可表示如下：

$$[Mn] + \frac{1}{2}\{O_2\} = (MnO) \tag{1}$$

间接氧化方式：它是指气相中的氧先氧化 Fe 并生成（FeO），然后渣中的 FeO 扩散并溶解于金属中，其后，熔渣中的 FeO，一方面作为氧化剂，去氧化从铁液中扩散到熔渣-铁液界面上的元素；另一方面以溶解氧原子［O］的形式去氧化铁液中的元素。例如对于金属中的 Mn 上述过程可以表示为

$$[Mn] + (FeO) = (MnO) + [Fe] \tag{2}$$

$$(FeO) = [Fe] + [O] \tag{3}$$

$$[Mn] + [O] = (MnO) \tag{4}$$

可见，炼钢熔池中氧化剂有气体氧 $\{O_2\}$、熔渣中的氧化铁（FeO）和溶解于金属液中的氧［O］三种形式，相应的氧化反应有（1）、（2）、（4）三种，前一种是直接氧化反应，后两种是间接氧化反应。

研究表明，尽管可能溶解在铁液中的杂质与氧有较大的亲和力，但优先氧化的是金属铁，因为钢液中金属铁的原子数目远比杂质的原子数目多得多。因此，炼钢熔池中杂质的氧化一般以间接氧化为主。

7.4 氧化物的 $\Delta_f G_m^{\ominus}{}'$-$T$ 关系图

铁液中元素的氧化反应可表示如下：

$$\frac{2x}{y}[M] + 2[O] = \frac{2}{y} M_xO_y(s)$$

$$\frac{2x}{y}[M] + \{O_2\} = \frac{2}{y} M_xO_y(s)$$

$$\frac{2x}{y}[M] + 2(FeO) = \frac{2}{y} M_xO_y(s) + 2[Fe]$$

上列诸反应中，[M]及[O]的标准态是质量分数为1%的溶液，而 $M_xO_y(s)$ 及(FeO)的标准态是纯物质。各元素氧化物的 $\Delta_f G_m^{\ominus}{}'$ 是包含有物质的化学计量数在内的值。

利用上列反应的 $\Delta_f G_m^{\ominus}{}'$-$T$ 的关系式，可作出铁液中三种氧化反应的 $\Delta_f G_m^{\ominus}{}'$-$T$ 图。图7-2为铁液中间接氧化反应生成元素氧化物的 $\Delta_f G^{\ominus}{}'_m$-$T$ 图。图中每条直线表示铁液中元素与2mol氧原子{2[O]}在标准状态下，发生氧化反应生成 $\frac{2}{y} M_xO_y(s)$ 的 $\Delta_f G_m^{\ominus}{}'$ 与温度的关系。利用此图可以确定标准状态下，熔池中元素氧化形成氧化物的稳定性或氧化的顺序。即直线位置越低者越稳定，而该元素越易氧化。又因为FeO是炼钢熔池内的主要氧化剂，所以比较FeO和元素氧化物的 $\Delta_f G_m^{\ominus}{}'$-$T$ 线的相对位置，就可以确定元素在不同温度下氧化的热力学特性：

(1) 在FeO的 $\Delta_f G_m^{\ominus}{}'$-$T$ 直线以上的元素基本上不能氧化，因为 $\Delta_f G^{\ominus}{}'_{m(FeO)} < \Delta_f G^{\ominus}{}'_{m(MO)}$，

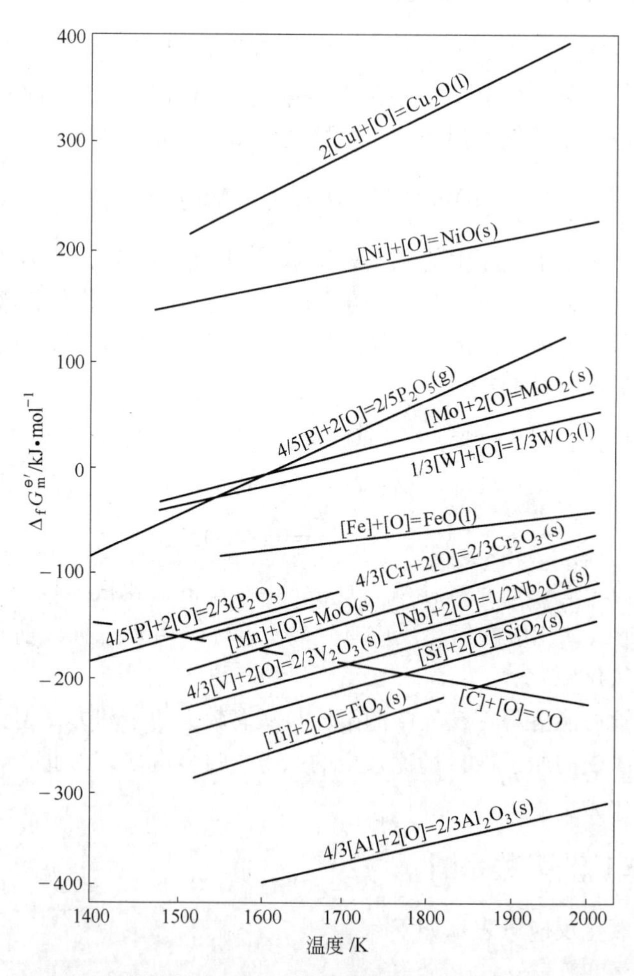

图7-2 铁液中元素氧化物的 $\Delta_f G_m^{\ominus}{}'$-$T$ 图

如 Cu、Ni、Pb、Sn、W、Mo 等。因此，它们在炼钢过程中不能被氧化除去，如果它们不是炼钢产品所需的合金元素，则应在选配料中加以剔除。相反，如果它们是所炼钢种所需的合金元素，则可允许在炼钢炉料中存在。

（2）在 FeO 的 $\Delta_f G_m^{\ominus}{}'$-$T$ 直线以下的元素均可被氧化，因为 $\Delta_f G_{m(FeO)}^{\ominus}{}' > \Delta_f G_{m(MO)}^{\ominus}{}'$，但氧化难易的程度不同，并随着冶炼条件的不同而有变化。例如，C、P 可大量氧化，Cr、Mn、V 等氧化的程度随冶炼条件而定，Si、Ti、Al 等基本上能完全氧化。因此，Si、Ti、Al 能作为钢液的脱氧剂。

（3）溶解碳氧化反应生成 CO 的 $\Delta_f G_m^{\ominus}{}'$-$T$ 线与所有其他元素氧化物的 $\Delta_f G_m^{\ominus}{}'$-$T$ 线有相反的走向，因此，两者必有交点。在交点的温度以下，$\Delta_f G_{m(CO)}^{\ominus}{}' > \Delta_f G_{m(MO)}^{\ominus}{}'$，C 难以氧化，而是其他元素，如 Si、Mn、Cr、V 等被氧化；在交点温度以上，$\Delta_f G_{m(CO)}^{\ominus}{}' < \Delta_f G_{m(MO)}^{\ominus}{}'$，C 才大量氧化，而其他元素的氧化受到抑制。这个交点温度是标准状态下元素选择性氧化的转化温度，它乃是某元素与 C 的氧化顺序交换的温度，或熔池中 C 开始氧化的温度。这个温度是 $\Delta_f G_{m(MO)}^{\ominus}{}' = \Delta_f G_{m(CO)}^{\ominus}{}'$ 的温度。

例如，对 Cr 及 C 来说，此两者氧化的 $\Delta_f G_m^{\ominus}{}'$-$T$ 线在 1514K 相交，如使温度保持在 1515K 以上，C 就能抑制 Cr 的氧化，或认为氧化了的铬可为 C 所还原：

$$3[C] + Cr_2O_3(s) \xlongequal{\quad} 2[Cr] + 3CO$$

（4）三种氧化剂中，直接氧化更易进行，因为它们的 $\Delta_f G_m^{\ominus}{}'$ 最低。所以吹氧时元素氧化的强度最大。图 7-3 为钢液中的[Si]在三种氧化剂作用下生成氧化物的 $\Delta_f G_m^{\ominus}{}'$-$T$ 图。

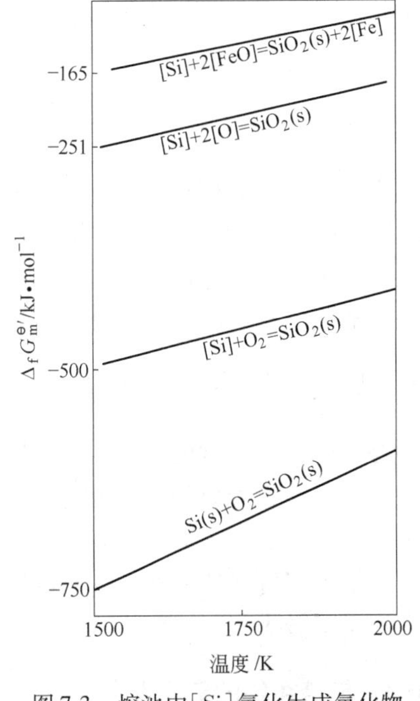

图 7-3 熔池中[Si]氧化生成氧化物的 $\Delta_f G_m^{\ominus}{}'$-$T$ 图

（5）熔池中多种元素共存时，一般是生成氧化物(MO)的氧势或 $\Delta_f G_m^{\ominus}{}'$ 最小的元素首先氧化。而其氧化强度随温度的升高而减弱。

（6）元素氧化的顺序还将受活度变化的影响，元素的浓度(活度)相同时，元素氧化物氧势较小的先氧化或强烈氧化；而元素的浓度(活度)不同时，元素浓度(活度 a_M)高的，其元素氧化物氧势较小，最先氧化。另外，元素形成的氧化物成凝聚相，在熔渣中溶解，其活度降低，使其氧势减小，也能利于元素的氧化。如果形成的氧化物是纯固相，在渣中也不溶解，而覆盖在熔池表面，则会阻碍元素的氧化。

（7）对于氧化反应：

$$M + \frac{1}{2}O_2 \xlongequal{\quad} MO$$

达到平衡时，所有元素氧化物的分解压相同，故有下列关系存在：

$$(p_{O_2}/p^{\ominus})^{\frac{1}{2}} = \frac{a_{MO_1}}{K_1^{\ominus} \cdot a_{M_1}} = \frac{a_{MO_2}}{K_2^{\ominus} \cdot a_{M_2}} \cdots \frac{a_{FeO}}{K_{Fe}^{\ominus} \cdot a_{Fe}}$$

$$\frac{a_{MO}}{a_M} = \left(\frac{p_{O_2}}{p^\ominus}\right)^{\frac{1}{2}} \cdot K^\ominus$$

这表明，元素在渣-铁液间的分配与每种元素氧化的平衡常数 $K^\ominus$ 有关。$K^\ominus$ 值大的元素，其分配常数亦大，而元素达到平衡时，在渣中富集的浓度大，在铁液中富集的浓度小。相反，元素达到平衡时，在渣中富集的浓度小，在铁液中富集的浓度大。

7.5 元素氧化的分配系数

铁液中元素氧化形成凝聚相的氧化物的反应，是发生在熔渣-铁液界面上的，因此，上述的第 3 类氧化反应表示为

$$[M] + (FeO) == (MO) + [Fe]$$

$$K^\ominus = \frac{a_{MO} \cdot a_{Fe}}{a_M \cdot a_{FeO}} = \frac{\gamma_{MO} \cdot x_{MO} \cdot a_{Fe}}{a_M \cdot a_{FeO}}$$

在钢液内，元素的氧化反应处于非标准状态下，即 FeO 及 MO 的活度不等于 1，而与熔渣组成有关。反应达平衡时，M 的浓度很低，$a_M = w[M]$，而 $a_{Fe} = 1$，故当元素氧化形成的 MO 能进入熔渣中时，可由上反应的平衡常数得出以下分配系数：

$$L_M = \frac{x_{MO}}{w[M]} = K^\ominus \cdot a_{FeO} \cdot \frac{f_M}{\gamma_{MO}} = K^\ominus \cdot \frac{a_{FeO}}{\gamma_{MO}} \tag{7-2}$$

上面导出的分配系数 L_M 是元素氧化时，从金属相转入渣相内，电子状态(或存在形式)发生了变化。它除与温度有关外(K 随温度升高而减小，因 $\Delta H^\ominus < 0$)，还与参加反应的物质的活度有关，亦即与熔渣及金属液的组成有关。元素的 L_M 越大，意味着元素被氧化进入熔渣内的程度越大，而金属液中残存的元素浓度就越低。

7.6 炼钢过程的基本反应

炼钢熔池中元素的氧化次序：铁和氧的亲和力小于 Si、Mn、P，但由于金属液中铁的浓度最大，质量分数为 90% 以上，所以铁最先被氧化，生成大量的 FeO，并通过 FeO 使其与氧亲和力大的 Si、Mn、P 等迅速氧化。在转炉中，Si、Mn、P、Fe 在冶炼初期的大量氧化，使熔池温度迅速上升，为碳的迅速氧化提供了有利条件；同时也对炉渣的碱度和流动性等产生了较大的影响。

7.6.1 钢液中铁的氧化

铁的氧化反应是一个极其重要的氧化反应，它是其他元素进行氧化反应的基础。向金属液供氧的方式有两种：一是直接供氧，即吹入氧气；二是间接供氧，即加入矿石。因此，铁的氧化方式也有两种：直接氧化和间接氧化。

直接氧化反应是指钢液中的元素直接和氧分子接触，而被氧化的反应，如：

$$[Fe] + \frac{1}{2}\{O_2\} == [FeO]$$

$$2(FeO) + \frac{1}{2}\{O_2\} == (Fe_2O_3)$$

间接氧化反应是指金属液中的元素直接和氧原子或 FeO 接触而被氧化的反应，如：

$$[Fe]+[O]=\!=\!=[FeO]$$

铁被氧化后，其反应产物FeO一部分进入炉渣，一部分继续存留在金属液中，并在金属液-熔渣之间建立动态平衡，它应服从分配定律，即：

$$[FeO]=\!=\!=(FeO)$$

在一定温度下，$w(FeO)/w[FeO]$为一常数，称为氧在金属液和熔渣中的分配系数L_0。

$$L_0 = w(FeO)/w[FeO]$$

氧与铁可生成三种化合物：FeO、Fe_2O_3和Fe_3O_4。这些铁氧化物的生成吉布斯自由能或分解压是不同的，所以稳定性也不同。一般低级氧化物的自由能或分解压较小，而高级氧化物的自由能和分解压较大，所以氧化物的分解顺序是由高级氧化物向低级氧化物转化：$Fe_2O_3 \rightarrow Fe_3O_4 \rightarrow FeO \rightarrow Fe$。

铁氧化物的稳定性取决于气相的氧势、温度条件等因素。假定它们各以纯的状态存在，在炼钢温度下比较它们的分解压和炉内气相的氧分压，可以判断它们的稳定性。在炼钢温度和气相氧的分压下（顶吹转炉炉内$p_{O_2} \approx 0.1MPa$），FeO和Fe_2O_3都是稳定的，FeO的稳定性更强。Fe_3O_4可以看作是$FeO \cdot Fe_2O_3$。在炼钢炉渣中，铁的氧化物以FeO为主，随着气相p_{O_2}的变化，也有一定数量的Fe_2O_3存在。氧气顶吹转炉内，渣中$w(Fe_2O_3)/w(FeO)$之比变动于0.3～1.5之间，平均值约为0.8。

含氧化铁的物质如铁矿石、铁皮等也可用来作为炼钢的氧化剂。这类固体氧化剂在熔化和分解时，吸收大量的热，而氧气作为氧化剂氧化铁和杂质则是放热反应。这是它们的重要区别。

7.6.2 脱碳

碳的氧化反应是贯穿整个炼钢过程的一个重要的反应，它是完成整个炼钢任务的一个重要手段。

7.6.2.1 碳的氧化

（1）氧气流股与金属液间的C-O反应：

$$[C]+\frac{1}{2}\{O_2\}=\!=\!=\{CO\}, \quad \Delta_r H_m^{\ominus} = +136000J/mol$$

该反应放出大量的热，是转炉炼钢的重要热源。在转炉炼钢的氧流冲击区及电炉、平炉炼钢采用氧管插入钢液吹氧脱碳时，氧气流股直接作用于钢液，均会发生此类反应。脱碳示意图分别如图7-4和图7-5所示。流股中的气体氧$\{O_2\}$与钢液中的碳原子[C]直接接触，反应的气体产物一氧化碳{CO}，脱碳速度受供氧强度的直接影响，供氧强度越大，脱碳速度越快。

（2）金属熔池内部的C-O反应：

$$[C]+[O]=\!=\!=\{CO\} \tag{5}$$

$$[C]+2[O]=\!=\!=\{CO_2\} \tag{6}$$

上述反应为放热反应，温度降低有利于反应的进行。在转炉和电炉炼钢吹氧脱碳时，气体氧$\{O_2\}$会使金属熔池内铁原子[Fe]大量氧化成[FeO]，金属液中的[C]与[FeO]接触反应，从而起到间接脱碳的作用。

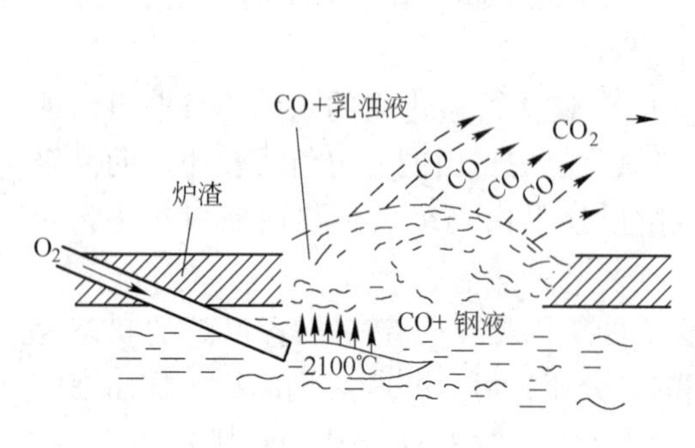

图 7-4 熔池吹氧示意图

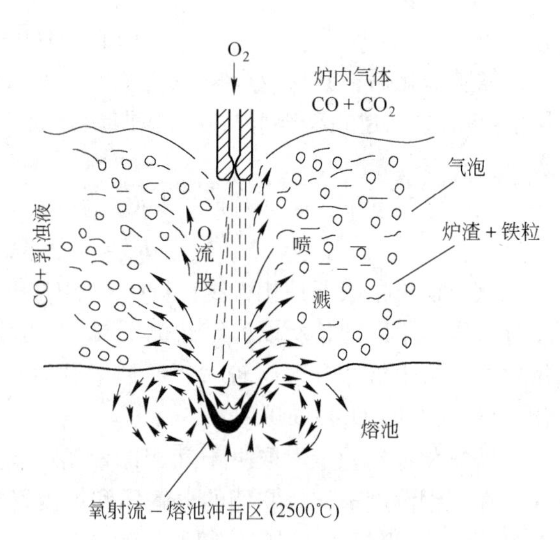

图 7-5 氧气顶吹转炉氧射流与熔池相互作用示意图

在通常的熔池中，碳大多是按式(5)发生反应生成 CO，即熔池中碳的氧化产物绝大多数是 CO 而不是 CO_2。因为熔池中含碳量高时，CO_2 也是碳的氧化剂，会发生反应 $[C]+CO_2 = 2CO$。

(3)金属液与渣液界面的 C-O 反应：在转炉泡沫渣和采用矿石脱碳的电炉渣内均含有大量的 FeO，渣中的 FeO 通过渣-钢接触界面向钢液中扩散，然后与钢液中的碳原子反应生成一氧化碳气体。反应式如下：

$$[C]+(FeO) = \{CO\}+[Fe]$$

所谓泡沫渣是转炉炼钢吹氧脱碳时钢液-熔渣-炉气三相物质混合乳化而形成的乳浊液。在泡沫渣中，钢液被粉碎成很细小的小液滴，使钢-渣的接触界面积大大增加，这是泡沫渣中脱碳速度很快的原因。

7.6.2.2 碳氧反应在炼钢中的作用

把钢液中的碳含量氧化降低到所炼钢号的规格内。这是炼钢的任务之一。

碳氧化反应时产生大量的 CO 气泡，这些气泡从钢液中排出时，对熔池也有一种搅拌作用，它均匀了钢液的成分和温度，改善了各种化学反应的动力学条件，有利于炼钢中各种化学反应的进行。

碳氧反应产物 CO 气泡，对于钢液中的 N、H 相当于一个小真空室，钢液中的气体很容易扩散到这些上浮的气泡中，并随之排除到大气之中，所有脱碳反应是去除钢液中气体所必需的手段之一。

非金属夹杂物上浮的速度主要取决于非金属夹杂物的大小。碳氧反应对熔池的搅拌作用促进了非金属夹杂物的碰撞长大，从而显著地提高了上浮速度。另外，CO 气泡表面也可黏附一部分非金属夹杂物使其上浮入渣。所以，碳氧反应是去除钢液中夹杂物所必需的手段之一。

碳的氧化反应放出大量的热，是氧气转炉炼钢的重要热源。同时，由于 CO 气泡的大量产生，使转炉内产生大量的泡沫渣，增加了钢-渣接触面积，有助于反应速度的提高。

7.6.2.3 碳氧浓度积

碳在钢液中进行下列反应时，

$$[C] + [O] = \{CO\}$$

$$K^{\ominus} = \frac{p_{CO}/p^{\ominus}}{a_C \cdot a_O} = \frac{p_{CO}/p^{\ominus}}{f_C \cdot w[C] \cdot f_O \cdot w[O]} \tag{7-3}$$

式中，$K^{\ominus}$为反应的平衡常数；p_{CO}为同钢液中[C]平衡共存的CO气体分压。

为了分析炼钢过程中[C]和[O]间的关系，常将p_{CO}取为一个大气压，并且因为$w[C]$低时，f_C和f_O均接近于1，因此该式可简化为：

$$K^{\ominus} = \frac{p_{CO}/p^{\ominus}}{a_C \cdot a_O} = \frac{p_{CO}/p^{\ominus}}{w[C] \cdot w[O]} \tag{7-4}$$

为讨论方便，令$m = w[C] \cdot w[O]$，则：

$$m = w[C] \cdot w[O] = \frac{p_{CO}/p^{\ominus}}{K^{\ominus}} \tag{7-5}$$

式中，m为碳氧浓度积，在一定温度和压力下是一个常数，而与反应物和生成物的浓度无关。如上所述，因$[C] + [O] = \{CO\}$反应的平衡常数随温度变化不大，所以在系统一定p_{CO}下和炼钢过程的温度范围内，熔池中$w[C]$和$w[O]$的乘积为一定值。根据文献介绍，在1600℃和p_{CO} = 0.1MPa时，实验测定的理论值m = 0.0025。

因C-O反应产物为气体CO和CO_2，所以当温度一定时，C-O平衡关系还要受p_{CO}或总压p变化的影响，见图7-6。

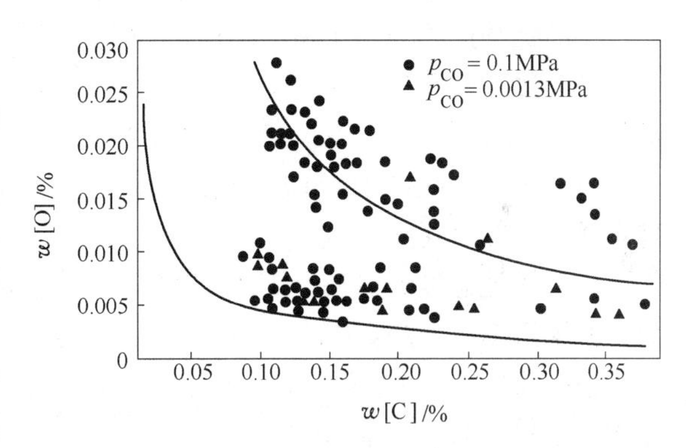

图7-6 压力对碳氧平衡的影响

实际上，据近来进一步研究证明，m不是一个常数，m值随$w[C]$的增加而减少。在不同的$w[C]$和温度时，m值随$w[C]$的变化情况如表7-3所示。

表7-3 不同温度和含碳量的碳氧浓度积

w[C]/%	碳氧浓度积 m					备注
	1500℃	1600℃	1700℃	1800℃	1900℃	
0.02～0.20	1.86	2.00	2.18	2.32	2.45	有CO_2反应，$f_C = f_O \approx 1$；基本无CO_2反应，$f_C > 1$，$f_O > 1$
0.50	1.77	1.90	2.08	2.20	2.35	
1.00	1.68	1.81	1.96	2.08	2.25	
2.00	1.55	1.70	1.84	1.95	2.10	

m值不守常的原因是：在碳含量低时，是由于反应$[C] + 2[O] = CO_2$发生，生成了CO_2，其情况如表7-4所示。在碳含量高时，是由于活度系数(f_C和f_O)不能忽略。

表 7-4 在一定压力和不同温度下与 Fe-O-C 熔体平衡的气相中的 CO_2 浓度

$\varphi[C]/\%$	$p_{(CO+CO_2)}=101325Pa$ 时 $\varphi(CO_2)/\%$				
	1500℃	1550℃	1600℃	1650℃	1700℃
0.01	20.1	16.7	13.8	11.5	9.5
0.05	5.6	4.3	3.3	2.7	2.1
0.10	2.8	2.2	1.7	1.3	1.1
0.5	0.44	0.34	0.26	0.21	0.16
1.00	0.16	0.12	0.034	0.070	0.060

7.6.3 锰的氧化

铁矿石中 MnO 在炼铁时被还原，锰进入铁水中，废钢中也含一些锰，因此，在炼钢中锰是不可避免而存在的元素。锰在炼钢中的氧化和还原反应也是炼钢炉内的基本反应。

锰的氧化反应如下：

$$[Mn]+(FeO)=\!=\!=(MnO)+[Fe] \tag{7}$$

$$[Mn]+[O]=\!=\!=(MnO) \tag{8}$$

$$[Mn]+\frac{1}{2}\{O\}=\!=\!=(MnO) \tag{9}$$

锰的氧化产物只熔于渣，不熔于钢液。锰氧化的特点是：

(1) 锰的氧化反应是放热反应，低温有利于锰的氧化，故锰的氧化主要在熔炼前期进行。

(2) 由于氧化产物 MnO 是碱性氧化物，故碱性渣中不利于 Mn 的氧化，因此锰不能向硅那样完全被氧化。

(3) 熔池温度升高后，锰的氧化反应会逆向进行，发生锰的还原，即产生“回锰”现象，使钢液中的“余锰”增加。

根据反应(7)的平衡常数，可以写出锰在渣-钢液间的平衡分配系数式，得出锰氧化的热力学条件：

$$[Mn]+(FeO)=\!=\!=(MnO)+[Fe],\ K_{Mn}^{\ominus}=\frac{a_{MnO}}{a_{Mn}\cdot a_{FeO}} \tag{7-6}$$

由式(7-6)可以得到：

$$w[Mn]=\frac{a_{MnO}}{K_{Mn}^{\ominus}\cdot f_{Mn}\cdot a_{FeO}}=\frac{w(MnO)\cdot\gamma_{MnO}}{K_{Mn}^{\ominus}\cdot f_{Mn}\cdot w(FeO)\cdot f_{FeO}} \tag{7-7}$$

由上式得出：

$$L_{Mn}=\frac{x_{(MnO)}}{w[Mn]}=K_{Mn}^{\ominus}\cdot\frac{x_{(FeO)}\cdot\gamma_{FeO}\cdot f_{Mn}}{\gamma_{MnO}} \tag{7-8}$$

可见 L_{Mn} 将随炼钢的条件而变化。熔炼初期，由于温度较低，渣中 FeO 含量高，渣碱度低，故[Mn]激烈地氧化；到炼钢中后期由于熔池的温度升高，渣中 FeO 含量降低，渣碱度升高，锰从渣中还原，到吹炼末期由于渣的氧化性提高，又使锰重新氧化。在吹炼中 $w[Mn]$ 的变化情况如图 7-7 所示。从图可以看到熔池中锰的“回升”现象。炉渣碱度越高，熔池的温度越高，回锰的程度也越高。

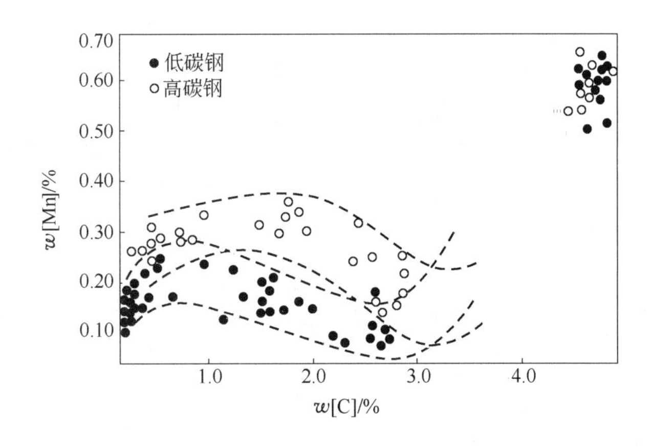

图 7-7 吹炼过程中 Mn 的变化

7.6.4 硅的氧化

理论上硅的氧化也有直接氧化和间接氧化之分，但实际上，金属液中的硅锰元素很难直接与气态氧反应，所以金属液中硅锰磷元素的氧化均以间接氧化反应为主。

硅的间接反应如下：

$$[Si]+2(FeO)=\!=\!=2[Fe]+(SiO_2)$$

$$[Si]+2[O]=\!=\!=(SiO_2)$$

硅的氧化产物 SiO_2 只熔于炉渣，不熔于钢液。

硅氧化反应的主要特点如下：

(1)由于硅与氧的亲和力很强，所以在冶炼初期，金属液中的硅便已基本氧化完毕。例如，转炉吹氧 3min 后，硅基本上全部被氧化。同时，由于硅的氧化产物 SiO_2 在炉渣中完全被碱性氧化物如 CaO 等结合，无法被还原出来，因此硅的氧化是十分完全彻底的，最后只有微量的硅残留在钢液中。

(2)硅的氧化反应是一个强烈的放热反应，低温有利于硅氧化反应的迅速进行。硅是转炉吹炼过程中重要的发热元素。目前在转炉生产中，为了减少渣量，降低热损失，并提高金属收得率，已在广泛推广使用低硅铁水[$w(SiO)<0.3\%$]，而降低铁水含硅量所失去的部分化学热，正在靠其他方法来解决，如提高铁水温度等。

7.6.5 脱磷

7.6.5.1 脱磷对钢性能的影响

钢中含磷会恶化钢的焊接性能，降低钢的塑性和韧性，使钢产生冷脆性，即在低温条件下钢的冲击韧性明显降低，所以，磷是钢中的有害元素之一。钢中最大允许的 $w[P]=0.02\%\sim0.05\%$，出钢时一般要求钢水含磷不大于 0.03%，而对某些钢种则要求在 0.008%～0.015% 范围内。炼钢用的铁水含磷量变化很大，一般为 0.1%～1.0%，特殊的高达 2.0% 以上。即使原料条件较好，炼钢过程亦有程度不同的脱磷任务。脱磷反应是炼钢过程的反应之一，将钢中的磷脱除到要求的范围内，是炼钢的任务之一。

7.6.5.2 脱磷的基本方法

高炉是不能脱磷的，铁矿石的磷几乎全部进入生铁中，致使生铁的 $w[P]$ 有时高达 0.1% ~1.0%。在还原条件下，也可采用还原剂进行还原脱磷，如用 CaC_2 作还原剂脱磷，但是，在炼钢过程中主要还是通过氧化法脱磷，它能处理任何含磷的炉料，得到含磷浓度很低的钢。例如，生铁中的磷主要是在炼钢时氧化作用下除去的。氧化法是利用氧化剂使铁液中的[P]氧化成 P_2O_5，再与加入的能降低其活度系数的脱磷剂结合成稳定的复合化合物，而存在于熔渣中。在电弧炉炼钢中，磷氧化的同时，金属熔体中的易氧化的有价元素也会受到氧化而损失，因此，在处理这类金属熔体时，存在着去磷及保护合金元素不氧化的问题。

7.6.5.3 脱磷的基本反应

磷的氧化可能按下列反应进行：

$$2[P] + 8(FeO) = (3FeO \cdot P_2O_5) + 5[Fe]$$

$$2[P] + 8[O] + 3[Fe] = (3FeO \cdot P_2O_5)$$

由于 $3FeO \cdot P_2O_5$ 的稳定性较差，随着炼钢熔池温度的上升，在1500℃以上，难以稳定存在。因此，炼钢脱磷需要氧化剂和脱磷剂，先把[P]氧化成 P_2O_5，再与渣中的脱磷剂结合生成稳定的复杂化合物。炼钢常用的脱磷剂是 CaO。

脱磷的基本反应为：

$$2[P] + 5(FeO) + 4(CaO) = 4(CaO \cdot P_2O_5) + 5[Fe] \quad \text{放热}$$

从反应式中可以看出：低温、渣中高 FeO、高 CaO 有利于钢液脱磷反应的进行。

7.6.5.4 脱磷的基本条件

(1) 炉渣的碱度要适当高，流动性要好。研究结果认为，脱磷时的炉渣碱度控制在 2.5 ~3 最好。

(2) 适当提高炉渣中的氧化性，即提高渣中的 FeO 浓度。

(3) 控制适当的温度。尽管低温有利于放热反应的进行，但低温不利于石灰的熔化，不利于扩散反应的进行，从而最终还将影响到脱磷反应速度。所以，为了获得最佳的脱磷效果，熔池应有适当的熔池温度，不能太高也不能太低。

(4) 大渣量也是提高脱磷效果的有效方法之一。对于电炉来说，采用自动流渣的方法放旧渣、造新渣就是大渣量的另一种操作形式。

7.6.5.5 回磷

回磷是指冶炼后期钢液中磷含量比中期有所回升，以及成品钢中的含磷量比冶炼终点钢水含磷量高的现象。

回磷的原因是：

(1) 炉温过高会使脱磷反应逆向进行。

(2) 冶炼终了及出钢时，向炉内或钢包内加入铁合金等脱氧，会使渣中的 FeO 含量大大降低，同时，脱磷产物如 SiO_2 等也会使炉渣碱度大大降低，使脱磷反应逆向进行。

(3) 铁合金本身带入一定数量的磷。

在上述几种原因中，以渣中 FeO 含量的降低对回磷影响最为显著，而碱度和温度的影响要小些。

对于电炉而言，防止还原期回磷的主要措施是扒净氧化渣。对于转炉而言，防止钢包回磷的主要措施是防止下渣，即防止炉渣进入到钢包中。生产中常用的办法是：

（1）出钢前向炉内加入石灰稠化终渣，同时，进行挡渣出钢。

（2）出钢过程中，向钢包内投入少量石灰粉，稠化钢包内的渣，保持碱度。

7.6.6 脱硫

硫在钢中以硫化物形式存在，如 FeS、MnS 等，硫对钢性能产生以下影响：

（1）硫会使钢产生热脆现象。所谓热脆现象是指钢锭或钢坯在高温条件下（如1100℃）进行轧制时，会产生断裂的现象。

（2）对钢的力学性能产生不利的影响。

（3）使钢的焊接性能降低。

（4）能改善易切削钢的切削性能。

一般钢种要求含硫量不大于 0.015% ~0.045%，优质钢种含硫量不大于 0.02% 或更低。理论上当钢中含硫量达到 0.01% ~0.015% 时就对钢的性能起不利的作用。对超低硫钢的一些钢种，其含硫量甚至要求在 0.01% 以下。只有含硫的易切削钢，含硫量可高达 0.1% ~0.3%。炼钢生铁中硫的含量为 0.05% ~0.08%，已远高于钢种允许的含量。由于硫对绝大多数钢种而言是有害的，因此，去硫是炼钢的主要任务之一。

硫是活泼的非金属元素之一，在炼钢温度下能够同很多金属和非金属元素结合成气、液相的化合物，为发展各种脱硫方法创造了有利条件。

炼钢脱硫方法分为两种，一种是熔渣去硫，另一种是气化去硫。两种脱硫方法的共同特点是：先将溶解在金属液中的硫原子 S 变为不溶于金属液的硫离子 S^{2-}，使金属液中的硫转入熔渣而除去，或硫转入熔渣在其内发生气化反应而被除去。

研究表明，在炼钢脱硫中起主要作用的是熔渣去硫，熔渣去硫约占总脱硫量的 90%，气化去硫约占 10%。转炉、电炉炼钢都以熔渣去硫为主。

7.6.6.1 熔渣去硫

A 用分子理论解释熔渣去硫

按照熔渣结构的分子理论，去硫反应由如下两个环节组成：

（1）硫由金属相向渣相的扩散转移：

$$[FeS] = (FeS)$$

（2）在熔渣中硫转变为稳定的化合物：

$$(FeS) + (CaO) = (CaS) + (FeO)$$

$$(FeS) + (MnO) = (MnS) + (FeO)$$

$$(FeS) + (MgO) = (MgS) + (FeO)$$

分子理论不能解释纯氧化铁渣也能脱硫的事实（即不能解释含有 17% 的 FeO、42% 的 CaO 和 41% 的 SiO_2 的熔渣其 L_S 为 1/3，而纯 FeO 渣的 L_S 却达到 3.6 的现象），而且也不符合硫在金属和熔渣中的性质。现在，得到公认的是熔渣去硫的离子理论。

B 用离子理论解释熔渣去硫

按照熔渣结构的离子理论，每个硫原子从金属经相界面转移到熔渣中要获得两个电荷，即：

$$[S]+2e = (S^{2-})$$

为了保持电中性，必须有能释放电荷的元素同时进入渣中：

$$[Fe] = (Fe^{2+})+2e$$

两者相加可得：

$$[S]+[Fe] = (S^{2-})+(Fe^{2+}) \tag{10}$$

如果认为电中性的保持是通过(O^{2-})释放电荷来实现，即：

$$(O^{2-}) = [O]+2e$$

则可得到：

$$[S]+(O^{2-}) = (S^{2-})+[O] \tag{11}$$

所以，按照离子理论，熔渣脱硫的基本反应为反应(10)和反应(11)，即：

$$[S]+(O^{2-}) = (S^{2-})+[O],\ K_{\mathrm{I}}^{\ominus} \tag{Ⅰ}$$

$$[S]+[Fe] = (S^{2-})+(Fe^{2+}),\ K_{\mathrm{II}}^{\ominus} \tag{Ⅱ}$$

此二反应相应硫的分配系数为：

$$L_{S(\mathrm{I})}=\frac{x_{(S^{2-})}}{w[S]}=K_{\mathrm{I}}^{\ominus}\cdot\frac{f_S\cdot a_{O^{2-}}}{\gamma_{S^{2-}}\cdot a_O}=K_{\mathrm{I}}^{\ominus}\cdot\frac{f_S\cdot\gamma_{O^{2-}}\cdot x_{(O^{2-})}}{\gamma_{S^{2-}}\cdot f_O\cdot w[O]} \tag{7-9}$$

$$L_{S(\mathrm{II})}=\frac{x_{(S^{2-})}}{w[S]}=K_{\mathrm{II}}^{\ominus}\cdot\frac{f_S}{\gamma_{S^{2-}}\cdot a_{Fe^{2+}}}=K_{\mathrm{II}}^{\ominus}\cdot\frac{f_S}{\gamma_{S^{2-}}\cdot\gamma_{Fe^{2+}}\cdot x_{(Fe^{2+})}} \tag{7-10}$$

当去硫反应达到平衡时，去硫反应体系中硫的分配系数为：

$$L_S=\frac{x_{S^{2-}}}{w[S]}=L_{S(\mathrm{I})}=L_{S(\mathrm{II})}$$

因为酸性渣中没有自由的O^{2-}，所以酸性渣的脱硫能力很弱，硫的分配系数$L_S=0.5\sim1.0$左右；而碱性渣的L_S可达$8\sim10$。

C　熔渣去硫反应基本条件分析

从反应式中可以看出，去硫的基本条件是：高碱度、高温、低氧化性。

a　熔渣碱度

由硫的分配系数之关系式（7-9）和式（7-10）可知，增大熔渣的CaO含量，即适当提高熔渣的碱度，对去硫是有利的。但碱度过高会使黏度增加，不利于硫在钢-渣之间的扩散。由图7-8可见，炉渣碱度在$2.5\sim3.0$之间时，硫的分配系数L_S最高。

b　熔渣氧化性

炉渣氧化性对脱硫的影响较为复杂，从式（7-9）和式（7-10）可以看出，渣中的还原性越强，即渣中FeO含量越低对去硫反应越有利。电弧炉还原渣（含FeO 0.5%～1.0%）的去硫能力很强便足以说明这个问题。研究表明，当$w(FeO)<1\%$时，L_S和

$w(\mathrm{FeO})$之间呈反比关系，如图 7-9 所示。从熔渣的离子理论来解释，当熔渣中 FeO 含量很低时，加入 FeO 对于 $a_{\mathrm{O^{2-}}}$ 的数值影响不大，但却显著增大了 $a_{\mathrm{Fe^{2+}}}$ 的数值，这对于硫的去除显然是不利的。

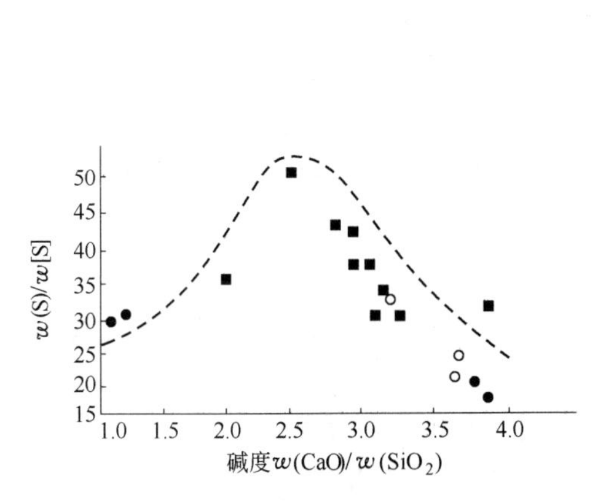

图 7-8 熔渣碱度与硫的分配系数的关系

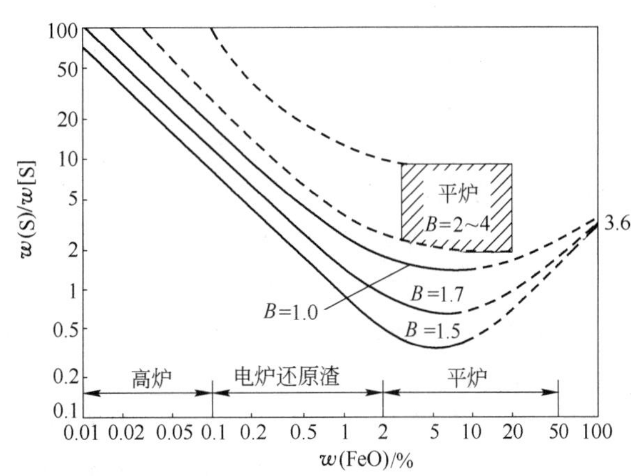

图 7-9 渣中 FeO 含量对硫分配比的影响
（B 为碱度）

当渣中 FeO 含量较高时(如对贫炉渣，电弧炉氧化渣和顶吹转炉渣)，改变 FeO 含量对于去硫效果没有多大影响。这是因为加入 FeO 虽然能增大 $a_{\mathrm{O^{2-}}}$，对去硫有利，但另一方面也增大了 $w[\mathrm{O}]$，这对于去硫是不利的。由于两种影响相互抵消，结果使 L_{S} 和$w(\mathrm{FeO})$之间无明显关系。

从图上可以看出，无论是高炉渣、电炉还原渣或贫炉渣，当氧化铁的含量一定时，碱度高时 L_{S} 值大。

渣中其他成分如 MnO、$\mathrm{CaF_2}$等有利于化渣，因而对去硫有利。

实际生产中氧气转炉的氧化渣中也能去除一部分硫，其主要原因是：渣中 FeO 的存在改善了渣的流动性，能促进石灰的熔化，有利于高碱度渣的形成，从而部分改善了脱硫条件。尽管氧化渣中也能脱硫，但在其他条件如搅拌、温度、碱度等完全相同的条件下，氧化渣的去硫效果还是远远低于还原渣的。

c 温度

高温有利于吸热反应的进行，即有利于去硫反应的顺利进行。炼钢过程中的去硫反应受温度上升的影响不大。温度对炼钢过程中硫的分配系数的有利影响主要是通过加速高碱度渣的形成来实现(提高温度能加快石灰的溶解和提高熔渣的流动性，获得高碱度的熔渣，并对脱硫的动力学有利)。

d 钢-渣搅拌情况

去硫是钢-渣界面反应，加强钢-渣搅拌，扩大反应界面积有利于去硫。例如，电炉(还原期)出钢时，采用钢-渣混出的方法，使钢液和炉渣强烈混合，钢渣界面大大增加，充分发挥了电炉还原渣的脱硫能力，使脱硫反应能迅速进行。

e 渣量

增大渣量可以降低(CaS)或($\mathrm{S^{2-}}$)的浓度，从质量作用定律的角度来考虑对去硫是有利的。所以当金属中硫高时采用换渣操作，以便降低钢中的硫含量。应该注意的是，换渣操作不仅增加造渣材料的消耗，而且会延长冶炼时间并降低炉龄，这些都会增加钢的成本。所以应该把注意力放在严格控制炼钢原料的含硫量上，以便减轻炼钢过程的脱硫负担。

f 金属液的组成

各种元素对熔铁中硫的活度系数的影响是不相同的，C、P、Si 等元素可以和元素 Fe 相结合，从而增大熔铁中硫的活度系数，使[S]易向渣-金属液界面转移，使脱硫反应顺利进行。由于在钢液脱硫过程中，这些元素的浓度远低于高炉炉缸内铁水的值，因此生铁液中硫的活度系数(4 ~6)比钢液中硫的活度系数(1 ~1.5)大，所以生铁液中的硫比钢液中的硫易于除去，铁水脱硫比钢水脱硫效果要好。

7.6.6.2 气化脱硫

经研究，许多炼钢方法中都有相当数量的硫通过气化去除，例如，氧气转炉炼钢气化脱硫量一般占总去硫量的10% ~40%。

由于硫和氧的亲和力比碳、硅和氧的亲和力都低，在金属液中有碳存在时，硫的直接氧化的可能性很小，所以气化去硫是通过炉渣进行的。在含有氧化铁(Fe_2O_3、FeO)的熔渣中，铁离子(Fe^{3+}、Fe^{2+})参加了气化去硫过程，反应如下：

$$6(Fe^{3+})+(S^{2-})+2(O^{2-})=\!=\!=6(Fe^{2+})+\{SO_2\}$$

$$6(Fe^{2+})+\frac{3}{2}\{O_2\}=\!=\!=(Fe^{3+})+3(O^{2-})$$

两式相加，可得：

$$(S^{2-})+\frac{3}{2}\{O_2\}=\!=\!=(O^{2-})+\{SO_2\}$$

从上式也可以看出：

(1) 硫必须首先从钢液中进入熔渣，才有可能气化去除。所以钢-渣间的去硫反应是气化脱硫的基础。

(2) 从上列反应可见，高氧化铁含量对气化脱硫是有利的，而高碱度（即高 O^{2-}）渣对气化脱硫是不利的。显然为了增大气化脱硫效率势必要增大铁损，这一途径是不可取的。特别在炉外脱硫工艺已经成熟和推广的条件下，还是应该加强高碱度熔渣的脱硫。

(3) 实践证明，只要造成流动性良好的碱性渣，就会有一定的气化脱硫效果。实践操作还表明，炉渣氧化性增大，能强化气化脱硫。

7.6.6.3 炉外脱硫

为了进一步降低出炉钢液的含硫量，近年来采用脱硫能力很强的液体 CaO-Al_2O_3渣系(50% ~55%的 CaO，35% ~45%的 Al_2O_3，<0.5%的 FeO)，在盛钢桶内处理钢液，硫的分配系数可达40% ~70%。这种渣在渣量不大的情况下，可以达到很高的脱硫效果。另外，采用固体脱硫剂，如CaO(80% ~85%)，CaF_2(10% ~15%)和 Na_2CO_3(<5%)的混合物也能得到良好的脱硫效果。

7.6.7 脱氧

7.6.7.1 概述

在炼钢过程中，随 C 含量的降低，钢液中溶解氧的含量会不断提高，这些溶解氧不仅会对后续的合金化造成影响(造成合金元素氧化)，而且会在钢液冷却与凝固过程发生氧化反应，造成气孔和夹杂。所以氧化冶炼终了必须脱氧。脱氧的基本方法是使金属溶液中的氧能结合成氧化物而分离到炉渣中得到脱除。

（1）氧的危害。各种炼钢方法中，都是利用氧化法来除去钢中的大部分杂质元素和有害物质。这就使氧化后期钢中溶入了过量的氧。例如氧气转炉终点 $w[C]<0.1\%$ 时，钢中氧 $w[O]$ 一般为0.035%～0.069%，而此成分下固体钢中最多只能溶解0.003%的氧。这些多余的氧在钢液凝固时将逐渐从钢液中析出，形成夹杂物或气泡，严重影响钢的性能，其具体表现是：1）严重降低钢的力学性能，尤其是塑性和韧性；2）大量气泡的产生将破坏锭坯的合理结构，严重影响钢锭质量，甚至造成废品；3）钢中的氧能加剧硫的热脆危害。

（2）脱氧的目的和任务。炼钢过程中，利用对氧亲和力比铁大的元素，如Mn、Si、Al等，把钢液中的氧夺走，形成不残留在钢液中的脱氧产物如MnO、SiO_2、Al_2O_3等，这种工艺操作叫做钢液的脱氧。能用来使钢液脱氧的元素或合金叫脱氧剂。脱氧的目的在于降低钢中的氧含量，脱氧的任务是：1）降低钢液中溶解的氧，把氧转变成难溶于钢液的氧化物如MnO、SiO_2等；2）将脱氧产物排除钢液之外，否则钢液中的氧只是改变了存在形式，总含量并未降低，氧对钢的危害依然存在；3）脱氧时还要完成调整钢液成分和合金化的任务。

（3）对脱氧元素的要求。1）脱氧元素与氧的亲和力应大于铁与氧的亲和力，即脱氧产物（MeO）在钢液中应比FeO稳定；2）脱氧产物（MeO）在钢液中溶解度应非常低，否则便以另一种形式保留在钢液中，未达到脱氧的目的；3）脱氧产物的密度应小于钢液的密度，且熔点应较低，在钢液中应以液态形式存在，这样脱氧产物才容易黏聚长大，并迅速上浮到熔渣中，完成脱氧任务；4）未与氧结合的剩余脱氧元素，应该对钢的性能无不良影响，甚至还应该产生有利影响。

（4）元素的脱氧能力。元素的脱氧能力是指在一定温度和一定浓度的脱氧元素呈平衡的钢液中溶解的氧含量。显然和一定浓度的脱氧元素呈平衡的氧含量越低，这种元素的脱氧能力越强。在1600℃时，元素的脱氧能力按以下顺序增强：Cr、Mn、V、P、Si、C、B、Ti、Al、Mg、Ca。其中最常用的是Mn、Si、Al。

（5）常用的脱氧剂。1）Mn，它的脱氧能力较低，但几乎所有的钢都用Mn来脱氧，因为它可以增加Si和Al的脱氧作用。此外（MnO）可以与其他的脱氧产物如SiO_2形成低熔点化合物，有利于从钢液中排出。冶炼沸腾钢时，只用锰脱氧；2）Si，它是一种较强的脱氧元素，它是镇静钢中不可缺少的脱氧元素之一。Si的脱氧能力高于Mn。Si的脱氧能力受温度影响而发生变化，温度越高，Si的脱氧能力越弱。Si的脱氧产物SiO_2熔点高(1700℃)，不易从钢液中上浮排出，所以应与Mn一起使用；3）Al，它是钢中常用的而且是非常强的脱氧元素，是镇静钢中不可缺少的脱氧元素之一。Al的脱氧产物Al_2O_3熔点很高（2050℃），形成很细小的固体颗粒，Al_2O_3颗粒表面与钢液间界面张力大，易于上浮，所以常用来做终脱氧剂。

目前炼钢生产中常用的块状脱氧剂有：锰铁、硅铁、铝硅锰合金等。电弧炉还原期炉渣脱氧时常用的粉状脱氧剂：炭粉、碳化硅粉、硅铁粉等。真空脱碳时，钢液中[C]是脱氧剂。使用块状脱氧剂时，一般用复合脱氧剂最好，因为复合脱氧剂的脱氧能力以及脱氧产物的上浮力都很强。若无复合脱氧剂而单独使用各脱氧剂时，应注意脱氧剂的加入顺序，一般情况是先弱后强，即先用锰铁脱氧，最后用铝脱氧。因为先加锰铁后形成的MnO可提高Si、Al的脱氧效果，同时也有利于几种脱氧产物形成低熔点化合物，从而有利于脱氧产物的上浮。

7.6.7.2 脱氧方法

钢液的脱氧方法有三种：沉淀脱氧法、炉渣脱氧法和真空脱氧法。

A 沉淀脱氧

沉淀脱氧法又叫强制脱氧法或直接脱氧法。它是把块状脱氧剂，如锰铁、硅铁和铝饼等加入钢液内，直接使钢液脱氧。其反应式可表示为：

$$[M]+[O]=(MO),\ K^{\ominus}=a_{MO}/(a_M\cdot a_O) \tag{7-11}$$

$$[FeO]+[Me]=[Fe]+[MeO]$$

$$[MO]=(MO)$$

式中，M为脱氧元素；MO为脱氧产物。

这种脱氧方法的优点是操作简便，脱氧速度快，节省时间，成本低；其缺点是部分脱氧产物来不及上浮而进入熔渣中，残留在钢液内污染了钢液，影响了钢液的纯净度，使提高钢质量受到一定限制。因此，假如不采取炉外精炼等其他措施，靠这种方法脱氧的转炉就不能生产某些质量要求很严格的钢种，而只能生产一些常用钢种。转炉炼钢多采用沉淀脱氧法。

当脱氧产物（MO）为纯物质时，则 $a_{MO}=1$，此时

$$a_M\cdot a_O=\frac{1}{K^{\ominus}}$$

脱氧常数：令 $K_M=\frac{1}{K^{\ominus}}=a_M\cdot a_O$，则 K_M 称为脱氧剂M的脱氧常数。当 $f_M=1$，$f_O=1$ 时，则脱氧常数 K_M 为：

$$K_M=\frac{1}{K^{\ominus}}=a_M\cdot a_O=w[M]\cdot w[O] \tag{7-12}$$

脱氧常数 K_M 的意义是：K_M 值越小，则此脱氧元素脱氧能力就越强。不同元素的 K_M 值是不同的，常用 $\lg a_M$ 与 $\lg a_O$（或 $\lg w[M]$ 与 $\lg w[O]$）关系图来表示元素的脱氧能力。因为对 K_M 取对数可得 $\lg a_M$ 与 $\lg a_O$（或 $\lg w[M]$ 与 $\lg w[O]$）的线性关系。

$$\lg K_M=\lg a_M+\lg a_O \quad 或 \quad \lg K_M=\lg w[M]+\lg w[O] \tag{7-13}$$

对一定脱氧元素，温度一定时，K_M 为常数。不同元素的脱氧能力如图7-10所示。位置越靠下的元素，脱氧能力越强，K_M 值越小。

近年来，为了提高脱氧的效果，改变脱氧产物组态，广泛采用了复合脱氧方式，并收到了很好的效果。

常用的复合脱氧剂有Si-Mn，Al-Mn-Si，Ca-Si-Ba-Al等。这类复合脱氧剂脱氧后可以生成熔化温度低的更复杂的复合化合物，易聚集长大而上浮。当其中含钙时，其脱氧能力强于Al。如Ca-Al复合脱氧剂脱氧后形成熔点低（约1420℃）的化合物 $12CaO\cdot Al_2O_3$，

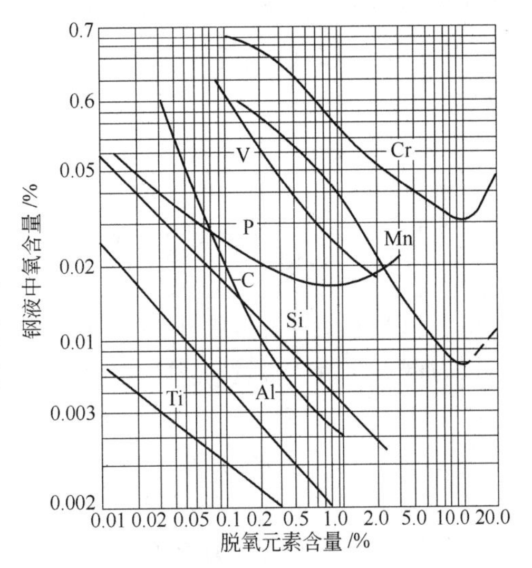

图7-10 1600℃时各种元素的脱氧能力

易于上浮。另外，单独用Mn脱氧时，易形成MnS，尽管其熔点较高但不致造成热脆现象。MnS很软，在轧钢时呈条状分布，将导致横向纵向力学性能的不均匀，当用Ca-Mn-Si复合脱氧剂时可克服上述缺点。

B 炉渣脱氧

炉渣脱氧习惯上又叫扩散脱氧。它是把粉状脱氧剂，如碳粉、碳化硅或硅铁粉撒在渣液面上，形成还原渣间接使钢液脱氧。其反应式可表示为：

$$(FeO)+[M]=[Fe]+(MO)$$

$$[FeO]=(FeO)$$

由于在一定温度下，$w(FeO)/w[O]=L_0$，L_0为一常数，渣中FeO含量的降低，必然引起钢液中的[FeO]向渣中扩散转移，从而间接地使钢液脱氧。由于[O]的扩散速度比较慢，在实际生产中氧在熔渣-钢液间的这一分配过程并未达到平衡。但这种方法仍可将钢中的[O]的质量百分浓度降至0.005%～0.01%的水平。

扩散脱氧法的优点是，脱氧剂（如Fe-Si粉）直接加入渣中使a_{FeO}降低，不沾污钢液。缺点是氧自金属相扩散到渣，脱氧动力学条件差，脱氧过程时间长。碱性电弧炉炼钢的还原期多采用扩散脱氧法。

有渣覆盖时，钢液中氧含量$w[O]$取决于炉渣中a_{FeO}值的大小。要降低$w[O]$，则必须降低渣中a_{FeO}值（即降低炉渣氧化性），其反应为：

$$[O]+[Fe]=(FeO) \tag{12}$$

因氧在熔渣-金属间的分配系数为：

$$L_0=a_{FeO}/w[O]$$

在一定的温度下L_0为常数，所以a_{FeO}降低时，$w[O]$亦降低，能实现对钢液的脱氧。

C 真空脱氧

所谓真空脱氧法是指将已炼成的钢液，置于真空条件下，打破原有的[C]、[O]平衡关系，使碳氧反应继续进行，利用钢液中[C]进行脱氧。反应式可表示为：

$$[FeO]+[C]=[Fe]+\{CO\}$$

在真空中，CO分压的降低，打破了[C]与[O]的平衡关系，引起碳脱氧能力的急剧增强，甚至可以超过硅和铝，真空脱氧能力随着真空度的增加而增加。

对于低碳钢，[O]的质量分数可降至0.003%～0.015%，而高碳钢，[O]的质量分数可降至0.0007%～0.002%。与此同时，钢中碳的质量分数相应下降了0.003%～0.007%。

真空脱氧法最大的特点是它的产物CO不留在钢液中，不沾污钢液，而且CO上浮过程中还有去气体和去非金属夹杂物的作用。

当钢液中含有碳或硅时，由于碳-氧反应生成气体产物 CO，硅-氧反应生成气体产物 SiO，则可用真空方法或气体携带法实现脱氧，即

$$[C]+[O]=\!=\!=\{CO\}$$

$$[Si]+[O]=\!=\!=\{SiO\}$$

当真空度提高时，气相中 p_{CO} 或 p_{SiO} 减少，可以实现脱氧。

例 7-1 1600℃时插铝脱氧，钢水含氧量由 0.12% 降到 0.002% 时，每吨钢水需加入多少铝？

解 （1）求将氧含量由 0.12% 降到 0.06% 时所需的铝量：

因为钢水原始氧含量 $w[O]>0.06\%$ 时脱氧反应为：

$$\begin{array}{ccccc} 2[Al] & + & 4[O] & + & [Fe]=\!=\!=(FeO\cdot Al_2O_3) \\ 2\times 27 & & 4\times 16 & & \\ x & & 0.12\%-0.06\% & & \end{array}$$

故将氧含量由 0.12% 降到 0.06% 时，所需插铝量为：

$$x=\frac{2\times 27\times(0.12-0.06)}{4\times 16}=0.0506\%$$

（2）求将氧含量由 0.06% 降到 0.002% 时所需的插铝量：

因为此时 $w[O]<0.06$ 时脱氧反应为：

$$\begin{array}{ccc} 2[Al] & + & 3[O]=\!=\!=(Al_2O_3) \\ 2\times 27 & & 3\times 16 \\ y & & 0.06\%-0.002\% \end{array}$$

故将氧含量由 0.06% 降到 0.002% 时所需插铝量为：

$$y=\frac{2\times 27\times(0.06\%-0.002\%)}{3\times 16}=0.0653\%$$

（3）求在 1600℃下与 $w[O]=0.002$ 平衡的钢中含铝量。

由脱氧反应 $2[Al]+3[O]=Al_2O_3(s)$ 的脱氧常数：

$$K^{\ominus}=a_{[Al]}^{2}\cdot a_{[O]}^{3}\approx w[Al]^{2}\cdot w[O]^{3}=1.55\times 10^{-24}$$

可得

$$w[Al]=\left[\frac{1.55\times 10^{-24}}{(0.002\%)^{3}}\right]^{1/2}=0.00139\%$$

因此，总插铝量为上述三部分铝量之和，即

$$0.0506\%+0.0653\%+0.00139\%=0.1173\%$$

所以，每 1t 钢水所需总插铝量为 1.173kg。

7.6.8 脱气

本部分所指的气体是指溶解于钢中的氢和氮。钢中的氢来自原料、耐火材料、炉气和空气中的潮气以及金属料中的铁锈(铁锈是含有结晶水的氧化铁)。钢中的氮来自铁水、氧气和炉气。和氧一样，氢、氮也会对钢造成不利影响，必须在冶金过程尽可能去除。

7.6.8.1 钢中气体对钢性能的影响

A 氢对钢性能的影响

氢在钢中基本上有害无利。随着钢强度的提高，氢对钢的危害性则更为严重。但在一般情况下，要完全除去钢中的氢几乎是不可能的。氢在钢中的不良影响主要有以下几方面：

（1）使钢产生“氢脆”。氢能使钢的塑性和韧性明显降低，即产生“氢脆”现象。对于高强度钢来讲，“氢脆”的影响更严重。钢中的“氢脆”属于滞后破坏。表现在应力作用下，经过一段时间钢突然发生脆断。

（2）使钢产生“白点”。所谓“白点”是指在钢材断面上呈银白色的斑点。其实是一个有锯齿形边缘的微小气泡，又叫发裂。它的产生与氢脆不同，它是钢从高温冷却到室温时产生的。“白点”也使钢的塑性和韧性明显降低。

（3）产生石板断口。其主要原因是：氢含量高的地方会出现气泡，在气泡的周围易出现 C、P、S 和夹杂物的偏析，这些缺陷在钢材热加工时被拉长，但不能焊合，于是形成石板断口。

（4）产生氢腐蚀。在高温高压作用下，钢中的氢即高压氢会使钢产生网络状裂纹，严重时还可以鼓泡，这种现象称氢腐蚀。

B 氮对钢性能的影响

氮对钢性能有利有弊。

氮对钢性能的不良影响是：

（1）引起钢的时效硬化。在低碳钢中，氮能引起钢的时效硬化现象，表现为钢的强度、硬度随时间的推移而增大，而塑性则有所下降。只有当[N]的质量分数小于 0.0006% 时，才能免除时效硬化的可能。

（2）氮会使钢产生“蓝脆”。淬火钢在 250～400℃ 回火后，塑韧性不仅不增大，反而下降，这个温度范围的钢呈蓝色，故叫“蓝脆”。

（3）氮和氢的综合作用会使镇静钢产生结疤和皮下气泡，使轧钢生产中出现裂纹和发纹，影响钢的质量。

氮对钢有益的一面是：

（1）钢中的氮能和 Al、Ti 等形成 AlN、TiN 等高熔点的细小颗粒。均匀散布的 AlN、TiN 等能细化晶粒，从而提高钢的强度和塑性，对改善焊接性能也有良好作用。

（2）能提高强度和耐磨性。实际生产中常用渗氮的方法来改善钢表面的耐磨性，同时也能使钢表面的抗蚀性和疲劳强度有所改善。

7.6.8.2 减少钢中气体的基本途径

减少钢中气体含量的基本途径有两个：一是减少钢液吸进去的气体；二是增加排出去的气体。

（1）减少钢液吸气的基本途径：1）原材料如石灰、矿石、铁合金、耐火材料等必须进行烘烤或干燥，金属料中的铁锈要少；2）熔炼过程中，钢液温度不宜过高，因为氢和氧在钢液中的溶解度随温度的升高而升高，同时必须尽量减少钢液裸露的时间，防止钢液从炉气中吸收氢、氮；3）尽量提高氧气的纯度，防止或减少吹氧时由于氧不纯给金属液中带入氮；4）钢水要烘烤，钢液流经的地方要烘干和密封（如 Ar 气密封）保护。

（2）增加排气的措施：1）氧化熔炼过程中，钢液要进行良好的沸腾去气；2）采用钢液吹氩、真空处理和真空浇铸降低钢液中的气体。

7.6.8.3 西华特定律

西华特（Siverts）定律又称平方根定律，是描述钢液中气体浓度与其气相中分压的关系式。它可表述为：在一定温度下，双原子气体在金属液中的溶解度 $w[\mathrm{i}\%]$ 与该气体的分压 p_{i} 的平方根成正比，即：

$$w[\mathrm{i}] = K_{\mathrm{i}}\sqrt{\frac{p_{\mathrm{i}}}{p^{\ominus}}} \tag{7-14}$$

双原子气体在金属液中的存在形态为原子态，对 H_2 和 N_2 在钢液中的溶解反应和溶解度为：

$$\frac{1}{2}\mathrm{H_2} = [\mathrm{H}],\ \ln K_{\mathrm{H}} = -\frac{1905}{T} - 1.591$$

$$w[\mathrm{H}] = K_{\mathrm{H}}\sqrt{\frac{p_{\mathrm{H_2}}}{p^{\ominus}}} \quad 或 \quad a_{\mathrm{H}} = K_{\mathrm{H}}\sqrt{\frac{p_{\mathrm{H_2}}}{p^{\ominus}}}$$

$$\frac{1}{2}\mathrm{N_2} = [\mathrm{N}],\ \ln K_{\mathrm{N}} = -\frac{518}{T} - 1.063$$

$$w[\mathrm{N}] = K_{\mathrm{N}}\sqrt{\frac{p_{\mathrm{N_2}}}{p^{\ominus}}} \quad 或 \quad a_{\mathrm{N}} = K_{\mathrm{N}}\sqrt{\frac{p_{\mathrm{N_2}}}{p^{\ominus}}}$$

由于钢液中元素对氢和氮的亲和力不同，它们的存在会影响到氢和氮在钢液中的溶解度。对氮而言，V、Nb、Cr、Mn 和 Mo 可使氮的溶解度增大，而 Sn、W、Cu、Co、Ni、Si、C 则使氮的溶解度降低；对氢而言，Nb、Cr 和 Mn 使氢的溶解度增大，而 Cu、Co、Sn、Al、B 会使氢的溶解度降低。

根据西华特定律可以看出，降低气相中氮、氢的分压，可降低氮、氢在钢液中的溶解度，这已成为钢液中气体含量控制的一种主要手段，钢液中气体脱除常用的技术有：真空处理和吹入不参与反应的气体的技术。

7.6.8.4 气泡冶金

气泡冶金是向金属液中吹入惰性气体，以排除金属液中所溶解的气体的冶金方法。

在炼钢过程中，向钢液中吹入的气体必须满足下列两个条件：其一，不参与冶金反应；其二，不溶入（或极少溶入）钢液中。具备上述条件且来源方便的气体有氮气等，称这类气体为惰性气体。

当惰性气体吹入钢液后形成气泡时，其气泡中的 $p_{\mathrm{H_2}}$ 或 $p_{\mathrm{N_2}}$ 等几乎为零，这样钢液中的氢或氮，由于压力差便向气泡中扩散，后随气泡一起上浮而排除。生产中希望吹入少量惰性气体而达到最佳的去气效果，称此吹入量为临界供气量。

碳氧反应产物 CO 气泡，对于钢液中的 N、H 相当于一个小真空室，钢液中的气体很容易扩散到这些上浮的气泡中，并随之排除到大气之中，所有脱碳反应是去除钢液中气体所必需的手段之一。

7.6.9 选择性氧化——不锈钢去碳保铬

不锈钢去碳保铬是一个典型的选择性氧化问题。为了保证不锈钢具有优良的抗腐蚀性、冷热加工性以及可焊性，不锈钢精炼的核心问题之一是尽量降低其碳含量，同时保持合适的铬含量。碳含量一般要求低于0.12%，而超低碳不锈钢其碳含量要求低于0.02%。

在不锈钢的冶炼及加工过程中将产生30%～40%废料，为了降低成本，将这些废料作为返回料重新冶炼。为了确保合格的碳含量，往往采用吹氧脱碳工艺，但是吹氧却往往伴随着铬大量被氧化，为使铬达到合格含量，要补加价格较高的微碳铬铁，这样又增加了成本。

讨论既去碳又保铬的冶炼工艺的热力学条件，要从分析[C]和[Cr]氧化的热力学条件入手。

7.6.9.1 [Cr]的氧化

钢液中[Cr]的氧化反应为：

$$2[\mathrm{Cr}]+3[\mathrm{O}]=\!=\!=\mathrm{Cr_2O_3(s)},\ \lg K^{\ominus}=\frac{42300}{T}-18.95 \tag{7-15}$$

在炼高铬不锈钢过程中，Cr_2O_3在渣中溶解量可视为达到饱和，故 $a_{Cr_2O_3}=1$，所以：

$$\lg\frac{1}{a_{Cr}^{2}\cdot a_{O}^{3}}=\frac{42300}{T}-18.95$$

故

$$\lg a_O=-\frac{14100}{T}+6.32-\frac{3}{2}\lg a_{Cr} \tag{7-16}$$

根据式(7-16)，可以作出一定 a_{Cr} 条件下[Cr]氧化的 $\lg a_O$-$\frac{1}{T}$ 关系图，见图7-11，该图中的 a 线即是 $a_{Cr}=18\%$ 时[Cr]氧化的 $\lg a_O$-$\frac{1}{T}$ 的关系线。

7.6.9.2 [C]的氧化

[C]的氧化反应如下：

$$[\mathrm{C}]+[\mathrm{O}]=\!=\!=\{\mathrm{CO}\} \tag{13}$$

$$\lg K^{\ominus}=\lg\frac{p_{CO}}{p^{\ominus}\cdot a_C\cdot a_O}=\frac{1160}{T}+2.003 \tag{7-17}$$

根据式（7-17）可得：

$$\lg a_O=-\frac{1160}{T}-2.003-\lg a_C+\lg(p_{CO}/p^{\ominus}) \tag{7-18}$$

根据式(7-18)可作出 $p_{CO}=101325\mathrm{Pa}$，$a_C=0.2\%$ 和0.05%条件下的[C]氧化的 $\lg a_O$-$\frac{1}{T}$ 关系图，见图7-11。图中 b_1、b_2 线分别为 $a_C=0.05\%$、$a_C=0.2\%$ 时[C]氧化的 $\lg a_O$-$\frac{1}{T}$ 关系线。

7.6.9.3 去碳保铬原理

（1）由图7-11可以看出，当 a_C 由0.2%降到0.05%时，碳氧化平衡的 $\lg a_O$-$\frac{1}{T}$ 直线与

铬氧化平衡直线(a)的交点由 A 点变为 B 点，即[Cr]浓度保持不变(w[Cr] = 18%)时，[C]浓度越低，铬、碳两个氧化反应同时达到平衡的温度越高，也就是说，只有提高钢液温度才能使钢液中碳降至更低的水平。

(2) 由图 7-12 可以看出，在保持 $a_C = 0.05\%$ 和 $a_{Cr} = 18\%$ 的条件下，当降低体系的 p_{CO}，如由 101325Pa 降至 20265Pa 时，[C]氧化平衡的 $\lg a_O$-$\frac{1}{T}$直线与[Cr]氧化平衡的直线交点则由 C 点变到 D 点，即两反应同时达到平衡的温度降低了。这说明用降低体系 p_{CO} 的方法，可在较低的温度下实现去碳保铬。

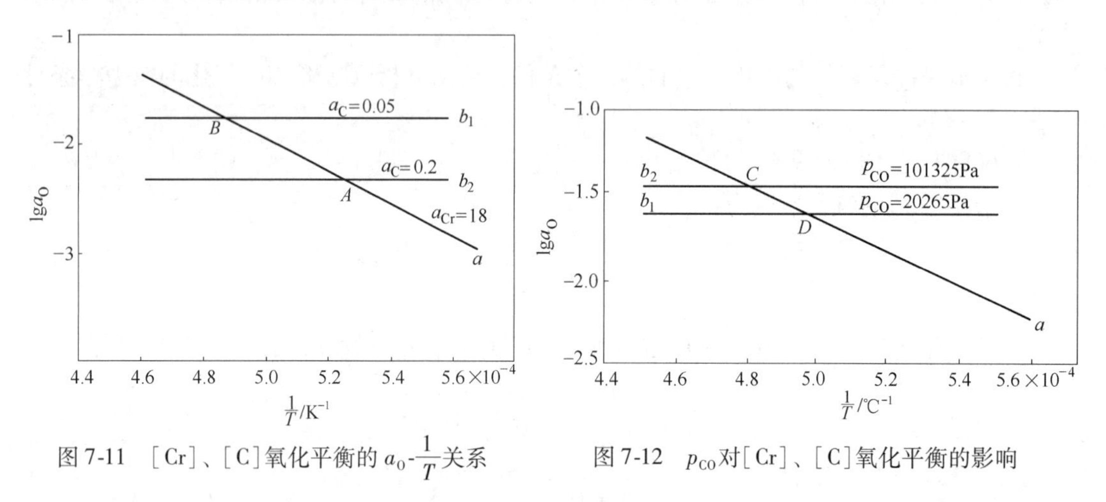

图 7-11 [Cr]、[C]氧化平衡的 a_O-$\frac{1}{T}$关系　　图 7-12 p_{CO}对[Cr]、[C]氧化平衡的影响

(3) 另外，[C]和[Cr]氧化平衡的 $\lg a_O$-$\frac{1}{T}$关系图中可分为四个区，如图 7-13 所示，这里，$a_{Cr} = 18\%$，$a_C = 0.05\%$。

①区：是铬碳同时氧化区，在该区[C]和[Cr]将同时被氧化，因为此区域中的实际 a_O 值均较铬、碳两个氧化反应平衡的 a_O 值大；

②区：是去铬保碳区，因在此区中实际的 a_O 值较[Cr]氧化反应平衡的 a_O 值大，较[C]氧化反应平衡的 a_O 值小；

③区：[C]和[Cr]均不能被氧化，因在此区中实际的 a_O 值均较[C]和[Cr]氧化反应平衡的 a_O 值小；

④区：是去碳保铬区，因实际的 a_O 的值较[C]氧化平衡的 a_O 大而较[Cr]氧化平衡的

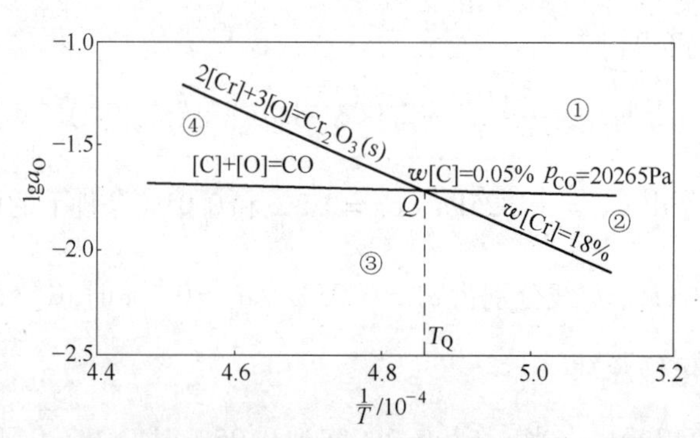

图 7-13 [Cr]、[C]选择性氧化示意图

a_0 小。由此可见，在具有合适的 a_0 后，去碳保铬的关键条件是温度 T，当 $T > T_Q$时，能去碳保铬；当 $T < T_Q$时，是去铬保碳，而不能去碳保铬。

习题与思考题

7-1 名词解释：直接氧化和间接氧化反应，熔池中过剩氧，碳氧浓度积，硫、磷分配比。

7-2 试述脱磷和脱硫的热力学条件。

7-3 在1650℃单独用铝脱氧，试求钢液中 $w[O]$从0.004%下降到0.0008%，需要加入多少铝？

7-4 在氮和氢混合气氛下熔化纯铁时，其总压为101325Pa，氢气和氮气分压相等，求1600℃铁水中平衡的 $w[H]$和 $w[N]$各为多少？

7-5 含钒铁水成分(摩尔分数)为：4.0%的C，0.4%的V，0.08%的Si，0.6%的P，现欲吹氧使[V]氧化成(V_2O_3)，生产渣而尽量保住[C]，试求吹炼时的温度？已知：

$$\frac{4}{3}[V] + 2CO = \frac{2}{3}(V_2O_3) + 2[C],\ \Delta_r G_m^{\ominus} = -119800 + 70.85T \quad J/mol$$

$\gamma_{V_2O_3} = 10^{-5}$，渣中 V_2O_3 含量为6.89%(摩尔百分浓度)。

7-6 冶炼 $w[Cr] = 18\%$，$w[Ni] = 9\%$的不锈钢，要求最终脱碳达 $w[C] = 0.02\%$，而钢液温度又不要高于1650℃，当钢液在真空条件下吹氧精炼时，其真空度应达多少？

8 造锍熔炼和熔锍吹炼

【本章学习要点】

(1)造锍熔炼的基本原理：基于许多的 MeS 能与 FeS 形成低熔点的共晶熔体(熔锍)，这种共晶熔体在液态时能完全互溶，且与熔渣互不相溶及密度不同，于是在熔炼过程中主体金属硫化物被有效富集在熔锍中，而杂质氧化物则与 SiO_2 结合形成熔渣而被很好地分离除去。造锍熔炼主要包括两个过程，即造渣和造锍。其主要反应如下：

$$2FeS(l) + 3O_2(g) \xlongequal{} 2FeO(l) + SO_2(g)$$

$$2FeO(l) + SiO_2(s) \xlongequal{} 2FeO \cdot SiO_2(l)$$

$$xFeS(l) + yMeS(l) \xlongequal{} [yMeS \cdot xFeS](l)$$

(2)熔锍吹炼的基本原理：铜锍和镍锍中都含有 FeS，通过吹炼第一周期把 FeS 氧化为 FeO，并与加入的石英砂(SiO_2)结合生成炉渣分层分离，完成吹炼脱铁过程，工业上称为吹炼造渣期。第一周期吹炼的结果是：使铜锍由 $x\mathrm{FeS} \cdot y\mathrm{Cu_2S}$ 富集为 Cu_2S，镍锍由 $x\mathrm{FeS} \cdot z\mathrm{Ni_3S_2}$ 富集为 Ni_3S_2，而铜镍锍则由 $x\mathrm{FeS} \cdot y\mathrm{Cu_2S} \cdot z\mathrm{Ni_3S_2}$ 富集为 $y\mathrm{Cu_2S} \cdot z\mathrm{Ni_3S_2}$(铜镍高锍)。对镍锍或铜镍锍来说，工业上吹炼只有第一周期，吹炼到获得镍高锍(Ni_3S_2)或铜镍高锍就结束。对铜锍来说，工业上吹炼还有第二周期，即由 Cu_2S(白冰铜)吹炼成粗铜的阶段。

造锍熔炼和熔锍吹炼是从金属硫化矿中提取金属的一种重要方法。例如，铜、镍火法冶金，主要就是通过造锍熔炼和熔锍吹炼来提取金属铜和镍。

8.1 造锍熔炼

8.1.1 造锍熔炼的概念和目的

工业上用硫化矿生产粗金属，一般都是采用硫化物氧化过程来实现的。用硫化矿火法冶金提取粗金属时，由于矿石品位较低，需要先经过在高温下的富集熔炼——即造锍熔炼，产出两种互不相溶的液相——熔锍和炉渣。将硫化物精矿、部分氧化焙烧的焙砂、返料及适量熔剂等物料，在一定温度下进行熔炼，产出两种互不相溶的液相——熔锍和熔渣，这种熔炼过程称为造锍熔炼。

例如，用硫化铜精矿生产粗铜，由于硫化铜矿（如 $CuFeS_2$ 黄铜矿）一般都是含硫化铁较多的矿物，加之随着资源的不断开发利用，矿石品位变得愈来愈低，其精矿品位有的低到含铜只有10%左右，而含铁量可高达30%以上，如果采用只经过一次熔炼提取金属铜的方法，必然会产生大量含铜高的炉渣，造成铜的大量损失。因此，为了尽量避免铜的损失，提高铜的回收率，工业实践先要经过富集熔炼——造锍熔炼，使铜与一部分铁及其他脉石等分离。

8.1.2 造锍熔炼基本原理

造锍熔炼过程是基于许多的MeS能与FeS形成低熔点的共晶熔体(熔锍)，这种共晶熔体在液态时能完全互溶，且与熔渣互不相溶及密度不同，于是在熔炼过程中主体金属硫化物被有效富集在熔锍中，而杂质氧化物则与SiO_2结合形成熔渣而被很好地分离除去。例如，硫化矿火法冶金提取粗铜，首先经过造锍熔炼，产出两种互不相溶的熔体——铜锍和炉渣。造锍熔炼过程中，铜和其他贵金属富集在铜锍中，被氧化的铁和脉石(SiO_2、CaO)等结合形成炉渣，从而使铜与部分铁及其他脉石杂质得到较好的分离。

8.1.3 熔锍及其组成

所谓熔锍是指含有多种低价金属硫化物的液态熔体。熔锍一般可经过下一步的吹炼过程产出粗金属，而造锍熔炼的熔渣在大多数情况下可直接抛弃。

这种MeS + FeS的共熔体在工业上一般称为熔锍(或称锍)。例如，Cu_2S + FeS的共熔体称铜锍(也称冰铜)；Ni_3S_2 + FeS的共熔体称镍锍(也称冰镍)；Ni_3S_2 + Cu_2S + FeS的共熔体称铜冰镍。表8-1是铜、镍火法冶金工业上常见的熔锍及其组成。

铜锍是多种组分的共熔体，它以Cu_2S、FeS为主要成分，并溶有少量其他金属硫化物和氧化铁(Fe_2O_3、Fe_3O_4)，还富集着Au、Ag等贵金属。炉渣是以$2FeO \cdot SiO_2$(铁橄榄石)为主的氧化物熔体。

表8-1 不同熔锍的主要成分 (w/%)

熔锍	Cu	Ni	Fe	S
铜锍(又称冰铜)	36~65		10~40	20~25
高铜锍(白冰铜)	70~80		≪1	18~19
镍锍(又称冰镍)		12~20	56~69	17~23
高镍锍(高冰镍、镍高锍)	0.8~2.5	78~79.5	0.2~0.3	17~19
铜镍锍(铜冰镍)	7~8	13~15	47~49	24~25
高铜镍锍(高铜冰镍)	24~30	40~48	2~14	21~23

8.1.4 造锍熔炼过程主要反应

造锍熔炼主要包括两个过程，即造渣和造锍过程。其主要反应如下：

$$2FeS(l) + 3O_2(g) = 2FeO(l) + 2SO_2(g) \quad (1)$$

$$2FeO(l) + SiO_2(s) = 2FeO \cdot SiO_2(l) \quad (2)$$

$$xFeS(l) + yMeS(l) = [yMeS \cdot xFeS](l) \quad (3)$$

FeS氧化反应(1)的进行，可达到部分脱硫的目的；而造渣反应(2)的主要作用是部分脱除炉料中的铁和降低渣中FeO的活度，当然，炉料中其他脉石和某些杂质也将通过造渣除去。造锍反应（3）的主要作用是将炉料中待提取的有色金属富集于熔锍中。

8.1.5 造锍熔炼热力学分析

某些金属对硫和氧的亲和力，可根据金属硫化物氧化反应的吉布斯自由能图来判断。金属硫化物氧化反应通式可表示如下：

$$2MeS(l) + O_2(g) = 2MeO(l) + S_2(g)$$

金属硫化物氧化反应的吉布斯自由能图，见图 8-1，利用它可比较 MeS 和 MeO 的稳定性大小，以及某些金属对硫和氧的亲和力大小。根据这些比较分析，便可以预见一定条件下造锍熔炼反应进行的方向、限度和 MeS-MeO 之间复杂的平衡关系。例如，由图 8-1 可见，FeS 氧化的 $\Delta_r G_m^\ominus$ 比 Cu_2S 的 $\Delta_r G_m^\ominus$ 更负，据此可以判断如下反应向右进行：

$$Cu_2O(l) + FeS(l) = Cu_2S(l) + FeO(l)$$

这是由于铁对氧的亲和力大于铜对氧的亲和力，铁优先被氧化，所以造锍熔炼发生如下反应：

$$2Cu_2S(l) + O_2(g) = 2Cu_2O(l) + S_2(g) \quad (1)$$

生成的 Cu_2O 最终按下式反应生成 Cu_2S：

$$Cu_2O(l) + FeS(l) = Cu_2S(l) + FeO(l) \quad (2)$$

$$\Delta_r G_m^\ominus = -146440 + 19.25T \quad kJ/(kg \cdot mol)$$

$$\lg K^\ominus = \lg \frac{a_{Cu_2S} \cdot a_{FeO}}{a_{Cu_2O} \cdot a_{FeS}}，当 T = 1473K 时，K^\ominus = 10^{4.2}$$

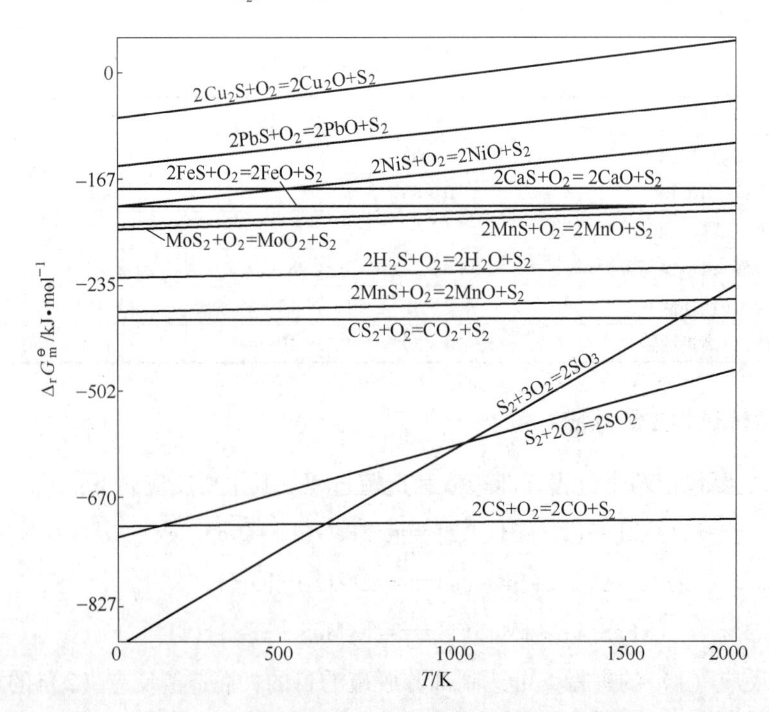

图 8-1 某些金属硫化物氧化的吉布斯自由能图

以上计算所得的平衡常数值很大，这说明 Cu_2O 几乎完全被硫化进入冰铜。因此，对铜的硫化物原料(如 $CuFeS_2$)进行造锍熔炼时，只要氧化气氛控制得当，且保证有足够的 FeS 存在，就可以使铜完全以 Cu_2S 的形态进入冰铜。这就是通过对金属硫化物的造锍熔炼而将主体金属富集在熔锍中的基本原理和理论基础。

8.1.6 熔锍的形成

造锍过程可以说成是几种金属硫化物之间的互溶过程。当某种金属具有一种以上的硫化物时，例如 Cu_2S、CuS、FeS_2、FeS 等，其高价硫化物在熔化之前首先发生如下的热分解：

铜蓝 $$4CuS(s) = 2Cu_2S(s) + S_2(g)$$

黄铜矿 $$4CuFeS_2(s) = 2Cu_2S(s) + 4FeS + S_2(g)$$

黄铁矿 $$2FeS_2(s) = 2FeS(s) + S_2(g)$$

斑铜矿 $$2Cu_2FeS_3(s) = 2Cu_2S(s) + 2FeS(s) + S_2(g)$$

以上热分解所产生的元素硫，遇氧即氧化成 SO_2随炉气逸出。而铁只部分地与结合成 Cu_2S以外多余的硫(S)结合成 FeS 进入锍内，其余的铁则以 FeO 形式与脉石造渣。

由于铜对硫的亲和力比较大，故在 1473 ~ 1573K 的造锍熔炼的温度下，呈稳定态的 Cu_2S 便与 FeS 按下列反应熔合成冰铜：

$$Cu_2S(l) + FeS(l) = Cu_2S \cdot FeS(l)$$

同时，反应生成的 FeO 与脉石氧化造渣，发生如下反应：

$$2FeO(l) + SiO_2(s) = 2FeO \cdot SiO_2(l)$$

因此，利用造锍熔炼可使原料中原来呈硫化物形态的和任何呈氧化形态的铜，几乎全部都以稳定的 Cu_2S 形态富集在冰铜中，而部分铁的硫化物优先被氧化，所生成的 FeO 与脉石造渣。由于锍的密度较炉渣大，且两者互不溶解，从而达到使之有效分离的目的。

镍和钴的硫化物和氧化物也具有上述类似的反应。因此，通过造锍熔炼，便可使欲提取的铜、镍、钴等金属成为锍这个中间产物而产出。

8.1.7 Cu-Fe-S 三元系状态图及其应用

8.1.7.1 Cu-Fe-S 三元系状态图

熔炼硫化矿所得各种金属的锍是复杂的硫化物共熔体，基本上是由金属的低价硫化物所组成，其中富集了所要提取的金属及贵金属。例如，冰铜中主要是 Cu_2S 和 FeS，它们两者所含铜、铁和硫的总和常占冰铜总量的 80% ~95%，所以 Cu、Fe、S 三种元素可以说是冰铜的基本成分，即 Cu-Fe-S 三元系实际上可以代表冰铜的组成。通过对该三元系状态图的研究，对冰铜的性质、理论成分、熔点等性质可有较详细的了解。

Cu-Fe-S 三元系状态图如图 8-2 所示。由于 Cu-Fe-S 部分的相图在 1473 ~ 1573K 和 101.325kPa 条件下，对火法炼铜造锍熔炼没有意义，所以图中只绘出了 Cu-Cu_2S-FeS-Fe 的梯形部分。

这个图初看起来线条很多，其中主要是等温线和液相分层区内不同温度下进行偏晶反

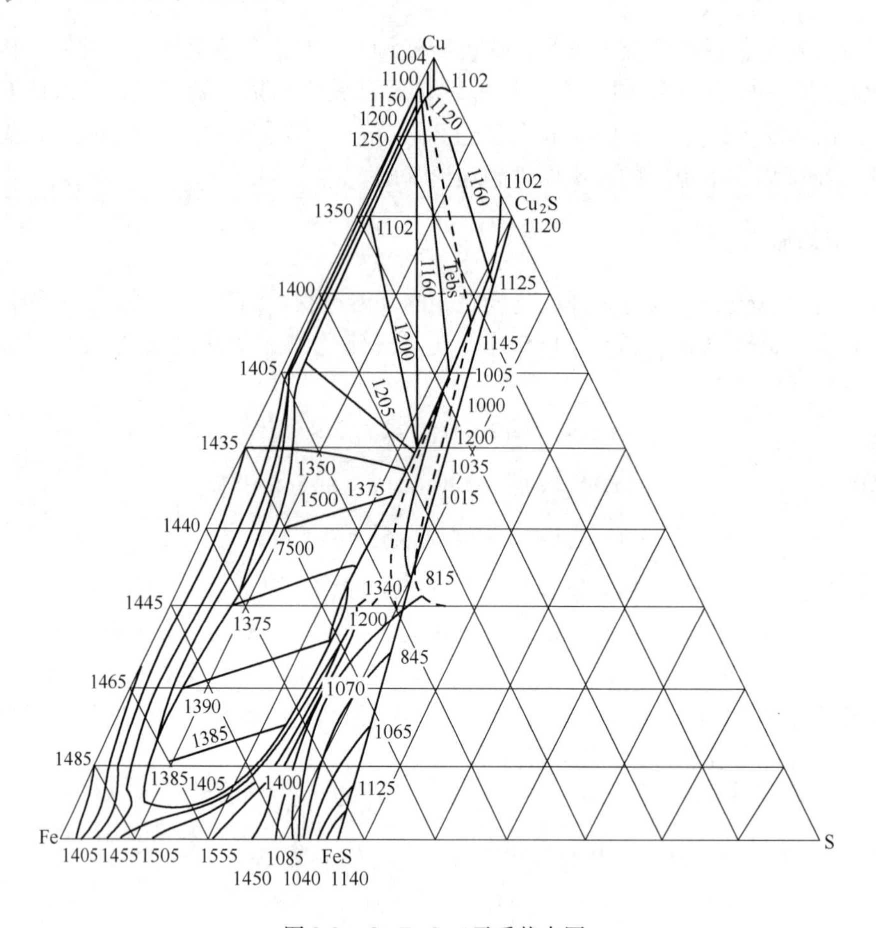

图 8-2 Cu-Fe-S 三元系状态图

应的两液相分层组成的连线。如果把等温线和连线去掉，则得图 8-3。对 Cu-Fe-S 三元系（梯形部分）液相面状态图上的面、线、点的意义说明如下：

（1）四个液相区：

Ⅰ区（CuE_1PP_1Cu 面）——析出 Cu 固溶体的液相区，L = Cu 固溶体。

Ⅱ区（FeP_1PDKE_2Fe 面）——析出 Fe 固溶体的液相区，L = Fe 固溶体。

Ⅲ区（eSE_2EE_3FeS 面）——析出 FeS 固溶体的液相区，L = FeS 固溶体。

Ⅳ区（$Ⅳ_1$区和$Ⅳ_2$区）——析出 Cu_2S 固溶体的液相区（该区因被液相分层区所截，故分为两个部分：$Ⅳ_1$区和$Ⅳ_2$区，即 $Cu_2SEFfCu_2S$ 面和 E_1PDdE_1 面）。

（2）两个液相分层区（$Ⅴ_1$区和$Ⅴ_2$区）：

$Ⅴ_1$区（$dDFfd$ 面）——析出 Cu_2S 固溶体的初晶区，为 $L_1 = L_2 + Cu_2S$ 固溶体，两液相组成由 fF 及 dD 线上两对应点表示。

$Ⅴ_2$区（$DKFD$ 面）——析出 FeS 固溶体初晶区，为 $L_1 = L_2 +$ FeS 固溶体，两液相组成由 KF 及 KD 线上两对应点表示。

（3）四条二元共晶液相线：

E_1P 液相线——Cu 固溶体与 Cu_2S 固溶体共同析出；

E_2E 液相线——Fe 固溶体与 FeS 固溶体共同析出；

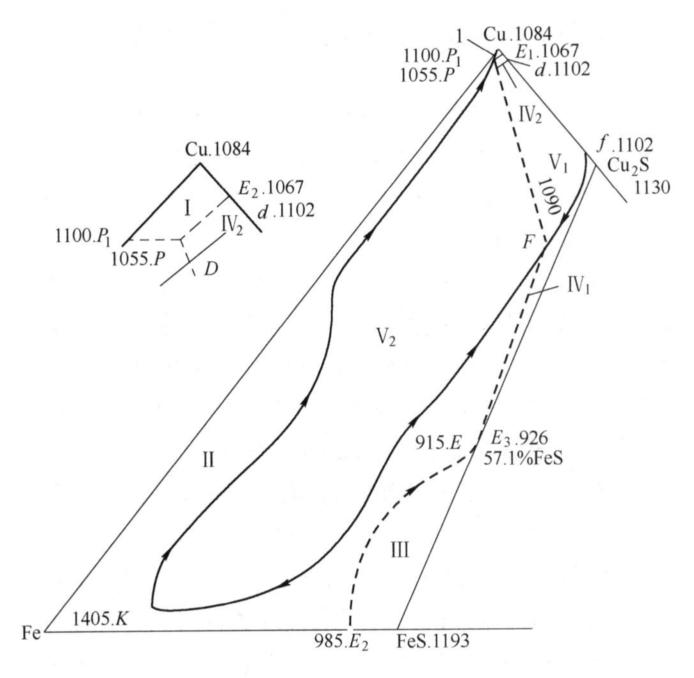

图 8-3 Cu-Fe-S 三元系状态图（梯形部分）

E_3E 液相线——Cu_2S 固溶体与 FeS 固溶体共同析出；

FE 及 *DP* 液相线——都是 Cu_2S 固溶体与 Fe 固溶体共同析出，因被液相分层区所截，故分为两部分。

(4) 一条二元包晶液相线：

P_1P 线——二元包晶液相线，该线产生三相包晶反应 L + Fe（固溶体）═ Cu（固溶体）。

(5) 两个四相平衡不变点：

E 点——三元共晶点，共晶温度为 1188K（靠近 FeS-Cu_2S 连线的 E_3处），L_E═ Cu_2S（固溶体）+ FeS（固溶体）+ Fe（固溶体）。

P 点——三元包晶点，析出温度为 1358K（靠近 Cu 角处），L_P + Fe（固溶体）═ Cu（固溶体）+ Cu_2S（固溶体）。

图中 *E* 点、*P* 点、液相分层区 *dDKFf* 是此图的特征标志。因为它们说明了相图上有三元共晶反应，三元包晶反应以及液相分层现象存在。

从以上状态图的介绍可知，液体冰铜基本上是由均匀液相组成的，其中主要是 Cu、Fe 和 S。一般冰铜中硫的含量较按 Cu_2S 和 FeS 计算的化学量为少，因此不能把冰铜视为 Cu_2S 和 FeS 的混合物。如果冰铜中的硫含量降低，则熔体可能进入三元系的分层区，并随冰铜组成的不同析出富铁的新相。

8.1.7.2 Cu-Fe-S 三元状态图在冰铜熔炼中的应用

(1) 冰铜的熔点。确定了冰铜的理论组成之后，就可方便地自图 8-2 的等温线中找出其熔点。如冰铜组成位于 1015℃（1288K）的等温线上，则其熔点就是 1288K。从图中可以看出，液相分层区外靠 Fe-Cu 边的等温线，其温度一般都比靠 FeS-Cu_2S 边的高，故从熔点考虑，冰铜组成应在分层区与 FeS-Cu_2S 线之间，其中当冰铜组成位于三元共晶点 *E* 时熔点最低(1188K)。另外，当冰铜组成位于两条二元共晶线(E_2E、E_3E)及其附近时，熔点也较低。

(2) 冰铜的成分。在三角形 S-Cu_2S-FeS 内的高价硫化物(CuS、FeS_2等)不稳定，分解成 Cu_2S、FeS 并析出硫蒸气。所以工厂所产冰铜中的硫含量不超过图中 Cu_2S-FeS 连线之上。若超过了，体系即进入 S-Cu_2S-FeS 内，因此三角形 S-Cu_2S-FeS 部分在冶金过程的温度下是无意义的，图 8-2 中就省略了。

由于要避免分层现象出现，以得到均匀一致的冰铜溶体，所以冰铜成分应在 FeS-Cu_2S 连线与液相分层区的边界线(*fFK*)之间的区域，故冰铜成分变化范围由 Cu_2S 变到 FeS，其含硫量在20%到36.5%之间(纯 Cu_2S 含 S 量为20%，纯 FeS 含 S 量为36.5%)，而铜的含量相应的从79.8%变到0。工厂所产工业冰铜含铜介于10%～50%，而经常是20%～40%，相应含 S 量在22%～30%，而经常为24%～26%。

上述采用的都是冰铜的理论成分，即将冰铜看成由 Cu、Fe、S 三个成分以纯 Cu_2S 和纯 FeS 形式组成。但实际上工厂所产冰铜(工业冰铜)还含有其他成分，如 Fe_3O_4 及少量 Au、Ag、As、Sb、Bi 和炉渣等。此外还常含有 ZnS、PbS、Ni_3S_2、CoS 等成分。所以在应用图 8-2 时，首先应把实际冰铜成分换算为理论成分之后，方可应用此图。

另外，Fe_3O_4熔点高(1800K)，其密度(5.18g/cm^3)大于炉渣的密度，在熔炼温度下很稳定。当炉内温度下降，或 Fe_3O_4过量时，Fe_3O_4将夹杂一些冰铜和炉渣而析出，形成冰铜与炉渣之间的中间层，或沉积到炉底形成炉结。形成中间层会影响冰铜和炉渣的分离；形成炉结，则减少炉子的工作容积，影响冰铜的流动和沉降。Fe_3O_4主要来源于返回的转炉渣，在氧化气氛下渣中的 FeO 会被氧化成 Fe_3O_4而溶解于冰铜中。此外，ZnS 的熔点高达1963K，它进入冰铜会使冰铜熔点急剧升高，黏度上升，妨碍冰铜与炉渣分离。

8.1.8 冰铜的主要性质

(1) 熔点。冰铜的熔点与成分有关，介于1173～1323K之间。若冰铜中含有 Fe_3O_4和 ZnS，其熔点上升，而含有 PbS 其熔点降低。

(2) 密度。为了加速冰铜与炉渣的分离，两者之间应尽量保持相当大的密度差。固态冰铜的密度介于5.55～4.6g/cm^{3}之间，因 Cu_2S 的密度为5.55g/cm^3，FeS 密度为4.6g/cm^3，可见冰铜的密度随其品位的增高而增大。表 8-2 列出了工业冰铜的密度数值。

应当指出，相同品位的冰铜，其液体密度略小于固体密度。此外，冰铜中常含有的磁性氧化铁(Fe_3O_4密度5.18g/cm^3)会使冰铜的密度略有增大。

表 8-2 工业冰铜密度

冰铜含 Cu 量(质量分数)/%	冰铜密度/g·cm^{-3}	冰铜含 Cu 量(质量分数)/%	冰铜密度/g·cm^{-3}
10.24	4.8	40.02	5.3
23.43	4.9	60.20	5.4
37.00	5.2	79.80(纯 Cu_2S)	5.5

(3) 冰铜遇水易爆炸。液态冰铜遇水或较潮湿的物体就会发生爆炸，工厂称为冰铜放炮。冰铜遇水可能产生如下反应：

$$Cu_2S(l)+2H_2O(l)=\!=\!=2Cu(l)+SO_2(g)+2H_2(g)$$

$$FeS(l)+H_2O(l)=\!=\!=FeO(l)+H_2S(g)$$

$$3FeS(l)+4H_2O(l)=\!=\!=Fe_3O_4(l)+3H_2S(g)+H_2(g)$$

反应中产生的可燃气体硫化氢和氢气，在有氧气存在条件下还会进行下列反应：

$$H_2(g)+\frac{1}{2}O_2(g)=\!=\!=H_2O(l)$$

$$2H_2S(g)+3O_2(g)=\!=\!=2H_2O(l)+2SO_2(g)$$

反应速度决定于温度和压力。上述反应是放热而且多是增容反应，在高温情况下反应速度是极大的。由于反应激烈，即热能释放速度大，体系在瞬间来不及把热能扩散出去，也就是说在单位时间内放热速度远远大于散热速度，因此将产生强烈的局部升温。另外，反应多是增容反应，在瞬间产生的高压气体来不及扩散，即由于压缩过程中产生了巨大的压力，当这种压力使气体以极大的速度扩散时，就产生了高温高压气流在瞬间释放能量的现象——爆炸。可见导致爆炸不仅是受其所放出热的影响，同时还受反应过程中所得的中间产物的影响。

(4) 锍的导电性。锍有很大的导电性，这在铜精矿的电炉熔炼中已得到利用。在熔矿电炉内，插入熔融炉渣的碳精电极上有一部分电流是靠其下面的液态锍传导的，这对保持熔池底部温度起着重要作用。

熔融的金属硫化物都具有一定的比电导，对熔融 FeS 来说，其比电导在 $1400\Omega^{-1}\cdot cm^{-1}$以上，接近于金属的比电导，熔融硫化物 FeS、PbS 和 Ag_2S 的比电导随温度的增高略有减少(表 8-3)，这类硫化物属于金属导体的性质。而熔融硫化物 Cu_2S、Sb_2S_3的比电导随温度的升高略有增加，这类硫化物属于半导体性质。当硫化亚铁加入到硫化亚铜熔体中时，其比电导便均匀地减少。由此可见，对熔融金属硫化物的比电导的测定有助于了解其组成。

表 8-3 熔融硫化物在不同温度下的比电导 κ $(\Omega^{-1}\cdot cm^{-1})$

FeS		PbS		Ag_2S		Cu_2S		Sb_2S_3	
T/K	κ	T/K	κ	T/K	κ	T/K	κ	T/K	κ
1473	1482	1428	101.0	1223	120.0	1432	56.4	888	0.35
1483	1474	1448	98.8	1273	114.4	1473	69.7	983	0.63
1493	1466	1468	95.4	1323	109.8	1523	91.1	1076	1.19

8.2 熔锍吹炼

8.2.1 熔锍吹炼的目的

造锍熔炼中得到的熔锍，通常还要再进行吹炼。该过程主要有三个目的：其一，由于各种熔锍都含有数量不等的铁和硫，因此需要在高温和氧化性气氛中经转炉吹炼，除去其中的铁和硫，以得到有色金属含量更高的粗金属；其二，通过造渣和挥发进一步降低粗金属中的有害杂质，以防止或减少这些杂质进入粗金属；其三，使金、银等贵金属更进一步富集，以便在电解精炼中回收。

8.2.2 熔锍吹炼的基本原理

在工业生产中，铜锍和镍锍的进一步处理都是采用吹炼过程，即在1373～1573K的温度下对熔融状态的锍吹以空气，使其中的硫化物发生激烈的氧化，产出SO_2气体和仍然保持熔融状态的金属或硫化物。

铜锍和镍锍中都含有FeS，所以吹炼的第一周期是FeS的氧化，产出FeO，并与加入的石英砂(SiO_2)结合生成炉渣分层分离，这就是吹炼脱铁过程，工业上称为吹炼第一周期。第一周期吹炼的结果是：使铜锍由$x\text{FeS}\cdot y\text{Cu}_2\text{S}$富集为$Cu_2S$，镍锍由$x\text{FeS}\cdot z\text{Ni}_3\text{S}_2$富集为$Ni_3S_2$，而铜镍锍则由$x\text{FeS}\cdot y\text{Cu}_2\text{S}\cdot z\text{Ni}_3\text{S}_2$富集为$y\text{Cu}_2\text{S}\cdot z\text{Ni}_3\text{S}_2$(铜镍高锍)。

对于镍锍或铜镍锍来说，工业上吹炼只有第一周期，吹炼到获得镍高锍(Ni_3S_2)或铜镍高锍就结束。对铜锍来说，工业上吹炼还有第二周期，即由Cu_2S(白冰铜)吹炼成粗铜的阶段。

现应用反应的吉布斯自由能变化来说明为什么铜锍的吹炼要分两个周期来进行。铜锍的成分主要是$\text{FeS}\cdot\text{Cu}_2\text{S}$，此外还含有少量的$Ni_3S_2$等其他成分，它们与吹入的氧(或空气中的氧)作用，首先发生如下反应：

$$\frac{2}{3}\text{Cu}_2\text{S(l)}+\text{O}_2\text{(g)}=\!=\!=\frac{2}{3}\text{Cu}_2\text{O(l)}+\frac{2}{3}\text{SO}_2\text{(g)},\quad \Delta_r G_m^{\ominus}=-256898+81.2T\quad \text{J/mol}$$

$$\frac{2}{7}\text{Ni}_3\text{S}_2\text{(l)}+\text{O}_2\text{(g)}=\!=\!=\frac{6}{7}\text{NiO(s)}+\frac{4}{7}\text{SO}_2\text{(g)},\quad \Delta_r G_m^{\ominus}=-337231+94.1T\quad \text{J/mol}$$

$$\frac{2}{3}\text{FeS(l)}+\text{O}_2\text{(g)}=\!=\!=\frac{2}{3}\text{FeO(l)}+\frac{2}{3}\text{SO}_2\text{(g)},\quad \Delta_r G_m^{\ominus}=-303340+52.7T\quad \text{J/mol}$$

以上3个反应的优先顺序可由图8-4进行分析比较。通过分析比较可以判断出三种硫

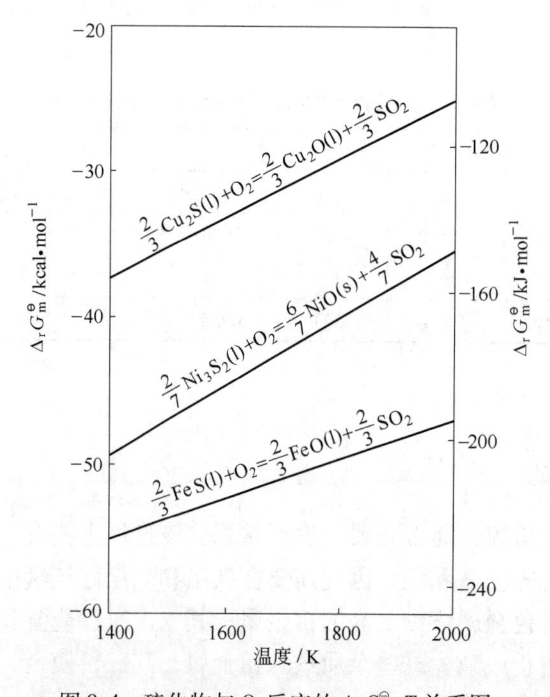

图8-4 硫化物与O_2反应的$\Delta_r G_m^{\ominus}$-T关系图

化物发生氧化的顺序是：

$$FeS \longrightarrow Ni_3S_2 \longrightarrow Cu_2S$$

也就是说，铜锍或镍锍中的 FeS 优先氧化生成 FeO，然后与加入炉中的 SiO_2 作用生成 $2FeO \cdot SiO_2$（硅酸铁）炉渣而除去。在 FeS 氧化时，Cu_2S 或 Ni_3S_2 不可能绝对不氧化，此时也将有小部分 Cu_2S 或 Ni_3S_2 被氧化生成 Cu_2O 或 NiO。生成的 Cu_2O 或 NiO 可能按Ⅰ类反应和Ⅱ类反应发生变化：

Ⅰ类反应（见图 8-5 中的虚线）为铜、镍氧化物与 FeS 的交互反应：

$$2Cu_2O(l) + 2FeS(l) \longrightarrow 2FeO(l) + 2Cu_2S(l) \tag{1}$$

$$\Delta_r G^\ominus_{(1)} = -105437 - 85.48T \quad J/mol \tag{8-1}$$

$$2NiO(s) + 2FeS(l) \longrightarrow 2FeO(l) + \frac{2}{3}Ni_3S_2(l) + \frac{1}{3}S_2(g) \tag{2}$$

$$\Delta_r G^\ominus_{(2)} = 263173 - 243.76T \quad J/mol \tag{8-2}$$

Ⅱ类反应（见图 8-5 中的实线）为同种金属的硫化物与氧化物的相互反应：

$$2Cu_2O(l) + Cu_2S(l) \longrightarrow 6Cu(l) + SO_2(g) \tag{3}$$

$$\Delta_r G^\ominus_{(3)} = 35982 - 58.87T \quad J/mol \tag{8-3}$$

$$2NiO(s) + \frac{1}{2}Ni_3S_2(l) \longrightarrow \frac{7}{2}Ni(l) + SO_2(g) \tag{4}$$

$$\Delta_r G^\ominus_{(4)} = 293842 - 166.52T \quad J/mol \tag{8-4}$$

以上Ⅰ、Ⅱ类反应的标准吉布斯自由能变化，可由图 8-5 进行分析比较。从图中可以看出，两条虚线是铜、镍氧化物与 FeS 交互反应的 $\Delta_r G^\ominus_m$-T 关系线，其位置较低，这表明

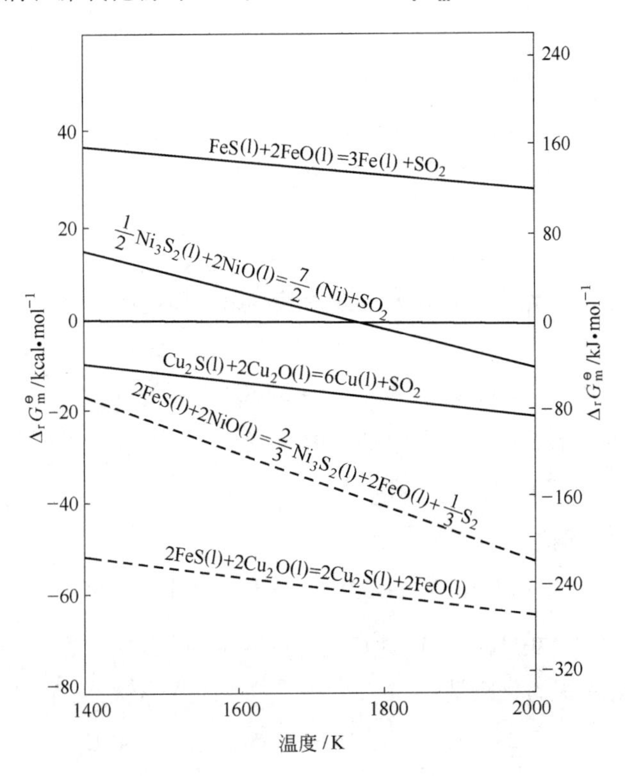

图 8-5 硫化物与氧化物反应的 $\Delta_r G^\ominus_m$-T 关系图

铜、镍氧化物与 FeS 交互反应的 $\Delta_r G_m^{\ominus}$ 负值很大，只要熔炼和吹炼过程中有 FeS 存在，就可以有效地防止体系中 Cu_2O 和 NiO 的生成。该图中三条粗实线是同种金属的硫化物与氧化物的反应线。根据本图中各平衡线间的关系，可以得出以下两点结论：

（1）吹炼过程是分阶段性的。从图 8-5 可以看出，Ⅰ类反应的平衡线（虚线）均远在Ⅱ类反应线（实线）的下方。这表明在标准状态下，只要有 FeS 存在，同种金属硫化物与氧化物反应生成金属的过程就不会发生。因此铜锍吹炼过程的两个阶段可以明显地分别出来。例如，通过分析比较可知，在有 FeS 存在的条件下，FeS 将置换 Cu_2O，使之成为 Cu_2S，而 Cu_2O 没有任何可能与 Cu_2S 作用生成 Cu。也就是说，只是 FeS 几乎全部被氧化以后，才有可能进行 Cu_2O 与 Cu_2S 作用生成铜（Cu）的反应。这就在理论上说明了，为什么吹炼铜锍必须分为两个周期：第一周期吹炼除铁（Fe），第二周期吹炼成铜（Cu）。

（2）同种金属硫化物和氧化物交互反应的开始温度，对不同金属来说，有时差别是很大的。例如，$\Delta_r G_{(3)}^{\ominus}=0$ 和 $\Delta_r G_{(4)}^{\ominus}=0$，可求出标准状态下铜和镍的硫化物与氧化物交互反应的开始温度分别为 $T_{Cu}=611K$，$T_{Ni}=1765K$。普通转炉吹炼时，炉温一般控制在 1200～1300℃，因此，铜锍吹炼的第二周期是很容易实现的。但是，这样高的炉温，仍远低于 NiO 与 Ni_3S_2 交互反应的开始温度，亦即镍锍吹炼第二周期，在不能提高温度的条件下是无法进行的，因此，镍锍吹炼过程通常在得到镍高锍后结束。

由式（8-2）和式（8-4）分析比较可见，反应（2）较反应（4）易进行。但在炼铜转炉的作业温度范围内，含有少量 Ni_3S_2 的铜锍在吹炼过程中不可能按反应（4）产生金属镍（Ni）。因为只有当 $T>1764K$ 时，$\Delta_r G_{(4)}^{\ominus}<0$，反应（4）才能向右进行，生成镍。而实际铜锍吹炼温度在1473～1573K 之间，小于 1764K，所以反应（4）不能正向进行，不能生成镍（Ni）。

与铜锍吹炼相似，镍锍吹炼同样采用转炉进行，作业过程为注入镍锍之后吹风氧化，使 FeS 氧化成 FeO，加石英熔剂与 FeO 造渣，吹炼过程的温度维持在 1473～1573K，可见镍锍吹炼过程只能按反应（2）进行到获得高镍（Ni_3S_2）为止，而不能按反应（4）产生粗镍。

现将吹炼铜与吹炼镍的基本区别及热力学分析分述如下：

（1）吹炼反应不同。无论是吹炼冰铜或镍锍，第一周期都是除铁，故第一周期的反应都是相同的：

$$2FeS(l)+3O_2 \longrightarrow 2FeO(l)+2SO_2$$

生成的 FeO 与加入的熔剂石英石化合而进入炉渣：

$$2FeO(l)+SiO_2(l) \longrightarrow 2FeO \cdot SiO_2(l)$$

在第二周期吹炼冰铜的反应是：

$$2Cu_2S(l)+3O_2 \longrightarrow 2Cu_2O(l)+2SO_2$$

$$2Cu_2O(l)+Cu_2S(l) \longrightarrow 6Cu(l)+SO_2$$

在第二周期吹炼镍锍的反应是：

$$2Ni_3S_2(l)+7O_2 \longrightarrow 6NiO(s)+4SO_2$$

$$Ni_3S_2(l)+4NiO(s) \longrightarrow 7Ni(l)+2SO_2$$

冰铜吹炼的两个基本反应是气、液相反应，很容易进行。而镍锍吹炼的基本反应是气、液、固相反应，热力学分析表明，它们在吹炼冰铜反应的条件下（1200～1300℃）很难进行，这是镍锍吹炼的首个难题。

（2）吹炼时熔池的情况不同。吹炼冰铜过程中，由于 Cu_2S 液与 Cu 液的相互溶解度较低，熔池分两液层，上层是含有少量铜的 Cu_2S 层，下层是含有少量 Cu_2S 的金属铜层。吹炼时，尽管熔池中金属铜不断增加，Cu_2S 量不断减少，但是氧气接触的是一个含硫不变的 Cu_2S 液相，只有在全部 Cu_2S 氧化完了之后，才有少量 Cu_2O 生成而溶解于金属铜中。而在镍锍吹炼中，由于 Ni_3S_2 与 Ni 完全互溶为一液相，随着金属镍的不断增加，熔池中硫的浓度不断降低，从而氧气接触的不仅是液相中的 Ni_3S_2，还有浓度不断增加的 Ni，故 Ni 会被氧化成为难溶于 Ni 中的 NiO 固相。若在不转动的转炉中吹炼，此种现象在熔体表面尤为显著，这将使吹炼过程难以进行。

（3）吹炼所需的温度不同。吹炼冰铜的温度为 1200～1300℃，反应很容易进行。而吹炼镍锍的反应必须在较高温度（1400℃）下才能进行。下面的热力学分析指出，随着熔池中硫的含量降低，吹炼温度必须提高至 1700～1800℃。炼铜的转炉一般利用空气吹炼，大量废气会带走很大一部分热量，使炉内温度无法达到 1700～1800℃的高温。

以上三种区别就是长期以来不能用吹炼铜的转炉直接吹炼镍锍生成金属镍的主要原因。

近来有采用回转式炉氧气吹炼锍化镍制取粗镍的新方法，由于用纯氧气和回转式转炉强化炉内搅拌，改善了反应条件，可提高温度到 1973～2073K，镍锍已能吹炼成粗镍。

无论是铜锍或镍锍吹炼都不可能生成金属铁（Fe），这是因为反应（5）在吹炼铜锍或镍锍的脱铁温度范围 1473～1573K 内，不可能向右进行：

$$\mathrm{FeS(l) + 2FeO(l) = 3Fe(l) + SO_2(g)},\quad \Delta_r G^{\ominus}_{(5)} = 258864 - 69.33T \ \mathrm{J/mol} \tag{5}$$

所以铁只能被氧化成 FeO 后与 SiO_2 形成液态炉渣，而与锍分层分离。与此同时，还将发生反应：

$$\mathrm{6FeO(l) + O_2(g) = 2Fe_3O_4(l)} \tag{6}$$

反应(6)的 $\Delta_r G^{\ominus}_{1573K} = -226000\mathrm{J/mol}$，显然反应(6)可向右进行，生成难熔的磁性氧化铁，给操作带来困难，所以必须保持有足够的 SiO_2，使熔体中产生的 FeO 迅速造渣。

存在于铜锍中的杂质锌和铅是以硫化物形态存在的，在吹炼温度下，硫化锌按下式进行反应：

$$\mathrm{ZnS(l) + 2ZnO(l) = 3Zn(g) + SO_2(g)}$$

金属锌呈锌蒸气挥发，在氧化气氛中气态锌被氧化以 ZnO 形态随炉气逸出。如果吹炼温度小于 1473K，锌主要是生成 ZnO 与 SiO_2 造渣。

硫化铅按下列反应进行：

$$\mathrm{PbS(l) + 2PbO(l) = 3Pb(l) + SO_2(g)}$$

此反应当温度为 1123K，$p_{SO_2} = 101325\mathrm{Pa}$ 时，能形成金属铅。但吹炼时形成的 PbO 为挥发物质，能随炉气逸出，且 PbO 易与 SiO_2 造渣，故冰铜吹炼时，铅不会留在其中，可被除去。

习题与思考题

8-1 试述造锍熔炼的基本原理。

8-2 试述冰铜吹炼的基本原理。

8-3 试述镍锍吹炼的基本原理。

8-4 用图8-5说明：为什么铜锍的吹炼要分两个周期来进行？

8-5 铜锍的成分主要是$FeS \cdot Cu_2S$，此外还含有少量的Ni_3S_2等其他成分，它们与吹入的氧（或空气中的氧）作用，首先发生如下反应：

$$\frac{2}{3}Cu_2S(l) + O_2(g) = \frac{2}{3}Cu_2O(l) + \frac{2}{3}SO_2(g), \quad \Delta_r G_m^{\ominus} = -256898 + 81.2T \quad J/mol$$

$$\frac{2}{7}Ni_3S_2(l) + O_2(g) = \frac{6}{7}NiO(s) + \frac{4}{7}SO_2(g), \quad \Delta_r G_m^{\ominus} = -337231 + 94.1T \quad J/mol$$

$$\frac{2}{3}FeS(l) + O_2(g) = \frac{2}{3}FeO(l) + \frac{2}{3}SO_2(g), \quad \Delta_r G_m^{\ominus} = -303340 + 52.7T \quad J/mol$$

请用图8-4分析比较以上3个反应的优先顺序，并判断出三种硫化物Cu_2S、Ni_3S_2、FeS发生氧化的顺序。

8-6 已知反应$Cu_2O(l) + FeS(l) = Cu_2S(l) + FeO(l)$的平衡常数与温度的关系式为$\lg K^{\ominus} = \frac{108336}{19.146T} - 0.000074T$，问在1473K温度下该反应进行的可能性有多大？

9 氯化冶金

【本章学习要点】

（1）氯化冶金主要包括三个基本过程：氯化过程、氯化物的分离过程和从纯氯化物中提取金属。氯化冶金中的基本方法包括：氯化焙烧、离析法、粗金属熔体氯化精炼、氯化浸出。

（2）金属及金属氧化物与氯的反应。氯的化学活性很强，所以绝大多数金属和金属氧化物很易被氯气氯化生成金属氯化物。所有金属氯化物的生成自由能，在一般冶金温度下均为负值。

$$Mg + Cl_2 \xlongequal{\quad} MgCl_2$$

$$MeO(s) + Cl_2(g) \xlongequal{\quad} MeCl_2(s,g) + \frac{1}{2}O_2(g)$$

（3）氯化反应动力学。当用氯气或氯化氢气作为氯化剂来氯化金属氧化物或硫化物时，氯化反应在气、固相之间进行，反应为多相反应。反应过程一般由下列五个步骤组成：气相反应物向固相反应物表面扩散；气相反应物在固相表面被吸附；气相反应物与固相反应物发生反应；气相产物在固相表面解吸；气相产物经扩散离开固相表面。

9.1 概述

所谓氯化冶金就是将矿石（或冶金半成品）与氯化剂混合，在一定条件下发生化学反应，使金属转变为氯化物再进一步将金属提取出来的方法。

金属氯化物具有低熔点、高挥发性和易溶于水及其他溶剂中、易被还原等性质，而且各种氯化物生成的难易和性质差异又十分明显，所有这些都为氯化法提取和分离金属创造了条件。氯化冶金法虽然具有许多独特的优越性，但由于氯气对设备的腐蚀这一致命弱点，使得这种方法的使用和发展受到了限制。现代化学工业的发展提供了丰富而价廉的氯化剂（Cl_2、HCl、NaCl、$CaCl_2$等），并且出现了钛、锆以及某些塑料耐腐蚀新材料，防腐技术的发展促进了氯化冶金的推广和发展。

氯化冶金对于处理复杂多金属矿石、低品位矿石以及难选矿石，从中综合分离提取各种有用金属是特别适宜的。故此法在综合利用各种矿物资源方面占有重要地位。

A　氯化冶金基本过程

氯化冶金主要包括氯化过程、氯化物的分离过程、从纯氯化物中提取金属等基本过程。

在自然界中金属主要以氯化物、硫化物、硅酸盐、硫酸盐等形式存在，因此从原料中制取金属氯化物的氯化过程，是氯化冶金最基本和最重要的过程。

B 氯化冶金的基本方法

氯化冶金中的基本方法，可分成下列几类：

（1）氯化焙烧。这个方法在有色冶金中得到广泛的应用，如在稀有金属冶金中用氯化焙烧 TiO_2 以制取 $TiCl_4$，然后经精馏提纯用镁或钠热还原得到金属钛；在轻金属冶金中，用氯气（Cl_2）氯化菱镁矿制取无水 $MgCl_2$，然后用熔盐电解法提取金属镁；在重金属冶金中，如综合回收黄铁矿烧渣中各种有色金属、锡矿中锡的氯化，贫镍矿石中镍的提取等。

（2）离析法（难选氧化铜矿石的离析反应）。

（3）粗金属熔体氯化精炼。如铅中的锌和铝中的钠和钙都可用通氯气于熔融粗金属中的方法将其除去。

（4）氯化浸出（包括盐酸浸出、氯盐浸出）。氯化浸出是指在水溶液介质中进行的一类氯化过程，即湿法氯化过程。

9.2 金属与氯的反应

氯的化学活性很强，所以绝大多数金属很易被氯气氯化生成金属氯化物。所有金属氯化物的生成自由能，在一般冶金温度下均为负值，且它们的 $\Delta_f G_m^\ominus$-T 关系多数已经测出，在某些手册、专著中可以方便地查得。金属氯化物的 $\Delta_f G_m^\ominus$-T 关系也可用图示表达。为了便于比较，将它们都换算成与 1mol 氯气反应的标准生成吉布斯自由能变化 $\Delta_f G_m^{\ominus\prime}$。图 9-1

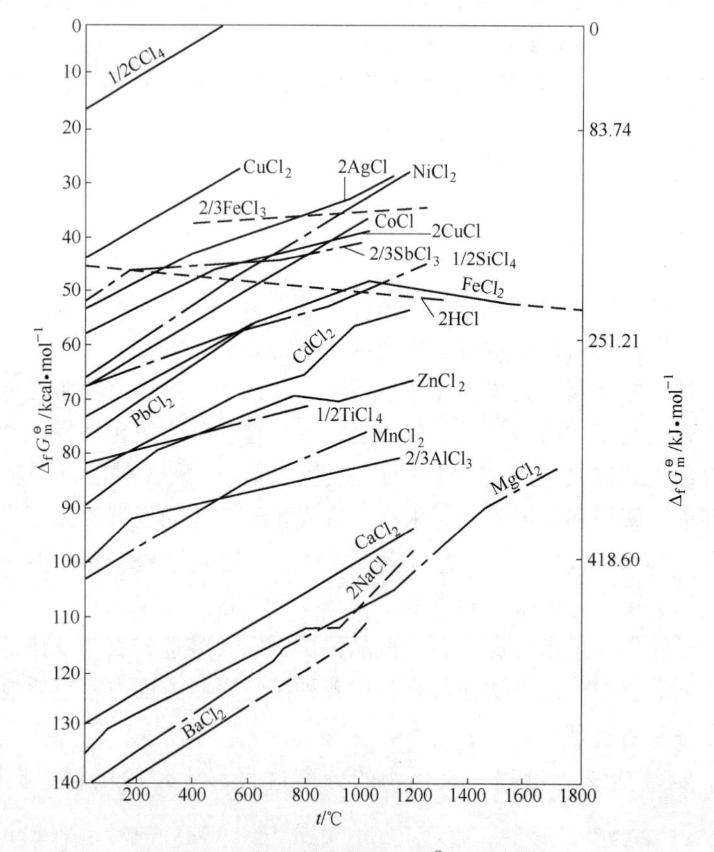

图 9-1 某些氯化物的 $\Delta_f G_m^{\ominus\prime}$-$T$ 关系图

列出了它们的 $\Delta_f G_m^{\ominus}{}'$-$T$ 关系。

金属氯化物的 $\Delta_f G_m^{\ominus}{}'$-$T$ 关系图的应用：

（1）曲线位置的高低表示了金属与氯反应时亲和力的大小。金属氯化物生成吉布斯自由能曲线在图中的位置越低，表示该金属氯化物的生成吉布斯自由能越负，它就越稳定而难以分解。

（2）曲线位置处于下面的金属可以将曲线位置较上面的金属氯化物中的金属置换出来。例如在 1273K 温度下：

$$Mg + Cl_2 \xlongequal{} MgCl_2, \quad \Delta_f G_{m(MgCl_2)}^{\ominus}{}' \tag{1}$$

$$-)\quad \frac{1}{2}Ti + Cl_2 \xlongequal{} \frac{1}{2}TiCl_4, \quad \Delta_f G_{m(TiCl_4)}^{\ominus}{}' \tag{2}$$

$$Mg + \frac{1}{2}TiCl_4 \xlongequal{} MgCl_2 + \frac{1}{2}Ti, \quad \Delta_r G_{m3}^{\ominus} \tag{3}$$

$$\Delta_r G_{m3}^{\ominus} = \Delta_f G_{m(MgCl_2)}^{\ominus}{}' - \Delta_f G_{m(TiCl_4)}^{\ominus}{}'$$

由图 9-1 可见，$MgCl_2$ 的生成吉布斯自由能曲线在下面，$\frac{1}{2}TiCl_4$ 的标准生成吉布斯自由能曲线在上面，显然 $\Delta_f G_{m(MgCl_2)}^{\ominus}{}'$ 比 $\Delta_f G_{m(TiCl_4)}^{\ominus}{}'$ 更负，因此 $\Delta_r G_{m3}^{\ominus}$ 为负值，即反应（3）可以向右进行，Mg 可以把 $TiCl_4$ 中的 Ti 置换出来。工业中生产金属钛正是利用了这种方法。当遇到需要将氯化物中的金属还原出来的时候，就可用类似的方法来选择还原剂。如从图中可直观地看出，用 Na 或 Mg 可以将 $ZnCl_2$ 中的锌还原出来。

9.3 金属氧化物的氯化反应

在冶金过程中有时要氯化处理的物料，如低品位贫矿、黄铁矿烧渣、锡渣等，其中的金属往往是以氧化物的形式存在，因此研究氧化物的氯化作用更有实际意义。

金属氧化物被氯气氯化的反应通式如下：

$$MeO + Cl_2 \xlongequal{} MeCl_2 + \frac{1}{2}O_2$$

反应的标准吉布斯自由能变化为：

$$\Delta_r G_m^{\ominus} = \Delta_f G_{m(MgCl_2)}^{\ominus} - \Delta_f G_{m(MeO)}^{\ominus}$$

由此可见，金属氧化物与氯气反应能力的大小由 $\Delta_f G_{m(MgCl_2)}^{\ominus}$ 与 $\Delta_f G_{m(MeO)}^{\ominus}$ 之差决定。

当 $\Delta_r G_m^{\ominus} < 0$ 时，金属氧化物被氯气氯化的反应可进行；

当 $\Delta_r G_m^{\ominus} > 0$ 时，金属氧化物被氯气氯化的反应不可进行。

例如：硅、铝、钛、镁等元素与氯化合的能力很强，但它们与氧化合的能力更强，其 $\Delta_f G_{m(MeO)}^{\ominus}$ 是一个很大的负值，在 1073K 时 $\Delta_f G_{m(MeO)}^{\ominus}$ 的值在 $-669440 \sim -1004160$J/mol 之间，而相应的 $\Delta_f G_{m(MgCl_2)}^{\ominus}$ 在 1073K 时为 $-209200 \sim -460240$J/mol，相减之后 $\Delta_r G_m^{\ominus}$ 为一正值，因此 SiO_2、TiO_2、Al_2O_3、MgO 在标准状态下不能被氯气所氯化。

金属氧化物与氯气反应的 $\Delta_r G_m^{\ominus}$-T 关系已有人测出，列于图 9-2 和图 9-3 中。从图中可见：SiO_2、TiO_2、Al_2O_3、Fe_2O_3、MgO 在标准状态下不能被氯气氯化。而许多金属的氧化物如 PbO、Cu_2O、CdO、NiO、ZnO、CoO、BiO 可以被氯气氯化。

9.4 金属氧化物的加碳氯化反应

某些金属氧化物氯化反应的热力学数据表明，下列反应的平衡常数小于1，或者最多

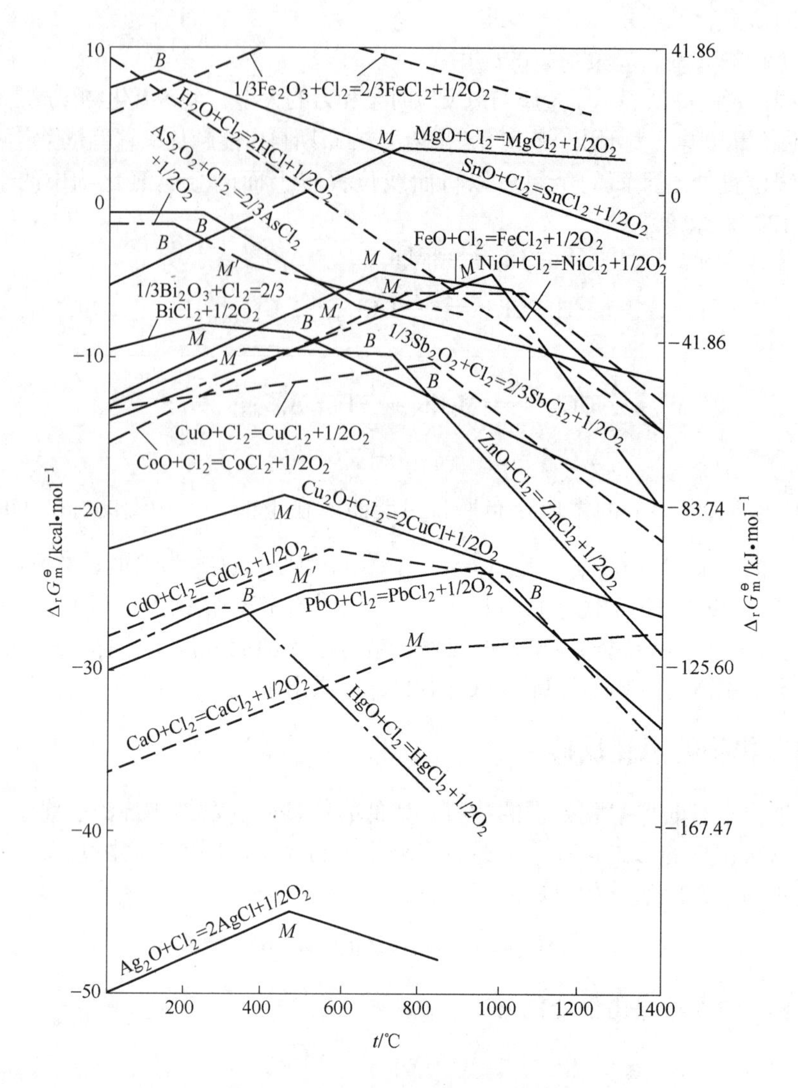

图 9-2 金属氧化物与氯气反应的 $\Delta_r G_m^{\ominus}$'-T 关系图

M—氯化物熔点；*B*—氯化物沸点；*M'*—氧化物熔点

接近于 1：

$$MeO + Cl_2 \xlongequal{} MeCl_2 + \frac{1}{2}O_2$$

$$K^{\ominus} = \frac{a_{MeCl_2} \cdot \left(\frac{p_{O_2}}{p^{\ominus}}\right)^{\frac{1}{2}}}{a_{MeO} \cdot \left(\frac{p_{Cl_2}}{p^{\ominus}}\right)}$$

这样，若直接使用氯化反应，则氯的利用率很低。但在有还原剂存在时，由于还原剂能降低氧气（O_2）的分压，但不与氯发生明显反应，因此氯的利用能显著地提高，并且能使本来不能进行的氯化反应变为可行。碳作为还原剂是很有效的，有碳存在时，进行氯化反应的氧化物将发生如下反应：

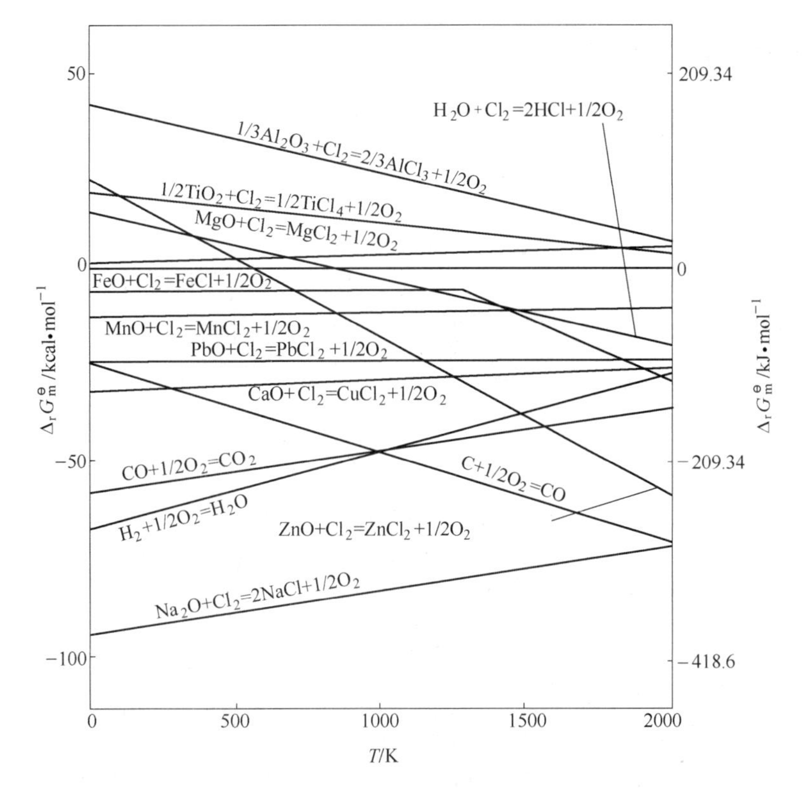

图 9-3 某些氧化物氯化反应的 $\Delta_r G_m^{\ominus}$-T 关系图

$$MeO + Cl_2 = MeCl_2 + \frac{1}{2}O_2 \tag{4}$$

$$C + O_2 = CO_2 \tag{5}$$

$$C + \frac{1}{2}O_2 = CO \tag{6}$$

由式(4)×2+式(5)得：$2MeO + C + 2Cl_2 = 2MeCl_2 + CO_2$ (7)

由式(4)+式(6)得： $MeO + C + Cl_2 = MeCl_2 + CO$ (8)

当温度低于900K时，加碳氯化反应主要是按反应（7）进行，高于1000K时。则按反应（8）进行，因此比较加碳前后反应的 $\Delta_r G_m^{\ominus}$，对加碳的氯化效果便可简便地估量出来，这可通过 TiO_2 加碳氯化一例得到说明。

$$\frac{1}{2}TiO_2 + Cl_2 = \frac{1}{2}TiCl_4 + \frac{1}{2}O_2, \quad \Delta_r G_m^{\ominus} = 80542 - 28.24T \quad J/mol$$

$$+) \quad C + \frac{1}{2}O_2 = CO, \quad \Delta_r G_m^{\ominus} = -111713 - 87.66T \quad J/mol$$

$$\frac{1}{2}TiO_2 + Cl_2 + C = \frac{1}{2}TiCl_4 + CO, \quad \Delta_r G_m^{\ominus} = -31171 - 115.9T \quad J/mol$$

可见相当稳定而难被氯气直接氯化的 TiO_2，在温度高于900K，有固定碳存在的条件下，变得容易氯化了。加碳氯化的这种有效性，使它在轻金属和稀有金属的氯化冶金中，成为一种重要方法，得到广泛的应用。

9.5 金属硫化物与氯的反应

金属硫化物在中性或还原性气氛中能与氯气反应生成金属氯化物。

$$MeS + Cl_2 \xlongequal{\quad} MeCl_2 + \frac{1}{2}S_2 \tag{9}$$

$$\Delta_r G_m^{\ominus}{}' = \Delta_f G_{m(MgCl_2)}^{\ominus}{}' - \Delta_f G_{m(MeS)}^{\ominus}{}'$$

氯化反应进行的难易程度由氯化物和硫化物的标准生成吉布斯自由能之差决定。金属硫化物氯化反应的 $\Delta_r G_m^{\ominus}$-T 关系如图 9-4 所示。

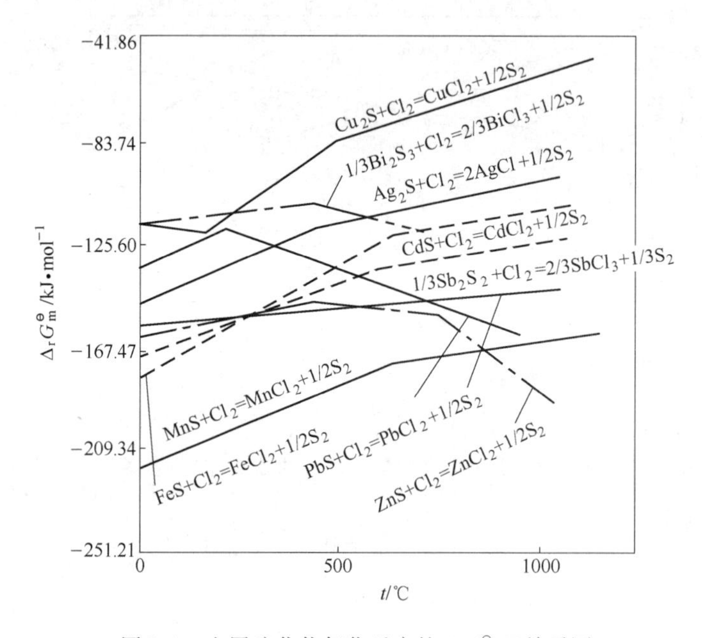

图 9-4 金属硫化物氯化反应的 $\Delta_r G_m^{\ominus}$-T 关系图

金属硫化物氯化反应的特点为：

（1）许多金属硫化物一般都能被氯气直接氯化。

（2）比较图 9-2 与图 9-4 可以看出，对同一种金属来说，在相同条件下，硫化物通常比氧化物容易氯化，因为金属与硫的亲和力往往小于金属与氧的亲和力，所以氯从金属中取代硫比取代氧容易。

（3）硫化物与氯反应的产物是金属氯化物和元素硫。硫元素固然能与氯发生反应，生成硫的氯化物，但是硫的氯化物是不稳定的，在一般的焙烧温度下，它们均会分解，因此最终产品仍为元素硫。硫（S）以元素硫形态回收，对于储存和运输以及防止 SO_2 对大气的污染都是非常有利的。同时不挥发的有价金属氯化物可通过湿法冶金方法与脉石分离。这是处理有色重金属硫化精矿的一种可行方法。

9.6 金属氧化物与氯化氢的反应

除了氯（Cl_2）以外，金属氧化物与氯化氢（HCl）的反应，也是氯化焙烧过程中最常见的一种氯化反应。金属氧化物与氯化氢反应的通式为：

$$MeO + 2HCl \!=\!=\!= MeCl_2 + H_2O \tag{10}$$

反应的标准吉布斯自由能变化：

$$\Delta_r G_m^\ominus = (\Delta_f G_{m(MgCl_2)}^\ominus + \Delta_f G_{m(H_2O)}^\ominus) - (\Delta_f G_{m(MeO)}^\ominus + \Delta_f G_{m(HCl)}^\ominus)$$

反应（10）的 $\Delta_r G_m^\ominus$ 也可以根据金属氧化物与氯（Cl_2）反应的标准吉布斯自由能变化和水与氯反应的标准吉布斯自由能变化求出，方法如下：

$$MeO + Cl_2 \!=\!=\!= MeCl_2 + \frac{1}{2}O_2,\ \Delta_r G_{m11}^\ominus \tag{11}$$

$$H_2O + Cl_2 \!=\!=\!= 2HCl + \frac{1}{2}O_2,\ \Delta_r G_{m12}^\ominus \tag{12}$$

式(11) - 式(12)，得： $MeO + 2HCl \!=\!=\!= MeCl_2 + H_2O,\ \Delta_r G_m^\ominus$

$$\Delta_r G_m^\ominus = \Delta_r G_{m11}^\ominus - \Delta_r G_{m12}^\ominus$$

即金属氧化物与氯反应的 $\Delta_r G_{m11}^\ominus$ 减去水与氯反应的 $\Delta_r G_{m12}^\ominus$ 得金属氧化物与氯化氢反应的标准吉布斯自由能变化。各种金属氧化物与氯反应的 $\Delta_r G_m^\ominus$-T 关系已绘于图 9-2、图 9-3 中，由此类图可获得 $\Delta_r G_{m11}^\ominus$、$\Delta_r G_{m12}^\ominus$ 的值。

各种金属氧化物与氯化氢反应的特点：

（1）图 9-3 中有一条反应 $H_2O + Cl_2 = 2HCl + \frac{1}{2}O_2$ 的 $\Delta_r G_m^\ominus$ 随温度变化的曲线，该曲线是由左至右向下倾斜的，即该反应 $H_2O + Cl_2 = 2HCl + \frac{1}{2}O_2$ 的标准吉布斯自由能变化在高温下负值更大，HCl 更加稳定，这预示着在用 HCl 作氯化剂时随着温度的升高，其氯化能力下降。

（2）Cu_2O、PbO、Ag_2O、CdO、CoO、NiO、ZnO 等曲线在 H_2O 与氯反应的 $\Delta_r G_m^\ominus$ 曲线下面，这表明这些金属氧化物与 HCl 反应时 $\Delta_r G_m^\ominus$ 为负值，因此在标准状态下它们可以被 HCl 所氯化。

（3）SiO_2、TiO、Al_2O_3、Cr_2O_3、SnO_2 等与氯反应的曲线在水与氯反应曲线上面，它们被 HCl 氯化反应的 $\Delta_r G_m^\ominus$ 值为正，因此这些氧化物在标准状态下不能被 HCl 所氯化。

（4）由图 9-2 可看出，MgO 与氯反应的 $\Delta_r G_m^\ominus$-T 曲线，约在 773K 处，同水与氯反应的 $\Delta_r G_m^\ominus$-T 曲线相交。从图可分析得出结论：在标准状态下，温度低于 773K 时反应

$$MgO + 2HCl \!=\!=\!= MgCl_2 + H_2O \tag{13}$$

将向右进行，温度高于 773K 时反应将向左进行。反应（13）向左进行时称金属氯化物发生水解。因此工业上当氯化 MgO 生产 $MgCl_2$ 时，都注意防止在 773K 以上温度时 $MgCl_2$ 重新被水解。

在氯化焙烧时，为避免水解、需控制气相中有足够高的 $w(HCl)/w(H_2O)$ 的比值。如 $SnCl_2$ 当 $w(HCl)/w(H_2O + HCl)$ 在 20% 左右，能有效防止 $SnCl_2$ 水解。为此应尽可能使焙烧物料干燥，使用含氢量低的燃料以减少气相中的水分含量，当然也可以提高 HCl 浓度来实现需要的反应，但这样将消耗更多的氯化剂。

9.7 金属氧化物与固体氯化剂的反应

在生产实践中，经常采用氯化钙（$CaCl_2$）、氯化钠（NaCl）等固体氯化物作为氯化

剂。如 $CaCl_2$是化工原料的副产品，并且无毒，腐蚀性小，易于操作，因此国内外许多厂家广泛采用 $CaCl_2$和 NaCl 作为氯化剂。

9.7.1 $CaCl_2$作氯化剂

用 $CaCl_2$作氯化剂，其与氧化物反应的通式为：

$$MeO + CaCl_2 = MeCl_2 + CaO$$

上述反应的 $\Delta_r G_m^\ominus$ 计算方法有两种：

（1）是根据反应物与产物的标准生成吉布斯自由能来计算，即：

$$\Delta_r G_m^\ominus = (\Delta_f G_{m(MgCl_2)}^\ominus + \Delta_f G_{m(CaO)}^\ominus) - (\Delta_f G_{m(MeO)}^\ominus + \Delta_f G_{m(CaCl_2)}^\ominus)$$

（2）是根据金属氧化物与氯反应和 CaO 与氯反应的 $\Delta_r G_m^\ominus$ 来计算，方法如下：

$$MeO + Cl_2 = MeCl_2 + \frac{1}{2}O_2, \quad \Delta_r G_{m14}^\ominus \quad (14)$$

$$-) \quad CaO + Cl_2 = CaCl_2 + \frac{1}{2}O_2, \quad \Delta_r G_{m15}^\ominus \quad (15)$$

$$MeO + CaCl_2 = MeCl_2 + CaO, \quad \Delta_r G_{m16}^\ominus \quad (16)$$

得：

$$\Delta_r G_{m16}^\ominus = \Delta_r G_{m14}^\ominus - \Delta_r G_{m15}^\ominus$$

可见，MeO 与 $CaCl_2$的反应（16）是反应（14）与（15）之差。如果我们确定了一定温度下 MeO 与 Cl_2反应的 $\Delta_r G_{m14}^\ominus$以及 CaO 与氯反应的 $\Delta_r G_{m15}^\ominus$，就可以确定 MeO + $CaCl_2$反应的 $\Delta_r G_{m16}^\ominus$。在一定温度下 $\Delta_r G_{m15}^\ominus$是定值，而各种价数相同的氧化物氯化的 $\Delta_r G_{m16}^\ominus$直接与 $\Delta_r G_{m14}^\ominus$有关。因此，对于氧化物被 $CaCl_2$氯化的反应可利用图 9-3，即氧化物与氯反应的 $\Delta_r G_m^\ominus$-T 图来分析。

例如，$Ag_2O(s) + CaCl_2(s) = AgCl(s) + CaO(s)$反应能否进行，可用图 9-2 判断：由图可以看出 Ag_2O 的氯化线在 CaO 的氯化线之下，故在标准状态下 Ag_2O 可以被 $CaCl_2$氯化为 AgCl。

又例如，Cu_2O 的氯化线在 CaO 氯化线以上，因此在标准状态下的 1273K 时，Cu_2O 不能被 $CaCl_2$所氯化。这也可通过计算反应的 $\Delta_r G_m^\ominus$ 得出该结论：

$$Cu_2O(s) + Cl_2(g) = Cu_2Cl_2(g) + \frac{1}{2}O_2(g), \quad \Delta_r G_{m1}^\ominus = -96232\text{J/mol}$$

$$-) \quad CaO(s) + Cl_2(g) = CaCl_2(s) + \frac{1}{2}O_2(g), \quad \Delta_r G_{m2}^\ominus = -117152\text{J/mol}$$

$$Cu_2O(s) + CaCl_2(s) = Cu_2Cl_2(g) + CaO(s), \quad \Delta_r G_{m3}^\ominus = +20920\text{J/mol}$$

这表明在标准状态下 1273K 时，Cu_2O 不能被 $CaCl_2$氯化。

但在工业上用 $CaCl_2$作为氯化剂可以将黄铁矿烧渣中的 Cu_2O 氯化。这是因为在对烧渣进行氯化焙烧时，焙烧炉中流动气体中还有大量的其他气体（如 N_2、O_2等）。而 Cu_2Cl_2气氛在炉气流动中仅占 1% 左右，若气相总压力为 101325Pa 时，则 Cu_2Cl_2气体的分压仅为 1013.25Pa，此时 Cu_2O 与 $CaCl_2$反应仍是处于非标准状态，所以反应能否进行的真实量度是反应的吉布斯自由能变化 $\Delta_r G_m$ 而不是 $\Delta_r G_m^\ominus$，对上述反应而言，就应该用化学反应的等温方程式来计算，即：

$\Delta_r G_{m1273} = \Delta_r G_m^{\ominus} + RT\ln(p_{Cu_2Cl_2}/p^{\ominus}) = 20920 + 8.314 \times 2.303 \times 1273\lg(0.01) = -27824$J/mol 可见，$\Delta_r G_m$ 为负值，表示在这种条件下反应向生成 Cu_2Cl_2 的方向发展，Cu_2O 可以被 $CaCl_2$ 氯化。

综上所述，用氯化剂（$CaCl_2$）氯化金属氧化物有如下特点：

(1) 图9-3 中 CaO 氯化线以上，但离 CaO 氯化线不太远的各种氧化物，如 PbO、CdO、Cu_2O、Bi_2O_5、ZnO、CuO、CoO、NiO 等在工业氯化条件下是可以用 $CaCl_2$ 进行氯化的。

(2) 在实际生产中为了增加 $CaCl_2$ 对上述氧化物的氯化能力和提高氯化速度，往往控制气相中含有 SO_2、SO_3 等酸性氧化物，或者使炉料中含有 SiO_2 等酸性氧化物，这样就可以促使 $CaCl_2$ 分解，加速氯化反应。这种促进作用可用如下反应表示：

$$CaCl_2 + SO_2 + O_2 = CaSO_4 + Cl_2$$

$$MeO + CaCl_2 + SiO_2 = MeCl_2 + CaO \cdot SiO_2$$

$$CaCl_2 + 2SO_3 = CaSO_4 + SO_2 + Cl_2$$

由以上反应可见，SO_2 和 SO_3 可促使 $CaCl_2$ 分解放出 Cl_2，而 SiO_2 则与氯化反应产物 CaO 生成 $CaO \cdot SiO_2$，这样降低了产物活度，加速了氯化反应的进行。

(3) Fe_2O_3 的氯化线在 CaO 氯化线之上，并且相距 CaO 氯化线太远，即使在工业氯化条件下也不能被 $CaCl_2$ 氯化。这可以从下面的计算中看出在 1273K 条件下：

$$\frac{1}{3}Fe_2O_3 + Cl_2 = \frac{2}{3}FeCl_3\ (g) + \frac{1}{2}O_2,\quad \Delta_r G_{m1}^{\ominus} = +29288\text{J/mol}$$

$$-)\quad CaO\ (s) + Cl_2 = CaCl_2\ (s) + \frac{1}{2}O_2,\quad \Delta_r G_{m2}^{\ominus} = -117152\text{J/mol}$$

$$\frac{1}{3}Fe_2O_3 + CaCl_2 = \frac{2}{3}FeCl_3\ (g) + CaO,\quad \Delta_r G_{m3}^{\ominus} = +146440\text{J/mol}$$

这表明在温度为 1273K 时，标准状态下 Fe_2O_3 不能被 $CaCl_2$ 氯化。若在工业氯化条件下温度也是 1273K，$FeCl_3$ 的分压是 0.01×101325Pa，则：

$$\Delta_r G_{m3} = \Delta_r G_{m3}^{\ominus} + RT\ln\left(\frac{p_{FeCl_3}}{p^{\ominus}}\right)^{\frac{2}{3}}$$

$$= 146440 + \frac{2}{3} \times 8.314 \times 2.303 \times 1273\lg\ (0.01) = 113930\text{J/mol}$$

$\Delta_r G_{m3}$ 仍为正值，表明氯化反应不能进行。

工业上制造硫酸常用黄铁矿（FeS_2）作为原料，FeS_2 经焙烧后剩下的烧渣中除了主要含有 Fe_2O_3 以外，常含有少量的铜、铅、锌、钴等有用金属的氧化物。若把这样的烧渣直接拿去炼铁，不论是对炼铁作业的顺利进行还是对生铁质量以及综合回收利用都有不良影响。因此在炼铁之前，必须对烧渣进行处理，达到除去有害杂质，保证生产顺利进行、综合回收有价金属的目的。工业上的烧渣用高温氯化挥发法就是用 $CaCl_2$ 作为氯化剂，将烧渣中各种金属选择氯化出来，使铜、铅、锌等氧化物转变为氯化物挥发出来。若进行中温氯化焙烧，因氯化温度较低，上述金属氧化物所生成的氯化物呈不挥发的固态仍留在焙砂中，可以用水或稀酸浸出，使其方便地从烧渣中分离出来。而烧渣中的 Fe_2O_3 是不被氯化的，留在烧渣中作为炼铁原料。从而达到有色金属与铁分离的目的。

9.7.2 NaCl 作氯化剂

NaCl 是比 $CaCl_2$ 还要稳定的化合物，实验证明，NaCl 在氯气流中加热到 1273K 时仍十分稳定，不发生离解，即固体 NaCl 受热离解析出氯气参与氯化反应是不可能的。此外，在干燥的空气或氧气流中，在 1273 下加热 2h，NaCl 的分解量仍很少（约 1%），这表明以下反应：

$$2NaCl + \frac{1}{2}O_2 = Na_2O + Cl_2$$

很难向生成氯气的方向进行。因此，NaCl 在标准状态下以及有氧存在时是不可能将一般金属氧化物氯化的。

但实际生产中却常用 NaCl 作为氯化剂，这是因为在烧渣或矿石中存在有其他物质，如黄铁矿烧渣中一般常含有少量硫化物，该硫化物在焙烧时生成 SO_2 或 SO_3，在 SO_2 或 SO_3 的影响下，NaCl 可以分解生成氯气，使铜、铅、锌等金属氧化物或硫化物被氯化。这样就可以改变反应的 $\Delta_r G_m^\ominus$ 值，使本来不能进行的反应转化为在 SO_2 等参与下可以进行。以下对 NaCl 的分解问题作一概略的讨论。

在氯化焙烧的气相中，一般存在有氧、水蒸气和物料中的硫。在焙烧过程中生成的 SO_2 或 SO_3 与 NaCl 发生副反应，生成 Cl_2 及 HCl 的副产物，从而使 MeO 被氯化，其主要反应如下：

$$2NaCl(s) + \frac{1}{2}O_2(g) = Na_2O(s) + Cl_2(g) \quad (17)$$

$$\Delta_r G_m^\ominus = 399405 - 28.41T\lg T + 24.85T \quad J/mol$$

$$Na_2O(s) + SO_3(g) = Na_2SO_4(s) \quad (18)$$

$$\Delta_r G_m^\ominus = -575216 - 62.34T\lg T + 350.5T \quad J/mol$$

式（17）+式（18）得：

$$2NaCl(s) + SO_3(g) + \frac{1}{2}O_2(g) = Na_2SO_4(s) + Cl_2(g) \quad (19)$$

$$\Delta_r G_m^\ominus = -175812 - 90.75T\lg T + 375.30T \quad J/mol$$

而

$$SO_2(g) + \frac{1}{2}O_2(g) = SO_3(g) \quad (20)$$

$$\Delta_r G_m^\ominus = -94558 + 89.37T \quad J/mol$$

式（19）+式（20）得：

$$2NaCl(s) + SO_2(g) + O_2(g) = Na_2SO_4(s) + Cl_2(g) \quad (21)$$

$$\Delta_r G_m^\ominus = -270370 - 90.75T\lg T + 464.68T \quad J/mol$$

并有水蒸气和氯气的反应：

$$H_2O + Cl_2 = 2HCl + \frac{1}{2}O_2 \quad (22)$$

反应(22)在低温时易向生成氯气的方向进行，在高温时易水解向生成 HCl 的方向进行。在 73K 以上时或在有硫酸盐作催化剂的 673K 以上时便易向生成 HCl 的方向进行。

当温度为 773K 时，式(17)的 $\Delta_r G_m^\ominus = 355180J/mol$，故反应(17)不能向右进行，但在 773K 时，反应(19)的 $\Delta_r G_m^\ominus = -88282J/mol$，及式(21)的 $\Delta_r G_m^\ominus = -114223J/mol$，所以反

应(19)、(21)都能向右进行。可见，NaCl 的氯化作用主要是通过 SO_2或 SO_3促进作用，使其分解出氯气或氯化氢来实现的，这一点与前述的 $CaCl_2$被 SO_2或 SO_3分解加速氯化作用相似，只是促进效果不相同罢了。

同理，当烧渣或矿石存在有 SiO_2、Al_2O_3等酸性氧化物时，由于 SiO_2等能与 CaO、MgO、Na_2O 结合成相应的硅酸盐或其他盐，这样必将降低固体氯化剂 $CaCl_2$、MgCl、NaCl 的分解产物 CaO、MgO、Na_2O 的活度，结果是可加强它们的氯化作用。

综上所述，氯化钠氯化金属氧化物的特点如下：

(1) 氧化气氛条件下进行的氯化焙烧过程中，NaCl 的分解主要是氧化分解，但必须借助于 SO_2、SO_3等其他组分的帮助，否则分解很难进行。

(2) 在温度较低(如中温氯化焙烧)的条件下，促使 NaCl 分解的最有效组分是炉气中的 SO_2。因而对于以 NaCl 作为氯化剂的中温氯化焙烧工艺，几乎无例外地要求所焙烧的物料中含有足够数量的硫(常用加 S、FeS_2的方法)。

(3) 在高温氯化焙烧过程中，NaCl 可借助于 SiO_2、Al_2O_3等酸性脉石成分来促进分解而无需补加硫。

基于反应(22)的存在，NaCl 分解出的氯可以和水蒸气反应生成 HCl。若氯化过程是在中性或还原气氛中进行，则 NaCl 的分解主要是靠水蒸气进行高温水解。当然，高温水解反应的进行仍然需要其他组分(如 SiO_2等)的促进。

9.8 氯化反应的动力学简介

当用氯气或氯化氢气体作为氯化剂来氯化金属氧化物或硫化物时，氯化反应在气、固相之间进行，反应为多相反应。有关多相反应的动力学一般规律，对于气-固氯化反应也完全适用。

研究多相反应的动力学规律，发现在气-固相之间的反应

$$MeO(s) + Cl_2(g) = MeCl_2(s,\ g) + \frac{1}{2}O_2(g)$$

一般由下列五个步骤组成：

(1) 气相反应物向固相反应物表面扩散；

(2) 气相反应物在固相表面被吸附；

(3) 气相反应物与固相反应物发生反应；

(4) 气相产物在固相表面解吸；

(5) 气相产物经扩散离开固相表面。

整个反应的速度由五个步骤中速度最慢的一步来决定。

在较低温度下，化学反应速度一般较慢，此时常常是第三个步骤(化学反应)决定整个多相反应的速度快慢。当温度升高时，化学反应速度增加很快，扩散速度也有所增快，但与化学反应速度比较，则扩散速度相对地变慢了，此时，常常是扩散速度决定了整个多相反应速度的快慢。金属氧化物被氯气氯化的反应就符合上述情况。当温度较低时，化学反应速度起主导作用，称反应处于“动力学区域”；当温度升高时，扩散速度起主导作用，称多相反应处于“扩散区域”。

研究反应过程处于“动力学区域”还是“扩散区域”，对实际生产中强化反应过程，提

高反应速度有重要的指导意义：

（1）若反应是处于“动力学区域”，则可以用提高温度，增加固相反应物的细化度等方法来提高反应速度。

（2）若反应处于“扩散区域”，则除了用提高温度的方法来提高扩散速度外，还可以用加大气流速度（提高紊流程度），提高氯气（Cl_2）或氯化氢（HCl）气相分压等方法来提高扩散速度。

习题与思考题

9-1 用氯气（Cl_2）来氯化 MgO，在有碳质还原剂存在，操作温度为 1273K 的条件下，可得流动性良好的 $MgCl_2$。求该体系总压为 101325Pa 时，平衡气相的组成。

已知反应：

（1）$Mg + Cl_2 = MgCl_2$，$\Delta_r G_{m1}^{\ominus} = -451.9$kJ/mol

（2）$Mg + \frac{1}{2}O_2 = MgO$，$\Delta_r G_{m2}^{\ominus} = -468.6$kJ/mol

（3）$C + \frac{1}{2}O_2 = CO$，$\Delta_r G_{m3}^{\ominus} = -226$kJ/mol

（4）$CO + \frac{1}{2}O_2 = CO_2$，$\Delta_r G_{m4}^{\ominus} = -171.5$kJ/mol

（$w(CO) = 99.42\%$，$w(Cl_2) = 2.86 \times 10^{-17}\%$，$w(O_2) = 2.58 \times 10^{-7}\%$，$w(CO_2) = 0.579\%$）

9-2 温度为 1000K 时，SnO_2 能否被 HCl 气体氯化？加入碳质还原剂后，如何控制气相中氧的分压来提高 SnO_2 的氯化率？

已知反应：

$$SnO_2(s) + 2HCl(g) = SnCl_2(g) + H_2O(g) + \frac{1}{2}O_2(g)$$

$$\Delta_r G_m^{\ominus} = 310578 + 21.17T\lg T + 9.29 \times 10^{-3}T^2 - 227T \quad \text{J/mol}$$

（$p_{CO}/p_{O_2}^{1/2} \geqslant 2.6 \times 10^{10}$）

9-3 能否用碳、氢气作还原剂来还原其他金属氯化物？

10　粗金属的火法精炼

【本章学习要点】
（1）粗金属火法精炼过程中使用到的化学精炼方法及热力学原理。
（2）粗金属火法精炼过程中使用到的物理精炼方法及热力学原理。

10.1　概述

10.1.1　粗金属的概念

由矿石或精矿经火法冶炼得到的粗金属，常常含有一定量的杂质（一般来自金属矿石及人为加入的熔剂、反应剂、燃料等），这样的金属称作粗金属。例如粗铜含有各种杂质和金银等贵金属，其总量可达0.5%～2%；鼓风炉还原熔炼所得的粗铅含有1%～4%的杂质和金银等贵金属。粗金属中所含的杂质对金属的使用性能有不利影响必须除去，而且杂质中有较高的经济价值的有价元素（如稀贵金属等）必须加以回收利用。因此，大多数粗金属都要进行精炼。

10.1.2　粗金属火法精炼的目的

粗金属精炼的目的主要是：

第一，主要为了将杂质含量降低到规定限度以下，获得尽可能纯的金属。

第二，有时是为了得到某种杂质含量在允许范围内的产品，例如炼钢，特别是合金钢的生产，其目的除了脱去有害杂质以外，还要使钢液中留有各种规定量的合金元素，以便得到具有一定性能的钢材。

第三，有时为了回收利用某些粗金属中所含的杂质中有较高的经济价值的有价元素（如稀贵金属等），例如，粗铅和粗铜火法精炼回收利用金、银及其他稀贵金属等。

10.1.3　粗金属火法精炼方法

粗金属火法精炼的方法，不仅要随主体金属和杂质性质的不同而不一样，而且还与所要精炼的金属的纯度有关。就其本质而言，粗金属火法精炼都是利用主金属与杂质化学性质的差异或物理性质的差异，采取一定的操作，形成通过物理或化学等方法容易分离的两相或多相体系，即使主金属和杂质分别进入不同的相，从而实现两者分离。其具体方法多种多样，一般可分为化学精炼法和物理精炼法两大类。

10.1.3.1　化学精炼法

基于杂质与主金属化学性质的不同，加入某种试剂（氧化剂或硫化剂等）使之与杂质作用形成某种难溶于主金属的化合物析出或造渣，之后与主金属实现分离。根据加入的试剂种类不同，主要有氧化精炼法和硫化精炼法。

10.1.3.2 物理精炼法

基于在两相平衡时杂质和主金属在两相（液-固或气-固）间分配比的不同，形成液-固两相实现分离的方法，有熔析精炼法和区域精炼（区域熔炼）法等；形成气-液两相实现分离的方法，有常压蒸馏精炼法和真空蒸馏精炼法。

为了生产出纯度较高的冶金产品，同一精炼过程往往需要重复进行多次，或者需要几种精炼方法配合使用。前者例如，区域提纯和凝析精炼，后者例如，粗铅除铜过程包括凝析精炼、硫化精炼等等。

10.2 化学精炼

10.2.1 氧化精炼

10.2.1.1 氧化精炼的热力学原理

氧化精炼就是向被精炼的粗金属熔体中加入氧化剂，将其中所含的杂质氧化而除去。该法的基本原理是基于不同元素对氧的亲和力不同，使杂质氧化（以 Me′表示金属杂质），生成不溶于（或很少溶于）主体金属（以 Me 表示）的氧化物或渣，聚集浮于熔体表面（如杂质铁以 FeO 入渣）；或生成气体，以气态的形式（如杂质硫氧化为 SO_2）挥发而被除去。

可以用氧化精炼除去的杂质必须满足的条件是：

第一，对氧亲和力大于主体金属对氧的亲和力（优先氧化）。

第二，对氧亲和力与主体金属对氧的亲和力差异足够大（杂质含量能降到规定限度）。

第三，氧化生成气态氧化物，或生成与主体金属 Me 的密度差较大的熔渣氧化物（分层便于分离）。

归纳起来，能否通过氧化精炼除去杂质，需要解决氧化的顺序、除杂质的限度和杂质与主体金属的分离等三个问题。

10.2.1.2 氧化精炼时杂质氧化的顺序

如图 10-1 所示，粗金属 Me 中含有三种杂质 Me′、Me″、Me‴。它们在熔体中的摩尔分数分别用 $x_{Me'}$、$x_{Me''}$及 $x_{Me'''}$表示，它们的氧化物生成反应及生成吉布斯自由能如下：

$$[\mathrm{Me}] + \frac{1}{2}\mathrm{O_2} = [\mathrm{MeO}] \tag{a}$$

$$\Delta_f G_{\mathrm{MeO}} = \Delta_f G^{\ominus}_{\mathrm{MeO}} - RT\ln x_{\mathrm{Me}} + A \tag{10-1}$$

$$[\mathrm{Me'}] + \frac{1}{2}\mathrm{O_2} = [\mathrm{Me'O}] \tag{b}$$

$$\Delta_f G_{\mathrm{Me'O}} = \Delta_f G^{\ominus}_{\mathrm{Me'O}} - RT\ln x_{\mathrm{Me'}} + B \tag{10-2}$$

$$[\mathrm{Me''}] + \frac{1}{2}\mathrm{O_2} = [\mathrm{Me''O}] \tag{c}$$

$$\Delta_f G_{\mathrm{Me''O}} = \Delta_f G^{\ominus}_{\mathrm{Me''O}} - RT\ln x_{\mathrm{Me''}} + C \tag{10-3}$$

$$[\mathrm{Me'''}] + \frac{1}{2}\mathrm{O_2} = [\mathrm{Me'''O}] \tag{d}$$

$$\Delta_f G_{\mathrm{Me'''O}} = \Delta_f G^{\ominus}_{\mathrm{Me'''O}} - RT\ln x_{\mathrm{Me'''}} + D \tag{10-4}$$

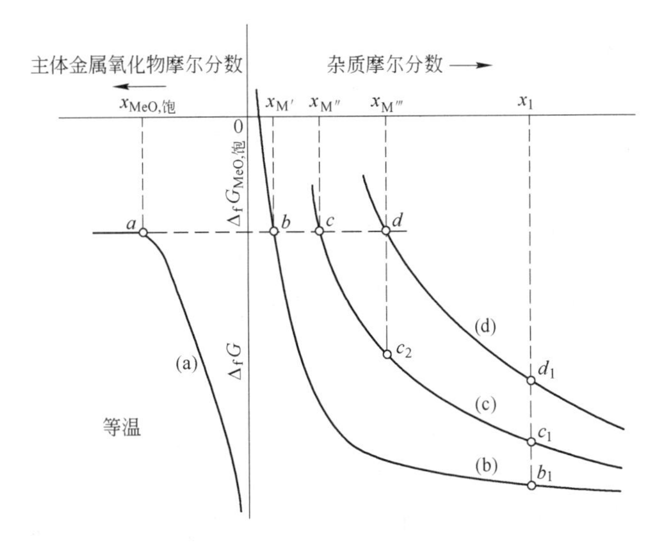

图 10-1 主金属氧化物和杂质氧化物的 $\Delta_f G$-x_i 的关系曲线

x_i—相应组分在金属相中的摩尔分数

以上各式中的 A、B、C、D 是与体系的氧分压 p_{O_2}、各相应物质活度、活度系数及精炼温度有关的常数，在图 10-1 中的曲线（a）、（b）、（c）、（d）分别是相对应的反应（a）、反应（b）、反应（c）和反应（d）的 $\Delta_f G$-x_i 关系曲线。

为了确定粗金属中杂质的氧化顺序，可以对式（10-1）~式（10-4）进行计算，氧化物生成吉布斯自由能负值最大的杂质首先被氧化除去，而氧化物生成吉布斯自由能负值最小的杂质则在最后才开始氧化。例如，在图 10-1 中，当三种杂质的起始浓度都为 x_1 时，精炼开始时的氧化顺序为 Me′→Me″→Me‴；而当 Me″的起始浓度等于 $x_{Me'}$，而 Me′及 Me‴的起始浓度仍为 x_1 时，则氧化顺序为 Me′→Me‴→Me″。随着氧化过程的进行，各种杂质浓度都不断下降，其氧化物的生成吉布斯自由能也相应增大，以致最后都达到与 $\Delta_f G_{MeO,饱}$ 数值相等。此后各种杂质的浓度也就不再下降，即图 10-1 中 $x_{Me'}$、$x_{Me''}$、$x_{Me'''}$ 为在该种精炼条件下，杂质在主体金属 Me 中的最终浓度。

10.2.1.3 氧化精炼脱除杂质的限度

在含有杂质 Me′的粗金属 Me 精炼过程中，当将氧引入到熔体后，首先使金属 Me 氧化。这是因为氧分子与金属 Me 原子接触的机会多，以及与杂质相比主金属在溶液中的活度也大得多的缘故。反应中生成的氧化物 MeO 立即溶于粗金属熔体中，并与其中的杂质元素相遇，通过反应（3）使杂质氧化：

$$[Me] + \frac{1}{2}O_2 \Longleftrightarrow [MeO], \quad \Delta_f G_{MeO} \tag{1}$$

$$[Me'] + \frac{1}{2}O_2 \Longleftrightarrow [Me'O], \quad \Delta_f G_{Me'O} \tag{2}$$

由式(2) - 式(1)得：

$$[Me'] + [MeO] \Longleftrightarrow [Me] + [Me'O], \quad \Delta_r G_3 \tag{3}$$

杂质氧化物在粗金属中的溶解度一般是很低的，因此呈独立相析出或进入渣相，从而达到脱除杂质的目的。

下面根据反应（3）来讨论氧化精炼脱除杂质的限度，即杂质经过氧化精炼后在主金属熔体中的最终浓度，也就是当主体金属与杂质金属同时氧化时，杂质金属在主金属熔体中的最终浓度。

因为
$$\Delta_r G_3^{\ominus} = -RT\ln\frac{a_{Me'O}\cdot a_{Me}}{a_{MeO}\cdot a_{Me'}} = -RT\ln K^{\ominus} \tag{10-5}$$

所以
$$K^{\ominus} = \frac{a_{Me'O}\cdot a_{Me}}{a_{MeO}\cdot a_{Me'}}$$

$$a_{Me'} = \frac{a_{Me'O}\cdot a_{Me}}{a_{MeO}\cdot K^{\ominus}} \tag{10-6}$$

$$x_{Me'} = \frac{(\gamma_{Me'O}\cdot x_{Me'O})\cdot(\gamma_{Me}\cdot x_{Me})}{\gamma_{Me'}\cdot(\gamma_{MeO}\cdot x_{MeO})\cdot K^{\ominus}} \tag{10-7a}$$

式中，a_i、x_i、γ_i 分别表示平衡体系中组元 i 在熔体中的活度、摩尔分数浓度和活度系数。

关于主体金属在熔体中的活度 a_{Me}，由于精炼中，大量存在的是主体金属 Me，因此 $a_{Me}\approx 1$。关于主体金属氧化物在熔体中的活度 a_{MeO}，由于熔融主体金属在氧化阶段始终被 MeO 所饱和，故可认为在氧化温度下主体金属氧化物的浓度为一个常数（饱和浓度）。当选用纯氧化物 MeO 为标准状态时，$a_{MeO,饱}=1$。此时，式（10-6）和式（10-7a）可以简化为如下两式：

$$a_{Me'} = \frac{a_{Me'O}}{K^{\ominus}} \tag{10-7b}$$

$$x_{Me'} = \frac{\gamma_{Me'O}\cdot x_{Me'O}}{\gamma_{Me'}\cdot K^{\ominus}} \tag{10-7c}$$

MeO 在主体金属熔体中的活度系数 γ_{MeO} 可由下式求出：

$$a_{MeO,饱} = x_{MeO,饱}\cdot\gamma_{MeO} = 1 \tag{10-8}$$

$$\gamma_{MeO} = \frac{1}{x_{MeO,饱}} \tag{10-9}$$

用同样方法可得出杂质元素在粗金属熔体中的活度系数为：

$$a_{Me',饱} = x_{Me',饱}\cdot\gamma_{Me'} = 1$$

$$\gamma_{Me'} = \frac{1}{x_{Me',饱}} \tag{10-10}$$

式中，$x_{Me',饱}$ 为杂质元素 Me′在金属熔体中饱和时的摩尔分数浓度；$\gamma_{Me'}$ 为以纯 Me′为标准状态的活度系数。

关于杂质元素氧化物在熔体中的活度 $a_{Me'O}$，选择纯物质为标准状态，当杂质金属氧化物 Me′O 呈独立相析出时，$a_{Me'O}\approx a_{Me'O,饱}=1$。所以，当氧化精炼达到平衡（极限），即 $a_{Me}\approx 1$，$a_{MeO}\approx a_{MeO,饱}=1$，$a_{Me'O}\approx a_{Me'O,饱}=1$ 时，式（10-6）可以简化为下式：

$$a_{Me'} = \frac{1}{K^{\ominus}} \tag{10-11}$$

$$x_{Me'} = \frac{x_{Me',饱}}{K^{\ominus}} \tag{10-12}$$

式（10-12）即为氧化精炼后杂质最终浓度的计算式。

从式（10-7a）可以看出，为了获得更好的精炼效果，希望有小的 $a_{Me'O}$ 及大的 $\gamma_{Me'}$ 与 $K^{\ominus}$。炉渣的形成和及时放出，可使 $a_{Me'O}$ 减小。往往向熔体中加入适量的造渣剂，使 Me′O 进入渣相，$a_{Me'O}<1$，这样更有利于反应（3）向右进行。如粗铜氧化精炼时添加二氧化硅以除铅，添加苏打、石灰以除砷、锑和锡，并及时放渣，其实质就是使 $a_{Me'O}$ 减小。

氧化精炼时，主体金属氧化物 MeO 呈独立相析出，即 $a_{MeO}=1$ 时，体系氧化杂质的能力最大，如果再继续向体系中增加氧化剂，则只能更多地使主体金属氧化，而不再继续降低杂质的浓度。关于这一点，由图 10-1 看得更清楚。

10.2.1.4 粗铜的氧化精炼

由冰铜吹炼得到的粗铜中，除了含有较多的硫和氧以外，尚含有如表 10-1 所示的多种杂质，其总含量可达 0.5% ~2%。为了得到精铜，一般都要进行氧化精炼和电解精炼。

铜的氧化精炼反应如下：

$$[Me'](l)+[Cu_2O](l)=\!=\!=2[Cu](l)+(Me'O)(l,\ s)$$

当氧在熔融铜中饱和时，即 $a_{Cu_2O}=1$，并设 $a_{Cu}=1$，则上述氧化反应的平衡常数可写为：

$$K^{\ominus}=\frac{a_{Me'O}}{a_{Me'}}=\frac{\gamma_{Me'O}\cdot x_{Me'O}}{\gamma_{Me'}\cdot x_{Me'}}$$

$$x_{Me'}=\frac{\gamma_{Me'O}\cdot x_{Me'O}}{\gamma_{Me'}\cdot K^{\ominus}} \tag{10-13}$$

式中，$\gamma_{Me'}$ 为杂质 Me′在铜中极稀溶液时的活度系数。1473K 下不同金属 Me′的 K 值及 $\gamma_{Me'}$ 列于表 10-1。

表 10-1 1473K 熔铜中各元素氧化反应的热力学数据

元素	摩尔分数/%	$K^{\ominus}$	$\gamma_{Me'}$	元素	摩尔分数/%	$K^{\ominus}$	$\gamma_{Me'}$
Au	0.003	1.2×10^{-7}	0.34	Ge		3.2×10^{2}	
Ag	0.1	3.5×10^{-5}	4.8	Sn	0.005	4.4×10^{2}	0.11
Pt		5.2×10^{-5}	0.03	In		8.2×10^{2}	0.32
Pd		6.2×10^{-4}	0.06	Fe	0.01	4.5×10^{3}	1.5
Se	0.04	5.6×10^{-4}	≪1	Zn	0.007	4.7×10^{4}	0.11
Te	0.01	7.7×10^{-2}		Cr		5.2×10^{6}	
Bi	0.09	0.64	2.7	Mn		3.5×10^{7}	0.80
Cu	约 99		1	Si	0.002	5.6×10^{8}	0.1
Pb	0.2	3.8	5.7	Ti		5.8×10^{9}	
Ni	0.2	25	2.8	Al	0.005	8.8×10^{11}	0.008
Cd		31	0.73	Ba		3.3×10^{12}	
Sb	0.04	50	0.013	Mg		1.4×10^{13}	0.067
As	0.04	50	0.0005	Ca		4.3×10^{14}	
Co	0.001	1.4×10^{2}					

根据表10-1所示值的大小，可将铜中杂质分为三类。第一类由金到碲，具有很小的$K^{\ominus}$值。这表明用氧化方法，除去这类杂质是不可能的。这种结果正是铜火法精炼所希望的。因为仍然保留在铜中的这些稀贵金属，可以在下一步电解精炼的阳极泥中得到富集，以便回收。第二类由铋到铟，具有中等大小的$K^{\ominus}$值。为了尽可能完全地脱除这类杂质，体系中应该具有较小的$\gamma_{Me'O}$和$x_{Me'O}$及较大的$\gamma_{Me'}$和$K^{\ominus}$值。根据$K^{\ominus}$和$\gamma_{Me'}$值的大小，某些杂质按其氧化趋势增加的次序排列如下：

$$As \rightarrow Sb \rightarrow Bi \rightarrow Pb \rightarrow Cd \rightarrow Sn \rightarrow Ni \rightarrow In \rightarrow Co \rightarrow Zn \rightarrow Fe$$

但是，这个次序是对等摩尔分数$x_{Me'}$和等活度$a_{Me'O}$而言的。一般情况下，从熔融铜中氧化除去这类杂质（特别是As、Sb、Bi）并不容易，因此应该尽可能在冰铜吹炼进程中除去它们。第三类由铁到钙，具有较大的$K^{\ominus}$值，这表明用氧化精炼方法，较容易除去这类杂质。

A　粗铜氧化精炼除铁

硫化铜精矿经熔炼、吹炼后所得的粗铜还含有不少杂质，如铁、硫、锌和镍等。由于铁对氧的亲和力较大，且其氧化物易于造渣，所以铁是容易除去的元素。

氧化精炼就是向熔体粗铜中鼓入空气来氧化杂质，精炼的熔体温度通常是1473K。由于铜的数量比杂质数量占绝大多数，所以铜先被氧化生成Cu_2O，溶解在熔融铜中的Cu_2O与铁按下列反应进行：

$$[Cu_2O](l) + [Fe](l) = 2[Cu](l) + (FeO)(l) \qquad (1)$$

铁的高价氧化物Fe_2O_3与Fe_3O_4的分解压均大于Cu_2O的分解压，这样就不可能在铜熔融体内由Cu_2O将铁氧化成Fe_2O_3或Fe_3O_4，只是处于熔体表面层中的少量铁，才有可能被炉气中的氧氧化成高价氧化物。关于除铁的限度，可以根据式（10-11）求出：

$$x_{Fe} = \frac{x_{Fe,饱}}{K^{\ominus}}$$

由Cu-Fe状态图10-2可知，当温度为1200℃时，铁的溶解度$w(Fe)=5\%$，即铁在熔融铜中的饱和浓度(摩尔分数)为$x_{Fe,sat}=0.057$，查表10-1得反应(1)的$K^{\ominus}=4.5\times10^3$。

$$x_{Fe} = \frac{x_{Fe,饱}}{K^{\ominus}} = \frac{0.057}{4.5\times10^3} = 1.267\times10^{-5}$$

这表明粗铜火法精炼除铁是相当彻底的。

B　粗铜氧化除硫和还原脱氧

粗铜中含有硫（S）和氧（O），分别为0.05%～2%和0.5%（质量分数），它们在铜中分别以Cu_2S和Cu_2O的形态存在，这是粗铜中含量最高的杂质。而且在氧化精炼以后的阳极熔铸过程中，铜中的硫和氧相互作用，产生的SO_2气体将严重影响阳极质量。因此粗铜氧化精炼的主要目的是脱除铜中的硫，与此同时也全部或部分脱除了上述第二类和第三类金属杂质。但是，在氧化精炼以后却显著地提高了氧在铜中的含量（约含氧0.6%）。由图10-3可见，氧在固体铜中的溶解度很低，如1100℃时为0.005%，900℃时为0.003%，800℃时为0.002%。因此在凝固时，差不多所有的氧都以固体Cu_2O形态析出，以致造成铜中约含5.4%（质量分数）的氧化物夹杂，所以在氧化脱硫以后，还要进行还原脱氧。下面分别讨论这两个过程。

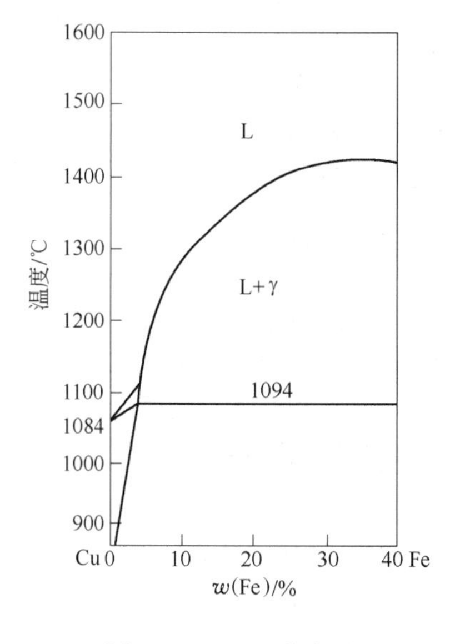

图 10-2 Cu-Fe 状态图

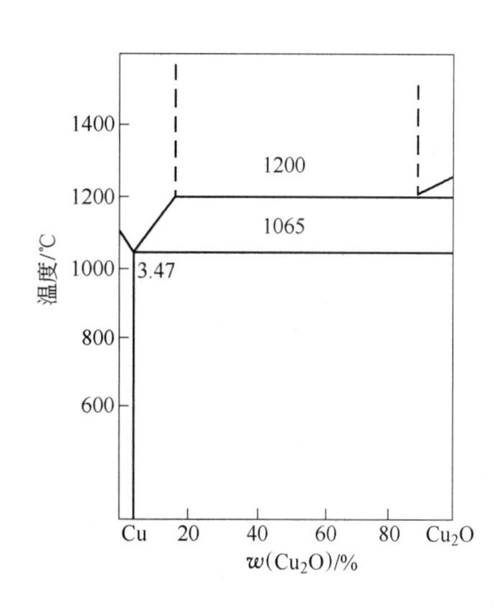

图 10-3 Cu-Cu_2O 系相图

a 氧化除硫

用空气氧化粗铜中的硫，使硫呈 SO_2 析出，从而使铜中硫含量降至尽可能低的程度（0.001% ~0.003% 质量分数），具体反应如下：

$$[S]+[O]═══\{SO_2\},\ \Delta_r G_{mT}^{\ominus}=-68366.56+37.07T\ \ \text{J/mol} \tag{10-14}$$

以上各式中［S］和［O］的标准状态分别为溶于液体铜中的硫和氧的 1%（摩尔分数）溶液。液体铜中硫的平衡含量可用下式求出：

$$x[S]=\frac{p_{SO_2}/p^{\ominus}}{K^{\ominus}\cdot\{x[O]\}^2} \tag{10-15}$$

由式（10-15）可以看出，铜中硫的最终含量与体系中 SO_2 分压有关。显然，只要降低二氧化硫在炉气中实际压强，就会促使硫较完全除去。在精炼中消耗的燃料和还原剂（如重油）中常含有一定量的硫，燃烧后将提高体系中 SO_2 的分压，生成大量的二氧化硫，二氧化硫与铜液作用，致使铜液中的硫除不尽，影响铜的质量。因此，为了尽可能脱除杂质硫，必须对燃料和其他物料中的含硫量提出一定的要求。

b 还原脱氧（Cu-H-O 系）

氧化脱硫后，熔融铜中氧含量增高，因此要进行还原脱氧过程。还原剂一般为天然气（主要为 CH_4）、水煤气（$CO+H_2$）、丙烷气（C_3H_5）或木材、粉煤、重油等。脱氧反应如下：

$$C(s)+[O]═══\{CO\} \tag{1}$$

$$\{CO\}+2[O]═══\{CO_2\} \tag{2}$$

$$2[H]+[O]═══\{H_2O\} \tag{3}$$

氢能溶解在液体铜中，其溶解度可由下式计算：

$$K^{\ominus}=\frac{p_{H_2O}/p^{\ominus}}{a_H^2\cdot a_O}\approx\frac{p_{H_2O}/p^{\ominus}}{\{w[H]\}^2\cdot w[O]}$$

1150℃时 K 值约为 5×10^{14}，p_{H_2O} 为 10kPa。因此当液体铜中氧的质量分数 $w[O]$ 为 $10^{-3}\%$ 时，氢的质量分数 $w[H]$ 为 $1.4\times10^{-7}\%$，即液体铜中最终氢的质量分数约为 $1.4\times10^{-7}\%$。

脱氧阶段的限度由两个因素决定：

（1）为了使浇铸的铜阳极凝固后获得平整的表面，即还原脱氧后应使熔融铜中留有适当的氧，以使阳极凝固过程中按式（3）产生的水蒸气体积恰好等于铜凝固时的体积收缩量（1083℃时，收缩量为 $0.05cm^3/cm^3$）。

（2）为了防止液体铜中微量杂质元素的还原和避免液体铜重新吸收某些气体，液体铜中也必须保留一定量的氧。

由于以上两个原因，铜火法精炼的最终含氧量一般为 0.05% ~0.2%，铸成的铜阳极含氧量为 0.03% ~0.05%。

10.2.2 硫化精炼

10.2.2.1 硫化精炼的热力学原理

硫化精炼，就是向熔融的粗金属中加入元素硫或硫化物，使杂质生成硫化物而被除去的过程。硫化精炼在有色金属的精炼中得到了广泛的应用，硫化精炼的硫化剂一般为元素硫或被精炼金属的硫化物。当将元素硫加入到熔融金属中时，首先生成主体金属硫化物 MeS。生成的 MeS 立即溶解在熔融金属中，并与粗金属中的杂质（Me′）按反应（3）相互作用：

$$[Me']+\frac{1}{2}\{S_2\}=\!=\!=(Me'S),\ \Delta_f G_{Me'S} \tag{1}$$

$$[Me]+\frac{1}{2}\{S_2\}=\!=\!=[MeS],\ \Delta_f G_{MeS} \tag{2}$$

由式(1) - 式(2)得：

$$[MeS]+[Me']=\!=\!=(Me'S)+[Me],\ \Delta_r G_{(3)} \tag{3}$$

生成的杂质金属硫化物在金属相中的溶解度很小，而且密度也较小，因此成为独立相浮在金属熔体的表面。这时只要设法使金属相与硫化物相分离，即可以达到精炼的目的。

硫化精炼的基本原理与氧化精炼相似，是基于杂质对硫的化学亲和力大于主体金属对硫的化学亲和力。或者说，是反应（3）的自由能小于零，即：

$$\Delta_r G_{(3)}=\Delta_f G_{Me'S}-\Delta_f G_{MeS}<0$$

因此在精炼条件下，只有当 $\Delta_f G_{Me'S}$ 低于 $\Delta_f G_{MeS}$ 时，杂质的硫化过程才能进行，而一旦 $\Delta_f G_{Me'S}=\Delta_f G_{MeS}$ 则金属中杂质的浓度也就不再继续降低，这表明精炼过程已经结束。

10.2.2.2 硫化精炼脱除杂质的限度

与氧化精炼相似，当熔体中主体金属硫化物呈独立相析出时，体系具有最大的硫化能力。此时 Me′S 和 MeS 在熔体中的浓度变化不大接近于饱和，设 $a_{Me'S}$、a_{MeS} 和 a_{Me} 为 1，则由反应（3）的平衡常数 K，可以求出硫化精炼中杂质的最终浓度：

$$x_{Me'} \approx \frac{x_{Me',饱}}{K^{\ominus}} \tag{10-16}$$

式中，$x_{Me',饱}$为杂质 Me′在主体金属中的饱和浓度。

10.2.2.3 粗铅加硫除铜精炼

经过熔析精炼除铜的粗铅中，铜的含量仍然较高，因此需要进一步除铜。通常的方法是，在330~350℃温度下，将元素硫加到熔融粗铅中，首先生成的PbS并立即溶解于液态铅中。由于铜对硫的化学亲和力大于铅对硫的化学亲和力，所以PbS立即与溶解的铜按反应（3）发生反应：

$$PbS(l) = [Pb] + \frac{1}{2}\{S_2\},\ K_1^{\ominus} \tag{1}$$

$$Cu_2S(l) = 2[Cu] + \frac{1}{2}\{S_2\},\ K_2^{\ominus} \tag{2}$$

由式(1)－式(2)得：

$$2[Cu](l) + PbS(l) = [Pb] + Cu_2S(s),\ K_3^{\ominus} = \frac{a_{Pb} \cdot a_{Cu_2S}}{a_{Cu}^2 \cdot a_{PbS}} \tag{3}$$

在粗铅加硫除铜精炼中，由反应（3）生成的固体Cu_2S在低温下几乎不溶于液态铅，因此呈独立相析出并浮于熔融铅的表面上。这种浮在熔体表面上的固体渣，通常称为浮渣。浮渣主要由硫化物和氧化物组成，但也夹杂金属，因此浮渣需要进一步处理回收。

粗铅加硫除铜过程中，铜的最终浓度可通过上述反应的平衡常数计算，计算时取$a_{Pb} \approx 1$，并设$a_{Cu_2S} \approx 1$，并且$\gamma_{Cu} = \frac{1}{x_{Cu,饱}}$，$\gamma_{PbS} = \frac{1}{x_{PbS,饱}}$。这样可导出如下计算公式：

$$a_{Cu}^2 = \frac{a_{Pb} \cdot a_{Cu_2S}}{a_{PbS} \cdot K_3^{\ominus}} = \frac{1}{a_{PbS} \cdot K_3^{\ominus}}$$

$$x_{Cu} = x_{Cu,饱} \cdot \left(\frac{x_{PbS,饱}}{x_{PbS} \cdot K_3^{\ominus}}\right)^{\frac{1}{2}} \tag{10-17}$$

式中，平衡常数$K^{\ominus}$与纯硫化物Cu_2S和PbS离解压（p_{S_2,Cu_2S}和$p_{S_2,PbS}$）的关系为：

$$K_3^{\ominus} = \frac{K_1^{\ominus}}{K_2^{\ominus}} = \left(\frac{p_{S_2,PbS}}{p_{S_2,Cu_2S}}\right)^{\frac{1}{2}} \tag{10-18}$$

所以

$$x_{Cu} = x_{Cu,饱}\left(\frac{x_{PbS,饱}}{x_{PbS}}\right)^{\frac{1}{2}} \cdot \left(\frac{p_{S_2,Cu_2S}}{p_{S_2,PbS}}\right)^{\frac{1}{4}} \tag{10-19}$$

由式（10-17）及式（10-19）可见，一定温度下，PbS在液态铅中的浓度愈大，铜在铅中的最终浓度愈低。用加硫除铜方法，理论上可使铅中铜浓度降低至10^{-5}~10^{-6}（质量分数）数量级。

为了最大限度地脱除铅中的杂质铜，一般采用熔析和加硫联合精炼法，即在同一设备中，先进行熔析精炼，接着就在机械搅拌下加硫，进行硫化精炼。元素硫的加入量，一般为理论需要量的1.25～1.30倍。但是，为了获得更好的除铜效果和补偿硫的燃烧损失，硫的实际加入量还要多些。

10.3 物理精炼

10.3.1 熔析精炼

10.3.1.1 熔析精炼定义和分类

熔析是一种现象，是指两种金属能形成共晶的合金，在其固体熔化或熔体缓冷时，除了共晶组成以外，杂质能形成新的固体或液体，因新旧相的密度不同而分离。

熔析精炼可分两种类型：

(1) 将液态粗金属，例如将具有二元共晶型的粗金属熔体缓慢冷却到稍高于共晶温度，这时杂质将以固体（或固溶体）析出并浮于金属熔体的表面上，然后使固相与液相分离。这个过程称为冷却凝析精炼。

(2) 将固态粗金属加热到稍高于共晶温度，这时杂质含量接近共晶组成的熔体，沿倾斜的炉底流出，而杂质仍以固相留下，这种方法称为加热熔析精炼。

上述这两种过程在原理上是相同的，因此统称之为熔析精炼。

10.3.1.2 熔析精炼原理

熔析精炼过程服从熔化-结晶相变过程的规律。纯金属在结晶温度下仅发生相态变化，而相数和相的化学组成不变。是均匀的二元或多元液态金属溶液，在相变温度下，将会转变为两个或几个平衡共存的相，而且各平衡相具有不同的化学组成。二元或多元溶液结晶过程的上述特点，对合金生产是有害的，因为它可能造成合金成品中产生化学偏析，即当体系中存在温度梯度时，先凝固部分和后凝固部分有不同的化学组成。但对于熔析精炼过程，却正好利用了化学偏析现象，并希望体系中出现较大的偏析，以便收到较好的精炼效果。因此在实际生产中，可以采用熔析精炼的二元系应该具有以下特征：

(1) 杂质与主体金属熔点相差较大。

(2) 共晶点（或其他三相点）组成的位置应远离杂质金属而非常接近主体金属组成点。

(3) 共存相应该容易分离，例如，常被利用的是液-固，液-液平衡相。一般两者的密度差别应该较大，而且在精炼温度下液相的黏度较小。

10.3.1.3 熔析精炼实例——粗铅除铜

具有上述特征并在生产中得到应用的体系有Cu-Pb系（粗铅除铜）、Pb-Ag系（粗铅除银）、Zn-Fe系（粗锌除铁）、Zn-Pb系（粗锌除铅）、Sn-Fe（粗锡除铁），等等。

图10-4是Cu-Pb系相图，从该图可以看出，当温度为952℃时，开始析出Cu-Pb固溶体Ⅰ，并浮于铅液表面上。随着温度逐渐下降，铅液含铜量减少。当温度降至铜与铅的共晶温度(326℃)时，将有铜与铅的共晶(w[Cu]为0.06%)析出。铅中含铜量0.06%是熔析除铜的理论极限。但实际上，粗铅中其他杂质，例如As和Sb可与Cu形成共晶、多种化合物(例如Cu_3As、Cu_3As_2、Cu_3Sb等)和固溶体，它们不溶于液态铅，而以固体状态混入铜浮渣中。因此粗铅熔析除铜的实际极限w[Cu]为0.02%～0.03%。铅的熔析精炼一般在铸铁锅内进行(近年来出现的连续脱铜法是在反射炉内进行的)，温度为330～350℃。

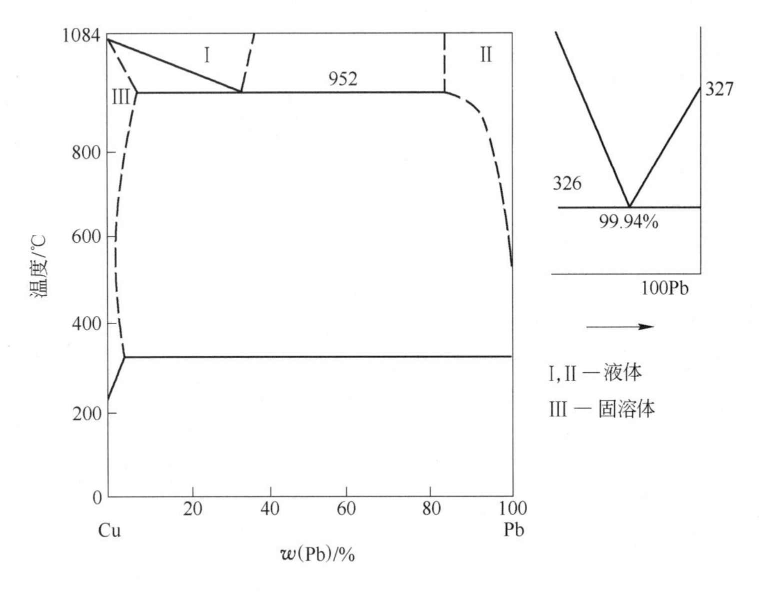

图 10-4 Cu-Pb 二元系相图

熔析过程中几乎所有的 Fe、S、Ni、Co 等杂质也同时被除去。

10.3.2 萃取精炼

所谓萃取精炼，其原理与熔析精炼基本相同。其精炼过程是，在熔融粗金属中加入另一种物质，这种物质与杂质生成固体化合物析出，从而达到分离杂质的目的。这个方法在粗铅加锌除银、粗铅加钙除铋等精炼中得到应用。

例如，粗铅中含银（Ag）为 0.2%，根据 Pb-Ag 系相图可知，这个体系可以多次应用普通的熔析精炼方法，将银富集在固相中，然后再通过氧化精炼（即灰吹法）提取银。但是，现在这个方法大多被所谓巴克斯（Parkes）法，即加锌除银法所代替。

加锌除银的原理是，锌对金、银具有很大的化学亲和力，可分别形成稳定的金属间化合物，其密度比铅小，熔点高，且不溶于被锌饱和的铅液中。因此，当将锌加入到熔融粗铅中后，生成的银锌化合物则以固体银锌壳的形态浮于铅液表面上。最后将固体壳层分离出来，就可以达到银与铅分离的目的。这个过程的主要反应如下：

$$[\mathrm{Ag}] + b[\mathrm{Zn}] = \mathrm{AgZn}_b(\mathrm{s}),\ \Delta_r G_m^{\ominus} < 0$$

$$K^{\ominus} = \frac{a_{\mathrm{AgZn}_b}}{a_{\mathrm{Ag}} \cdot a_{\mathrm{Zn}}^{b}} \tag{10-20}$$

精炼时由于固体银锌壳的出现，所以 $a_{\mathrm{AgZn}_b} = 1$（以纯 AgZn_b 为标准状态）。又铅中银和锌含量很小，活度系数可以看作常数 1，所以式(10-19)可改写为：

$$K^{\ominus} = \frac{1}{w[\mathrm{Ag}\%] \cdot \{w[\mathrm{Zn}\%]\}^{b}} \quad 或 \quad K' = \frac{1}{K^{\ominus}} = w[\mathrm{Ag}\%] \cdot w[\mathrm{Zn}\%]^{b} \tag{10-21}$$

式中，$w[\mathrm{Ag}\%]$ 和 $w[\mathrm{Zn}\%]$ 为质量百分数[24]；常数 K' 和指数 b 随温度变化，其值见表 10-2。

表 10-2 [Ag]+b[Zn]═$AgZn_b$ 中的 b 及其常数的 K′值[24]

温度/℃	500	475	450	425	400	375	350	325
b	1.80	2.22	2.60	3.10	3.15	3.55	3.91	4.33
K′	0.71	0.407	0.214	0.085	0.028	0.0087	0.0017	0.0003

从表 10-2 可见，低温下 K′值较小，因而银和锌在铅中的浓度较低。这表明只有在低温下才能较彻底地除银。

图 10-5 为 Pb-Zn-Ag 三元系熔度图靠近纯铅一角，为了看图方便，已将浓度三角形中 60°角扩展为直角。图中虚线为冷却过程中与晶体成平衡的液相组成点的连线，称为液相组成线。实线为溶解度等温线。

若粗金属组成相当于图中某一点，温度又高于所在等温线的温度，则体系呈均一液相。当温度下降时(降至该组成的熔度温度时)，$AgZn_b$ 化合物开始生成并呈固体银锌壳析出。继续降温，固体银锌壳不断析出，此时粗铅熔体的组成沿着液相组成线(虚线)改变而向纯铅方向靠近，即熔体中银和锌的含量降低。

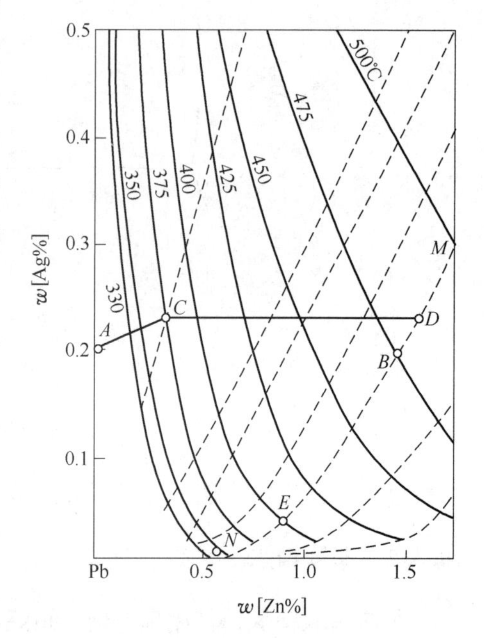

图 10-5 锌与银在铅中的溶解度曲线

虚线—液相组成线；实线—溶解度等温线

例如，图 10-5 中 A 点所示的粗铅，w[Ag%]为 0.2。精炼时，先在其中加入锌壳返料，以使熔体组成由图中 A 点移至 C 点(w[Ag%]=0.23，w[Zn%]=0.4)，并同时将其加热。若将粗铅加热至 490℃，并加入锌 1.51%(按铅量计)，则合金组成移至 D 点。然后将熔体冷却，直到含锌饱和的熔融铅开始凝固(温度 318℃，铅含银 0.0003%，含锌 0.56%)为止。此时可得到两种银-锌壳，在 490 ~ 400℃温度范围内(沿 DE 线)得到富(银)壳，在 400 ~ 318℃温度范围内(沿 EN 线)得到贫(银)壳。

精炼过程的温度愈低，铅中溶解的锌愈少。但是，铅液温度太低，黏度过高，不利于固-液分离。为解决这个矛盾，加锌作业常分段(两段或多段)进行，温度总的变化范围在500 ~ 300℃。

由图 10-5 又可见，在熔体流动性尚可的温度范围内（500 ~ 330℃），只有组成点位于 MDBEN 线上或该线以右区域的粗铅，经凝析精炼后才能达到深度除银。这就是熔体降温前要将其原始组成点由 A 移至 D 的原因之一。

10.3.3 区域精炼

区域精炼法是制取超纯金属以及某些化合物的重要方法之一，其特点是提纯精度高，在半导体领域产品纯度可达六至九个 9。

10.3.3.1 区域精炼原理和分配系数

区域精炼又称区域熔炼或区域提纯，其原理是利用粗金属在连续降温凝固时，发生化学偏析现象，先凝固部分（固相）与后凝固部分（液相）有不同的组成，亦即杂质在固相和液相中分配比例不同，将杂质富集到固相或液相中，从而达到杂质与主金属的分离。

对于不同体系，区域精炼效果的好坏，可以用平衡分配系数（又称分布系数、分凝系数）K_0 来评价。K_0 的定义为，在固-液平衡体系中，溶质（在此为杂质）在固相的浓度 c_s 与其在液相的浓度 c_l 之比，即：

$$K_0 = \frac{c_s}{c_l} \tag{10-22}$$

根据体系性质的不同，K_0 可以大于 1（见图 10-6b），也可以小于 1（见图 10-6a），其值一般为 $10^{-6} \sim 20$。K_0 愈接近于 1，c_s 与 c_l 的值愈相近，因而提纯的效果愈差。对于杂质含量极小的金属体系，K_0 可以认为是常数。在图 10-6 中，这相当于假定液相线和固相线是两条直线。对于极稀溶液，这个假定是正确的。不论 $K_0 < 1$，还是 $K_0 > 1$，其精炼原理相同。

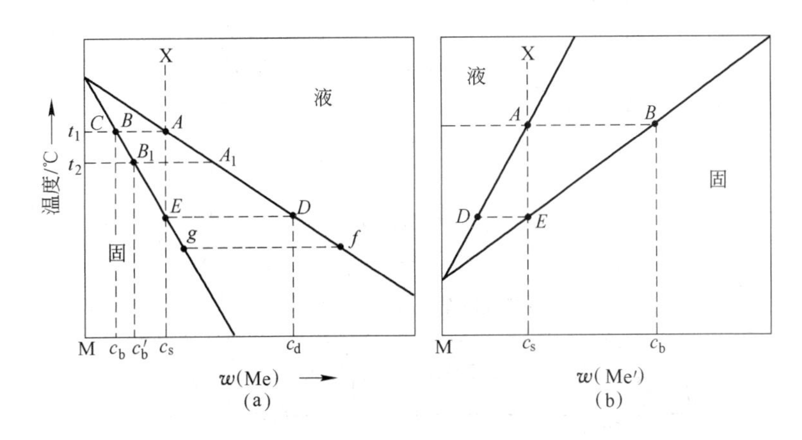

图 10-6 Me-Me′系二元相图（Me′含量极小的区域）

（a）平衡分配系数 $K_0 < 1$；（b）$K_0 > 1$

下面通过二元系相图来加以说明，图 10-6 是 Me-Me′二元系相图的一部分。设组元 Me′在熔体 X 中的起始浓度为 c_0，当降温时，Me′在结晶相中的浓度为 c_s，在液相中的浓度为 c_l。

如图 10-6(a)所示，当熔体 X 冷却至 t_1 温度时，$c_s = c_b$，$c_l = c_0$ 且 $c_s < c_l$。体系温度继续降低，固溶体组成沿固相线 BE 变化；熔体组成沿液相线 Af 变化。此时先凝固部分（固相）与后凝固部分（液相）有不同的组成，即产生化学偏析。

通过进一步分析可知，在液态金属凝固过程中，杂质将发生偏析，对 $K_0 < 1$ 的杂质而言，其杂质在固相中的平衡浓度小于平衡液相中杂质的浓度，固相中杂质含量最少，而大部分杂质聚集在液相中，以致在最后凝固的固相中杂质的含量最高；对 $K_0 > 1$ 的杂质而言，则与之相反，先凝固的固相中杂质含量高，而后凝固的固相中杂质含量低。

区域精炼方法的要点如图 10-7 所示。设金属锭料中某杂质的平均浓度为 c_0，将其局部熔化一个（或数个）熔区，然后使熔区从一端慢慢地移动到另一端。移动过程中，保持熔区长度不变，当熔区从左端向右端移动时，则左端慢慢凝固，右端慢慢熔化，在左端最先凝固出来的固相中该杂质的浓度应为 K_0c_0。对于$K_0 < 1$的杂质，K_0c_0 是小于 c_0 的，即开始凝固的部分纯度得以提高。而由于从熔区右边熔化面熔入的杂质大于熔区左

边凝固面进入固相的杂质，因此，熔区中该杂质的浓度 c_1 随着熔区向右移动在不断地增加，相应地析出的固相杂质浓度亦从左到右逐步增加（见图 10-7）。到最后一个熔区范围内，则是定向凝固，杂质浓度急剧增加。对 $K_0>1$ 的杂质而言，由于 $K_0c_0>1$ 其分布将与 $K_0<1$ 的杂质相反，将主要集中在先凝固的锭料首端。而在锭料的中部则 $K_0<1$ 的杂质和 $K_0>1$ 的杂质浓度都小，纯度最高。

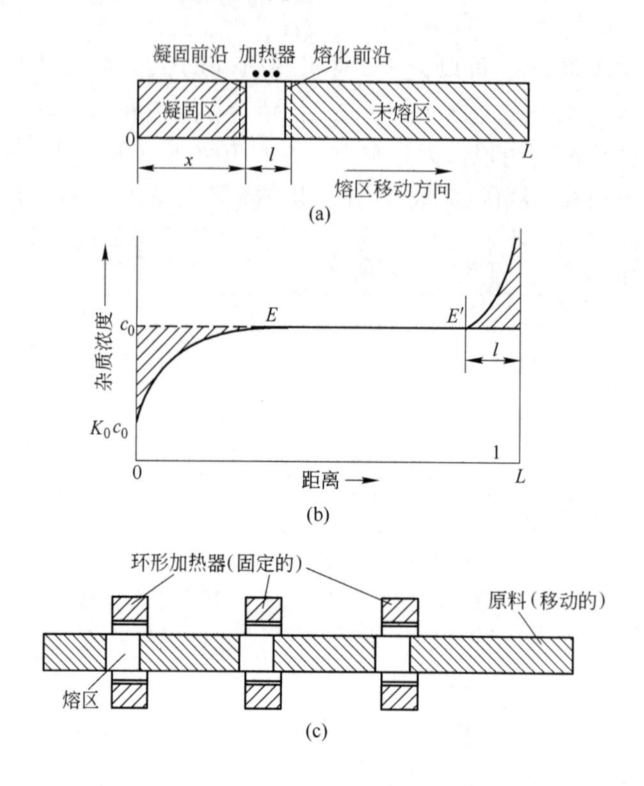

图 10-7 区域示意图和熔区一次通过锭料后杂质沿锭料轴向分布曲线
（a）区域熔炼提纯示意图；（b）杂质沿锭料的轴向分布曲线；
（c）沿锭料同时布置多个熔区示意图

定向凝固，又称正常凝固、普通凝固，它是金属锭料全部熔化后，由一端逐渐向另一端慢慢凝固的过程。

液相在实际的凝固过程中，它并不能有足够的时间与固相达到完全平衡。因此，实际分配系数要比平衡分配系数大一些。实际分配系数称作有效分配系数，以 K 表示。在$K\ll1$ 的情况下，熔化区通过金属锭条一次后杂质沿锭条长度的分布，其一般规律如图 10-7 所示，并可用下列方程式表达：

$$\frac{c_s}{c_0}=1-(1-K)e^{\frac{-Kx}{L}} \tag{10-23}$$

式中，K 为有效分配系数；x 为从开始端到熔区边端的距离；c_0 为杂质的初始浓度；L 为固定的熔区长度；c_s 为析出固相中杂质的浓度。

K 是区域提纯中实际起作用的常数。它反映了在区域提纯过程中，杂质在固-液两相的实际分配比。平衡分配系数与有效分布系数之间的关系为：

$$K = \frac{K_0}{K_0 + (1 - K_0) \cdot e^{-\frac{v\delta}{D}}} \tag{10-24}$$

式中，v 为凝固速度（即熔区移动速度），cm/s；D 为杂质在液相中的扩散系数，cm^2/s；δ 为杂质富集层厚度，cm。

$\frac{v\delta}{D}$是无量纲数，称为归一化生长速度。它包含了确定 K 值的三个主要参量 v、δ、D。其中 v 是可以人为控制的。

式（10-24）表明，当$\frac{v\delta}{D}=0$ 时，$K=K_0$；而$\frac{v\delta}{D}\to\infty$ 时，K 趋于其极限值 1。所以有效分配系数介于 K_0 和 1 之间，即 $K_0<K<1$。这表明实际区域提纯的精炼效果低于平衡条件下区域提纯的精炼效果。

10.3.3.2 影响区域精炼效果的因素

A 区域熔炼次数

区域熔炼过程可重复进行多次，随着次数增加，提纯效果亦增加，但提纯效果不能无限制增加，经过一定次数区域提纯后，杂质浓度的分布接近一“极限分布”，此极限分布曲线随具体的熔区长度及 K_0 值等因素而变。杂质的浓度（以实际浓度与起始浓度之比表示）与区域熔炼次数 n 的关系如图 10-8 所示。

区域熔炼次数（n）越大，最终熔区越长，这意味着区域提纯后的锭料需要切除的部分增加，而得到的高纯产品的数量减少。

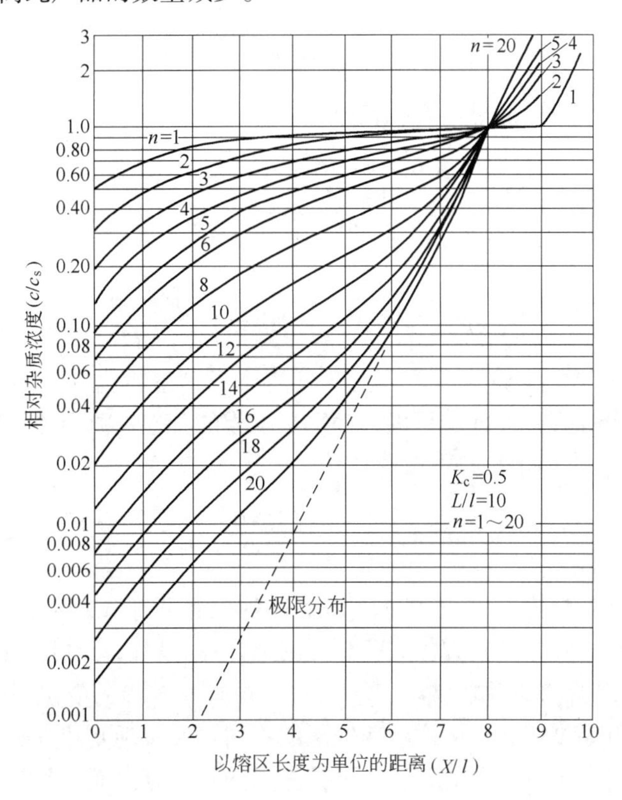

图 10-8 杂质浓度与区域熔炼次数的关系

B 熔区长度

在第一次区熔时，对 $K_0<1$ 的杂质而言，熔区长度 l 增加，则 c_s 下降，即提纯效果增加，这一规律性在前几次区熔时同样存在，即在前几次区熔时，增加熔区长度都有利于提高提纯效果，但熔区长度增加则上述“极限分布”曲线上移，即能达到的最终纯度降低，故一般区域熔炼时，前几次提纯往往控制熔区较长，后几次则用短熔区。

C 熔区移动速度

对于 $K_0<1$ 的杂质，熔区移动速度（即凝固速度）降低，液相中的杂质扩散有充足的时间，有利于提纯效果；但速度过低，则设备生产能力低。

D 杂质在熔区中的传质速率

除杂质的效果往往决定于杂质在熔区中的传质速率，故凡能提高传质速率的因素均能提高提纯效果。传质速率提高，加快了传质过程，在一定程度提高提纯效果。如采用感应加热时，熔区内液体由于电磁作用而激烈运动，加快了传质过程，相应地提纯效果较一般电阻加热时好。

10.3.4 蒸馏精炼

10.3.4.1 金属的蒸气压

相变反应 $Me(l)=Me(g)$ 在温度 T 下达到平衡时，气相中金属 Me 的蒸气分压，称为该金属在温度 T 时的饱和蒸气压，简称蒸气压。

如果把金属的蒸发看作是：

$$Me(l)=Me(g)$$

那么，蒸发的标准自由能可由方程式(1)给出：

$$\Delta_r G_m^\ominus = -RT\ln(p_{Me}^\ominus/p^\ominus) \tag{1}$$

假定 Me 为纯液体，$a_{Me(液)}=1$，$p_{Me}^\ominus$ 为纯金属（Me）在温度 T 时的分压，则式（1）可以写成：

$$\ln(p_{Me}^\ominus/p^\ominus) = -\Delta_r G_m^\ominus/RT = -\frac{\Delta H^\ominus + T\Delta S^\ominus}{RT} \tag{10-25}$$

不同金属蒸发的 $\Delta S^\ominus$ 大致为常数，而蒸发的 $\Delta H^\ominus$ 即蒸发潜热则在周期表内周期地变化，锌、镉、汞（ⅡB 族）倾向于挥发，而第ⅥA 族的其他过渡金属即铬、钼和钨则具有很低的蒸气压。因此式（10-25）可改写成：

$$\ln(p_{Me}^\ominus/p^\ominus) = -\frac{\Delta H^\ominus}{RT} + C \tag{10-26}$$

这样，升高熔融金属的温度就增大了蒸气压，这种关系示于图 10-9。值得指出的是，式（10-26）是克劳修斯—克拉珀隆方程式，它可用来计算金属的蒸气压。

10.3.4.2 蒸馏精炼的原理

蒸馏精炼的原理是基于物质的饱和蒸气压的不同，而实现其相互分离的。低沸点金属可借助蒸馏和接着冷凝成纯金属的方法与更高沸点的金属分离而达到精炼的目的，这是因为它们具有不同的蒸气压（见图 10-9）。

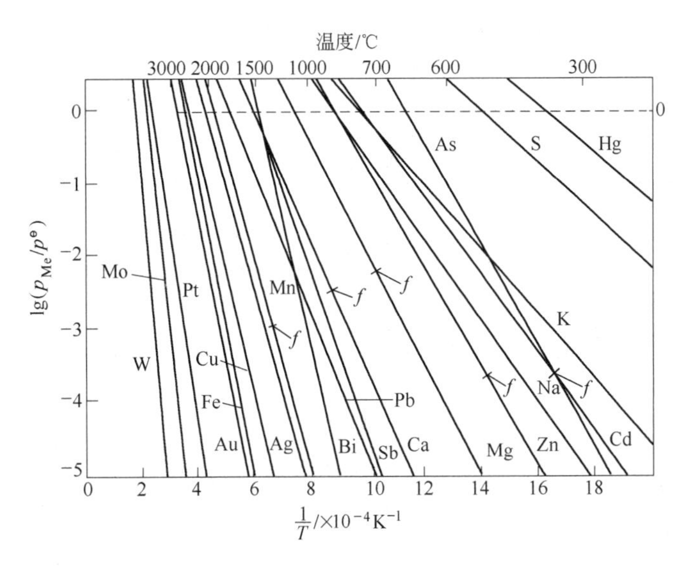

图 10-9 某些金属的蒸气压
f—熔点

由图 10-9 可清楚看出，在同一温度下不同金属的蒸气压相差很大。其中蒸气压最大，沸点最低的金属是汞，而蒸气压最小，沸点最高的金属是钨。利用金属蒸气压大小的不同，即挥发能力的差异，可以进行各种金属的熔炼和精炼过程。当金属中杂质蒸气压远远大于主体金属蒸气压时，可以进行把杂质蒸发出去的蒸馏精炼，例如粗铅除锌过程；如果粗金属或矿物中主体金属的蒸气压远比杂质或脉石蒸气压为高时，则可以进行把主体金属蒸发出去的蒸馏过程，例如氧化锌的还原蒸馏；如果熔体中含有非挥发性杂质，但该杂质能转化为挥发性化合物时，例如钢中的碳和铜中的硫，则可以进行氧化精炼，使其生成气体产物 CO、CO_2 和 SO_2 以除去碳和硫。

在工业生产中，对矿物或粗金属进行蒸馏熔炼，实际可行的温度在1000℃左右。因此，某些蒸气压较大、正常沸点较低（小于 1000℃）的金属，其蒸馏冶金过程就可以在大气压下进行，这种在大气压下进行的蒸馏精炼过程称为常压蒸馏精炼。例如，氧化锌的还原蒸馏；硫化汞的氧化挥发焙烧；粗锌的蒸馏精炼等等。可以用常压蒸馏法精炼的金属范围主要限于沸点不超过 1000℃的那些金属，因为超过此温度实际困难便大大增多。

由于物质的沸点随外压的减小而降低，因此，为了在通常冶金温度下提取某些沸点较高的金属或脱除沸点较高的杂质，就必须在很低的压力下，即在所谓“真空”下进行。这种在远低于大气压下进行的蒸馏精炼过程称为真空蒸馏精炼。

采用真空蒸馏扩大了可用这种方法精炼金属的范围，因为在真空下，蒸气压接近于真空压力即大约 10^{-4}MPa 的一些金属就可以连续蒸馏。表 10-3 列出了各种金属的沸点以及在系统压力为 10^{-4}MPa 时它们的沸点温度。由此可以看出，在常压下，一直到锌为止的金属都可以用蒸馏来精炼；而在真空蒸馏条件下可以精炼的金属则一直到铅为止。

用蒸馏法不可能达到金属的完全分离，因为随着熔体中金属的摩尔分数的减少，其蒸气压也同样降低，最终导致在操作温度下蒸气压相等的两种或两种以上的金属蒸发。在这个阶段可以采用选择冷凝来促进分离。这就是使挥发性较低的组分在冷凝器的最热部位冷凝，随后可将其进行再蒸馏。挥发性较高的组分仍留在蒸气中，可在冷凝器的较冷和较远的部位冷凝下来。

表 10-3 一部分金属的熔点和沸点

金 属	熔点/℃	沸点/℃	系统压力为 100Pa 时的沸点/℃	金 属	熔点/℃	沸点/℃	系统压力为 100Pa 时的沸点/℃
汞（Hg）	-39	357	121	银（Ag）	961	2212	1334
镉（Cd）	321	765	384	铜（Cu）	1083	2570	1603
钠（Na）	98	892	429	铬（Cr）	1850	2620	1694
锌（Zn）	420	907	477	锡（Sn）	232	2730	—
碲（Te）	450	990	509	镍（Ni）	1453	2910	1780
镁（Mg）	650	1105	608	金（Au）	1063	2970	1840
钙（Ca）	850	1487	803	铁（Fe）	1539	3070	1760
锑（Sb）	630	1635	877	钼（Mo）	2600	4800	3060
铅（Pb）	327	1740	953	铌（Nb）	2468	4927	
锰（Mn）	1244	2095	1269	钨（W）	3380	5400	3940
铝（Al）	660	2500	1263				

10.3.4.3 常压蒸馏精炼

对于那些具有无最高和最低点的二元系沸点-组成图的合金，在通常情况下，蒸气相的成分与液相的成分是不同的，蒸气相和与它成平衡的液体相比较，往往含有较多沸点较低的组元，而液体相则含有较多沸点较高的组元。这样，便有可能根据它们组成的沸点不同，采取多次连续蒸馏—精馏的方法使熔体的组元分离，如含有铅和镉的粗锌的蒸馏精炼。

含有铅和镉的粗锌在标准大气压下进行蒸馏精炼，是基于锌、铅、镉的正常沸点不同而实施的。锌的沸点为 1180K，铅的沸点为 1798K，镉的沸点为 1040K。如果将含有铅和镉的粗锌加热到 1273K 时，粗锌中的锌和镉就沸腾呈蒸气状态挥发，而铅以及其他沸点较高的杂质（如铁、铜等）差不多完全呈液体状态。在温度为 1273K 时，铅的蒸气压为 133.32Pa，铁和铜的蒸气压更小（分别为 133.32×10^{-4}Pa 和 133.32×10^{-6}Pa）。这样，便可实现锌、镉与铅和其他沸点较高组元的分离。

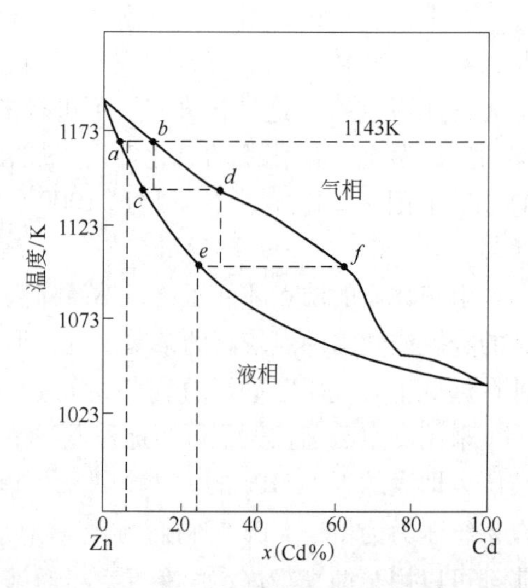

图 10-10 Zn-Cd 二元系的沸点-组成图
（$p = 101.325$kPa）

蒸馏分离出来的锌、镉蒸气，经冷凝后成为液体合金，其中通常含有 5%（摩尔分数）的镉。为了使锌与镉分离，还须进行分馏。

锌和镉的分馏原理，可以用图 10-10 的

Zn-Cd二元系的沸点-组成来说明。

由图10-10可以看出，若把含锌为95%、镉为5%的合金熔化加热，当温度达到相当于1163K的 *a* 点时便开始沸腾，与液相平衡的气相成分为 *b*（含镉12%）。因为镉在气相中的含量比在液相合金中的含量要多，所以在蒸发了一些溶液之后，剩下的溶液中含锌更高，含镉更少。若使含锌更高、含镉更少的溶液在较高温度下蒸发，最后剩下的溶液几乎只有锌，从而得到纯度很高的精炼锌。

如果将挥发出的成分为 *b* 点的蒸气冷却到1143K，亦即使体系处于液-气两相状态的区域内，则会得到含镉为10%的凝聚液 *c* 和含镉为30%的蒸气 *d*。当蒸气 *d* 冷却到1103K时，又会得到含镉为25%的凝聚液 *e* 和含镉为60%的蒸气 *f* 这样继续下去，最后挥发出来的蒸气几乎是纯组元镉。因此，在像Zn-Cd这类无最高点和最低沸点的体系中，常可用精馏精炼法将它们分离，而得到很纯的金属。

10.3.4.4 真空蒸馏[2]

在用蒸馏精炼方法脱除挥发性杂质的过程中，只有当杂质的蒸气压等于或大于外压时，才能获得符合要求的蒸发速率。而为了达到这个蒸发速率，可以有两个途径：或是提高蒸馏温度，或是降低体系压力。对高沸点杂质来说，后者更是必须的。

当欲精炼的金属在蒸馏温度下也有较明显的挥发性时，蒸馏温度的确定，还应考虑到主体金属的挥发损失及其与杂质的分离效果。例如，Zn含量为1%的Pb-Zn熔体蒸馏时，杂质锌很快蒸发，而主体金属铅也有少量挥发。在气相中铅的最大蒸气分压稍低于纯铅在同温度下的蒸气压。表10-4列出了Pb-Zn体系蒸馏时，气相中锌和铅的蒸气分压及二者的分离系数。所谓分离系数是指在蒸馏温度下，杂质元素在气相中的蒸气分压与主体金属的蒸气分压之比。由表中数据可见，蒸馏温度越低，锌与铅的分离系数越大，即温度越低，获得的铅及冷凝锌的纯度越高，铅的挥发损失越小。

表10-4 Zn含量为1%的Pb-Zn熔体中Zn和Pb的蒸气分压及二者的分离系数

温度/℃	蒸气压/Pa（mmHg）		分离系数
	Zn	Pb	
500	70.53（0.529）	0.00464（0.0000348）	15201
600	298.64（2.24）	0.10626（0.000797）	2811
700	779.93（5.85）	1.30656（0.0098）	597

上述两点表明，为了获得较大的分离系数并同时达到足够的蒸馏速率，真空蒸馏过程就成为一个重要的精炼方法。

真空下金属熔体的蒸发过程，都是在熔体表面上进行。这是因为金属熔体的密度大、导热性好，所以新相气泡很难在熔体内部生成。由于没有一般沸腾时气泡上升过程中产生的翻腾现象及气泡在表面破裂时产生的飞溅，因此减少了飞溅物对蒸气的污染，从而使冷凝产物更纯净。

由于真空蒸发过程局限于金属熔体的表面层，因此为了提高蒸馏效率，要求熔体有一个大而洁净的蒸发表面。

应该指出，在真空下处理物料，要考虑到熔池耐火材料的稳定性。例如 SiO_2 和 MgO

等耐火材料，在真空下可能发生下列反应：

$$SiO_2(s)+2[C]=\!=\!=[Si]+2CO(g)$$

$$SiO_2(s)=\!=\!=SiO(g)+[O]$$

$$MgO(s)=\!=\!=Mg(g)+[O]$$

挥发产物的生成，不仅逐渐破坏了耐火材料，缩短了其使用寿命，而且也增加了金属熔体的含氧量和污染了气态产物，因此在实践中对于这一点应给予必要的重视。

习题与思考题

10-1 粗金属火法精炼的目的是什么，精炼的方法有哪些？

10-2 举例说明熔析精炼的原理是什么？

10-3 简述区域精炼的原理。

10-4 简述氧化精炼的原理。

10-5 什么是硫化精炼，粗锡加硫除铜、铁的原理？

10-6 于1200℃进行粗铜的氧化精炼，镍在铜中的饱和浓度为$w(Ni)=19\%$。问铜中的镍可除到什么程度(注明浓度单位)？若在1250℃，镍在铜中的饱和浓度为$w(Ni)=30\%$，问在该温度下氧化除镍的程度又如何？试说明温度对脱除铜中镍的影响。假设在所讨论的范围内，镍的活度系数不随组成变化，且已知：

$$Ni(l)+Cu_2O(l)=\!=\!=NiO(l)+2Cu(l),\ \Delta_r G_m^{\ominus}=-106274+34.35T$$

10-7 于350℃进行粗铅的加硫除铜精炼，问铅中铜可能降低到的最小含量$w(Pb)$为多少？已知：

$$4Cu(l)+S_2(g)=\!=\!=2Cu_2S(l),\ \Delta_r G_m^{\ominus}=-317566+101.0T$$

$$2Pb(l)+S_2(g)=\!=\!=2PbS(l),\ \Delta_r G_m^{\ominus}=-279742+134.9T$$

及350℃下，铜在熔融铅中的饱和浓度为0.3%(摩尔分数)。

11 熔盐电解

【本章学习要点】

(1) 熔盐是盐的熔融态液体，通常说的熔盐是指无机盐的熔融体。熔盐一般不含水，具有许多不同于水溶液的性质。熔盐电解技术主要应用于轻金属和稀土金属的提取过程中，本章以铝的熔盐电解生产为例讲授电解过程涉及的冶金原理。

(2) 在铝的熔盐电解过程中，炭阳极上发生的是铝-氧-氟离子中的氧离子在碳阳极上放电生成二氧化碳的电化学反应，阴极上铝放电的离子析出。

(3) 电解熔炼原铝过程中有一种独特现象——阳极效应。它是由于电解质中氧化铝缺乏，阳极表面产生的气体排不出形成气膜，阻断了阳极与电解质的接触，强电流穿过气膜而产生的，会导致槽电压猛升，电解质沸腾停止，气泡不再大量析出。阳极效应对电解过程带来的影响有利有弊，要合理利用。

有关水溶液电解质电解过程的基本概念，对于熔盐电解质电解过程仍然是适用的。例如电解质的分解电压、电极极化、超电压、法拉第定律等，在概念上或定义上都是一样的。但是，熔盐电解质电解又有其不同于水溶液电解质电解的地方。熔盐电解质电解的最大特点是：高温过程，电解质为熔盐。这样，就有其特点，诸如阳极效应现象、熔盐与金属的相互作用、电流效率低等。

熔盐是盐的熔融态液体，通常说的熔盐是指无机盐的熔融体。最常见的熔盐是由碱金属或碱土金属的卤化物、碳酸盐、硝酸盐以及磷酸盐等组成的。熔盐一般不含有水，具有许多不同于水溶液的性质。例如，熔盐的高温稳定性好，蒸气压低，黏度低，导电性能良好，离子迁移和扩散速度快，热容量高，具有溶解各种不同物质的能力等。

11.1 熔盐电解在冶金中的应用

在冶金领域，熔盐主要用于金属及其合金的电解生产与精炼。以熔盐为电解质的熔盐电解法已经广泛应用于铝、镁、钠、锂等轻金属和稀土金属的电解提取和精炼。在轻金属冶炼中，熔盐电解是基本和主要的工业生产方法。原因是，各种轻金属在电位序中是属于电性最负的金属，不能用电解法从其盐类的水溶液中析出。在水溶液电解的情况下，阴极上只有氢析出，且只有相应金属的氧化水合物生成。而用热还原法冶炼轻金属难度较大，例如，所需温度较高，通常需要在真空条件下进行，且还原出的金属易在高温下与空气中的氧或其他物质反应生成金属化合物。例如用碳还原氧化铝，需 2000℃以上的高温，且还原产物只能得到金属铝和碳化铝的混合物。

铝的熔盐电解是目前工业上生产金属铝的唯一方法，而且已经形成大规模工业生产。

目前，世界金属镁产品约有80%是氯化镁熔盐电解法生产的，20%是热还原法生产的。其他的碱金属、碱土金属以及钛、铌、钽、锆等高熔点稀有金属也适合用熔盐电解法生产。利用熔盐电解法也可以制取某些合金或化合物，如铝锂合金、铅钙合金、稀土铝合金、碳化钨（WC）、二硼化钛（TiB_2）等。表11-1列举了应用于熔盐电解冶金工业的一些熔盐体系的主要化学组成。

表11-1 一些金属熔盐体系的主要化学组成 （w/%）

熔 盐	化 学 组 成
铝电解的电解质	Na_3AlF_6 82～90，AlF_3 5～6，添加剂 CaF_2、MgF_2 或 LiF 3～5
原铝电解精炼的电解质	AlF_3 25～27，NaF 13～15，$BaCl_2$ 50～60，NaCl 5～8（氟氯化物体系）
镁电解的电解质	$MgCl_2$ 10，$CaCl_2$ 30～40，NaCl 50～60，KCl 10～6（电解氯化镁）
锂电解的电解质	LiCl 60，KCl 40

11.2 熔盐电解炼铝主要过程和原理

11.2.1 熔盐电解炼铝基本过程

传统和现代铝工业生产金属铝，需要经过两大生产过程完成，即氧化铝生产过程和熔盐电解生产过程：

铝土矿→［氧化铝生产］→氧化铝→［熔盐电解］→金属铝

现代铝工业生产，采用冰晶石-氧化铝熔盐电解法。熔融冰晶石是熔剂，氧化铝作为溶质被溶解在其中，以炭素体作为阳极，铝液作为阴极，通入强大的直流电流后，在950～970℃下，在电解槽内的两极上进行电化学反应，即电解。阳极产物主要是二氧化碳和一氧化碳气体，但其中含有一定量的氟化氢等有害气体和固体粉尘。为了保护环境和人类健康，须对阳极气体进行净化处理，除去有害气体和粉尘后排入大气。阴极产物是铝液，铝液通过真空抬包从槽内抽出，送往铸造车间，在保温炉内经净化澄清之后，浇注成铝锭，或直接加工成线坯、型材等。其生产流程和核心设备分别如图11-1和图11-2所示。

11.2.2 电解质的组成及其性质

熔盐电解熔炼原铝所用的电解质，主要由冰晶石（Na_3AlF_6 或写成 $3NaF \cdot AlF_3$）、氟化铝（AlF_3）和 Al_2O_3 组成。实际使用的电解质中 AlF_3 的含量超过冰晶石中 AlF_3 的含量。

电解质的摩尔比（MR）：电解质中 NaF_3 和 AlF_3 的相对含量对电解质性质影响较大，通常，采用摩尔比（MR）表示。摩尔比是电解质中NaF的摩尔数和 AlF_3 的摩尔数之比。$MR=3$ 的电解质称为中性电解质；$MR<3$ 的电解质称为酸性电解质；$MR>3$ 的电解质称为碱性电解质。世界各国电解铝厂所采用的摩尔比常在2.6～2.8的范围之内。之所以采用摩尔比小于3的电解质，主要是因为多余的 AlF_3 可以降低电解质的初晶温度，有利于降低电解能耗提高电流效率，而且电解质结壳疏松好打。此外，为改善电解质的物理化学性质，电解质中还有氟化铝、氟化钙、氟化镁、氟化锂等几种添加剂。

可见，熔盐电解熔炼原铝的原料是氧化铝，熔剂主要是冰晶石，所谓的“冰晶石-氧化铝熔盐电解法”由此而得名。

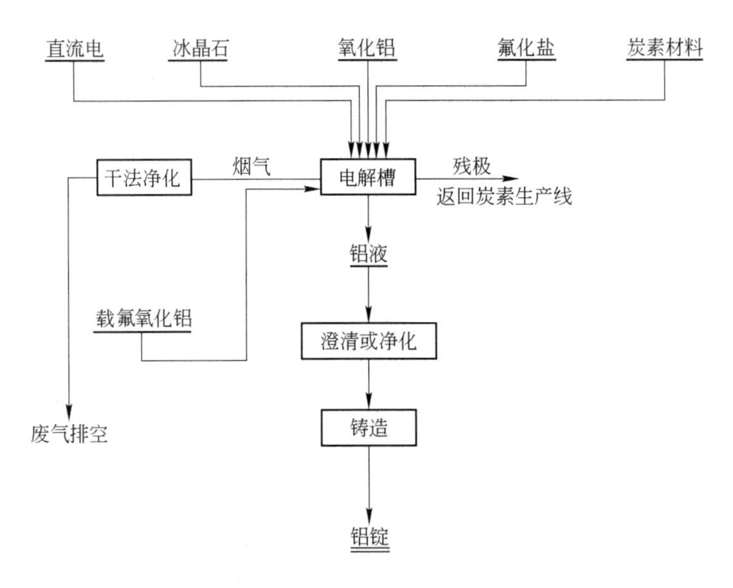

图 11-1 现代电解炼铝工艺流程

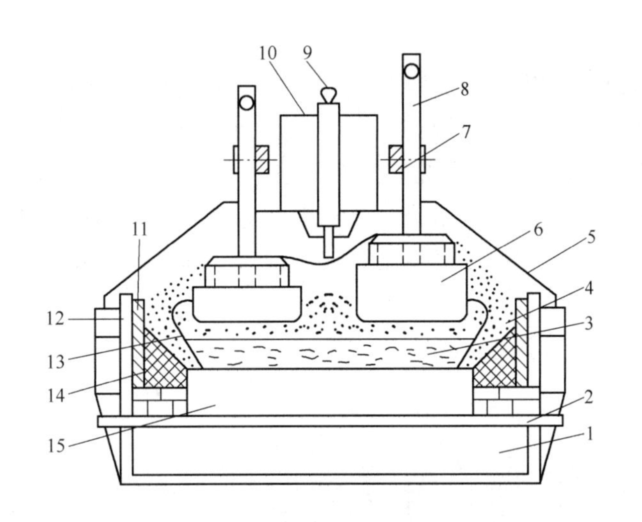

图 11-2 大型中间下料预焙铝电解槽示意图

1—槽底砖内衬；2—阴极钢棒；3—铝液；4—边部伸腿；5—集气罩；6—阳极炭块；7—阳极母线；8—阳极导杆；9—打壳下料装置；10—支撑钢架；11—边部炭块；12—槽壳；13—电解液；14—边部扎糊；15—阴极炭块

氧化铝溶解在冰晶石溶液内，构成冰晶石-氧化铝溶液。这种溶液在电解温度 950℃左右具有较好的导电性能和溶解氧化铝的能力。它的密度大约是 2.1g/cm^3，比同一温度下铝液的密度 2.3g/cm^3 小 10%左右，因而能保证铝液与电解液分层。同时，这种溶液里基本上不含有比铝更正电性的元素，从而能保证电解产物铝的质量。

氧化铝俗称铝氧，是一种白色粉状物，熔点 2050℃，沸点为 3000℃，真密度为 3.6 g/cm^3，假密度为 1g/cm^3。它的流动性很好，不溶于水，能溶于冰晶石熔体中，它是铝电解生产中的主要原料。工业用氧化铝主要是由氧化铝厂从铝矿石中提取出来的。电解熔炼原铝，主要对它的化学纯度和物理性能有比较严格的要求。例如，电解熔炼原铝对氧化铝的纯度[Al_2O_3、杂质(SiO_2、Fe_2O_3、Na_2O)含量]、吸水性、活性、粒度等提出了要求。

天然冰晶石产于格陵兰岛，属于单斜晶系，无色或雪白色，密度2.95g/cm^3，硬度2.5，熔点1010℃。但是它的储量有限，远远不能满足铝工业的需要。现代铝工业所采用的为合成冰晶石。亦即用萤石（CaF_3）、硫酸、纯碱和氢氧化铝等原料制成，或者是在磷肥生产中以副产品形式生产的。

冰晶石-氧化铝溶液的物理化学性质，包括熔度（或初晶点）、密度、电导率、挥发性，氧化铝溶解度、浓度等。这些性质主要与电解质的组成及改善电解质物理化学性质而添加的添加剂有关。

11.2.3 冰晶石-氧化铝熔体的结构

11.2.3.1 冰晶石熔体结构

根据液体与固体结构相似的理论，晶体（单质或化合物）在略高于其熔点温度下仍然不同程度地保持着固态质点所固有的有序排列，即近程有序规律。而质点之间的远程有序规律则不再保持。因此，在讨论冰晶石熔体结构之前，要了解冰晶石晶体结构。

A 冰晶石的晶体结构

冰晶石是离子型化合物，其晶体结构示于图11-3。冰晶石的晶格是以AlF_6^{3-}离子团构成的立方体心晶格为基础，而且是与$Na_{(1)}^+$和$Na_{(2)}^+$分别形成的两个尺寸不同的体心立方晶格相互穿套而成的，属于一种复式晶格。在晶格中，离子团AlF_6^{3-}呈八面体；$Na_{(1)}^+$与F^-的平均距离为0.22nm，位于离子团AlF_6^{3-}所组成的体心立方晶格四棱的中点和上、下底的面心处；$Na_{(2)}^+$与F^-的平均距离为0.268nm，位于其他的四个晶面上。在晶格中，$Na_{(1)}^+$和$Na_{(2)}^+$与F^-的配位数分别是6和12。冰晶石晶体加热熔化之前，将发生晶型转变，即单斜体心晶系－565℃→立方体心晶系－880℃→立方晶系。

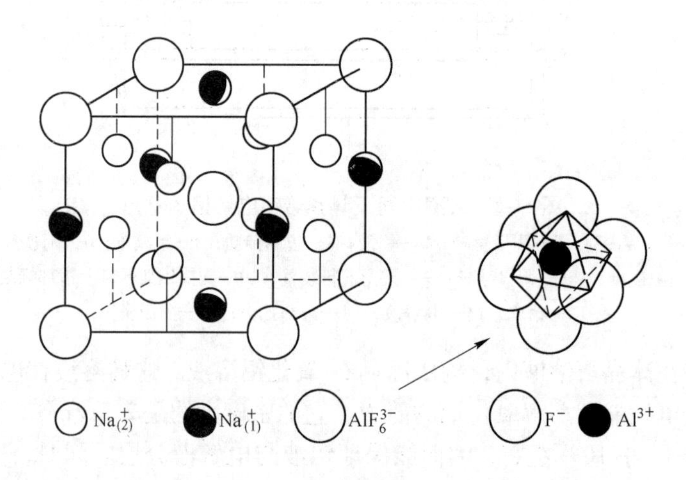

图11-3 冰晶石的晶体结构

B 冰晶石熔体结构

它的近程有序规律是AlF_6^{3-}八面体与$Na_{(1)}^+$和$Na_{(2)}^+$按一定规律的有序排列（或堆集）。

因此冰晶石熔化时，首先断裂的是 AlF_6^{3-} 与 Na^+ 之间的化学键，即：

$$Na_3AlF_6 = 3Na^+ + AlF_6^{3-}$$

人们对于 AlF_6^{3-} 进一步热分解的看法不一，普遍认同的看法是：

$$AlF_6^{3-} = AlF_4^- + 2F^-$$

11.2.3.2 冰晶石-氧化铝熔体的结构

当氧化铝溶解入冰晶石溶液中时，Na_3AlF_6-Al_2O_3 熔液的性质发生明显变化。其熔度、密度、蒸气压、电导率、表面张力等均减小，而黏度增大。这就暗示着在熔剂和溶质之间发生了强烈的化学变化。因为氧离子半径和氟离子半径大小相似，这两种离子可以彼此易位，从而产生了铝氧氟型离子。亦即当氧化铝加入到冰晶石中后，氧化铝中的氧离子可以取代氟铝离子中的一部分氟离子，而形成铝氧氟型离子。当然也可能有部分氟离子植入氧化铝晶格中，而形成铝氧氟型离子。

对于 Na_3AlF_6-Al_2O_3 熔体中的离子结构形式，有着不同的看法。邱竹贤教授根据研究结果及文献资料，将在不同条件下铝电解质熔体中的离子结构形式归纳见表 11-2。

表 11-2 在不同条件下 Na_3AlF_6-Al_2O_3 熔体中的离子结构形式

$w(Al_2O_3)/\%$	可能存在的离子形式	工业电解状况
0	Na^+、$AlF_6{}^{3-}$、$AlF_4{}^-$、F^-	发生或临近发生阳极效应时
0~2	Na^+、AlF_6^{3-}、AlF_4^-、(F^-)、$Al_2OF_{10}^{6-}$、$Al_2OF_6^{2-}$	正常电解时
2~5	Na^+、AlF_6^{3-}、AlF_4^-、(F^-)、$AlOF_5^{4-}$、($AlOF_3^{2-}$)	正常电解时
5，至电解温度下的溶解度极限	Na^+、AlF_6^{3-}、AlF_4^-、(F^-)、$AlOF_3^{2-}$ ($AlOF_5^{4-}$)、$AlOF_2^-$、$Al_2O_2F_4^{2-}$	正常电解时

注：带括号的离子是次要的。

综上所述，冰晶石-氧化铝溶液具有离子结构，其中阳离子主要有 Na^+，阴离子主要有 AlF_6^{3-}、AlF_4^- 和 Al-O-F 型复合离子，以及少量 F^-。

11.2.4 两极主反应

11.2.4.1 阴极反应

在电场作用下，熔体中 Na^+ 离子向阴极迁移。研究表明，Na^+ 是电流的主要迁移者，它承担99%的电流。同时铝氟复合离子由于浓度差的缘故向阴极扩散。在 1000℃下，钠的析出电位大约比铝负 250mV，所以在阴极上放电的离子不是钠离子而是铝离子。电解过程中，在阴极上的反应是：

$$Al^{3+}(复合的) + 3e = Al$$

这时迁移到阴极附近的 Na^+ 正好与铝氟复合离子析出生成的 F^- 结合成 NaF，保持溶液的电中性，并因其浓度高又扩散离开电极表面。

11.2.4.2 阳极反应

在电解过程中，在炭阳极上的反应是铝-氧-氟离子中的氧离子在炭阳极上放电，生成二氧化碳的电化学反应：

$$6O^{2-}(\text{复合的}) + 3C - 12e = 3CO_2$$

11.2.4.3 电解过程总反应

$$2Al_2O_3 + 3C = 4Al + 3CO_2$$

根据理论计算在950℃时，上述反应中 Al_2O_3 的理论分解电压为1.19V，而实测结果约为1.65V，比理论值高0.46V。这主要是在阳极上产生的超电压所致。

总之，熔盐在冶金工业上获得了非常广泛的应用，不同的冶金过程对熔盐的物理化学性能有着显著不同要求。为了有效地选择所需性能的熔盐体系，除了需要大量的实验测定各种熔盐体系的各种物理化学性质之外，还必须深入研究熔盐的微观结构与其物理化学性质的关系，以便人们能从理论上掌握和预测未知的熔盐体系性质，从而更好和更有效地指导冶金生产和科研工作。

11.2.5 两极副反应

在铝电解过程中，除了前面讲的两极主反应外，同时在两极上还发生着一些复杂的副反应。这些副反应对生产有害无益，生产中应尽量加以遏制。

11.2.5.1 阴极副反应

A 铝的溶解反应

金属铝可以部分地溶解在冰晶石熔体中。在电解过程中，处于高温状态下的阴极铝液和电解质的接触面上，必然也有析出的铝溶解在电解质中。一般认为，阴极铝液在电解质里的溶解有以下几种情况：

（1）溶解在冰晶石中的铝，生成低价和高价的铝离子（Al^+、Al^{3+}）：

$$2Al + Al^{3+} = 3Al^+$$

$$Al + 6Na^+ = Al^{3+} + 3Na_2^+$$

（2）在碱性电解质中，铝与氟化钠发生置换反应：

$$Al + 3NaF = AlF_3 + 3Na$$

（3）铝以电化学反应形式直接溶解进入电解质熔体中：

$$Al - e = Al^+$$

（4）铝以物理形式溶解，即以不带电荷的金属状态溶解在电解质中，构成金属雾。当把一块铝加入到清澈透明的冰晶石溶液中时，立即可发现雾状的液流从铝块上散发出来，溶液逐渐变浑浊，这种现象说明了铝的物理溶解存在。

B 金属钠的析出

前已述及，在阴极的主反应是析出铝而不是钠，因为钠的析出电位比铝低。但是，随着温度升高，电解质摩尔比增大，氧化铝浓度减小，以及阴极电流密度提高，钠与铝的析出电位差越来越小，很有可能使钠离子与铝离子在阴极上一起放电，析出金属钠。

$$Na^+ + e = Na$$

此外，在碱性电解质中，溶解的铝也可能发生下列反应而置换出钠：

$$Al + 6NaF = Na_3AlF_6 + 3Na$$

析出的钠少部分溶解在铝中，剩下的一部分被阴极炭素内衬吸收，一部分以蒸气状态挥发出来（钠的沸点为880℃），在电解质表面为空气或阳极气体所氧化，产生黄色火焰。可能的反应为：

$$4Na + O_2 \xlongequal{} 2Na_2O$$

$$2Na + CO_2 \xlongequal{} Na_2O + CO$$

$$2Na + CO \xlongequal{} Na_2O + C$$

C 碳化铝（Al_4C_3）的生成

在高温条件下，铝可与碳发生反应生成碳化铝

$$4Al + 3C \xlongequal{} Al_4C_3$$

表11-3所示为电解条件下，该反应的生成自由能数据。这些数值都有很大的负值，说明碳化铝易于生成。

表11-3 不同温度下 Al_4C_3 的生成自由能

温度/℃	659	727	827	927	950	1027
$-\Delta G_T^{\ominus}$/kJ · mol^{-1}	176.83	170.29	160.67	151.04	148.82	141.42

在电解槽大修拆除阴极炭素内衬时，常常发现炭缝、炭块表面和槽底结壳中，甚至有时在固体电解质中有碳化铝物质。这说明在电解过程中，铝与碳发生了生成碳化铝的反应。在电解过程中，电解质出现局部过热、压槽和滚铝等异常现象以及电解质中炭粒和炭粉分离不好（生产中表现为电解质含碳）时，如不及时处理，便可能引起碳化铝的大量生成，造成严重后果，电流效率下降。抑制碳化铝生成的措施主要是防止电解温度过高（生产中表现为热槽），保持电解质干净（不含碳，或尽快分离炭渣），以及生产稳定。

11.2.5.2 阳极副反应

前已述及，冰晶石-氧化铝熔盐电解阳极一次产物是二氧化碳气体，但是，在所有工业电解槽上对阳极气体的测量结果均不是100%的二氧化碳，实际气体成分为 CO_2（50%～80%）和CO（50%～20%）的混合气体。

一氧化碳的产生一般认为是在电解过程发生主反应的同时，伴随着一系列副反应所至，主要过程为溶解于电解质中的种种形式的铝，被带到阳极区间与二氧化碳接触而被氧化。

$$2Al(溶解的) + 3CO_2 \xlongequal{} Al_2O_3 + 3CO$$

此外，由于炭阳极散落掉渣，分离后漂浮在电解质表面，当二氧化碳气体与这些炭渣接触时，会发生还原反应而生成一氧化碳。

$$C + CO_2 \xlongequal{} 2CO$$

在阳极副反应中，铝和二氧化碳反应生成一氧化碳，是电解过程中电流效率降低的主要原因，因此，生产中应尽量控制这类不良反应的发生。

11.3 阳极效应

11.3.1 阳极效应现象和特征

阳极效应是熔盐电解过程中的一种独特现象。电解熔炼原铝产生的阳极效应，是由于

电解质中氧化铝缺乏，阳极表面产生的气体排不出形成气膜，阻断了阳极与电解质的接触，强电流穿过气膜而产生的。其特征是：阳极周围有耀眼的电弧光，并发出噼噼啪啪的响声；信号灯闪亮，槽电压由4V猛升到20～30V；电解质沸腾停止，气泡不再大量析出。

阳极效应期间，阳极气体成分发生明显变化，一氧化碳气体上升到60%左右，二氧化碳气体下降到20%左右，另有20%左右的四氟化碳（CF_4）气体。四氟化碳气体出现，标志着阳极上出现了氟离子放电。

11.3.2 临界电流密度

临界电流密度（$i_{A临}$）是指在一定条件下，电解槽发生阳极效应的阳极电流密度。阳极电流密度 i_A 到达或高于它就发生阳极效应；低于它则不发生。

临界电流密度与许多因素有关，其中主要的有：熔盐的性质、表面活性离子的存在、阳极材料以及熔盐的温度等。

临界电流密度与熔盐本身的性质有很大关系。纯冰晶石的临界电流密度约为 0.1A/cm^2；而添加0.5%氧化铝的冰晶石熔盐的临界电流密度达 0.7A/cm^2；添加1%氧化铝的为2.0A/cm^2；添加2%氧化铝的为4A/cm^2。一般来说，电解质摩尔比的微小变化，对临界电流密度影响不大。

表11-4 所列为某些熔盐用炭作阳极时的临界电流密度数据，为了比较，表中还列入了各中熔盐在炭表面上的润湿边界角数据。

表 11-4 某些熔盐用炭作阳极时的临界电流密度 $i_{A临}$ 及湿润边界角

熔　盐	温度/K	$i_{A临}$/A·cm^{-2}	润湿边界角/(°)
NaCl	1123.15	3.28	78
Na_3AlF_6	1273.15	0.45	134
95%$w(Na_3AlF_6)$+5%$w(Al_2O_3)$	1273.15	8.65	109

临界电流密度与阳极的性质与形状有关。比如，组成为冰晶石 88%～90%，氧化铝8%～12%的熔盐，采用铂阳极时临界电流密度为60A/cm^2，而采用炭阳极时为约为 10 A/cm^2。在半球形和垂直阳极上测得的临界电流密度比水平阳极上测得的高些。这是由于气体由倾斜表面逸出更容易，而电极表面被气泡的覆盖面积小。此外，临界电流密度与阳极的表面粗糙度、空隙度、湿润性有关。

温度对阳极临界电流密度的影响是显著的。在工业电解槽上，电解温度高时，阳极效应较少发生；而在电解温度低时，阳极效应较多发生。据此，可以认为阳极临界电流密度随温度升高而升高。工业上也常根据阳极效应发生的频率判断电解温度的高低。

当熔体加入铝时，临界电流密度下降。

11.3.3 阳极效应发生机理

关于阳极效应发生的机理众说纷纭，主要的观点有：湿润性理论、氟离子放电理论（也称阳极过程改变学说）、静电引力理论等。

11.3.3.1 湿润性理论

当电解质中氧化铝浓度较高时，电解质对阳极的湿润性较好，阳极过程中产生的气泡很容易从阳极上排挤掉（析出），阳极到电解质之间电阻很小；而当电解质中氧化铝浓度降低到一定程度时，电解质对阳极的湿润性变差，产生的气泡不易从阳极上排出，当小气泡合并成大气泡，最终在阳极底掌形成一个网状的气膜层时便产生阳极效应。图 11-4 是正常电解时和发生阳极效应电解时的阳极状况。

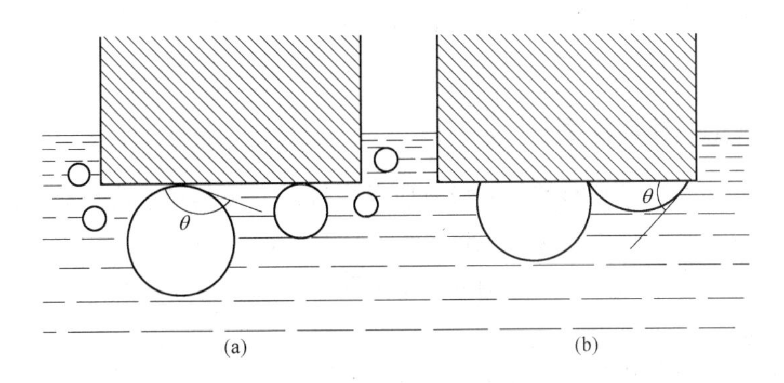

图 11-4 电解质对阳极底掌的湿润性

（a）正常电解；（b）发生阳极效应电解时

11.3.3.2 氟离子放电学说

该学说认为是阳极过程发生改变，即氟离子放电所致。依据是：阳极气体中除了二氧化碳和一氧化碳之外，还有四氟化碳气体。在临界阳极电流密度时，阳极气体中含有少量 CF_4（0.4% ~2%），而效应发生时，CF_4 气体含量升高到 15% ~35%。该学说认为，在氧化铝浓度高时，电解质中铝-氧-氟离子的浓度较大，此时阳极上氧离子放电，但在氧化铝浓度很低时（2% 以下），氟离子浓度增大，这给氟离子和氧离子共同放电创造了条件，当这两种离子一起在阳极上放电时，阳极过程更加迟滞，阳极从活化状态转为钝化状态，阳极气体开始大量积聚在阳极上，将电解质与阳极隔开，于是效应发生。

11.3.3.3 静电引力学说

静电引力学说认为是由于阳极-气体之间的静电引力所致。在含氧化铝的电解质里气泡带正电荷，所以气泡能从阳极上排出。当电解质里氧化铝缺乏时，气泡就带负电荷，于是被阳极吸引不能排出，导致阳极效应。

实践证明，发生阳极效应的共同特征是电解质中氧化铝浓度低。在铝工业电解槽上，当在正常状态并在适当低的温度下电解时，阳极效应趋向于在较大的氧化铝浓度（0.5% ~1.0%）下发生；当电解质温度过低时，效应可在 2% 左右的氧化铝浓度下发生，若电解质过热时，则可不发生阳极效应。

以上学说，都有一定道理，但都不能完全解释阳极效应现象。例如，湿润性学说不能解释阳极效应时为什么会产生大量 CF_4 气体。原因是阳极效应的发生机理十分复杂，它是多种因素导致的。将各种学说归纳起来，阳极效应发生的原因主要有三个：一是电解质对阳极的湿润性变差；二是阳极电化反应过程改变——氟离子放电使阳极反应迟滞钝化；三是阳极气体所带电荷由正变为负。总之，阳极效应的发生是多种因素变化的结果，但无论是哪种因素的改变，都与熔盐中的氧化铝缺乏有关。

综上所述，阳极效应现象的解释可以综合上述理论观点，从多个角度进行解释：当氧化铝缺乏时，导致湿润性变差、氟离子放电和阳极气体带负电等变化，造成阳极底掌上气泡排不出形成网状气膜，于是发生阳极效应。发生阳极效应时，网状气膜受气体电离后产生的静电引力所吸引，牢牢地贴附在阳极上；由于电流被迫从气膜穿过而引起气体离子化，便产生许多细小的电弧光；气膜呈网状结构，一旦某处电荷被中和了，该处电弧光熄灭，同时，别处发生电弧光，因此，阳极表面的弧光闪闪烁烁，此起彼伏；由于气膜电阻很大，使槽电压突然上升。

11.3.4 阳极效应的利弊与管理

阳极效应对电解生产有利有弊。阳极效应发生过多，尤其是效应持续时间过长，对生产有害无益。在电解时，阳极效应发生过多，效应持续时间过长，会使电解槽过热，电解质挥发损失增加，并降低电流效率，消耗大量电能。但适当发生阳极效应，对电解生产是有益的。但要注意：

（1）检查电解槽生产状态是否正常。

（2）检查电解质中氧化铝浓度是否适宜。

（3）规整槽膛内型（清除槽底沉淀、多余的炉帮和伸腿，烧掉阳极突出部分）。

（4）打捞炭渣，洁净电解质，降低电阻压降（效应时炭粒均浮于电解质表面）。

（5）效应产生的热，可以作为槽子供热不足的临时补充，起到临时调整槽子热平衡的作用。

因此，效应的管理应是如何选择效应系数和控制效应持续时间。

阳极效应系数是每日分摊到每槽的阳极效应次数，单位为次/日。效应系数的选定主要依槽内氧化铝加料量的偏差情况而定。如果氧化铝下料量偏差小，电解槽运行良好，效应系数可以选小些。一旦实现按需下料，氧化铝下料量偏差为零，效应间隔可达到无限长。目前，国外近似按需加料的槽上已经做到实际效应间隔大到半月至一个月。随着自动检测氧化铝浓度技术的改进、完善，以及计算机的使用，实现完全无效应电解也是可能的。

现代工厂都采用勤加工、少加料的模式，加料间隔控制在1~2min内；效应系数一般在0.03次/日内，效应持续时间一般为2min左右，不超过3min。熄灭阳极效应主要通过插木棒解决。

11.4 电流效率

11.4.1 电流效率的概念

铝电解槽电流效率是电解铝生产中的一项重要技术经济指标，它涉及铝电解槽产量和能耗。如何提高电解槽的电流效率，提高产量和降低电耗，历来是铝冶炼工作者关心和追求的目标。实际上，在所有物质的电解过程中，实际产量总是低于其理论产量，这就产生了电流的有效利用问题——电流效率。

从定义上讲，电流效率$\eta_{电流}$是指有效析出的物质的电流与供给的总电流之比，即

$$\eta_{电流} = \frac{有效析出物质的电流}{实际供给的电流} \times 100\% \tag{11-1}$$

在铝生产实际应用中，通常用输入一定电量后，实际产铝量 $M_{实}$ 与理论产铝量 $M_{理}$ 之比表示电流效率，即

$$\eta_{电流} = \frac{M_{实}}{M_{理}} \times 100\% \tag{11-2}$$

应注意：除特别指出之外，一般所说的电流效率，总是指阴极析出物质的电流效率。

11.4.2 电解槽理论产铝量

根据法拉第定律，电极上析出 1mol 当量的任何物质，所需的电量相当于 96458C（库仑）（1C = 1A · s）。析出物质的多少，与通入的电量成正比。按照法拉第定律可以方便地计算出一定时间通入一定电流强度理论上获得的铝量，即理论产铝量：

$$M_{理} = qI\tau \times 10^{-3} = 0.3356\ I\tau \times 10^{-3} \tag{11-3}$$

式中 $M_{理}$——电解槽理论产铝量，kg；

I——电解槽电流强度，A；

τ——电解槽通电时间，h；

q——铝的电化当量，为 0.3356g/(A · h)。

铝的电化当量是指通入 1A · h 电量理论上析出的金属铝的质量（g）。因为，铝的摩尔当量 = 26.98154(Al 相对原子质量)/3(Al 离子价数) = 8.9938g，1 法拉第电量 = 96485C (A · s) = 96485 / 3600A · h = 26.8014A · h，所以 q = 8.9938/26.8104 = 0.3356g/(A · h)。

例如，电流强度为 160kA 的电解槽一昼夜的理论产量为：

$$M_{理} = 0.3356I\tau = 0.3356 \times 160000 \times 24 \times 10^{-3} = 1288.704\text{kg}$$

11.4.3 电解槽实际产铝量

生产中，通常采用盘存法计算实际产量。其要点是：精确求得一定时间内电解槽每次出铝量 M_i，并测得一定时间内开始时的槽内存铝量 M_0 和结束时槽内存铝量 M_t。根据这些数据，可求得实际产铝量

$$M_{实} = (M_t - M_0) + \sum_{i=1}^{n} M_i \tag{11-4}$$

$$\sum_{i=1}^{n} M_i = M_1 + M_2 + M_3 + \cdots + M_n$$

式中，M_0 为在一定时间（即一定计算周期）内，电解槽开始时的槽内存铝量，kg；M_t 为在一定时间（即一定计算周期）内，电解槽结束时槽内存铝量，kg；$\sum_{i=1}^{n} M_i$ 为在一定时间（即一定计算周期）内电解槽 n 次出铝的出铝量总和，kg；M_1，M_2，M_3，…，M_n 为分别是一定时间内电解槽第一次，第二次，第三次，…，第 n 次出铝的出铝量，kg。

计算周期的选择：可根据计算精度的需要选择，例如选择一个月，半年，一年。计算周期越长，其计算结果越精确。

11.4.4 电解槽平均电流效率

实际应用中，计算出的电流效率为一定计算周期时间内的平均电流效率，用 $\overline{\eta}_{电流}$ 表

示。根据式（11-2）可导出一定计算周期内平均电流效率的计算式为：

$$\bar{\eta}_{电流} = \frac{(M_t - M_0) + \sum_{i=1}^{n} M_i}{0.3356 I \tau \times 10^{-3}} \times 100\% \tag{11-5}$$

出铝平均电流效率 $\bar{\bar{\eta}}_{电流}$：为方便起见，在生产中常常以 $M_{实} = (M_t - M_0) + \sum_{i=1}^{n} M_i \approx \sum_{i=1}^{n} M_i$ 作电流效率的粗略估算，这样粗略估算出来的电流效率称为“出铝平均电流效率”，用 $\bar{\bar{\eta}}_{电流}$ 表示，此时，式（11-5）简化为：

$$\bar{\eta}_{电流} \approx \bar{\bar{\eta}}_{电流} = \frac{\sum_{i=1}^{n} M_i}{0.3356 I \tau \times 10^{-3}} \times 100\% \tag{11-6}$$

式（11-6）相当于假定 $M_t - M_0 = 0$，实际上 $M_t - M_0 \neq 0$，这样得到的电流效率，如果选择的计算周期短将会产生很大的误差，要达到与实际电流效率误差在 ±1% 的精确度，其选择的计算周期至少要半年以上。

例如，一台 64000A 的电解槽，一个月内（30 天）出铝 14100kg。月初经盘存槽中铝量为 4000kg，月末盘存为 3800kg。则此槽该月的平均电流效率和出铝平均电流效率分别为：

（1）电解槽平均电流效率：

$$\bar{\eta}_{电流} = \frac{3800 - 4000 + 14100}{0.3356 \times 64000 \times 30 \times 24 \times 10^{-3}} \times 100\% = 89.88\%$$

（2）电解槽出铝平均电流效率：

$$\bar{\bar{\eta}}_{电流} = \frac{14100}{0.3356 \times 64000 \times 30 \times 24 \times 10^{-3}} \times 100\% = 91.17\%$$

两者相差 1.29%。

目前铝工业上电解槽电流效率为 85% ~95%，即有 5% ~15% 的电流损失。例如引进的 16000A 电解槽电流效率为 87.5%，每年每槽损失的铝达：

$$M_{损} = 0.3356 \times 160000 \times 360 \times 24 \times 12.5\% \times 10^{-3} = 58800\text{kg}$$

这是一个相当惊人的数字，所以提高铝电解生产中的电流效率极为重要。

11.4.5 电流效率低的原因

在铝电解生产中，总有 10% 左右的电流损失掉，使电流效率降低。造成熔盐电解电流效率低的原因有四个方面：

（1）电解产物的逆溶解损失，即铝的溶解损失；

（2）几种离子共同放电，主要是钠离子放电；

（3）电流空耗；

（4）机械损失及其他损失等（即由于金属与电解质分离不好而造成的金属机械损失，金属与电解槽材料的相互作用以及低价化合物的挥发损失等）。

在这四种损失中，第一种形式的电流损失是造成熔盐电解电流效率低的主要原因。

11.4.5.1 铝的溶解损失

铝的溶解损失，是熔盐与金属铝相互作用的结果，这是熔盐电解时必须加以注意的特殊现象之一。这种作用将导致在阴极上已析出的金属铝在熔盐中溶解，致使电流效率降低。金属铝在熔盐中溶解的多少，以溶解度来量度。所谓金属铝在熔盐中的溶解度，是指在一定温度和有过量金属铝时，在平衡条件下溶入密闭空间内的熔盐中的金属铝量。在非密闭的空间中，所溶解的金属铝会向熔盐与阳极气体的界面上或者熔盐与空气的界面上迁移，并在那里不断地受到氧化。这样，平衡便被破坏，所溶解的金属铝因氧化而减少的量不断地被继续溶解的金属铝所补充。因此，尽管金属铝在熔盐中的溶解度本身，在多数情况下是个不大的数值，但是，由于熔盐与金属铝的上述相互作用，仍然会导致相当多的金属铝损失。

在工业铝电解槽中，铝溶解在阴极附近的电解质中。由于电解质的强力循环作用，溶解在电解质中的铝，从阴极附近转移到阳极附近，在阳极区间与二氧化碳接触而被氧化，从而造成了铝的溶解损失，其反应如下：

$$2Al(溶解的)+3CO_2 \longrightarrow Al_2O_3+3CO$$

铝的溶解损失，是造成电流效率低的主要原因。为了降低铝的溶解损失，提高电流效率，必须研究铝溶解损失的机理，特别是铝溶解损失的控制步骤。研究认为，在工业铝电解槽中，铝的溶解损失，如图 11-5 所示，其过程分为如下四个步骤：

（1）阴极铝溶解在 A 区（铝液与电解质的交界层）的电解质中。

（2）溶解在 A 区的铝通过 B 区（电解质平流层）扩散出去，进入 C 区（电解质湍流层）。

（3）进入 C 区的铝被电解质湍流带到 D 区（阳极氧化区）。

（4）转移到 D 区的铝被阳极气体 CO_2 所氧化。

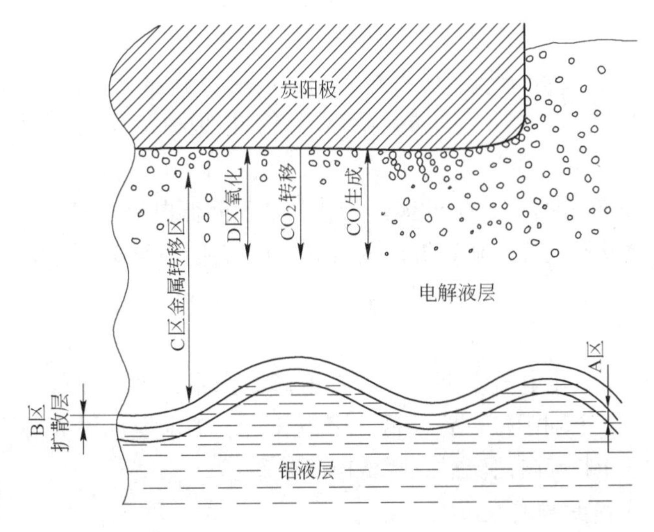

图 11-5 工业铝电解槽铝溶解损失机理示意图

A 区—铝液与电解质的交界层；B 区—电解质紊流层；C 区—电解质湍流层；D 区—阳极氧化区

研究表明，在上述四个步骤中，第一步骤不是铝溶解损失的控制步骤，因为研究发现，铝在交界层中的浓度比较大，这一事实证明，铝在交界层中的溶解速度很快；第三步骤亦不是铝溶解损失的控制步骤，因为湍流层的电解质受阳极气体强烈搅动，存在很大的紊乱，所以C区的铝被电解质湍流带到D区（阳极氧化区）的速度亦较快；第四步骤也不是铝溶解损失的控制步骤，因为研究发现，大约在阳极底掌下面10～12mm范围内铝的浓度几乎为零，这说明铝在D区被阳极气体CO_2所氧化的速度很快；研究发现，唯有第二步骤进行得较慢，即溶解的铝从A区通过B区扩散到C区的速度较慢，从而成了铝溶解损失过程的控制步骤。温度升高，铝液的溶解度增加，扩散系数也增大，会加速铝的扩散；槽内铝液摊得太宽，铝液-电解质接触面增大，铝的损失也增大；槽内铝液、电解质不平静，进行强烈的循环对流，则加速了溶解的铝在电解质中的扩散，结果引起铝损失增多。

11.4.5.2 钠离子放电

钠离子放电发生在较高温度、较高摩尔比和阴极电流密度较大、氧化铝浓度较低的情况下。

钠离子在阴极上析出，消耗了为铝离子析出而提供的电子，自然侵占了铝离子析出的机会，引起铝电解过程中的电流效率降低。

11.4.5.3 电流空耗

电流空耗目前认为有两种形式：即电化学空耗和物理空耗。

A 电化学空耗——铝离子的不完全放电

电化学空耗，也称之为铝离子的不完全放电。研究者在实验室电解过程中发现，在电解反应开始进行之前（即在电解电压低于氧化铝分解电压时），电解池两极之间已经存在一个稳定的电流，人们习惯把这种电流称之为“极限电流”。这种极限电流存在的现象表明，在电解反应发生之前，在阴、阳极上就已经发生了一种其电解产物循环于两极之间的电化学反应。研究认为，这种循环于两极之间的产物是低价铝离子和高价铝离子，极限电流是它们在两极上不完全放电产生的：在阴极上，高价离子转变成低价离子$Al^{3+}+2e = Al^{+}$；在阳极上，当低价铝离子从阴极转移到阳极时又重新氧化成高价铝离子，即低价离子转变成高价离子$Al^{+}-2e = Al^{3+}$。如此循环不已，造成电流空耗，引起电流效率降低。此外，存在于电解质中的杂质元素离子如钒（V^{5+}）、碘（I^{6+}）、钛（Ti^{4+}）、硫（S^{6+}、S^{4+}）等，也在两极之间进行高低价的循环转移，从而降低电流效率。

研究指出，这种极限电流是随着温度的升高，电解质搅拌强度的增强而增大的，在低电流密度下，这种电化学过程可能更强烈。

B 物理空耗

除上述电化学还原氧化电流空耗外，在铝电解生产中，也存在着物理上的电流空耗，如阴阳极之间的短路（个别阳极设置偏低、阳极长包、铝水搅动过大等引起）、电解槽边部漏电等，也都使部分电流白白流过，降低电流效率。

11.4.5.4 机械损失和其他损失

机械损失是指铝电解过程中的抛撒损失。

其他损失包括：出铝和运输过程中被空气氧化等损失、生成碳化铝损失，这些损失在电流效率中所占的比例较小。

11.4.6 提高电流效率的途径

在设计定型的电解槽上，影响电流效率的因素主要有两大方面，即工艺参数和操作管理因素。工艺参数指生产中各项技术条件，如电解温度、电解质成分、电解质水平和铝水平等，操作管理因素即指各项操作的质量、实现和维持良好技术条件的能力等。要想获得较高的电流效率，必须从这两大方面入手，做细致的工作。

11.4.6.1 根据槽型选择较好的技术参数

电解槽技术参数的选定，必须根据槽型容量、热设计和加料方式而定，只有确定与电解槽设计特性相适应的技术参数，才能保证电解槽能够稳定运行，获得高的电流效率。

A 电解质成分

电解质成分对电流效率影响甚大。从铝工业的发展史看，电解质成分的演变，带动了电流效率的大幅度提高。20 世纪 30 年代，工业上普遍采用弱碱性电解质，组成单一，这时期的电流效率一般不超过 80%；从 40 年代开始到 50 年代末期，改用了弱酸电解质，摩尔比在 2.8～2.9，并且开始用氟化钙作为添加剂，使电流效率提高到了 85%；直到 60 年代，工业电解槽广泛应用边部下料方式加料。这种方式加料周期长，每次下料量较多，电解质摩尔比虽有所下降，但幅度小，一般在 2.6～2.8 之间，但此间广泛采用了氟化钙、氟化镁、氟化锂等，也使电流效率有明显提高，达到 88%～90%。70 年代以后，随着中间下料大型预焙槽的兴起，摩尔比在 2.5 以下的强酸性电解质得以应用，尤其近年来利用计算机控制的半连续点式中间下料大型预焙槽，配以干法净化的新技术，电解质摩尔比已经接近 2.0（一般为 2.1～2.3），电流效率已提高到 92%～93%，个别到达 95% 左右。

从电解质演变来看，摩尔比的降低和添加剂的广泛应用，明显地提高了电流效率。这是因为低摩尔比的电解质和含有上述添加剂的电解质降低了其初晶温度，从而降低了电解温度，同时这些成分的电解质可明显减小铝在电解质中的溶解度和溶解速度，降低了铝的溶解损失，提高了电流效率。

但是，电解质成分的选择必须根据槽型和加料方式确定，对于边部下料或周期较长的中间下料预焙槽，每次下料量较大，易在槽底形成沉淀而影响电解槽的运行，所以不能硬性追求低摩尔比，只能从改进电解质成分入手。如选择适宜的添加剂及其含量，一般摩尔比在 2.5～2.8 之间，添加 CaF_2、MgF_2 或 LiF，总量控制在 5%～8%，也可获得较高的电流效率。

对于现代化的中间下料大型预焙槽，由于磁场、加料、烟气净化、氧化铝浓度控制、热稳定性解决得好，可以选择较低摩尔比的电解质，以求在较低的温度下电解，获得更高的电流效率。

B 电解温度

在前面所述电流效率低的原因中，无论是铝的溶解损失，还是钠的析出，以及电化学还原氧化，电解温度都在其中起主导作用，因此，电解温度对电流效率的影响最为重要。电解质温度降低，电流效率明显提高，实践证明，温度每下降 10℃，电流效率可提高 1%～2%。

但电解温度的降低，必须与电解质的初晶温度（由电解质成分决定）相适应，一般正常的电解温度，中、小型电解槽应高于初晶温度 15～20℃，大型电解槽高出 10～15℃即可，温度过低，会造成槽底沉淀，恶化操作条件，引发病槽。对于半连续中间点式下料大型预焙槽，加料间隔很短（2～5min），每次下料量仅几公斤氧化铝，电解质中氧化铝浓度控制得很低（2%～3%），有效地避免了氧化铝的沉淀。因此，这类电解槽电解温度可控制在高出初晶温度 10℃即可正常生产。

C 铝水平和电解质水平

（1）铝水平对电流效率的影响，虽有许多人研究，但由于槽型不一样，容量不同，没有统一见解，但大致趋势是，随着铝水平的提高，有利于电流效率的提高。这是由于在工业铝电解槽上，阳极下部总有一部分多余的热量产生，使得阳极下部比侧部温度高，影响电流效率。在相同的情况下，若槽内铝水平较高，因铝的导热性较好，可以将多余的热量很快疏散开去，使槽温均匀，同时又可利用铝的导热性来降低槽温，使炉膛形成稳定，收缩铝液镜面，减小铝的溶解损失。此外，铝水平高还可以有效地控制铝液中的水平电流密度，降低磁场的不良影响，使铝液保持安定，也有利于提高电流效率。但铝水平过高又会导致电解槽冷行程，引发病槽，降低电流效率。因此，各种槽型根据其热平衡应有一最佳铝水平高度，铝水平只有保持这一最佳高度，才能保证电解槽正常运行稳定，获得电流效率最高，如引进的 160kA 中间下料预焙槽，铝水平保持在 190mm（出铝前）为最佳。

（2）电解质水平在铝电解中非常重要，有电解槽血液之称，在电解过程中起着溶解氧化铝、导电、保持热量的作用。电解质水平高，则电解质量大，溶解的氧化铝多，可避免槽底沉淀，同时热稳定性好，可使电解槽在较低温度下稳定运行，提高电流效率。但过高会使阳极浸入太深，阳极使用率降低（对预焙槽），同时阳极侧部导电增多，引起槽内水平电流加大，铝液波动过大，易产生电压摆（波动的铝液与阳极局部短路），降低电流效率。电解质水平太低，则热稳定性差，易出病槽，更有害于电流效率，目前，大型预焙槽的电解质水平在 200～220mm 为宜。

11.4.6.2 加强管理，保持稳定的技术条件

电解槽各项技术条件选定后，运行中必须依此建立起稳定的热平衡和物料平衡，使技术条件保持稳定，这是确保电解槽正常运行的基本条件。生产中各项技术指标不稳定，电解槽运行在波动之中，自然降低电流效率，这就要求我们加强管理，及时排除各种干扰因素，使电解槽总保持在最佳的技术条件下稳定运行，这样才能获得高的电流效率。

11.4.6.3 精心操作，提高各项作业质量

电解槽各项作业质量，不仅影响槽子的运行状况，而且直接牵涉到其电流效率。比如换阳极，若更换质量不好，新极设置偏低，会造成局部过热，增大铝的溶解损失，同时引起电压摆，造成电流空耗，严重降低电流效率；若阳极设置偏高，新极长时间不导电，一方面增大其他阳极的电流负荷，减少阳极的有效工作面，降低电流效率；另一方面引起局部过冷，影响热平衡，破坏炉膛，可导致病槽，降低电流效率。出铝量不准确，会直接破坏电解槽的技术条件，引起运行不稳，降低电流效率。其他各项作业不好，都会使电解槽生产波动，降低电流效率。因此，各项操作必须严格按基准执行，确保操作质量，保证电解槽平稳运行，方可获得较高的电流效率。

11.4.6.4 建立和保持理想的槽膛内型

理想的槽膛内型，可使电流有理想的分布和方向，即可降低铝液中的水平电流，降低

铝液的环流和波动，又可防止侧部漏电，对提高电流效率非常有效。理想的槽膛内型应该是边部伸腿均匀，规整地分布在阳极正投影周围，铝液被挤在槽中央部位，铝液波动很小。生产实践证明，具有这种槽膛内型的电解槽，电流效率都比较高。

11.4.6.5 保持铝液平静，减少铝的二次损失

在电解槽内，铝液在底层，电解质在上层，铝液与电解质之间通过密度差自然分开，但铝液与电解质液体的密度差仅有0.20g/cm^3，若铝液稍有搅动，便会一团一团地进入电解质液体内，被带到阳极区而被阳极气体氧化，降低电流效率。所以，生产中要求槽内铝液尽可能保持平静。解决这一问题主要是通过合理的母线配置，减少磁场的影响来实现，但生产中尽量减轻对铝液的搅动，以保持铝液的安定性，对提高电流效率也十分有用。为此，要求换阳极、出铝等必须搅动铝液的作业应尽快完成，尽量缩短搅动的时间，其他操作应尽量不搅动铝液，保持铝液的安定性。

11.4.6.6 加强科研实验，积极引进新技术

当今时代是新技术蓬勃兴起的时代，许多新技术的开拓和应用，对工业生产的发展起到了极大的推动作用，铝工业也不例外。因此，在现场生产管理中，不仅要严格按照既定的生产条件组织生产，而且要积极开展科研试验，引进同行业的新技术、新的管理经验，将生产推向新的高度。但在实际生产中，应遵从科学规律，对于任何一项新技术的引入，或原有技术标准的变更，都必须先从局部试验开始，确已取得良好的经济效果和实际操作经验后，方可逐步推广，决不能盲目随从，否则，会给生产带来不稳定因素，降低电流效率和经济指标。电流效率是铝电解生产中的重要生产指标，它不仅与所选定的技术参数有关，而且与操作管理有密切联系，所以，在生产中，必须针对具体生产条件和设备条件，摸索出切合实际的管理方法和操作经验，严格管理，精心操作，使电解槽总处在最佳的条件下生产，才有可能获得最佳的电流效率和经济指标。

11.5 电能消耗和电能效率

11.5.1 电能消耗

表示铝电解电能利用效果的指标主要有直流电能消耗（简称直流电耗）。直流电耗也称直流电能消耗率（简称直流电耗率）。它通常用每吨铝消耗的直流电能量来表示（单位kW·h/t）。直流电耗有理论直流电耗和实际直流电耗之分。

11.5.1.1 理论直流电耗

理论直流电耗 $W_{理}$ 就是电解槽单位产铝量理论上所需的能量。亦即电解过程中，当原料无杂质、电流效率为百分之百、对外无热损失（指电解槽）的理想状态下，电解槽单位产物（铝）所必须消耗的最小能量。这个理论电耗包括两大部分：（1）补偿电解反应热效应所需能量（$Al_2O_{3固} + 1.5C_{固} = 2Al_{液} + 1.5CO_{2气}$）；（2）补偿加热反应物所需的能量（将 Al_2O_3 和 $C_{固}$ 从室温加热至电解温度）。

例如，采用炭阳极的电解过程，将原料（氧化铝和炭素）从常温升高到反应温度（以950℃计算）及反应过程所需能量，理论上电解槽生产1kg铝只需要能量6.32kW·h（阳极气体为100%的 CO_2，阴极电流效率100%，不包括电解槽热损失和导线能量损失，氧化铝和碳均是纯物质）。

11.5.1.2 实际直流电耗

生产上习惯用实际直流电耗 $W_{实}$ 来表示电能的利用效果，它是指生产每吨铝实际消耗的直流电能量（单位 kW·h/t）。

在实际中，电解过程在一定结构的电解槽中进行，在一定温度下，电流流经导体时要消耗能量，电解槽与周围介质有一温度差，槽内热量必然向周围散失；电流效率尚未达到100%，物料也不是纯物质，所以实际需要能量远超过理论值。

实际上，要保持电解过程在电解槽中连续不断进行，必须供给三部分能量：

（1）理论电耗（$W_{理}$）：即补偿电解反应和加热原料所需能量，它由电化反应过程所需能量和将原料从室温加热至电解温度所需能量构成。（2）补偿电解槽散热损失和其他能量损失所需能量（$W_{损}$）。（3）导电体上的电能损失量 $W_{导}$。由此，吨铝电解的实际电耗 $W_{实}$ 应为：

$$W_{实} = W_{理} + W_{导} + W_{损}$$

式中，$W_{实}$ 为吨铝实际直流电耗，kW·h/t；$W_{理}$ 为吨铝理论电耗，kW·h/t；$W_{导}$ 为吨铝导电体上的电能损失量，kW·h/t；$W_{损}$ 为吨铝补偿电解槽散热损失和其他能量损失所需能量，kW·h/t。

在这三部分供给能量中，只有 $W_{理}$ 真正用于铝电解的反应过程，这部分能量消耗称为有功消耗。而 $W_{导} + W_{损}$ 称为无功消耗。

铝电解的实际电耗，可通过一定时间内生产的铝量与实际消耗的能量求得，对于电流强度为 I（A），电解时间为 τ（h），平均电压为 $\overline{E}_{槽}$（kW·h）的电解槽，所消耗的总能量为：

$$W_{总} = (\overline{E}_{槽} I \tau) \times 10^{-3}$$

该时间内，出铝量（t）为：

$$M_{总} = 0.3356 I \tau \overline{\eta}_{电流} \times 10^{-6}$$

那么，其单位产量的实际电耗 $W_{实}$ 为：

$$W_{实} = \frac{W_{总}}{M_{总}} = \frac{\overline{E}_{槽} I \tau \times 10^{-3}}{0.3356 I \tau \overline{\eta}_{电流} \times 10^{-6}} = \frac{2980 \times \overline{E}_{槽}}{\overline{\eta}_{电流}}$$

式中，$W_{实}$ 为吨铝实际直流电耗（实际直流电能消耗），kW·h/t；$\overline{\eta}_{电流}$ 为平均电流效率；$\overline{E}_{槽}$ 为槽平均电压，V。

11.5.2 电能效率（电能利用率）

铝电解中另一个表示电能利用效果的指标是电能效率（又称电能利用率）$\eta_{电能}$，它的定义是：电解槽生产一定量铝时，理论上应该消耗的直流电能量（$W_{理}$）与实际消耗的直流电能量（$W_{实}$）之比。通常以百分数表示，即：

$$\eta_{电能} = \frac{W_{理}}{W_{实}} \times 100\%$$

设电解槽的电流强度为 I（A），电解槽的实际电压（即槽平均电压）为 $\overline{E}_{槽}$，而理论上的最低电压为 $E_{理}$（理论分解电压），电解时间为 τ（h），则：

$$\eta_{电能} = \frac{W_{理}}{W_{实}} \times 100\% = \frac{IE_{理}\tau}{I\bar{E}_{槽}\tau/\bar{\eta}_{电流}} \times 100\% = \bar{\eta}_{电流} \times \frac{E_{理}}{\bar{E}_{槽}} \times 100\%$$

式中，$W_{理}$为吨铝理论直流电耗，kW·h/t；$W_{实}$为吨铝实际直流电耗，kW·h/t；$\frac{E_{理}}{\bar{E}_{槽}}$为电压效率。

这样，电能效率=电压效率×电流效率。由于在一定条件下$E_{理}$是常数，因此，电能效率只随平均电流效率与电解槽平均电压而变。

目前，工业电解槽的实际直流电耗比较先进的指标为13000kW·h/t左右，电能效率为：

$$\eta_{电能} = \frac{W_{理}}{W_{实}} = \frac{6320}{13000} = 48.6\%$$

这就是说，在现有铝工业电解槽上，只有不足50%的能量被利用于生产过程，而50%多的能量属于无功消耗，而在无功消耗中，母线等导体损失的能量仅占总能量的4%~6%，另外近50%的能量消耗在电解槽向周围介质散热上。因此，在现有工艺条件下，提高电能利用率的着眼点应放在任何降低电解槽的散热损失上。当今，130~280kA的大型电解槽，能量利用率已经提高到46%~49%，而60~100kA的中型自焙阳极电解槽，能量利用率仅为40%~43%，60kA电解槽，能量利用率还不足40%。

11.5.3 槽电压和槽平均电压

11.5.3.1 槽电压（$E_{槽}$）

槽电压（又称槽工作电压）是阳极母线至阴极母线之间的电压降，它由与电解槽并联的直流电压表来指示。槽电压的数值包括电解槽的极化电压值和各部分导体的电压降值。电解槽内有两类导体，第一类导体包括铝、铜、碳。第二类导体是冰晶石-氧化铝熔融电解质。

槽电压可用实际分解电压（或称反电动势）、阳极电压降、阴极电压降、电解质电压降四项之和表示：

$$E_{槽} = E_{实} + E_{阳} + E_{质} + E_{阴}$$

式中，$E_{实}$为实际分解电压（$E_{实} = E_{理} + \eta_{+} + \eta_{-}$）；$E_{阳}$为阳极电压降；$E_{阴}$为阴极电压降；$E_{质}$为电解质电压降。

11.5.3.2 槽平均电压（$\bar{E}_{槽}$）

在工业生产上，为了核算电解槽的电能消耗量，通常需要计算电解槽的平均电压。平均电压一般是指下列各项的总和：

（1）槽电压（槽上表压读数）的平均值；

（2）发生阳极效应的电压分摊值；

（3）槽上电压表测量范围以外的系列线路电压降的分摊值。

槽平均电压主要由槽电压、槽上电压表测量范围以外的系列线路电压降的分摊值（主要是槽外母线电压降）、阳极效应电压降分摊值三部分构成，所以槽平均电压一般可用下式表达：

$$\overline{E}_{槽} = E_{槽} + E_{外} + \Delta E_{效应}$$

式中，$E_{外}$ 为槽外线路电压降（槽上电压表测量范围以外的系列线路电压降的分摊值，主要由槽外母线电压降构成）；$\Delta E_{效应}$ 为发生阳极效应的电压分摊值。

11.5.3.3 槽外线路电压降（$E_{外}$）

槽外线路电压降主要有阳极大母线、阳极小母线、立柱母线、阴极母线、槽间连接母线等处的电压降。此外，母线与母线的接触处（焊接或压接）也会产生接触电压降。槽外线路电压降即为上述各项之和。

11.5.3.4 阳极效应分摊电压降（$\Delta E_{效应}$）

电解槽生产中发生阳极效应时，槽电压突然升高，也造成电能额外的消耗，将其平均分摊到系列中各台电解槽上，称为阳极效应分摊电压。它可由下式求得：

$$\Delta E_{效应} = \frac{k(E_{效应} - E_{槽})\tau_{效应}}{1440}$$

式中，k 为效应系数，次/(槽·日)；$E_{效应}$ 为效应电压，V；$\tau_{效应}$ 为效应持续时间，min；1440 为每天的分钟数，24×60。

例如，$k = 0.5$，$E_{效应} = 30\text{V}$，$E_{槽} = 4.3\text{V}$，$\tau_{效应} = 5\text{min}$，则

$$\Delta E_{效应} = \frac{0.5 \times (30 - 4.3) \times 5}{1440} = 0.0445\text{V}$$

表 11-5 汇集了不同槽型的平均电压的典型值，以供比较。

表 11-5 不同槽型平均电压的平衡资料典型值

电压	自焙槽		预焙槽	
	旁插	上插	连续	不连续
$E_{实}$	1.70	1.70	1.70	1.70
$E_{阳}$	0.45	0.45	0.47	0.25
$E_{质}$	1.55	1.65	1.65	1.42
$E_{阴}$	0.35	0.35	0.35	0.37
$E_{外}$	0.25	0.25	0.25	0.17
$\Delta E_{效应}$	0.10	0.10	0.10	0.11
$\overline{E}_{槽}$	4.40	4.50	4.52	4.02

11.5.4 降低电能消耗的途径

在铝工业初期，每生产 1kg 铝所耗直流电能约为 42kW·h。经过近百年的努力，现代大型预焙电解槽每 1kg 铝的直流电耗已经降到 13kW·h 左右，但距理论电耗仍然相差甚远，能量利用率还不足 50%。因此，节能降耗仍然是现代铝工业的主攻方向。

电能消耗计算公式为

$$W_{实} = 2980 \times \frac{\overline{E}_{槽}}{\eta_{电流}}$$

由此式可知，铝电解电能消耗与槽平均电压成正比，与平均电流效率成反比。所以，

要降低电能消耗，一是降低槽平均电压，二是提高电流效率。

11.5.4.1 提高电流效率

提高电流效率，可以降低电耗，还能增加产量，一举两得。如何提高电流效率已经在前面论述过。

11.5.4.2 降低槽平均电压

如前所述，槽平均电压由下列各项构成：

$$\overline{E}_{槽} = E_{实} + E_{阳} + E_{质} + E_{阴} + \Delta E_{效应} + E_{外}$$

从电解槽能量平衡的角度来看，平均电压可分为两部分：第一部分是能量平衡体系以内的电压降，包括 $E_{实}$、$E_{阳}$、$E_{质}$、$E_{阴}$、$\Delta E_{效应}$；第二部分则是指 $E_{外}$（包括槽周围母线压降和列间连接母线压降分摊值）。在第一部分中，收入能量除了供给反应过程所需的理论能量外，其余则供给电解槽的散热。反应过程所需的理论能量是必不可少的，要降低这一部分的能量损失，只有减少电解槽的散热损失，即加强槽的保温能力。母线所耗的能量纯属空耗，所以应越少越好。要到达上述目的，必须从电解槽的设计与安装、操作与管理入手，才能有效地降低电解槽的平均电压。

A 采用先进的槽结构设计和高质量的安装

（1）减少电解槽热损失。例如，设计合理的保温结构，选择传热系数低的保温材料作为槽底部内衬；中间下料的大型预焙槽，边部不加工，炉膛靠电解质自身凝固形成，保温太好对炉膛形成不利，所以要求侧部应有适度的散热。

（2）降低阴极电压降。例如，选择导电性能良好的阴极炭块，半石墨化或石墨化炭块比普通炭块的比电阻低20%以上。

（3）降低阳极电压降。预焙阳极炭块的电压降主要由炭块的比电阻、阳极电流密度、阳极高度决定。例如，设计选择较小的阳极电流密度（0.6～0.8A/cm^2）、炭块高度500～600mm。

（4）降低母线电压降。例如，选择经济合理的母线材料和母线电流密度；提高母线连接处的安装质量，压接处的压接面必须平整清洁、光滑，以面接触，不以点接触。

B 提高操作质量，加强管理，保证电解槽按操作要求稳定运行

电解槽一旦交付使用，操作与管理的好坏，指标上会出现较大的差异。操作质量高，管理好，保证每台电解槽长期稳定运行，不仅电流效率高，而且槽电压相对也比较低，可获得较低的电能消耗指标。槽子运行不稳经常出现病槽，电流效率大幅度降低，槽电压升高（病槽一般比正常槽电压高出0.2～0.5V），吨铝电耗可能出现几百度甚至上千度的差别。

例如，加足阳极上保温料，减少表面散热；减小阳极效应系数，缩短效应时间和降低效应电压，都可降低阳极效应分摊电压；尽量多开槽，减少公用母线和停槽母线电压降的分摊值；管好氧化铝投入量，不出现缺料，可降低阳极效应系数；坚持换阳极和效应熄灭后捞炭渣作业，降低电解质电阻；缩短加料间隔，采取勤加工少加料的操作方法，或应用计算机实现自适应控制下料，做到按需加料，也是降低阳极效应系数的措施。

11.6 熔盐电解质的物理化学性质

在用熔盐电解法制取金属时，可以用各种单独的纯盐作为电解质。但是，往往为了力

求得到熔度较低、密度适宜、黏度小、电导率高、表面张力较大以及挥发性低和对金属溶解能力小的电解质，在现代冶炼中常使用成分较复杂的由两种到四种组分组成的混合熔盐体系。

工业上用熔盐电解法制取碱金属和碱土金属的熔盐电解质多半是卤化物盐系，如制取原铝的电解质是由冰晶石（Na_3AlF_6）和氧化铝等组成的。

11.6.1 熔盐的初晶温度

任何一种纯的晶体物质，都有固定的熔点（或称凝固点）。由两种或更多晶体物质组成的混合熔体，在冷凝时也有一个固定的初晶温度，即熔度。它是随混合熔体的组成而变化的。

11.6.1.1 熔盐的初晶温度对电解过程的影响

熔盐电解过程控制的温度，一般要求并至少高出电解质的初晶温度20~30℃，所以，熔盐的初晶温度在很大程度上决定着熔盐电解温度，而熔盐电解温度直接影响着电解过程的技术经济指标。例如，铝电解温度一般为950℃左右，比铝的熔点（660℃）高了很多，如果能够找到一种初晶温度比较低且又满足电解要求的熔盐，使铝电解过程的温度能够降低，这将大大降低电能消耗、减少电解质的损耗和延长设备的寿命。因此研究电解质初晶温度对于熔盐电解的生产和科研有着重要意义。

11.6.1.2 初晶温度与组成的关系——熔度图

熔盐的初晶温度与其组成有关。这种关系可以通过查看熔度图来分析研究。由不同的熔盐组成的体系，有不同的熔度图。例如，研究冰晶石-氧化铝熔盐电解炼铝的熔度图主要有：$NaF-AlF_3$、$Na_3AlF_6-Al_2O_3$ 二元系，$Na_3AlF_6-AlF_3-Al_2O_3$ 三元系，以及在此基础上的多元系。

A $NaF-AlF_3$ 二元系熔度图

该二元系熔度图见图11-6。由图可见：

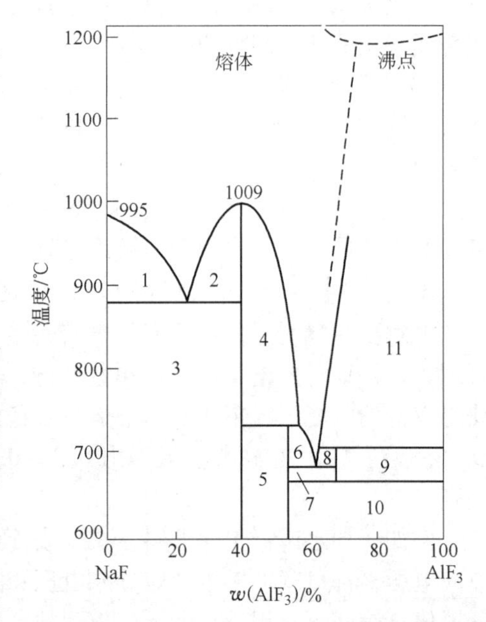

图11-6 $NaF-AlF_3$ 二元系熔度图

1—NaF+熔体；2，4—Na_3AlF_6+熔体；3—NaF+Na_3AlF_6；5—Na_3AlF_6+$Na_5Al_3F_{14}$；6—$Na_5Al_3F_{14}$+熔体；7—$Na_5Al_3F_{14}$+ $NaAlF_4$；8—$NaAlF_4$+熔体；9—AlF_3+$NaAlF_4$；10—$Na_5Al_3F_{14}$+AlF_3；11—AlF_3+熔体

（1）该熔盐体系中有一个稳定化合物，两个不稳定化合物，两个共晶点（共晶温度分别为888℃、695℃）：稳定化合物为冰晶石，不稳定化合物为亚冰晶石（$Na_5Al_3F_{14}$）和有争议的不稳定化合物——单冰晶石（$NaAlF_4$）。

（2）从纯冰晶石熔体中添加 NaF 或 AlF_3，都使得混合熔体的初晶温度下降，这是工业上采用酸性电解质（MR=2.6~2.8）的原因之一。

（3）$NaF-Na_3AlF_6$ 一侧，为简单的二元共晶系，共晶成分为NaF(77%)+AlF_3(23%)，共晶温度888℃。

（4）在 $Na_3AlF_6-AlF_6$ 一侧，在735℃时，冰

晶石和熔体（液相）将发生包晶反应：Na_3AlF_6 + 熔体 = $Na_5Al_3F_{14}$。它在 735℃时是稳定的，高于 735℃时将分解。

在 Na_3AlF_6-AlF_6 一侧，也存在一个共晶点，其组成为 AlF_3(63%)，NaF(37%)，共晶温度 690℃。

(5) 关于单冰晶石，有科学家认为是 AlF_3 晶体和液相在 710℃时进行包晶反应的产物：AlF_3 + 熔体 = $NaAlF_4$，它在 710℃时是不稳定的，低于 680℃时它又将分解为亚冰晶石和氟化铝。但有科学家否认单冰晶石的存在。

B　Na_3AlF_6 − Al_2O_3 二元系熔度图

该体系是一个简单共晶系，由图 11-7 可见：其共晶点在 Al_2O_3 为 21.1% 处，共晶温度为 962.5℃。这说明在电解温度下，氧化铝溶解度是不够大的。

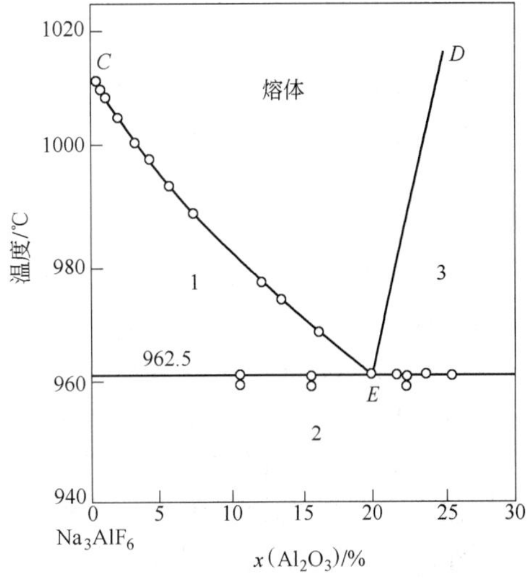

图 11-7　Na_3AlF_6-Al_2O_3 二元系熔度图
1—β-Na_3AlF_6 + 熔体；2—α-Al_2O_3 + 熔体；
3—β-Na_3AlF_6 + α-Al_2O_3

C　Na_3AlF_6-AlF_3-Al_2O_3 三元系熔度图

该体系是酸性电解质的基础。图 11-8 是其熔度图的一角，由图可知，该三元系有两个三元无变量点 P 和 E。

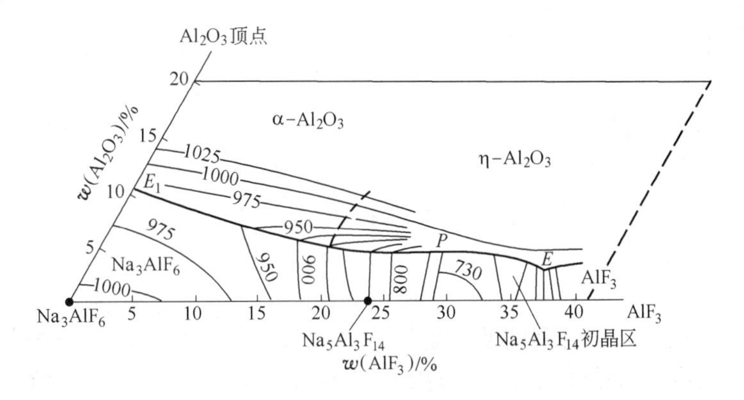

图 11-8　Na_3AlF_6-AlF_3-Al_2O_3 三元系熔度图

P 点为三元包晶点（723℃），其组成是 Na_3AlF_6(45.6%)、AlF_3(48.6%)、Al_2O_3(5.8%)。在此温度下发生的包晶反应是：

$$L_P + Na_3AlF_6(\text{晶}) = Na_5Al_3F_{14}(\text{晶}) + Al_2O_3(\text{晶})$$

E 点为三元共晶点（684℃），其组成是 Na_3AlF_6(37.4%)、AlF_3(58.5%)、Al_2O_3(4.1%)。在 E 点存在有如下平衡：

$$L_E = Na_3AlF_6(\text{晶}) + AlF_3(\text{晶}) + Al_2O_3(\text{晶})$$

11.6.2　熔盐的密度

在铝电解生产过程中，由于电解质总是在铝液上方，这样电解质密度的高低，就直接影响电解质与铝液分层的好坏，进而影响到电流效率的高低。在铝电解过程中，如果电解质密度小于铝液，阴极上析出的铝液滴浮起到电解质的表面，将会造成金属的氧化损失；如果电解质密度大于铝液，铝液可以沉降到电解质下面，实现铝液与电解质较好的分层，熔盐电解能够顺利进行；如果电解质与铝液的密度接近，铝液便悬浮于电解质之中，电解质与铝液不能分层，电解不能得到金属铝。所以，研究熔融电解质的密度对熔盐电解十分重要。

熔盐的密度随熔盐成分和温度的不同而变化。这种变化规律可以从成分-性质图中看出。

图 11-9 为 Na_3AlF_6-Al_2O_3 系密度等温图。由图可见，尽管氧化铝密度很大，但在冰晶石—氧化铝熔盐体系中，随着氧化铝含量的增加其密度反而减小。此种反常趋势是由于生成了体积庞大的铝氧氟复合离子所致。

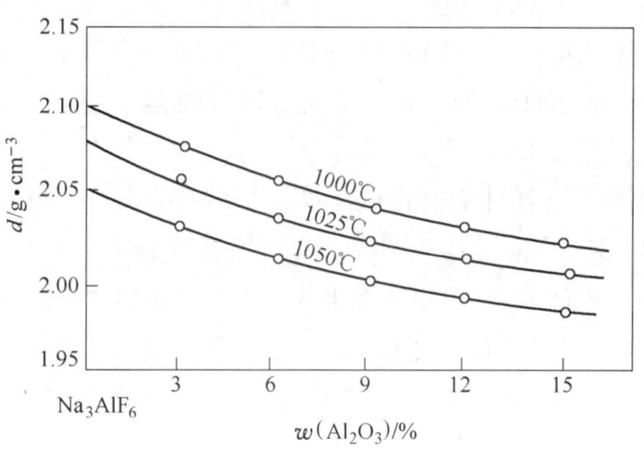

图 11-9 Na_3AlF_6-Al_2O_3 系密度等温图

11.6.3 熔盐的黏度

黏度大而不易流动的熔融电解质不适合于金属的熔盐电解。这是因为在这种熔体中，金属液滴将与熔盐发生缠结而难以从盐相中分离出来。此外，黏滞的熔盐电解质的电导往往比较小。与此相反，黏度小而易流动的熔盐电解质则导电良好并能保证金属、气体与熔盐分离。

生产中，电解质的黏度应该适当。黏度太大，对铝液和电解质的分离、阳极气体的排出、炭渣与熔体的分离、电解质的循环、氧化铝的溶解等过程不利。此外，黏度大，熔体的导电率也将降低；反之，黏度过小，虽然能消除上述不良影响，却加速了铝的溶解与再氧化反应而使电流效率降低。

影响电解质黏度的主要因素是成分和温度。例如，在熔盐电解过程中，氧化铝的存在能增大电解质的黏度，温度升高则使电解质黏度减小，温度降低则使黏度增大。Na_3AlF_6-AlF_3-Al_2O_3 三元系熔盐的黏度随成分和温度的改变而改变，其变化规律如图 11-10 所示。

MgF_2、CaF_2 等添加剂对铝电解质黏度有影响，影响见图 11-11。由图可见，随着电解质中 MgF_2、CaF_2 含量的增加，电解质的黏度随之增大，其中 MgF_2 的影响比 CaF_2 大。

11.6.4 熔盐的蒸气压

铝电解质的蒸气压直接关系到氟化盐的消耗以及对生态环境的污染。同时，这一问题的研究也有助于对熔体结构的认识。

实践测定，冰晶石熔体在 1000℃时，蒸气压为 466.627Pa；1100℃时为 2173.15Pa。

影响电解质蒸气压的因素主要是成分和温度：

（1）电解质蒸气压随温度的升高而升高，到液体的沸点时，蒸气压与大气相等，液体沸腾。

（2）随着电解质中氧化铝含量的增加，电解质蒸气压减小，即挥发性减小。

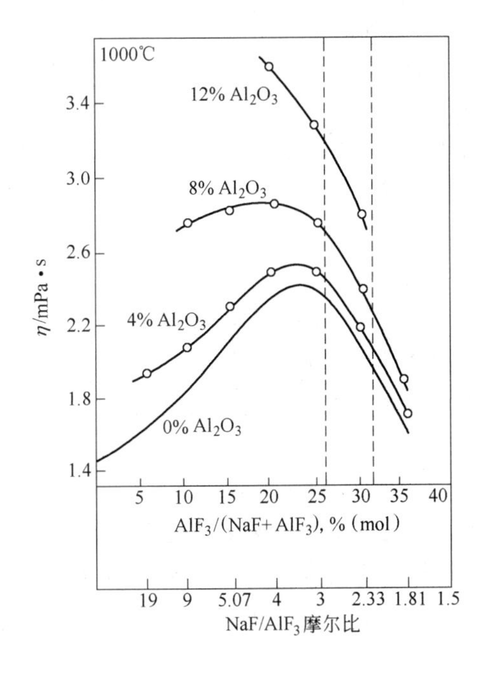

图 11-10 Na_3AlF_6-AlF_3-Al_2O_3 三元系熔盐黏度 η

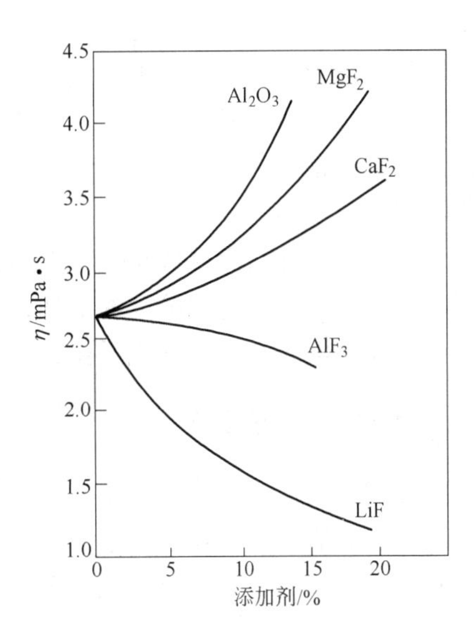

图 11-11 添加剂对冰晶石熔体黏度 η 的影响（1000℃）

（3）电解质中在有铝存在的情况下，电解质蒸气压增大（比没有铝存在时约增大 18 倍）。

（4）随着电解质中 AlF_3 浓度的增大，即电解质摩尔比的降低，电解质的蒸气压增大。

铝电解生产中，要求熔盐电解质的蒸气压（即挥发性）要小，一是可以减小电解质的挥发损失；二是可以减少有害物的排放，对人体减少危害，并减轻环境污染。

综上所述，若从降低氟化盐的挥发损失来说，铝电解首先应该降低电解温度，其次是电解质的摩尔比不能太低。

11.6.5 熔盐的电导和电导率

电导（G）是描述导体电导能力大小的物理量，它是电阻 R 的倒数，即电导 $G=1/R$，电导的单位为 S（西门子），$1S=1\Omega^{-1}$。导体的电导 G 与其截面面积 A 成正比，与长度 l 成反比，其公式推导表示如下：

$$G = 1/R = 1\Big/\left(\rho\frac{l}{A}\right) = \frac{1}{\rho}\frac{A}{l} = \kappa\frac{A}{l}$$

电导率（κ）是电导公式的比例系数，也称为比电导，它也是描述导体电导能力大小的物理量，单位为 S/cm 或 $\Omega^{-1}\cdot cm^{-1}$。显然，导体的电导率为单位截面积、单位长度时的电导，即电阻率（ρ）的倒数，即：

$$\kappa = \frac{1}{\rho}$$

电阻率（ρ）是截面为 $1cm^2$，长度为 1cm 的熔体的电阻，其单位为 $\Omega\cdot cm$。导体的电阻率（ρ）越小，其电导或电导率越大，导体的导电性就越好，相反则差。

导电或电导率直接关系到电解质的电压降，故提高电导是降低槽电压的一个有效措施。生产上宜选择导电性好的电解质，以利于提高电能效率。

将熔盐的电导与水溶液的电导比较，可以发现熔盐的突出特点在于导电性强，纯盐的电导率比水大 10^8 倍。但是，熔盐的导电性又比金属熔体低得多，例如，熔融 NaCl 的比电导比液态金属钠的低 10^8 倍。

影响铝电解质熔盐电导的因素主要是成分、温度和黏度：

（1）熔盐的电导与温度成正比，即熔盐的温度升高，熔盐的电导增大。

（2）随着熔盐中氧化铝浓度的增加，熔盐的电导降低。

（3）熔盐的电导与其黏度成反比，即熔盐的黏度愈大，熔盐的电导便愈低。

11.6.6 熔盐的离子迁移数

离子迁移数是指该离子在传输电流过程中所承担的迁移电流分数。它是某种离子输送电荷的能力。数值大的，表示传递电荷的能力大。这种能力的大小还与离子的运动速度有关。如 $v_{阳}$ 表示阳离子在电场中的运动速度，$v_{阴}$ 表示阴离子在电场中的运动速度，对于单一的一价熔盐来说：

阳离子迁移数：
$$t_{阳} = v_{阳}/(v_{阳} + v_{阴}) \tag{11-7}$$

阴离子迁移数：
$$t_{阴} = v_{阴}/(v_{阳} + v_{阴}) \tag{11-8}$$

$$t_{阳} + t_{阴} = 1$$

离子迁移数还与离子半径有关：

$$t_{阳} = r_{阴}/(r_{阳} + r_{阴}) \tag{11-9}$$

$$t_{阴} = r_{阳}/(r_{阳} + r_{阴})$$

式中，$r_{阴}$、$r_{阳}$ 分别为阴、阳离子的离子半径。

显然，离子的半径小，运动速度大，传递电流的能力大，该离子的迁移数也大，相反，离子比较大的迁移数就小。

离子迁移数一般可以通过上式计算求得，也可以通过实验测定得出。

研究离子迁移数同研究电导一样，有助于了解熔盐的结构和熔盐中有何种离子以及它们在何种程度上参加迁移电流。例如，在铝的熔盐电解过程中，电解质是酸性的，约有 90% 的电流是由钠离子迁移的，只有约 10% 的电流由铝氧氟离子传输。如果是中性电解质，则电流几乎百分之百由钠离子迁移。

11.6.7 熔盐的界面性质

11.6.7.1 电解质表面张力

在铝、镁、钠、锂等轻金属冶炼过程中，由于其熔融金属较轻会向熔融电解质的表面浮起。当电解质表面张力较小时，浮起到表面的金属液滴容易使电解质熔体膜破裂而被空气氧化。为减少或避免金属液滴的氧化，应提高电解质的表面张力；在铝电解生产中，要求电解质与阳极气体之间有较大的界面表面张力，这样有利于阳极气体的逸出。可见，熔盐电解质的表面张力对铝、镁、钠、锂等轻金属冶金生产有较大影响。

影响电解质表面张力的因素主要有电解质的组成、添加剂和温度等。

例如，电解炼铝过程中，铝电解质的表面张力随着 AlF_3 含量的增加而降低；随着温度的增加而降低；在铝电解中添加其他化合物将使其表面张力发生变化。许多研究结果表明，AlF_3、Al_2O_3、NaCl 都能使冰晶石熔体的表面张力降低，而 NaF、CaF_2 使之增大，如图 11-12 所示。

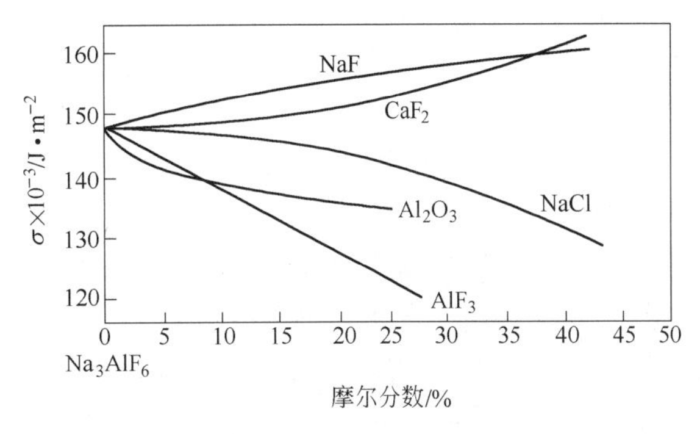

图 11-12 添加剂对冰晶石熔体表面张力的影响（1000℃）

界面化学理论把降低表面张力或界面张力的物质称为界面活性物质，反之称为非界面活性物质。在混合熔体中，某物质是表面活性物质还是非表面活性物质，不仅与溶质有关，而且与熔剂和两相物质材料的本性等有关。例如，对于冰晶石熔体与气相的表面张力来说，Al_2O_3、AlF_3 均是界面活性物质，而在冰晶石熔体与炭素材料的界面上 AlF_3 却是非界面活性物质，这种情况可从表 11-6 中看出。

表 11-6 几种添加剂对铝电解质表面性质的影响

项　目	氟化铝	氟化钙	氟化镁	氟化钠	氧化铝
电解质的表面张力	减小（A）	增大（B）		增大（B）	减小（A）
电解质与铝液的界面张力	增大（B）	增大（B）	增大（B）		减小（A）
电解质对炭的界面张力（或湿润角）	增大（B）	增大（B）	增大（B）	显著减小（A）	减小（A）

注：A 为界面活性物质；B 为非界面活性物质。

实践表明，作为表面活性物质的 AlF_3 大多集中于表面，即熔体表面 AlF_3 浓度大于内部浓度，故 AlF_3 的挥发损失较大，而且温度越高，摩尔比越小，AlF_3 的损失越大。就此而论，铝电解质的摩尔比不能太低。当然，如果采用低摩尔比电解质进行低温电解则是另当别论。

11.6.7.2 电解质与金属熔体的界面张力

在铝电解生产中，熔盐电解质与铝液之间的界面张力（σ_{L-L}），影响铝液与电解质分离；影响铝在电解质里的溶解速度，进而影响电流效率。在铝电解生产中，要求电解质与铝液之间有适当大的界面张力，这样可以降低铝在电解质中的溶解速度，增大铝与电解质的分离速度，而且有利于铝液镜面收缩，使铝液的溶解损失减少，从而提高电流效率。

熔盐电解质—金属熔体的界面张力与熔盐电解质的组成、添加剂和温度等有关。

例如，熔盐电解质-铝液的界面张力，与电解质组成和添加剂的关系如图 11-13 所示。由图可见：

（1）其界面张力随着 AlF_3 含量的增大（或电解质摩尔比的降低）而明显增大。

（2）KF 和 NaCl 是界面活性物质，其他如 LiF、MgF_2、CaF_2 是非界面活性物质。许多研究表明，在铝电解生产中，电解质熔体中添加 CaF_2 和 MgF_2，可使电解质-铝液的界面张力增大，减少铝在电解质中的溶解，降低铝损失。

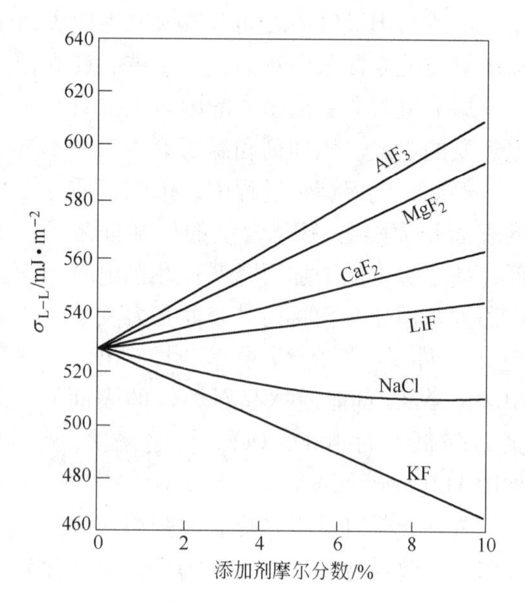

图 11-13 添加剂对 σ_{L-L} 的影响（1000℃）
（熔体组成 Na_3AlF_6（88%）、Al_2O_3（12%），摩尔比 2.5）

11.6.7.3 电解质对炭素材料的湿润性（界面张力）

在熔盐电解炼铝过程中，电解质对炭素材料的湿润性（或界面张力）影响电解质与炭渣的分离；影响电解质被炭素材料的吸收，进而影响电解槽寿命；影响电解过程中阳极效应的发生。

铝电解生产中，电解质对炭素材料的湿润性（或界面张力）要求适中：界面张力太小（湿润性太好），会加速熔盐电解质对电解槽内衬、槽底的渗透侵蚀，造成电解槽过早破损；界面张力太大（湿润性太差），又易发生阳极效应，使能耗增加。因此，实际生产中，必须根据生产情况，及时调整熔盐电解质对炭素材料的湿润性（或界面张力），以获得较好的技术经济指标。因此，熔盐电解质对炭素材料的湿润性（或界面张力）对熔盐电解有较大的影响。

熔盐电解质对炭素材料的湿润性（界面张力），与电解质的成分、添加剂、固体材料和温度等因素有关。

图 11-14 是 NaF-AlF_3 熔盐对炭阳极的湿润角与成分的关系图。由图可见，在纯冰晶石熔体中，AlF_3 含量的增加对湿润角影响极小，而添加 NaF 却使湿润角显著变小，即湿润性迅速变好。而且，随着接触时间的延长，湿润角进一步变小，湿润性变得越来越好。这正好解释了在铝电解生产中槽炭素内衬选择性地吸收 NaF 的特性和原因。由于 NaF 是极强的界面活性物质，它的存在可以大大促进熔盐电解质对电解槽炭素内衬的湿润，而且随着时间的推移，NaF 不断向炭素内部渗透，槽炭素内衬将不断受到侵蚀破坏。对此，生产中必须对这种现象加以抑制，否则，铝电解槽的寿命将大大缩短。添加 MgF_2、CaF_2，能使熔盐电解质对碳的湿润性变差，从而起到抑制电解质对槽炭素内衬的湿润侵蚀，改善炭渣与熔盐电解质的分离。

例如，炭素本身的物理化学性质（主要指结构）不同，冰晶石—氧化铝熔盐对炭素的湿润性也不同。一般来说，冰晶石—氧化铝电解质熔体对不定形炭的湿润性比对石墨要好。近年来，为了减小熔盐电解质对槽底阴极炭的侵蚀损坏，国外铝电解槽的槽底采用石墨化或半石墨炭素材料做阴极。

由于熔融电解质各组分对固相（尤其是对碳）界面上的表面活性不同，故将导致电解槽衬里对某些盐发生选别性的吸收作用。例如在铝熔盐电解过程中槽内衬（碳）选择性地吸收 NaF；在镁熔盐电解过程中槽内衬选择性地吸收 KF。

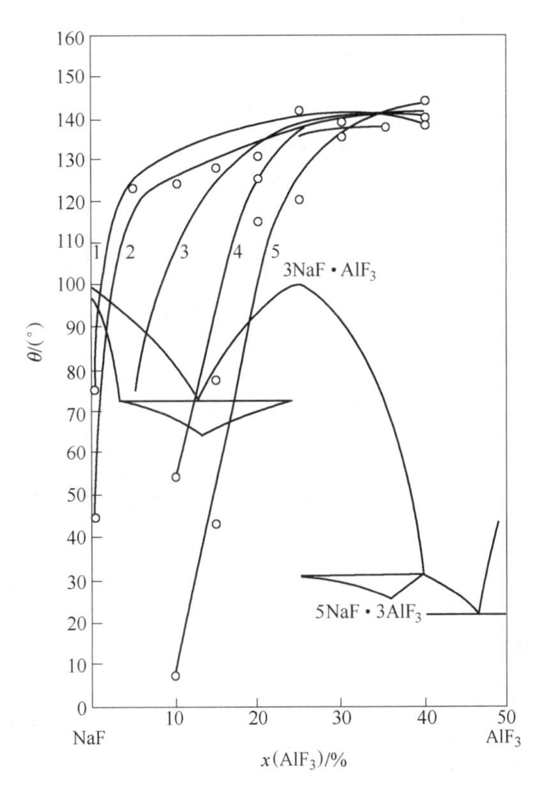

图 11-14 NaF-AlF_3 二元系在炭阳极的湿润角 θ

1—熔盐在熔化温度熔化当时；2—在 1000℃时；3—在 1000℃下保持 1min 后；4—在 1000℃下保持 3min 后；5—在 1000℃下保持 5min 后

阳极效应是用碳阳极进行铝电解时呈现的一种特殊现象。Na_3AlF_6-Al_2O_3 熔盐电解质在炭素材料上的湿润性是随着熔体中 Al_2O_3 含量的增加而变好的。当熔盐电解质中氧化铝含量较高时，熔盐电解质与炭素阳极的界面张力（湿润角）较小，熔盐电解质对炭素阳极的润湿性较好，阳极反应所产生的气体能很快地离开阳极表面，电解能正常进行。反之，若熔盐电解质中氧化铝含量较低（含量小于 2%）时，熔盐电解质对炭素阳极的界面张力（湿润角）较大，熔盐电解质对炭素阳极的润湿性变得非常差，则阳极产生的气体不能较快离开阳极表面，阳极与电解质之间会被气膜阻挡隔断而不能较好接触，当阳极与电解质接触状况相当差时，阳极效应就会发生。熔盐电解质中添加 NaCl 能改善熔盐在炭阳极上的湿润性，降低阳极效应系数。

11.6.8 添加剂对熔盐电解质物理化学性质的影响

在铝电解生产中，为了改善电解质的性质，有利于生产，通常向电解质中添加各种添加剂，以达到提高电流效率，降低能耗的目的。

作为添加剂的条件是：在电解过程中不参与电化学反应，以免电解出其他元素而影响铝的纯度；能够对电解质的性质有所改善；对氧化铝的溶解度不至于有太大的影响；吸水性和挥发性要小；价格要低廉等。目前还未找到完全满足上述要求的添加剂，能够部分满足上述要求的添加剂有氟化铝（AlF_3）、氟化钙（CaF_2）、氟化镁（MgF_2）、氟化锂（LiF）、氯化钡（$BaCl_2$）和氯化钠（NaCl）。常使用的是氟化铝、氟化钙、氟化镁和氟化锂。表 11-7 列出了几种常用添加剂对电解质性质的改善情况（表中“+”表示增加，“-”表示降低）。

从表 11-7 可以看出，几种常用添加剂都具有降低电解质初晶温度的优点，这对电解生产极为有利，但又各具其他优点和缺点。氟化铝的最大缺点是增大电解质的挥发损失，从而恶化劳动条件，在早期无烟气集中收集和处理的自焙槽上不能大量使用，一般将电解质控制在 2.7 左右。近年来发展起来的大型中间下料预焙槽，电解烟气可以集中收集和净化，从而扩大了氟化铝的应用。目前的密闭型大型预焙槽，电解摩尔比一般都控制在2.6以下，有些已经达到2.2左右（氟化铝过量近10%）。氟化钙在降低电解质初晶温度方面稍逊于其他几种，但氟化钙货物充足（一般使用天然萤石稍作加工即可），价格低廉，故应用十分普遍，氟化镁也是较为理想的一种添加剂。氟化锂价格昂贵，这在一定程度上使其应用受到限制。常用的几种添加剂共同的缺点是降低氧化铝在电解质中的溶解度和溶解速度。生产中为了减少其危害，通常采用低氧化铝浓度生产，使电解质中氧化铝浓度远未达到饱和状态，这样可以保证固体氧化铝及时溶解。

表11-7 几种添加剂对电解质性质的影响

添加剂	NaF	AlF_3	CaF_2	MgF_2	NaCl	$BaCl_2$	LiF	BaF_2	Al_2O_3
初晶温度	--	--	-	-	--	-	---	--	--
		添加10%约可降低20℃	添加1%约可降低3℃	添加1%约可降低5℃	-		添加1%约可降低8℃	-	
Al_2O_3溶解度	+	-	-	- 包括溶解速度	-	/	--- 包括溶解速度	/	/
密度	-	-	+	+	-	++	---	---	-
黏度	-	-	+	+	/	/	-	/	+
挥发性	-	+	-	-	+	/	-	/	-
电导率	+	-	-	M>3 - M<3 +	++	+	+++	---	-
σ_{1-g}		-					微小		
σ_{1-1}		-	+	+			微小		
σ_{1-s}		+	+	+			微小		
其他性质	有利Na^+放电		减少Na^+放电	Na^+					
添加数量	NaF/AlF_3=2.6~2.8		4%~6%	3%~5%			2%~4%		3%~7%

注：σ_{1-g}—电解质与阳极气体的表面张力；σ_{1-1}—电解质与铝液的界面张力；σ_{1-s}—电解质与炭素材料的界面张力。

生产中为了有效改善电解质的性质，通常将几种添加剂配合使用，控制其含量，尽量发挥各自的优点，避开其缺点，这已经收到良好的效果。目前较为普遍的是将氟化铝、氟化钙、氟化镁等添加剂同时使用，其总量控制在12%左右，这样可使电解质初晶温度降低到930℃左右，对其他物理化学性质的影响也不明显。将电解质控制在940～950℃范围内，在提高生产技术经济指标上已经取得显著效益。

习题与思考题

11-1 在电位序列中电性最负的一些金属，如铝、镁，为什么不能用电解法从其盐类的水溶液中析出，而只能用熔盐电解法制取?

11-2 冰晶石电解质在高温熔融状态下是怎样离解的?

11-3 氧化铝在冰晶石高温熔融体中呈何状态?

11-4 简述冰晶石熔体的结构。

11-5 简述铝电解两极主反应

11-6 简述阴极副反应和阳极副反应。

11-7 在正常电解条件下，一次阳极气体成分几乎是纯的 CO_2，为什么会产生 CO? 写出有关反应式。

11-8 简述阳极效应现象和临界电流密度。

11-9 湿润性学说、氟离子放电学说和静电引力学说是如何描述阳极效应发生机理的?

11-10 以铝熔盐电解为例，说明何谓临界电流密度，并分析其主要影响因素有哪些?

11-11 熔盐电解的电流效率一般比较低，其原因何在，影响因素主要有哪些?

11-12 某台 160kA 型电解槽在一个月内（30 天）共出铝 33830kg，月平均电流强度为 159995A，计算该槽的出铝平均电流效率。

11-13 某铝电解槽平均电压为 4.35V，电流效率为 89%，试求槽的实际直流电耗和电能效率。

11-14 试述怎样改善电解质的物理化学性质，简述电解质对添加剂的要求。

11-15 MgF_2 能改善电解质的哪些性质?

11-16 试述电解质的初晶温度对铝电解过程的影响。

11-17 试述电解质的密度对铝电解过程的影响。

12 水溶液的稳定性与电位-pH 图

【本章学习要点】

(1) 水溶液中物质的稳定性是湿法冶金的基础，pH 值、物质的电极电位、温度和浓度对稳定性都有影响，其中影响最大的因素是溶液的 pH 值和物质的电极电位。学习掌握不同反应的平衡 pH、平衡电极电位的计算方法。

(2) 水的稳定性及热力学稳定区域图的使用。

(3) 电位-pH 图的绘制及图中点、线、面的意义，学习如何判断某一溶液中物质以某一种状态稳定于溶液的基本条件，或者在某一给定条件下选择性分离金属。

12.1 概述

12.1.1 湿法冶金及其主要过程

湿法冶金是利用某种溶剂，借助化学反应（氧化、还原、水解及络合等反应），对原料中的金属进行提取和分离的冶金过程。湿法冶金的优点很多，例如对低品位矿石（金、铀）及相似金属难分离情况都有较好的适用性。与火法冶金相比，湿法冶金中的材料周转相对简单，原料中有价金属综合回收程度高，有利于环境保护，生产过程较易实现连续化和自动化。湿法冶金在有色金属冶炼过程中应用广泛，在锌、铝、铜、铀的工业生产中占有重要地位。世界上全部的氧化铀、大部分锌和部分铜是用湿法生产的。

湿法冶金主要包括三个过程：浸出、净化、沉积。这三个过程都是靠控制过程的条件，即控制物质在水溶液中的稳定性而实现的。浸出过程是靠加入适当的溶剂，溶解矿物，使某种（或某些）金属离子化并稳定存在于溶液中。净化过程是靠加入某种物质，使某种（或某些）金属在溶液中稳定，另外一些金属在溶液中不稳定，或沉积或形成沉淀而实现分离的。沉积过程是加入某种物质或通入电流（一般是直流电），使某种（或某些）金属离子在溶液中不稳定而沉积析出。因此，湿法冶金过程的实质，就是根据生产的需要，控制物质在水溶液中的稳定性来实现金属的分离和提取的。

12.1.2 水溶液中物质稳定性的影响因素

反应的吉布斯自由能变化，决定着水溶液中物质的反应能否进行。而水溶液中物质反应的吉布斯自由能变化，与水溶液的 pH 值、物质的电极电位、浓度、温度、压强等都有关系。在温度和压强一定的条件下，影响物质在水溶液中稳定性的因素，主要是水溶液的 pH 值、物质的电极电位和活度。活度的影响主要体现在计算水溶液 pH 值和物质电极电位的时候，它与两者之间呈线性关系。一般来说，溶液中物质的活度是以浓度的形式给出，需通过活度系数加以校正后求得确定的活度值。

下面主要探讨 pH 值、电极电位以及形成配位化合物对物质在水溶液中稳定性的影响。

12.1.2.1 pH 值的影响

当某种难溶物质，例如 $Fe(OH)_2$ 与纯水接触时，它将微量溶解，并电离成离子：

$$Fe(OH)_2 \rightleftharpoons Fe^{2+} + 2OH^- \tag{1}$$

反应平衡常数：

$$K^{\ominus} = \frac{a_{Fe^{2+}} \cdot a_{OH^-}^2}{a_{Fe(OH)_2}}$$

因为纯物质的活度为1，所以 $K^{\ominus} = a_{Fe^{2+}} \cdot a_{OH^-}^2$，又由于该物质微溶，故可认为两种离子的活度系数也为1，活度近似等于物质在水溶液中的浓度，这时的平衡常数 $K^{\ominus}$ 就相当于 $Fe(OH)_2$ 的溶度积 K_{sp}。

$\Delta_r G_m^{\ominus}$ 与平衡常数的关系式为：

$$\Delta_r G_m^{\ominus} = -RT\ln K^{\ominus},\ R = 8.314J/(K \cdot mol)$$

$$\Delta_r G_{m298}^{\ominus} = \Delta_f G_{mFe^{2+}}^{\ominus} + 2\Delta_f G_{mOH^-}^{\ominus} - \Delta_f G_{mFe(OH)_2}^{\ominus} = 84462J/mol$$

所以 $$\lg K^{\ominus} = -14.8$$

溶液中水的离解反应为：

$$H_2O \rightleftharpoons H^+ + OH^-$$

因为在 298K 时水的离子积为：

$$a_{H^+} \cdot a_{OH^-} = 10^{-14}$$

所以 $$\lg(a_{H^+} \cdot a_{OH^-}) = -14,\ \lg a_{OH^-} = -14 - \lg a_{H^+}$$

又因为 $$pH = -\lg a_{H^+}$$

所以 $$\lg a_{OH^-} = -14 + pH$$

因为 $$\lg K^{\ominus} = \lg(a_{Fe^{2+}} \cdot a_{OH^-}^2) = -14.8$$

所以 $$\lg a_{Fe^{2+}} = -14.8 - 2\lg a_{OH^-} = -14.8 - 2 \times (-14 + pH) = 13.2 - 2pH$$

于是，导出反应（1）的平衡条件是：

$$pH = 6.6 - \frac{1}{2}\lg a_{Fe^{2+}}$$

用同样的方法可以求出反应

$$Fe(OH)_3 \rightleftharpoons Fe^{3+} + 3OH^- \tag{2}$$

的平衡条件为：

$$pH = 1.6 - \frac{1}{3}\lg a_{Fe^{3+}}$$

以上计算表明，物质在水溶液中的稳定程度，可根据其溶解沉淀平衡计算得出活度与 pH 值的关系。这样，就可以通过控制溶液 pH 值的方法，使反应向预定方向进行。若假设 Fe^{3+}、Fe^{2+} 的活度均为1，那么反应（1）、（2）两式的平衡 pH 值分别为6.6 和1.6。当溶液 pH 值小于1.6 时，式（1）、式（2）将按正方向进行，溶液中稳定存在的物质是 Fe^{2+}、Fe^{3+}；若 pH 值大于 1.6，式（2）将按逆方向进行，溶液中的稳定物质是 $Fe(OH)_3$、Fe^{2+}；直到溶液 pH 值增大到6.6 时，才开始有 $Fe(OH)_2$ 生成。所以，在湿法炼锌中性浸出时，当控制溶液终点 pH 值为5.2（远远大于（2）式的平衡 pH 值）时，Fe^{3+} 几乎全部

水解生成 $Fe(OH)_3$ 沉淀而析出，Fe^{2+} 却仍留在溶液中。

12.1.2.2 物质电极电位的影响

在湿法冶金过程中存在着许多氧化还原反应（有电子参与的反应）。例如，在湿法炼锌过程中有如下反应：

$$2Fe^{2+} + MnO^{2+} + 4H^{+} = 2Fe^{3+} + Mn^{2+} + 2H_2O \qquad (3)$$

$$Cu^{2+} + Zn = Zn^{2+} + Cu \qquad (4)$$

这些反应均可看作由氧化和还原两个半电池反应构成，如净化过程中常用到的置换反应（4）是由下列两个半电池反应构成的：

$$Zn - 2e = Zn^{2+} \qquad (氧化)$$

$$Cu^{2+} + 2e = Cu \qquad (还原)$$

那么，在溶液中就可能存在着两类氧化—还原反应。

A 简单离子的电极反应

$Me^{z+} + ze = Me$，如：$Fe^{2+} + 2e = Fe$，$Zn^{2+} + 2e = Zn$

此类反应的平衡电极电位 φ 与水溶液中金属离子活度之间的关系，可由能斯特公式求出：

$$\varphi_{Me^{z+}/Me} = \varphi^{\ominus}_{Me^{z+}/Me} - \frac{RT}{zF}\ln\frac{a_{(还原态)}}{a_{(氧化态)}}$$

即

$$\varphi_{Me^{z+}/Me} = \varphi^{\ominus}_{Me^{z+}/Me} - \frac{RT}{zF}\ln\frac{a_{Me}}{a_{Me^{z+}}}$$

或

$$\varphi_{Me^{z+}/Me} = \varphi^{\ominus}_{Me^{z+}/Me} + \frac{RT}{zF}\ln\frac{a_{Me^{z+}}}{a_{Me}} \qquad (12\text{-}1)$$

式中，$\varphi^{\ominus}_{Me^{z+}/Me}$ 是金属的标准电极电位，它可以由热力学量与电化学量的桥梁公式导出：

$$\Delta_r G^{\ominus}_m = -zF\varphi^{\ominus}_{Me^{z+}/Me}$$

式中，法拉第常数 $F = 96500J/(V \cdot mol)$；z 为反应得失的电子数；$\Delta_r G^{\ominus}_m$ 为反应的标准吉布斯自由能变化，它与 $\varphi^{\ominus}_{Me^{z+}/Me}$ 通过 z 联系起来，得：

$$\varphi^{\ominus}_{Me^{z+}/Me} = \frac{-\Delta_r G^{\ominus}_m}{96500 \times z} \qquad (12\text{-}2)$$

例如，还原反应 $Zn^{2+} + 2e = Zn$ 的标准电极电位，可根据附录表中反应的标准吉布斯自由能变化的数据求得：

$$\Delta_r G^{\ominus}_m = \Delta_f G^{\ominus}_{mZn} - \Delta_f G^{\ominus}_{mZn^{2+}} = 147176J/mol$$

$$\varphi^{\ominus}_{Zn^{2+}/Zn} = \frac{-147176}{96500 \times 2} = -0.763V$$

当温度为298K时：

$$\varphi_{Zn^{2+}/Zn} = -0.763 + 0.029551\lg a_{Zn^{2+}}$$

按同样方法可求得：

$$\varphi_{Fe^{2+}/Fe} = -0.440 + 0.029551\lg a_{Fe^{2+}}$$

上式为简单离子电极反应的还原电极电位与离子活度之间的平衡关系式。

B 溶液中多种价态离子之间的电极反应

此类反应的平衡电极电位与水溶液中金属离子活度之间的关系，也可由能斯特公式求

出。例如，

$$Fe^{3+} + e = Fe^{2+}$$

溶液中离子之间的电极电位可用式（12-1）表示，当温度为298K时：

$$\varphi_{Me^{z+}/Me} = \varphi^{\ominus}_{Me^{z+}/Me} + \frac{0.0591}{z}\lg\frac{a_{Me^{z+}}}{a_{Me}} \tag{12-3}$$

反应的标准吉布斯自由能变化：

$$\Delta_r G^{\ominus}_m = \Delta_f G^{\ominus}_{mFe^{3+}} - \Delta_f G^{\ominus}_{mFe^{2+}} = -74392J/mol$$

所得代入式（12-2）得：

$$\varphi^{\ominus}_{Fe^{3+}/Fe^{2+}} = \frac{-(-74392)}{96500 \times 1} = 0.771V$$

当温度为298K时：

$$\varphi_{Fe^{3+}/Fe^{2+}} = 0.771 + 0.0591\lg a_{Fe^{3+}} - 0.0591\lg a_{Fe^{2+}}$$

用上面的方法可以计算出其他半电池反应平衡的电极电位与离子活度的关系式。若已知溶液中离子的活度，则可算出在该活度条件下的平衡电极电位，这样就能通过控制溶液中的电位来控制反应的方向和限度。

当控制电位低于溶液的平衡电极电位时，溶液中的元素就向还原方向进行，直到控制电位与溶液的平衡电极电位相等时为止；当控制电位高于溶液的平衡电极电位时，溶液中的元素则向氧化方向进行，直到两电位相等。

例如，在 $Fe^{2+} + 2e = Fe$ 反应中，若溶液中 Fe^{2+} 活度为1时，控制电位高于 -0.44V时，Fe便氧化成 Fe^{2+}，并以 Fe^{2+} 形态在溶液中稳定存在；当控制电位低于 -0.44V时，Fe^{2+} 便还原成Fe，稳定态为Fe。

12.1.2.3 形成配位化合物的影响

（1）在溶液中没有形成配位化合物时，溶液中金属离子的还原反应和电极电位为：

$$Me^{z+} + 2e = Me$$

$$\varphi_{Me^{z+}/Me} = \varphi^{\ominus}_{Me^{z+}/Me} + \frac{RT}{zF}\ln a_{Me^{z+}} \tag{12-4}$$

（2）在溶液中形成配位化合物时，配合剂L有的是带电的，有的则不带电，假设配合剂不带电，形成配位化合物的反应通式和平衡常数 K_f 为：

$$Me^{z+} + nL = MeL_n^{z+}$$

$$K_f = \frac{a_{MeL_n^{z+}}}{a_{Me^{z+}} \cdot a_L^n} \tag{12-5}$$

设 K_d 为配位化合物的离解常数，则有

$$K_f = \frac{1}{K_d} = \frac{a_{MeL_n^{z+}}}{a_{Me^{z+}} \cdot a_L^n}$$

（3）配位化合物的形成，可使溶液中简单金属离子的活度降低，这样便使实际平衡电极电位降低。形成配位化合物时，溶液中金属离子浓度可由式（12-5）推得：

$$a_{Me^{z+}} = K_d\frac{a_{MeL_n^{z+}}}{a_L^n} \tag{12-6}$$

（4）现假设溶液中只有未配合的金属离子还原成金属，则将式（12-6）代入式(12-4)

中，可得到形成配位化合物时，未配合的金属离子还原反应的电极电位为：

$$\varphi'_{Me^{z+}/Me} = \varphi^{\ominus}_{Me^{z+}/Me} + \frac{RT}{zF}\ln\frac{K_d a_{MeL_n^{z+}}}{a_L^n}$$

$$= \varphi^{\ominus}_{Me^{z+}/Me} + \frac{RT}{zF}\ln K_d + \frac{RT}{zF}\ln\frac{a_{MeL_n^{z+}}}{a_L^n} \quad (12\text{-}7)$$

若取 $a_{MeL_n^{z+}} = 1, a_L = 1$ 为标准状态，则形成配位化合物时未配合金属离子还原反应的标准平衡电极电位为

$$\varphi'_{Me^{z+}/Me} = \varphi'^{\ominus}_{Me^{z+}/Me} = \varphi^{\ominus}_{Me^{z+}/Me} + \frac{RT}{zF}\ln K_d \quad (12\text{-}8)$$

所以，形成配位化合物时未配合金属离子还原反应的平衡电极电位为：

$$\varphi'_{Me^{z+}/Me} = \varphi'^{\ominus}_{Me^{z+}/Me} + \frac{RT}{zF}\ln\frac{a_{MeL_n^{z+}}}{a_L^n} \quad (12\text{-}9)$$

由式（12-8）和式（12-9）可以看出，如果已知配合物的活度、配合剂的活度和配位化合物的离解常数，就可以求出形成配位化合物的平衡电极电位值。

现以银为例来计算形成配位化合物对标准电极电位的影响。当不生成配合离子时：

$$Ag^+ + e \rightleftharpoons Ag, \quad \varphi^{\ominus}_{Ag^+/Ag} = 0.799V$$

如生成配合离子时，形成配合离子的反应式、平衡常数，及其溶液中金属离子的浓度为：

$$Ag^+ + 2(CN)^- \rightleftharpoons Ag(CN)_2^-$$

$$K_f = \frac{a_{Ag(CN)_2^-}}{a_{Ag^+}a_{CN^-}^2}, \quad a_{Ag^+} = \frac{a_{Ag(CN)_2^-}}{K_f \cdot a_{CN^-}^2}$$

形成配位化合离子时，未配合金属离子还原反应的平衡电极电位为

$$\varphi'_{Ag^+/Ag} = \varphi'^{\ominus}_{Ag^+/Ag} + \frac{RT}{zF}\ln\frac{a_{Ag(CN)_2^-}}{a_{CN^-}^2}$$

当 $a_{Ag(CN)_2^-} = a_{CN^-} = 1$，温度为 298K 时，若知 $K_f = 10^{18.8}$，$K_d = 1/K_f$，则形成配位化合离子时未配合金属离子还原反应的标准平衡电极电位为：

$$\varphi'^{\ominus}_{Ag^+/Ag} = \varphi^{\ominus}_{Ag^+/Ag} + \frac{RT}{zF}\ln K_d = 0.799 + 0.0591\lg 10^{-18.8} = -0.31V$$

用同样的方法，可以求出形成配位化合离子 Au $(CN)_2^-$ 后，未配合 Au^+ 离子还原反应的标准平衡电极电位（$T = 298K$，$K_f = 10^{38}$，$K_d = 1/K_f = 10^{-38}$）：

$$Au^+ + e \rightleftharpoons Au$$

$$Au^+ + 2(CN)^- \rightleftharpoons Au(CN)_2^-$$

$$\varphi'^{\ominus}_{Au^+/Au} = \varphi^{\ominus}_{Au^+/Au} + \frac{RT}{zF}\ln K_d = 1.50 + 0.0591\lg 10^{-38} = -0.742V$$

从计算结果看出，生成配位化合离子 $Ag(CN)_2^-$、$Au(CN)_2^-$ 后，Au、Ag 的还原电位显著降低了。这是因为溶液中有 CN^- 存在时，形成的配位化合离子显著降低了 Au^+、Ag^+ 的有效浓度，从而降低了其平衡电极电位。Au^+、Ag^+ 易被还原，而 $Au(CN)^-$、$Ag(CN)^-$ 较难还原，所以，形成配位化合离子使金、银被氧化变得容易，即金、银以配位化合离子稳定于溶液中。

12.2　水的稳定性

12.2.1　水的不稳定性及其主要反应

在湿法冶金中，各种过程是在水或溶液（酸、碱或盐）中完成的。水溶液中存在的氢离子、氢氧根离子以及水分子，在有氧化剂或还原剂存在的条件下，有可能不稳定，会被还原或氧化，析出氢气或氧气。

（1）如果在给定条件不变的情况下，溶液中有比氢的电位更负电性的还原剂存在时，还原剂就可能使氢离子或水分子还原生成气态氢：

在酸性溶液中，还原剂可使 H^+ 发生还原反应　$2H^+ + 2e = H_2$

在碱性溶液中，还原剂可使 H_2O 发生还原反应　$2H_2O + 2e = H_2 + 2OH^-$

（2）如果在给定条件不变的情况下，溶液中有电极电位比氧的电极电位更正电性的氧化剂存在时，氧化剂可能使氢氧根离子或水分子发生氧化反应生成气态氧：

在酸性溶液中，氧化剂可能使 H_2O 发生氧化反应　$2H_2O - 4e = O_2 + 4H^+$

在碱性溶液中，氧化剂可能使 OH^- 发生氧化反应　$4OH^- - 4e = O_2 + 2H_2O$

12.2.2　水的电位-pH 值图

水的电位-pH 值图（氢线和氧线）如图 12-1 所示。

图 12-1 中有氢线（线ⓐ）和氧线（线ⓑ）两条线，它们表示出了水的稳定区。

（1）氢线（线ⓐ）表示：

$$2H^+ + 2e = H_2$$

$$\varphi_{H^+/H_2} = \varphi^{\ominus}_{H^+/H_2} + \frac{RT}{zF}\ln\frac{a^2_{H^+}}{\frac{p_{H_2}}{p^{\ominus}}} \qquad (12\text{-}10)$$

由于在任何温度下 $\varphi^{\ominus}_{H^+/H_2} = 0, z = 2$，所以，298K 时式（12-10）具有以下形式：

$$\varphi_{H^+/H_2} = -0.0591\text{pH} - 0.02951\lg\frac{p_{H_2}}{p^{\ominus}} \qquad (12\text{-}11)$$

当 $p_{H_2} = 101325\text{Pa}$ 时，

$$\varphi_{H^+/H_2} = -0.0591\text{pH} \qquad ⓐ$$

（2）氧线（线ⓑ）表示：

$$2H_2O - 4e = O_2 + 4H^+$$

$$\varphi_{O_2/H_2O} = \varphi^{\ominus}_{O_2/H_2O} + \frac{RT}{zF}\ln\frac{p_{O_2}}{p^{\ominus}}\cdot a^4_{H^+} \qquad (12\text{-}12)$$

在这里 $z=4$。根据 $\Delta_r G^{\ominus}_m = -zF\varphi^{\ominus}$，查表得 $\Delta_r G^{\ominus}_m$ 计算出 $\varphi^{\ominus}$，可求出式（12-12）在 298K 时具有以下形式：

$$\varphi_{O_2/H_2O} = 1.229 - 0.0591\text{pH} + 0.0148\lg\frac{p_{O_2}}{p^{\ominus}} \qquad (12\text{-}13)$$

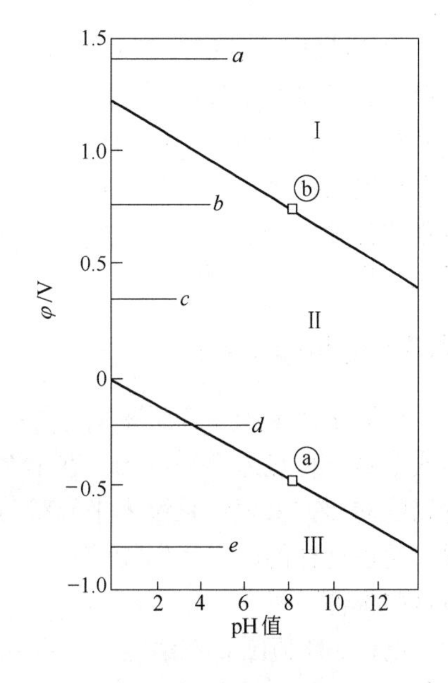

图 12-1　水的电位-pH 值图（298K）

ⓐ—在 p_{H_2} 为 101325Pa 时氢电极电位随 pH 值的变化；ⓑ—在 p_{O_2} 为 101325Pa 时氧电极电位随 pH 值的变化

a—Au^{3+}/Au；*b*—Fe^{3+}/Fe^{2+}；*c*—Cu^{2+}/Cu；*d*—Ni^{2+}/Ni；*e*—Zn^{2+}/Zn

当 p_{O_2} = 101325Pa 时，

$$\varphi_{O_2/H_2O} = 1.229 - 0.0591pH \quad ⓑ$$

将式ⓐ、式ⓑ中电位与 pH 值的直线关系绘成图 12-1，则得水的电位-pH 值图。

（3）区域及其分析。图中直线ⓐ为氢线，ⓑ为氧线。这两条直线把电位-pH 图分成了Ⅰ、Ⅱ、Ⅲ三个区域。通过对图形分析可得知：

1）在区域Ⅲ中，电极电位低于氢的电极电位的还原剂（例如 Zn），在酸性溶液中能使氢离子还原而析出氢气。例如图 12-1 中的水平线 e，在该条件下，能进行反应 $Zn + 2H^+ \!=\!= Zn^{2+} + H_2$，而且这个反应也将一直进行到两个电极电位值相等时为止（还原剂随着它的消耗而电极电位升高，氢电极由于溶液酸度降低而电极电位降低）。

2）在区域Ⅰ中，电极电位高于氧的电极电位的氧化剂会使水分解而析出氧气，例如图 12-1 中的水平线 a，在该条件下，能发生反应 $4Au^{3+} + 6H_2O \!=\!= 4Au + 6O_2 + 12H^+$，而且这个反应将一直进行到两个电极电位值相等时为止（氧化剂由于活度减小而电极电位降低，氧电极由于介质酸度增大而电极电位增大）。

3）在线ⓐ和线ⓑ之间的区域Ⅱ，就是水的热力学稳定区。电极电位在区域Ⅱ之内的一切体系，从它们不与水的离子或分子相互作用这个角度来说，是稳定的。但是，如果以气态氧或气态氢使这些体系饱和，那么它们仍然可以被氧氧化或被氢还原。因此，从对气态氧或气态氢的作用而言，这些体系又是不稳定的。相反，那些电极电位在氧电极线ⓑ以上的体系不会与气态氧发生反应，而那些电极电位在氢电极线ⓐ以下的体系也不会与气态氢发生反应。

4）电极电位处在图 12-1 中水平线 d 所示位置的体系，如 Ni^{2+}-Ni 体系，可以与水处于平衡，也可以使水分解而析出氢气，这取决于溶液的 pH 值。当溶液的 pH 值低于线ⓐ与线 d 交点时，将使水分解而析出氢气，高于线ⓐ与水平线 d 交点时则与水处于平衡。

对湿法冶金来说，掌握水的热力学稳定区域图的意义很重要，因为这个图对判断参与过程的各种物质能否与溶剂发生相互作用提供了理论依据，而且它也是金属-H_2O 系和金属化合物-H_2O 系的电位-pH 值图的一个组成部分。

12.3 电位-pH 值图

在湿法冶金中，广泛采用电位-pH 值图来研究影响物质在水溶液中稳定性的因素，它本质上是一种热力学平衡图。在冶金中，热力学平衡图又称作优势区域图、稳定区域图，它以图的形式来表示系统内平衡状态与热力学常数之间的关系，全面地揭示着系统平衡情况，通过这样的图，我们能够一目了然地知道，为制取某种产品所需的条件以及应如何创造这些条件。

电位-pH 值图是在给定的温度和组成活度（常简化为浓度），或气体逸度（常简化为气相分压）下，表示反应过程电位与溶液 pH 值的关系图。该图以元素的电极电位（φ）为纵坐标，水溶液的 pH 值为横坐标，将元素与水溶液之间大量的、复杂的化学反应以及电化学反应在给定条件下的平衡关系简单明了地图示于一个平面或空间里。根据此图，可方便地推断出各反应发生的可能性及生成物的稳定性，形象、直观地描述了溶液中化学平衡条件、反应进行方向、反应限度及某种组分的优势区域。电位-pH 值图取电极电位为纵坐标，是因为电极电位可以作为水溶液中氧化-还原反应趋势的量度；取 pH 值为横坐标，是因为水溶液中进行的反应，大多与氢离子浓度有关，许多化合物在水溶液中的稳定性随pH 值的变化而不同。

在绘制电位-pH 值图时，习惯上把电极电位写为还原电极电位，反应方程式左边写物质的氧化态、电子或氢离子，反应方程式右边写物质的还原态。

在电位-pH 值图里，体现出来的影响物质在水溶液中稳定性的因素主要有两个——溶液的 pH 值和电极电位。而实际上，物质在水溶液中的稳定性还取决于反应物质的活度、压强以及温度等诸多因素，这些条件都能够集中体现于反应的吉布斯自由能变化，也就是说，反应的吉布斯自由能变化决定着水溶液中物质的稳定性。

12.3.1 电位-pH 值图的绘制

12.3.1.1 电位-pH 值图的绘制步骤

确定电位-pH 值图的结构，一般包括以下五个步骤：

（1）确定体系中可能发生的反应及每个反应的平衡方程式。

（2）查出各物质的热力学数据并计算反应的 $\Delta_r G_{mT}^{\ominus}$。

（3）导出体系中各个反应的电极电位 $\varphi_T^{\ominus}$ 及 pH 计算式。

（4）根据 φ_T 和 pH 值的计算式，在指定离子活度或气相分压的条件下算出各个反应在一定温度下的 φ_T 值和 pH 值。

（5）将计算结果表示在电位-pH 值图上。

12.3.1.2 Fe-H_2O 系电位-pH 值图的绘制

现以 Fe-H_2O 系的电位-pH 值图为例，来说明在 298K 下，电位-pH 值图的绘制方法。

在 Fe-H_2O 系中存在着各种反应，这些反应的进行和平衡，与电位、溶液的 pH 值有关。求出它们之间的关系式，并把这些关系式表示在电位-pH 值图上，就得到若干条水平线、垂直线和斜线。这些水平的、垂直的、倾斜的直线就构成了电位-pH 值图，图上的每一条直线就是一个反应的平衡线，直线上的每一个点都对应着反应达到平衡时的电极电位和 pH 值。

在 Fe-H_2O 系中，可能存在的各种反应如表 12-1 所示。

表 12-1 298K 时 Fe-H_2O 系中可能存在的反应及反应的电位-pH 值关系式

	反　应	$\Delta_r G_m^{\ominus}$/kJ·mol^{-1}	电位-pH 值关系式
①	$Fe(OH)_3 + 3H^+ + e = Fe^{2+} + 3H_2O$	-102.006	$\varphi = 1.057 - 0.177pH - 0.0591\lg a_{Fe^{2+}}$
②	$Fe(OH)_2 + 2H^+ + 2e = Fe + 2H_2O$	9.539	$\varphi = -0.049 - 0.0591pH$
③	$Fe(OH)_3 + H^+ + e = Fe(OH)_2 + H_2O$	-26.568	$\varphi = 0.275 - 0.0591pH$
④	$Fe(OH)_2 + 2H^+ = Fe^{2+} + 2H_2O$	-75.438	$pH = 6.6 - \frac{1}{2}\lg a_{Fe^{2+}}$
⑤	$Fe(OH)_3 + 3H^+ = Fe^{3+} + 3H_2O$	-27.615	$pH = 1.6 - \frac{1}{3}\lg a_{Fe^{3+}}$
⑥	$Fe^{2+} + 2e = Fe$	84.977	$\varphi = -0.44 + 0.02955\lg a_{Fe^{2+}}$
⑦	$Fe^{3+} + e = Fe^{2+}$	-74.391	$\varphi = 0.77 + 0.0591\lg a_{Fe^{3+}} - 0.0591\lg a_{Fe^{2+}}$
ⓐ	$H^+ + e = \frac{1}{2}H_2$	0	$\varphi = -0.0591pH - 0.0591\lg\left(\frac{p_{H_2}}{p^{\ominus}}\right)^{\frac{1}{2}}$
ⓑ	$O_2 + 4H^+ + 4e = 2H_2O$	-474.382	$\varphi = 1.229 - 0.0591pH + \frac{0.059}{4}\lg\frac{p_{O_2}}{p^{\ominus}}$

这些反应大致可分为以下三类反应：

第一类反应：没有氢离子、只有电子参与的反应。此类反应只与电位有关，反应平衡时的电位与pH值无关，它在电位-pH值图上是一条水平线。

例如，图12-2中的线⑦就属于此类反应，线⑦所表示的反应如下：

$$Fe^{3+} + e = Fe^{2+}$$

反应平衡时，电位与Fe^{2+}、Fe^{3+}的活度存在如下关系式：

$$\varphi_{298} = 0.771 + 0.0591\lg a_{Fe^{3+}} - 0.0591\lg a_{Fe^{2+}}$$

当$a_{Fe^{3+}} = 1$，$a_{Fe^{2+}} = 1$时，反应达到平衡的电位$\varphi = \varphi^{\ominus} = 0.771V$。将它绘制在电位-pH值图上就得到图12-2中的线⑦。

第二类反应：只有氢离子而无电子参与的反应。此类反应只与溶液的pH值有关，与电位无关，在电位-pH值图上是一条垂直线。

例如，表12-1中的反应④就属于此类反应，线④所表示的反应如下：

$$Fe(OH)_2 + 2H^+ = Fe^{2+} + 2H_2O$$

反应平衡时，溶液的pH与Fe^{2+}的活度存在如下关系式：

$$pH = 6.7 - \frac{1}{2}\lg a_{Fe^{2+}}$$

当$a_{Fe}^{2+} = 1$时，反应达到平衡的pH值为6.7。将它绘制在电位-pH值图上，就得到图12-2中的线④。

第三类反应：既有氢离子又有电子参与的反应。此类反应，绘制在电位-pH值图上是一条斜线。

例如，表12-1中的反应①就属于此类反应，①所表示的反应如下：

$$Fe(OH)_3 + 3H^+ + e = Fe^{2+} + 3H_2O$$

反应平衡时，电位与溶液的pH值和Fe^{2+}的活度存在如下关系式：

$$\varphi_{298} = 1.057 - 0.177pH - 0.0591\lg a_{Fe^{2+}}$$

这表明此类反应不仅与pH值有关，而且还与电位有关，它在电位-pH值图上是一条斜线，其斜率为-0.177。当$a_{Fe^{2+}} = 1$时，$\varphi_{298} = 1.057 - 0.177pH$，将此关系绘制在电位-pH值图上就得到图12-2中的线①。

电位-pH值图中还有表示水的稳定区的两条虚线：氢线ⓐ和氧线ⓑ。

按照以上方法，可求出298K时Fe-H_2O系主要平衡反应的电位与pH值的关系式，这些关系式见表12-1。

由表12-1可看出，①、②、③属于第一类反应，④、⑤属于第二类反应，⑥、⑦属于第三类反应。

将表12-1中的式①~⑦和ⓐ、ⓑ的电位与pH的直线关系绘成图12-2，则成为Fe-H_2O系的电位-pH值图。

12.3.2 电位-pH值图中的点、线和区域意义

（1）在图12-2中有三条直线相交于一点的情况，如线①、⑤、⑦相交于一点，这个相交点表示三个反应平衡时的电位、pH值相同。

（2）图中每一条直线代表一个平衡方程式，而线的位置与组分的活度有关，如线⑥：

$$\varphi = -0.44 + 0.02955 \lg a_{Fe^{2+}}$$

（3）图 12-2 中，由线条围合起来的空白区域表示某种组分的稳定区。比如Ⅰ区是 Fe 的稳定区，Ⅱ区是 Fe^{2+} 的稳定区，Ⅲ区是 Fe^{3+} 的稳定区，Ⅳ区是 $Fe(OH)_3$ 的稳定区，Ⅴ区是 $Fe(OH)_2$ 的稳定区，线ⓐ、ⓑ之间则是水的稳定区。

在湿法冶金中，Ⅰ区是 Fe 的沉积区，Ⅱ、Ⅲ区是 Fe 以 Fe^{2+} 或 Fe^{3+} 稳定存在于溶液中的浸出区。Ⅳ、Ⅴ区是 Fe 分别以 $Fe(OH)_3$ 和 $Fe(OH)_2$ 沉淀析出的区域，对于其他金属的提炼过程来说，这两个区域是除铁区，也就是净化区。例如，在湿法炼锌过程中应保证 Zn^{2+} 稳定存在于溶液中，而尽量使 Fe 处于Ⅳ、Ⅴ区，从而使 Fe 与 Zn 分离。

其他金属-水系的电位-pH 值图（除电极电位很负和电极电位很正的金属-水系外），通常也有金属沉积区、浸出区和难溶化合物沉淀区，不同之处是：不同体系三个区域的大小和平衡条件不一样。某金属的沉积区越大，就越容易以金属形态沉积，而越难被浸出；浸出区越大，就越容易浸出，而越难以还原沉积，也越难以沉淀析出；沉淀区越大，就越容易以难溶化合物沉淀析出。

（4）对于 $Fe-H_2O$ 系电位-pH 值图来说，当 $a_{Fe^{2+}}$ 减少时，线⑥的位置向下平移；$a_{Fe^{2+}}$ 增加，线⑥的位置向上平移。因此，同一种物质在不同离子活度条件下的电位-pH 值图是不一样的，见图 12-3。

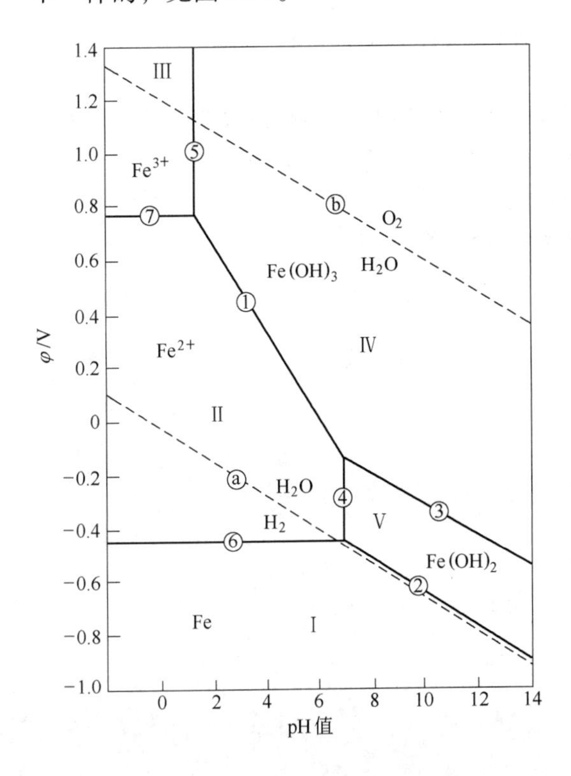

图 12-2　$Fe-H_2O$ 系电位-pH 值图

（298K，p_{O_2}、p_{H_2} 为 101325Pa）

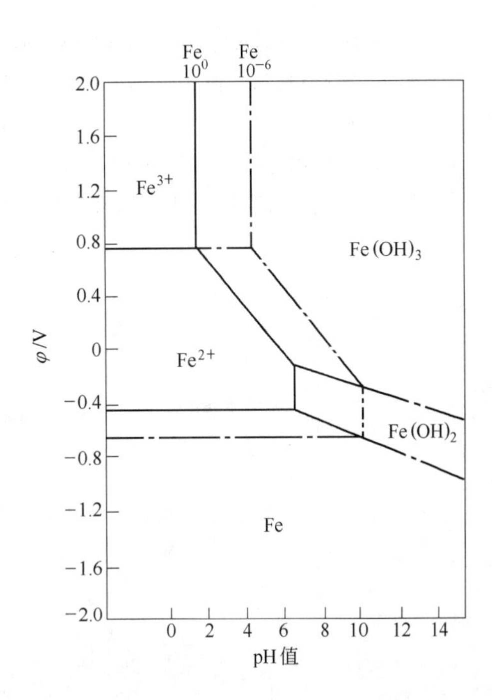

图 12-3　$Fe-H_2O$ 系电位-pH 值图

（298K，实线为 $a_{Fe^{2+}} = a_{Fe^{3+}} = 1$；点划线为 $a_{Fe^{2+}} = a_{Fe^{3+}} = 10^{-6}$）

12.3.3 多金属的电位-pH 值图

单一金属的电位-pH 值图，只能反映某一特定金属在一定条件下的存在状态及影响因素，而实际的浸出、净化和沉积等湿法冶金过程，往往都是由多种金属构成的复杂体系，要分析研究这些过程需要用多金属电位-pH 值图，即把一个复杂体系中各种金属-水系的电位-pH 值图叠加到一起，形成一张多金属的电位-pH 值图，此类图见第 13 章中图 13-1 所示。例如，锌焙砂酸浸过程中锌、铁、铜、镉分离问题，就需要用多金属的电位-pH 值图进行分析研究。利用该图，可以进行分析研究，提出湿法冶金过程的控制条件，使某些金属（或化合物）以离子状态溶解于溶液中，而另一些物质不溶；或者，使溶液中某些金属以离子状态存在于它们自己的浸出区，稳定于溶液中，而另一些物质进入到净化区，以难溶化合物析出；或者，使溶液中某些金属以金属形态沉积，达到与其他金属分离的目的。

习题与思考题

12-1 计算下列反应的 $\Delta_r G_m^{\ominus}$ 值：

(1) $MnO_2 + 2Fe^{2+} + 4H^+ = Mn^{2+} + 2Fe^{3+} + 2H_2O$

(2) $Fe^{3-} + 3OH^- = Fe(OH)_3$

(3) $Ni(OH)_2 + 2H^+ = Ni^{2+} + 2H_2O$

12-2 当温度为 298K 时，反应 $Fe^{3+} + Ag = Fe^{2+} + Ag^+$ 的平衡常数 $K = 0.531$，$\varphi^{\ominus}_{Fe^{3+}/Fe^{2+}} = 0.771V$，试求 $\varphi^{\ominus}_{Ag+/Ag} = ?$

12-3 当 $Cu(OH)_2$ 与纯水接触时，它将溶解到一定程度，并电离成离子，求温度为 298K 时铜离子水解沉淀的平衡 pH 值。若 $a_{Cu2+} = 0.1$，pH = 6.8 时，铜以什么形态稳定于溶液中？

12-4 已知：在 298K 时，$Ag^+ + 2CN^- = Ag(CN)_2^-$ 反应的平衡常数 $\lg K = 21$，$\varphi^{\ominus}_{Ag+/Ag} = 0.799V$，求溶液中形成配位化合物离子 $Ag(CN)_2^-$ 时银还原反应的标准电极电位 $\varphi'^{\ominus}_{Ag+/Ag}$。

12-5 若要在 298K 时使 Fe^{2+}、Fe^{3+} 发生水解，其平衡 pH 值各为多少？

13 浸　　出

【本章学习要点】

（1）浸出过程的主要反应类型有：简单溶解浸出、化学溶解浸出、电化学溶解浸出、有配位化合物形成的溶解浸出，不同浸出过程的冶金原理和主要影响因素不同。

（2）以锌焙烧酸浸为例学习 Me-H_2O 系电位-pH 图的绘制和使用，根据物质在水溶液中稳定性原理判断主金属在不同过程中存在的控制条件，以及如何达到相应条件。

（3）硫化矿直接酸浸的基本原理，以硫化锌精矿 ZnS-H_2O 系电位-pH 图为例，学习多金属 MeS-H_2O 系的电位-pH 图的基本原理和应用。

（4）金银配合浸出的基本原理与 Ag(Au)-CN^--H_2O 系电位-pH 图的应用。

13.1 概述

13.1.1 矿物浸出

矿物浸出的实质在于利用适当的溶剂使原料中的一种或几种有价成分优先溶出，达到有价成分与脉石和杂质分离的目的。

13.1.2 浸出原料

浸出原料通常是由一系列矿物组成的复杂多元体系，其中有价矿物多为硫化物、氧化物、碳酸盐等化合物，在浸出之前通常要对原料进行物理、化学处理，以改善其性质，使有价成分能够转变为可溶性物质。

13.1.3 浸出溶剂

浸出所用的溶剂，应具备以下一些性质：

（1）能选择性地迅速溶解原料中的有价成分，不与原料中的脉石、杂质发生作用；

（2）价格低廉，能大量获得；

（3）没有危险，便于使用；

（4）能够再生使用。

工业中常使用的溶剂有：水、酸溶液、碱溶液和盐溶液等。

13.1.4 浸出方法的分类

由于浸出原料的组成、性质不同，所采取的浸出方法也不相同。浸出的方法可根据以下三个方面的不同特点来进行划分：

（1）按浸出过程控制的压力不同，可分为：常压浸出和加压浸出。加压浸出又分有气体参与反应的加压浸出和无气体参与反应的加压浸出。

（2）按浸出使用的溶剂不同，可分为：水浸出、酸浸出、碱浸出、盐浸出。

（3）按浸出过程主要反应的类型不同，可分为：可溶性化合物溶于水的简单溶解浸出，溶质化合价不变的化学溶解浸出，有氧化-还原反应的电化学溶解浸出，生成配位化合物的化学溶解浸出。

第三种分类更利于从冶金原理的观点来分析和研究浸出过程的共同规律，因此，本章按此种分类介绍浸出过程。

13.1.5 浸出过程的主要反应类型

13.1.5.1 简单溶解浸出

当有价成分在固相原料中呈可溶于水的化合物形态时，浸出过程就主要是有价成分从固相转入液相的简单溶解，比如大部分硫酸盐和氯化物都易溶于水，在有色金属的冶炼中就有硫酸化焙烧或氯化焙烧过程，将不易溶于水的化合物（如硫化物）转为易溶于水的硫酸盐和氯化物，直接用水浸出（溶解）：

$$MeSO_4(s) + H_2O \longequal MeSO_4(l) + H_2O$$

$$MeCl_2(s) + H_2O \longequal MeCl_2(l) + H_2O$$

13.1.5.2 化学溶解浸出

（1）用酸、碱与金属氧化物或氢氧化物作用，生成盐溶液：

$$MeO(s) + H_2SO_4 \longequal MeSO_4(l) + H_2O$$

$$Me(OH)_3(s) + NaOH \longequal NaMe(OH)_4(l)$$

如硫化锌精矿氧化焙烧后的焙砂酸浸出：

$$ZnO(s) + H_2SO_4 \longequal ZnSO_4(l) + H_2O$$

又如三水铝石碱浸出：

$$Al(OH)_3(s) + NaOH \longequal NaAl(OH)_4(l)$$

（2）酸与难溶于水的化合物（如 MeS、$MeCO_3$ 等）作用：

$$MeS(s) + H_2SO_4 \longequal MeSO_4(l) + H_2S(g)\uparrow$$

如硫化锌精矿的酸浸出：

$$ZnS(s) + H_2SO_4 \longequal ZnSO_4(l) + H_2S(g)\uparrow$$

又如菱锌矿的酸浸出：

$$ZnCO_3(s) + H_2SO_4 \longequal ZnSO_4(l) + H_2O + CO_2(g)\uparrow$$

（3）难溶于水的有价金属（Me_1），其化合物与第二种金属 Me_2 的可溶性盐发生复分解反应，形成第二种金属 Me_2 的更难溶性盐和第一种金属 Me_1 的可溶性盐：

$$Me_1S(s) + Me_2SO_4(l) \longequal Me_2S(s) + Me_1SO_4(l)$$

例如：

$$NiS(s) + Cu_2SO_4(l) \longequal Cu_2S(s) + NiSO_4(l)$$

13.1.5.3 电化学溶解浸出

（1）金属和酸反应，酸中氢离子还原，金属被氧化：

$$Me + H_2SO_4 \longrightarrow MeSO_4 + H_2\uparrow$$

按照这类反应，所有负电性的金属均可溶解在酸中。

（2）空气中的氧参与反应，使金属被氧化：

$$Me + H_2SO_4 + \frac{1}{2}O_2 \longrightarrow MeSO_4 + H_2O$$

有些正电性金属的溶解便是如此。

（3）向溶液中添加氧化剂，使金属氧化。

$$2Fe^{2+} + MnO_2 + 4H_2SO_4 = MnSO_4 + Fe_2(SO_4)_3 + 2H_2O$$

（4）与阴离子氧化有关的溶解。在一些浸出情况下，难溶化合物中与金属相结合的阴离子被氧化，而金属则由难溶化合物转为可溶性盐进入溶液。例如某些硫化精矿在进行加压氧浸出时硫离子氧化成元素硫的反应：

$$MeS + H_2SO_4 + \frac{1}{2}O_2 \longrightarrow MeSO_4 + H_2O + S$$

$$MeS + 2O_2 \longrightarrow MeSO_4$$

（5）基于金属还原的溶解。这类溶解反应在被提取金属能形成几种不同价态的离子的情况下能够发生。含有高价金属的难溶化合物，在金属被还原成低价时转变为可溶性化合物。例如，氧化铜用亚铁盐浸出的反应：

$$3CuO + 2FeCl_2 + 3H_2O \longrightarrow CuCl_2 + 2CuCl + 2Fe(OH)_3$$

13.1.5.4 有配位化合物形成的溶解浸出

用氰化钾或氰化钠溶液浸出金或银的过程，是这类反应的常见实例。如金的氰化钠溶解反应：

$$2Au + 4NaCN + H_2O + \frac{1}{2}O_2 \longrightarrow 2NaAu(CN)_2 + 2NaOH$$

配合溶浸具有很多优点：

（1）能进行选择性的溶解，因为原料中某些伴生金属并不形成配合物。

（2）配合物的形成，增大了金属在给定溶液中的溶解度，利于产出高浓度溶液。

（3）溶液的稳定性提高，不易发生水解。

13.2 锌焙砂酸浸出

13.2.1 锌焙砂酸浸的目的和任务

硫化锌精矿经焙烧后得到锌焙砂，其主要成分是氧化锌，还有少量其他金属氧化物。锌焙砂用稀硫酸（废电解液）进行浸出，生成硫酸锌，反应为：$ZnO + H_2SO_4 = ZnSO_4 + H_2O$。

浸出的目的是使锌尽可能迅速和完全地溶解于溶液中，而有害杂质则尽可能少地进入溶液。浸出时，氧化态的锌容易进入溶液，但同时也有相当数量的杂质进入到了溶液中，反应通式为：$Me_mO_n + nH_2SO_4 = Me_m(SO_4)_n + nH_2O$。为达到浸出目的，浸出过程一般有两段以上工序（中性浸出、酸性浸出）。中性浸出除了要把锌溶解到溶液中，还要除去一定杂质，即利用中和水解原理使铁、砷、锑等从溶液中沉淀除去。酸性浸出一般是将中性浸出渣进一步用较强的酸浸出，使渣中的锌尽可能地溶解，以提高锌焙砂中锌的浸出率。

13.2.2 锌焙砂酸浸溶液和 $Me-H_2O$ 系的电位-pH 值图

根据前一章介绍的电位-pH 值图的绘制方法，求出锌焙砂中性浸出溶液中存在的各种反应的电位-pH值关系，如表13-1、表13-2列出了锌、铜在中性浸出过程中的主要反应及电位-pH值关系式（铁在浸出过程中的主要反应及电位-pH值关系式见表12-1），以此作为绘制锌焙砂中性浸出 $Me-H_2O$ 系电位-pH值图的依据。

表13-1 锌在浸出过程中的主要反应及电位-pH值关系式

反 应		电位-pH值的关系式
①	$Zn^{2+}+2e = Zn$	$\varphi=-0.762+0.02955\lg a_{Zn^{2+}}$
②	$Zn(OH)_2+2H^+ = Zn^{2+}+2H_2O$	$pH=5.8-\frac{1}{2}\lg a_{Zn^{2+}}$
③	$Zn(OH)_2+2H^++2e = Zn+2H_2O$	$\varphi=-0.44-0.0591pH$

表13-2 铜在浸出过程中的主要反应及电位-pH值关系式

反 应	电位-pH值的关系式
$Cu^{2+}+2e = Cu$	$\varphi=0.345+0.02955\lg a_{Cu^{2+}}$
$Cu(OH)_2+2H^+ = Cu^{2+}+2H_2O$	$pH=3.8-\frac{1}{2}\lg a_{Cu^{2+}}$
$Cu(OH)_2+2H^++2e = Cu+2H_2O$	$\varphi=0.6-0.0591pH$

根据溶液中各个组分的浓度，查表得到相应活度系数，求出活度分别代入上例平衡关系式中，就可以确定 $Zn-H_2O$ 系、$Fe-H_2O$ 系、$Cu-H_2O$ 系、$Cd-H_2O$ 系、$Co-H_2O$ 系、$Ni-H_2O$ 系电位-pH值图中每条直线的具体位置，从而绘制出各种金属-H_2O 系的电位-pH值图。通常为了综合了解锌焙砂浸出时整个体系的行为，会把锌的电位-pH值图和其他金属的电位-pH值图重合起来形成一张图，如图13-1所示。

在表13-1中，当取实际中性浸出液 Zn^{2+} 活度为 6.955×10^{-2} 时，反应①在电位-pH值图中为水平线，$\varphi_{Zn^{2+}/Zn}=-0.762+0.02955\times\lg(6.955\times10^{-2})=-0.796V$；反应②在电位-pH值图中为垂直线，其 $pH=5.8-\frac{1}{2}\lg(6.955\times10^{-2})=6.38$；反应③在电位-pH值图中为一条斜线，其斜率为 -0.0591。

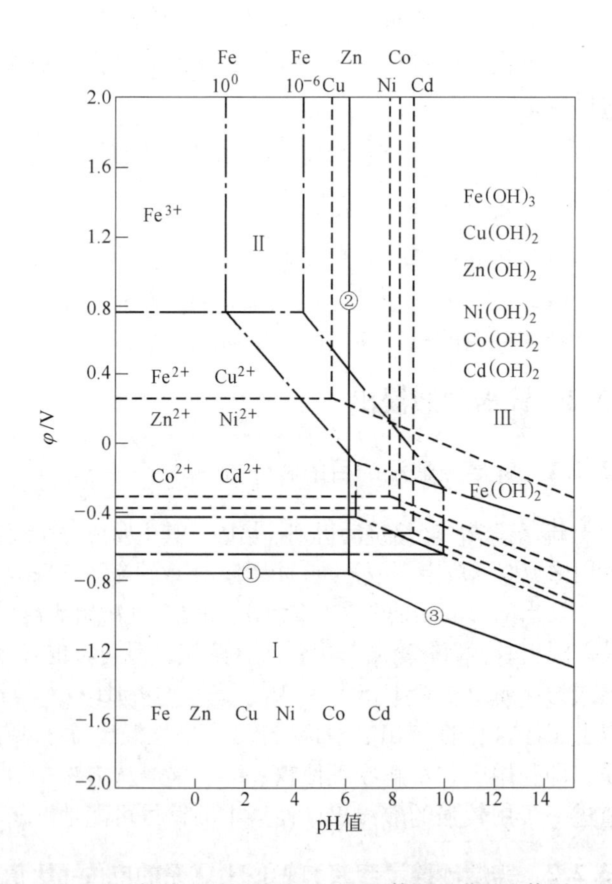

图13-1 锌焙砂酸浸溶液 $Me-H_2O$ 体系电位-pH值图
（锌离子活度为 6.955×10^{-2}）

13.2.3 Me-H_2O 系的电位-pH 值图在锌焙砂酸浸中的应用

（1）从图中可以得到，Ⅰ区为金属的沉积区，Ⅱ区为金属的浸出区，Ⅲ区为金属的净化区（铁除外）。

（2）对于锌来说，其浸出过程的实质是要使锌稳定存在于Ⅱ区。当锌离子活度为 6.955×10^{-2}时，它开始水解的 pH 值为 6.38，若溶液 pH 大于此值时，锌则通过②线从Ⅱ区转入Ⅲ区，以 $Zn(OH)_2$ 沉淀析出，这是不希望得到的物质。

（3）溶液中只有三价铁离子析出沉淀的 pH 值远小于锌离子析出沉淀的 pH 值，当溶液的 pH 值控制在两者之间时，溶液中只有三价铁离子以氢氧化铁沉淀析出，而与溶液中的锌分离。生产实践中，中性浸出的终点 pH 值一般控制在 5.2 ~ 5.4 之间。

（4）铜离子析出的 pH 值与锌离子相近，溶液中的铜若在活度较大的情况下，会有一部分发生水解沉淀下来（进入到Ⅲ区），其余仍留在溶液中。

（5）镍离子、钴离子、镉离子和二价铁离子析出沉淀的 pH 值都大于锌离子，在浸出过程中，溶液 pH 取值要保证主体金属离子不发生水解，即使锌以离子状态稳定地处于Ⅱ区，那么这些杂质将不能以氢氧化物形式从溶液中析出，而与锌离子共存于体系中。

（6）在实际生产过程中，锌离子浓度并非固定不变，随着锌离子活度的升高或降低，沉淀析出锌的 pH 值将会降低或升高。溶液中锌离子浓度升高，沉淀析出 $Zn(OH)_2$ 的 pH 值降低，反之则升高，如当浓度升高为 $a_{Zn^{2+}}=1$ 时，沉淀析出 $Zn(OH)_2$ 的 pH 值将降低至 5.9。

（7）在图 13-1 中，绘制有两组杂质铁的 Fe-H_2O 系电位-pH 值关系线，分别表示 Fe^{3+} 的活度为 10^0 和 10^{-6}的情况，实际中性浸出液中铁的含量介于两组活度之间。同时，从图中可以看出，在中性浸出控制终点溶液的 pH 值条件下，Fe^{2+} 是不能水解除去的。为了净化除铁，必须把 Fe^{2+} 氧为成 Fe^{3+}，Fe^{3+} 能水解沉淀而与锌离子分离。氧化剂可以是高锰酸钾、双氧水、软锰矿等，在生产中常用软锰矿作为二价铁离子的氧化剂。

（8）控制溶液的电位低于 −0.796V，锌将通过①线从Ⅱ区转入沉积区Ⅰ区。

13.3 硫化矿酸浸出

13.3.1 硫化矿酸浸反应类型

用硫酸浸出硫化矿的反应可用下列通式表示：

$$MeS\,(s) + 2H^+ = Me^{2+} + H_2S\,(l)$$

在溶液中，溶解了的 H_2S 可按下列反应式发生分解：

$$H_2S = HS^- + H^+$$

$$HS^- = S^{2-} + H^+$$

生成的含硫离子、硫离子及 H_2S 本身能够被各种氧化剂氧化，并在溶液不同的 pH 值下氧化生成不同价态的产物，例如 S、H_2S、HSO_4^-、SO_4^{2-}、HS^-等。

所有这些变化以及与它有关的其他各种变化发生的条件和规律性，可以通过分析 MeS-H_2O 系在 298K 下的电位-pH 值图了解。

在硫化矿酸浸溶液 MeS-H_2O 体系中一般有以下几类反应（假设 Me 为 2 价金属）：

(1) $Me^{2+} + S + 2e = MeS$

根据前一章的介绍，可知此类反应属于没有氢离子、只有电子参与的氧化还原反应，其平衡状态与溶液的酸度无关，在电位-pH 值图上是一条平行于 pH 值轴的直线。

(2) $MeS + 2H^{+} = Me^{2+} + H_2S$

此类反应属于只有氢离子而无电子参与的氧化还原反应，其平衡状态与电势无关，在电位-pH 值图上是一条垂直于 pH 轴的直线（即平行于 φ 轴）。

(3) $HSO_4^{-} + Me^{2+} + 7H^{+} + 8e = MeS + 4H_2O$

$$SO_4^{2-} + Me^{2+} + 8H^{+} + 8e = MeS + 4H_2O$$

$$SO_4^{2-} + Me(OH)_2 + 10H^{+} + 8e = MeS + 6H_2O$$

此类反应属于既有氢离子又有电子参与的氧化还原反应，其平衡状态与溶液的酸度和电位都有关系，在电位-pH 值图上是一条斜线。

现以 $ZnS-H_2O$ 系在 298K 下的电位-pH 值图为例进行硫化矿酸浸的分析讨论。

13.3.2 硫化矿酸浸溶液 $ZnS-H_2O$ 系电位-pH 值图

为了对硫化锌矿酸浸进行分析讨论，需要了解 $ZnS-H_2O$ 系电位-pH 值图的绘制。

绘制电位-pH 值图，首先按照前面已讨论过的原理和方法，推出 $ZnS-H_2O$ 系各有关反应在 298K 下的 φ 和 pH 值的计算式，见表 13-3 所示。

根据表 13-3 中各反应 φ 和 pH 值的计算式，在假设 298K 时锌离子和各种含硫离子的活度为 0.1，p_{O_2} 和 p_{H_2} 为 101.325kPa 的条件下，作出 $ZnS-H_2O$ 系 298K 时的电位-pH 值图，如图13-2所示。

表 13-3 $ZnS-H_2O$ 系的反应及其在 298K 下的 φ 和 pH 值的计算式

	反　应	φ 和 pH 值的计算式
1	$Zn^{2+} + S + 2e = ZnS$	$\varphi = 0.265 + 0.0295\ \lg a_{Zn^{2+}}$
2	$ZnS + 2H^{+} = Zn^{2+} + H_2S$	$pH = -1.856 - 0.5\lg a_{Zn^{2+}} - 0.5\ \lg a_{H_2S}$
3	$S + 2H^{+} + 2e = H_2S$	$\varphi = 0.142 - 0.0591pH - 0.0295\ \lg a_{H_2S}$
4	$HSO_4^{-} + 7H^{+} + 6e = S + 4H_2O$	$\varphi = 0.338 - 0.0689pH + 0.00985\ \lg a_{HSO_4^-}$
5	$SO_4^{2-} + H^{+} = HSO_4^{-}$	$pH = 1.91 - \lg a_{HSO_4^-} + \lg a_{SO_4^{2-}}$
6	$SO_4^{2-} + 8H^{+} + 6e = S + 4H_2O$	$\varphi = 0.357 - 0.0788pH + 0.00985\ \lg a_{SO_4^{2-}}$
7	$Zn^{2+} + HSO_4^{-} + 7H^{+} + 8e = ZnS + 4H_2O$	$\varphi = 0.320 - 0.0517pH + 0.0074\ \lg a_{Zn^{2+}} \cdot a_{HSO_4^-}$
8	$Zn^{2+} + SO_4^{2-} + 8H^{+} + 8e = ZnS + 4H_2O$	$\varphi = 0.334 - 0.0591pH + 0.00741\ \lg a_{Zn^{2+}} \cdot a_{SO_4^{2-}}$
9	$2Zn^{2+} + SO_4^{2-} + 2H_2O = ZnSO_4 \cdot Zn(OH)_2 + 2H^{+}$	$pH = 3.77 - 0.5\ \lg a_{SO_4^{2-}} - \lg a_{Zn^{2+}}$
10	$ZnSO_4 \cdot Zn(OH)_2 + SO_4^{2-} + 18H^{+} + 16e = 2ZnS + 10H_2O$	$\varphi = 0.364 - 0.0665pH + 0.00371\ \lg a_{SO_4^{2-}}$
11	$ZnSO_4 \cdot Zn(OH)_2 + 2H_2O = 2Zn(OH)_2 + 2H^{+} + SO_4^{2-}$	$pH = 8.44 + 0.5\ \lg a_{SO_4^{2-}}$
12	$Zn(OH)_2 + 10H^{+} + SO_4^{2-} + 8e = ZnS + 6H_2O$	$\varphi = 0.425 - 0.0739pH + 0.0074\ \lg a_{SO_4^{2-}}$
13	$ZnO_2^{2-} + 2H^{+} = Zn(OH)_2$	$pH = 14.25 + 0.5\ \lg a_{ZnO_2^{2-}}$
14	$ZnO_2^{2-} + SO_4^{2-} + 12H^{+} + 8e = ZnS + 6H_2O$	$\varphi = 0.635 - 0.0887pH + 0.0074\ \lg a_{ZnO_2^{2-}} \cdot a_{SO_4^{2-}}$

续表 13-3

	反　应	φ 和 pH 值的计算式
15	$ZnO_2^{2-}+SO_4^{2-}+12H^++10e$ ═══ $Zn+S^{2-}+6H_2O$	$\varphi=0.216-0.0709pH-0.00591\lg a_{S^{2-}}+0.0591(\lg a_{ZnO_2^{2-}}+\lg a_{SO_4^{2-}})$
16	$ZnS+2e$ ═══ $Zn+S^{2-}$	$\varphi=-1.461-0.0295\lg a_{S^{2-}}$
17	$S^{2-}+H^+$ ═══ HS^-	$pH=12.43+\lg a_{S^{2-}}-\lg a_{HS^-}$
18	$ZnS+H^++2e$ ═══ $Zn+HS^-$	$\varphi=-1.093-0.0295pH-0.0295\lg a_{HS^-}$
19	HS^-+H^+ ═══ H_2S	$pH=7.0+\lg a_{HS^-}-\lg a_{H_2S}$
20	$ZnS+2H^++2e$ ═══ $Zn+H_2S$	$\varphi=-0.886-0.0591pH-0.02995\lg a_{H_2S}$
21	$Zn^{2+}+2e$ ═══ Zn	$\varphi=-0.763+0.0295\lg a_{Zn^{2+}}$
O	O_2+4H^++4e ═══ $2H_2O$	$\varphi=1.229-0.0591pH+0.0148\lg(p_{O_2}/p^{\ominus})$
H	$2H^++2e$ ═══ H_2	$\varphi=-0.0591pH-0.0295\lg(p_{H_2}/p^{\ominus})$

由于矿物中有各种碱式盐及金属离子呈多价形态存在，故实际的 MeS-H_2O 系的电位-pH 值图要比 ZnS-H_2O 系的电位-pH 值图复杂得多。

13.3.3 ZnS-H_2O 系电位-pH 值图在硫化锌矿酸浸中的应用

从图 13-2 可以看出：

（1）298K 时，Ⅰ区为 ZnS 的稳定区，反应②的平衡 pH 值很小（约 −1.6），其反应要求的溶剂酸度很高，在工业中不易实现。但是，如果控制 pH 值大约在 −1.6 ~ 1.061，给予相应的氧化电势（加氧化剂氧化）时，ZnS 将从Ⅰ到达Ⅱ，发生 $ZnS = Zn^{2+}+S+2e$ 浸出反应。

（2）在 pH 值稍高的条件下，当电势位于Ⅲ区内时，ZnS 能按 $ZnS+4H_2O = SO_4^{2-}+Zn^{2+}+8H^++8e$浸出。

（3）当有氧存在时，ZnS 及许多其他的金属硫化物在任何 pH 值的水溶液中都是不稳定的，即硫化锌在整个 pH 值的范围内都能被氧化，并在不同的 pH 值下分别得到不同的氧化产物。

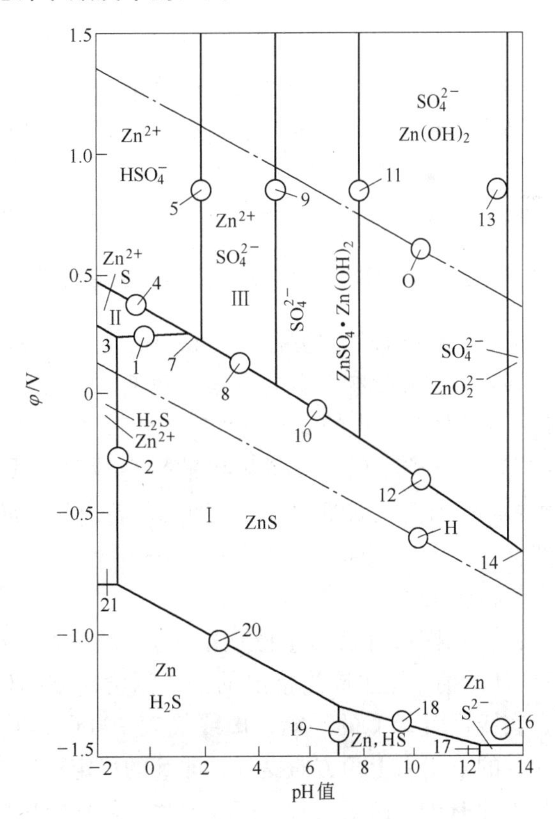

图 13-2 ZnS-H_2O 系的电位-pH 图（298K）

在有氧作用过程中，由于溶液的 pH 值不同，ZnS 被氧氧化可能有下列四种基本氧化还原反应发生，各自得到不同的氧化产物：

$$2ZnS + O_2 + 4H^+ \longrightarrow 2Zn^{2+} + 2S + 2H_2O$$

$$ZnS + 2O_2 \longrightarrow Zn^{2+} + SO_4^{2-}$$

$$ZnS + 2O_2 + 2H_2O \longrightarrow Zn(OH)_2 + SO_4^{2-} + 2H^+$$

$$ZnS + 2O_2 + 2H_2O \longrightarrow ZnO_2^{2-} + SO_4^{2-} + 4H^+$$

上述这些氧化还原反应发生的条件及其变化规律都可以从图 13-2 中清楚地看出。

总之，当有氧存在时，ZnS 及许多其他的金属硫化物在任何 pH 值的水溶液中都是不稳定的相，即从热力学观点来说，硫化锌在整个 pH 值的范围内都能被氧化，并在不同的 pH 值下分别得到如上列四种氧化还原反应所示的不同的氧化产物。ZnS 被氧氧化的趋势，决定于氧电极与硫化物电极之间的电位差。因为从电化学的观点看来，上述四种基本氧化反应可以认为是由下列原电池反应组成的。

在正极：

$$O_2 + 4H^+ + 4e \longrightarrow 2H_2O$$

在负极，对于上述四种反应各有：

$$ZnS \longrightarrow Zn^{2+} + S + 2e$$

$$ZnS + 4H_2O \longrightarrow Zn^{2+} + SO_4^{2-} + 8H^+ + 8e$$

$$ZnS + 6H_2O \longrightarrow Zn(OH)_2 + SO_4^{2-} + 10H^+ + 8e$$

$$ZnS + 6H_2O \longrightarrow ZnO_2^{2-} + SO_4^{2-} + 12H^+ + 8e$$

（4）从图 13-2 可以看出，ZnS 的酸浸反应要求溶剂酸度很高，故实际生产上是在加压、高温和有氧作用的条件下用硫酸浸出。工业中往往采取反应①进行 ZnS 精矿的有氧高压酸浸，主要是考虑到对元素硫的回收。

（5）从图 13-2 还可以看出，ZnS 在任何 pH 值的水溶液中都不能被氢还原成金属锌。

13.3.4 多金属 MeS-H_2O 系电位-pH 值图绘制及其在硫化矿酸浸中的应用

为了比较各种硫化物在水溶液中的性质，分析研究各种金属硫化物在浸出过程中的行为，寻求金属硫化物浸出的方案，我们可以在同一张图上绘制一个多金属的 MeS-H_2O 系电位-pH 值图。常见的金属硫化矿一般有 ZnS、PbS、CuS、FeS、NiS 等，将这些金属硫化物的①、②、③、④、⑤等反应的平衡线绘制叠合在一张图中，可得多金属的 MeS-H_2O 系电位-pH 值图，见图 13-3。由图可以看出，大部分的金属硫化物 MeS 与 Me^{2+}、H_2S 的平衡线②都与电位坐标平行（FeS_2、NiS 除外）。

分析图 13-3 可以得出：

（1）从图中可以清楚地看出，各种硫化物相对稳定的程度，即各种硫化物进行反应的 φ 和 pH 差值。这里应当指出的是，温度对 φ-pH 值图中的 φ 和 pH 值的影响。在图 13-3 中，实线代表 25℃ 的平衡，虚线代表 100℃ 的平衡。可以看出，随着温度的增加，反应③、④的 φ 沿右上角方向提升，即 S 的稳定区向右上角方向迁移，而反应⑤的 pH 值向右迁移，即 HSO_4^- 稳定区向右扩张。对于各种硫化物而言，正如图中 CuS 和 ZnS 所示，反应①、②的平衡 φ 和 pH 值是随着温度的升高而向右上角方向提升，即氧化成 S 或 HSO_4^- 所

要求的 φ 和 pH 值增加，则提高温度有利于在低酸介质中氧化。

（2）对于 MnS、FeS、NiS 等硫化物而言，硫化矿酸浸方案可以有：

1）在工业上能够实现的酸度条件下，金属硫化物按 $MeS + 2H^{2+} = Me^{2+} + H_2S$ 反应生成 Me^{2+} 和 H_2S。

2）控制适当的 pH 值，在氧化剂存在下 MeS 生成 Me^{2+} 和 SO_4^{2-}。

3）在低酸范围内，MnS、FeS 能氧化成 Me^{2+} 和 S，实现金属的浸出，硫以元素硫形态回收。

（3）对于 ZnS、PbS、$CuFeS_2$ 等硫化物而言，进行 $MeS + 2H^{2+} = Me^{2+} + H_2S$ 反应需要的 pH 值很低，在工业生产中不易实现。但这些硫化物氧化成 Me^{2+} 和 S 所需要的 pH 值在工业中可以达到，因此在适当的电势下，上述硫化物能得到含 Me^{2+} 的溶液和元素 S。

（4）对于 FeS_2、CuS 等硫化物而言，其进行 $MeS + 2H^{2+} = Me^{2+} + H_2S$ 反应需要的 pH 值非常低，在工业生产中不可能实现，因此不可能按照上述反应进行，只能在氧化条件下浸出得到 Me^{2+}、HSO_4^- 或 SO_4^{2-}。

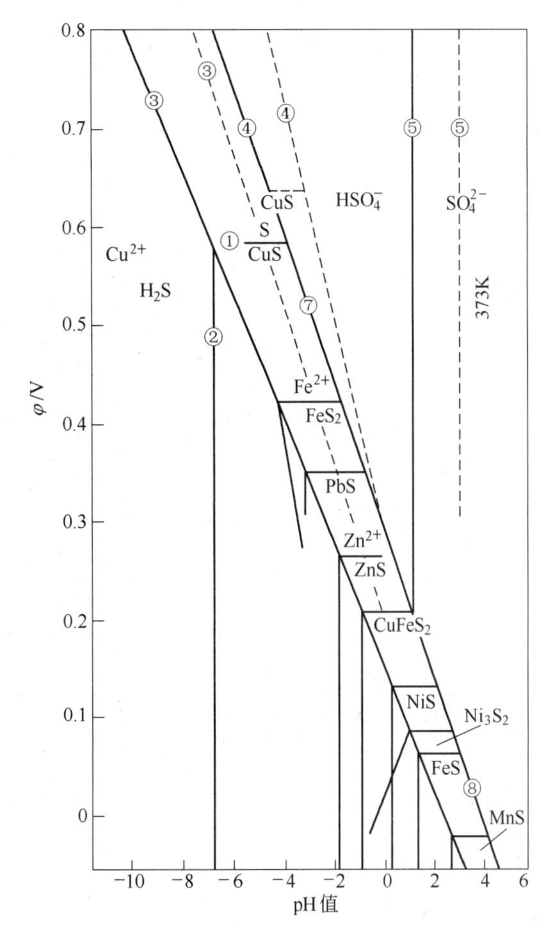

图 13-3 常见 $MeS\text{-}H_2O$ 系的电位-pH 值图
（实线 298K，虚线 373K）

（5）金属硫化物被氧氧化的趋势，决定于氧电极与硫化物电极之间的电位差。金属硫化物在相同条件下进行比较，可得到下列氧化趋势的递减顺序：

$$FeS \rightarrow NiS \rightarrow ZnS \rightarrow PbS \rightarrow CuS$$

13.4 金银配合浸出

金银是典型的贵金属，要使它们以单独的离子溶解而且稳定存在于水溶液中是很困难的，但与氰化物作用，能生成易溶解的、且稳定存在于水溶液中的配位化合物离子 $Au(CN)_2^-$、$Ag(CN)_2^-$。因为金、银的标准还原电极电位很高，若要使它们失去电子成为简单离子溶解是很困难的，但它们在溶液中与配合剂作用时，会生成稳定的配合物离子，使金、银离子的活度降低，从而大大降低它们被氧化的电极电位，扩大电位-pH 值图中金、银、离子的稳定区，有利于浸出。金银的配合浸出通常用 NaCN 或 $Ca(CN)_2$ 作为配合剂。

当金属与配合浸出剂 L 生成配合物时，其金银配合浸出溶液 $Ag\text{-}CN^-\text{-}H_2O$ 系 φ-pH 值图的基本绘制步骤较金属-水系复杂得多。现以金银配合浸出溶液 $Ag\text{-}CN^-\text{-}H_2O$ 系为例，

讨论其 φ-pH 值图的基本绘制步骤：

(1) 确定体系的基本反应，并求出电位与 pCN 值的关系式($pCN = -\lg a_{CN^-}$)。

(2)求出 pH 值与 pCN 值的关系。

(3)将 φ-pCN 值关系式中的 pCN 值用相应的 pH 值代替，绘出 φ-pH 值图。

13.4.1 金银配合浸出溶液 $Ag-CN^- -H_2O$ 系电位-pH 值图

13.4.1.1 $Ag-CN^- -H_2O$ 系中的基本反应与对应的电位-pCN 值关系

有配合剂 CN^- 参加反应时，令 $pCN = -\lg a_{CN^-}$，则金属银配合浸出溶液 $Ag-CN^- -H_2O$ 体系中基本反应与对应的电位与 pCN 值关系式，见表 13-4。

表 13-4 $Ag-CN^- -H_2O$ 系中的基本反应与对应的电位-pCN 值关系式

反　应	K_f	电位-pCN 值关系式
(1) $Ag^+ + CN^- \Longrightarrow AgCN$	$K_f = a_{AgCN}/a_{Ag^+} \cdot a_{CN^-} = 10^{13.8}$	$pCN = -\lg a_{CN^-} = 13.8 + \lg a_{Ag^+}$
(2) $AgCN + CN^- \Longrightarrow Ag(CN)_2^-$	$K_f = a_{Ag(CN)2^-}/a_{Ag} \cdot a_{CN^-} = 10^{5.0}$	$pCN = 5.0 - \lg a_{Ag(CN)_2^-}$
(3) $Ag^+ + 2CN^- \Longrightarrow Ag(CN)_2^-$	$K_f = a_{Ag(CN)2^-}/a_{Ag} \cdot a_{CN^-}^2 = 10^{18.8}$	$pCN = 9.4 + \frac{1}{2}\lg a_{Ag^+}/a_{Ag(CN)_2^-}$
(4) $2Ag^+ + H_2O \Longrightarrow Ag_2O + 2H^+$		$pH = 6.32 + \lg a_{Ag^+}$
(5) $Ag_2O + 2H^+ + 2CN^- \Longrightarrow 2AgCN + H_2O$		$pH + pCN = 20.1$
(6) $Ag_2O + 2H^+ + 4CN^- \Longrightarrow 2Ag(CN)_2^- + H_2O$		$pH + pCN = 25.1 - \lg a_{Ag(CN)_2^-}$
(7) $Ag^+ + e \Longrightarrow Ag$		$\varphi = 0.799 + 0.0591\lg a_{Ag^+}$
(8) $AgCN + e \Longrightarrow Ag + CN^-$		$\varphi = -0.017 + 0.0591pCN$
(9) $Ag(CN)_2{}^- + e \Longrightarrow Ag + 2CN^-$		$\varphi = -0.31 + 0.12pCN + 0.0591\lg a_{Ag(CN)_2^-}$

注：K_f 为银配位化合物的生成常数。

表中反应（7）、（8）、（9）的电位与 pCN 值的关系可绘成电位-pCN 值图，见图 13-4。由图 13-4 可知，pCN 值愈小，平衡电位愈低，表示银更易溶解。当溶液中不存在 CN^- 时，平衡电位很高，表示银很难溶解，如图 13-4 中的线⑦。

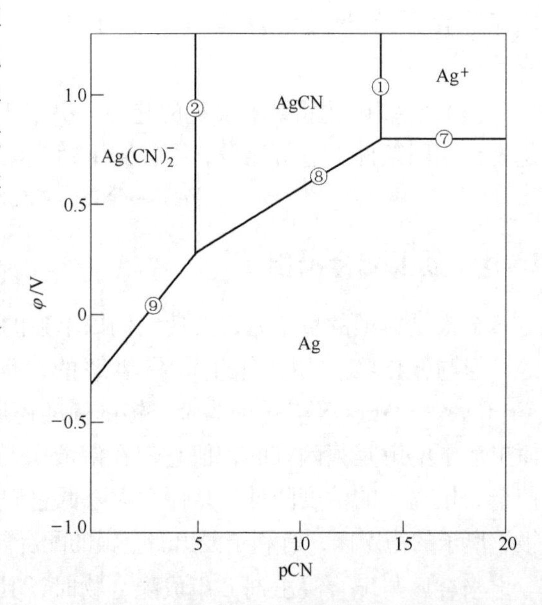

图 13-4 $Ag-CN^- -H_2O$ 系电位-pCN 值图

13.4.1.2 pH 值与 pCN 值的关系

在水溶液中存在 CN^- 时，H^+ 与 HCN 之间存在的平衡关系为：

$$H^+ + CN^- \Longrightarrow HCN$$

$$K_f = \frac{a_{HCN}}{a_{H^+} \cdot a_{CN}} = 10^{9.4}$$

得：

$$pH + pCN = 9.4 - \lg a_{HCN}$$

令 N 表示浸出溶液中总氰的活度，即 N

$=a_{CN^-}+a_{HCN}$，则可得出 pH 值和 pCN 值的关系式：

$$pH+pCN=9.4-\lg N+\lg(1+10^{pH-9.4}) \tag{10}$$

当溶液中总氰的活度 N 已知时，可以算出 pH 值与 pCN 值的具体关系。

氰化络合浸出时，总氰的活度 $N\approx10^{-2}$，如果以此值代入式（10）便可求得 pH 值与 pCN 值的换算值（表 13-5）。

表 13-5 pH 值与 pCN 值的换算值（当 $N=10^{-2}$时）

pH 值	0	1	2	3	4	5	6	7	8.4	9.4	10.4
pCN	11.4	10.4	9.4	8.4	7.4	6.4	5.4	4.4	3.04	2.3	2.04

13.4.1.3 $Ag-CN^--H_2O$ 系电位-pH 值图的绘制

根据电位-pCN 值图和 pH 值与 pCN 值的关系，当溶液中总氰活度（N）一定时，指定溶液中 Ag 的活度，就可以求出各反应式中电位与 pH 值的关系式。

对于反应①：实际浸出液中 Ag 的浓度一般为 10^{-4}mol/L，取 $a_{Ag^+}=10^{-4}$，则 $pCN=13.8+\lg a_{Ag^+}=9.8$；将反应①中的 pCN 值用 pH 值代替，则 $pH=11.4-pCN=11.4-9.8=1.6$；将 $pH=1.6$ 绘于图 13-5 中就得到垂直反应线①；

对于反应②：取 $a_{Ag(CN)_2^-}=10^{-4}$时，则 $pCN=5.0-\lg a_{Ag(CN)_2^-}=9.0$；将反应②中的 pCN 值用 pH 值代替，则 $pH=11.4-pCN=11.4-9.0=2.4$；将 $pH=2.4$ 绘制于图 13-5 中就得到垂直反应线②；

对于反应⑦：取 $a_{Ag^+}=10^{-4}$，$\varepsilon=0.799+0.0591\lg a_{Ag^+}=0.53$，将其绘制于图 13-5 中就得到反应线⑦；

对于反应⑧、⑨：取 $a_{Ag(CN)_2^-}=10^{-4}$，将反应⑧、⑨中的 pCN 值用 pH 值代替，则每给定一个 pCN 值就可求出一个相应的 pH 值，并计算出对应的 $\varphi_{AgCN/Ag}$ 和 $\varphi_{Ag(CN)_2^-/Ag}$ 值，列于表13-6中，就得到⑧、⑨两条反应线的电位与 pH 值的关系。

表 13-6 反应⑧、⑨中的 pH 值、pCN 值及对应的电位 φ 值

（$N=10^{-2}$，$a_{Ag(CN)_2^-}=10^{-4}$）

pH 值	0	1	2	3	4	5	6	7	8.4	9.4	10.4
pCN 值	11.4	10.4	9.4	8.4	7.4	6.4	5.4	4.4	3.04	2.3	2.04
⑧φ/V	0.667	0.607	0.547	0.479	0.420	0.367	0.302	0.247	0.165	0.121	0.105
⑨φ/V	0.82	0.70	0.58	0.46	0.34	0.22	0.10	0.02	-0.18	-0.27	-0.30

根据上述反应①、②、⑦、⑧、⑨的电位与 pH 值的关系绘制电位-pH 值图，并在图中用同样的方法，绘上 $Au-CN^--H_2O$ 系、$Zn-CN^--H_2O$ 系的电位-pH 值关系曲线，可得到氰化法提取金银的电位-pH 值图，见图 13-5，用该图可说明氰化法提取金银的原理。

13.4.2 电位-pH 值图在配合浸出中的应用

从图 13-5 可以看出：

(1) 用氰化物溶液溶解金、银，生成的配位化合物离子的还原电极电位，比游离金、银离子的还原电极电位低很多，所以，氰化物溶液是金、银的良好溶剂和配合剂。金的游离离子的还原电位高于银离子，但金的配合离子的还原电位则低于银配合离子。这说明，氰化物溶液溶金易于溶银。

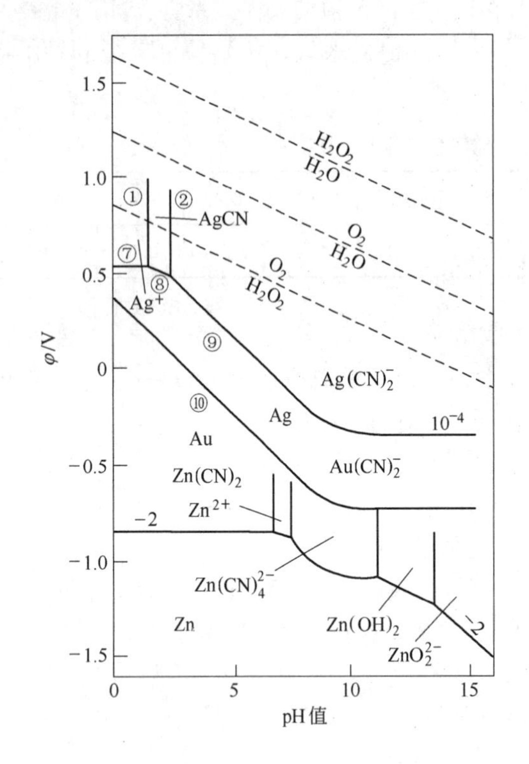

①$Ag^+ + CN^- = AgCN$

②$AgCN + CN^- = Ag(CN)_2^-$

⑦$Ag^+ + e = Ag$

⑧$AgCN + e = Ag + CN^-$

⑨$Ag(CN)_2^- + e = Ag + 2CN^-$

⑩$Au(CN)_2^- + e = Au + 2CN^-$

$T = 298K, p_{O_2} = p_{H_2} = 1.01325 \times 10^5 Pa$

CN^- 的浓度为 10^{-2} mol/L

$Ag(CN)_2^-$、$Au(CN)_2^-$ 活度为 10^{-4}

$Zn(CN)_4^{2-}$ 活度为 10^{-2}

图 13-5　氰化法提取金银的电位-pH 值图

（2）金、银被氰化物溶液溶解而生成配位化合物离子的两条反应线⑨、⑩，几乎都处在水的稳定区，这说明金、银的配合离子 $Au(CN)_2^-$、$Ag(CN)_2^-$ 在水溶液中是稳定的，而 O_2/H_2O 电对是推动金、银溶解的氧化剂。

（3）在 pH 值小于 9.5 的范围内，金、银配合离子的电极电位，随着 pH 值的升高而降低。说明在此范围内，提高 pH 值对溶金、溶银有利；但大于该范围，它们的电极电位几乎不变，pH 值对溶解金、银无影响。

在工业中一般控制氰化溶金的 pH 值控制在 9 ~ 10 之间。因为反应⑩与氧的氧化还原反应组成溶金原电池的电动势 E 值，是氧线与线⑩的垂直距离。在图中可直观地看出，在线⑩的弯曲处，两线的垂直距离有最大值。

在作图条件下（也是工业条件下），通过计算可求得 pH = 9.4 时，φ 有最大值（1.22086V），则 9.4 为理论最佳 pH 值。

（4）在生产实践中，溶解得到的金或银的配合物溶液，通常用锌粉还原，其反应为：

$$2Ag(CN)_2^- + Zn = 2Ag\downarrow + Zn(CN)_4^{2-}$$

$$2Au(CN)_2^- + Zn = 2Au\downarrow + Zn(CN)_4^{2-}$$

从图中可以看出，$Au(CN)_2^-$ 或 $Ag(CN)_2^-$ 与 $Zn(CN)_4^{2-}$ 的电位差值不大，所以在置换前必须将溶液中的空气出尽，以免析出的金银反溶。

习题与思考题

13-1 按简单的 Me-H_2O 系的三种类型的反应，绘制温度在 298K 下硫酸锌水溶液中含锌为 1.898mol/L 时的电位-pH 值图。

13-2 当溶液中 a_{Fe}^{3+} 为 1mol/L 时，按铁离子变化的 3 个反应绘制温度在 298K 下的电位-pH 值图。

13-3 求溶液 pH 值为 5，$Au(CN)_2^-$ 的活度为 10^{-5}时的 $\varphi_{Au(CN)_2^-/Au}$值。当 pH 值为 9 时其值又为多少，两者相比，哪个 pH 值更有利于金的配合浸出？

13-4 对于 ZnS-H_2O 系，当有氧存在时，在下列两种条件下锌稳定存在的是什么形式？

(1) pH 值为 -1，$\varphi = 0.4V$；

(2) pH 值为 3，$\varphi = 0.8V$。

14　浸出液的净化

【本章学习要点】

（1）冶金常用的净化方法有离子沉淀法、置换法、共沉淀法、有机溶剂萃取法和离子交换法等。

（2）离子沉淀法的基本原理：利用沉淀剂的作用，使溶液中的某种离子形成难溶化合物而沉淀。工业生产中有两种不同的做法：一是使杂质呈难溶化合物形态沉淀，而有价金属留在溶液中——溶液净化沉淀法；二是使有价金属呈难溶化合物沉淀，而杂质留在溶液中——制备纯化合物的沉淀法。

（3）置换法的基本原理：较负电性的金属可以从溶液中取代出较正电性的金属。

（4）共沉淀法的基本原理：溶液中某些未饱和组分亦随难溶化合物的沉淀而部分沉淀。这种现象称为“共沉淀”。

（5）溶剂萃取的基本原理：利用有机溶剂从与其不相混溶的液相中把某种物质提取出来。它是把物质从一种液相转移到另一种液相的过程。

（6）利用离子交换剂来分离和提纯物质的方法称为离子交换法，它包含吸附和解析两个过程。

矿物在浸出过程中，当欲提取的有价金属从原料中浸出来时，原料中的某些杂质也伴随进入溶液。为了便于沉积欲提取的有价主体金属，在沉积前必须将某些杂质除去，以获得尽可能纯净的溶液。例如，将锌浸出液中的铁、砷、锑、镉、钴等除至规定以下，将镍浸出液中的铁、铜、钴等除至规定的限度以下。这种水溶液中主体金属与杂质元素分离的过程叫做水溶液的净化。

工业上经常使用的净化方法有离子沉淀法、置换法、共沉淀法、有机溶剂萃取法、离子交换法等。

14.1　离子沉淀法

离子沉淀法是指溶液中某种离子在沉淀剂的作用下，形成难溶化合物而沉淀的过程。为了达到使主体有价金属和杂质彼此分离的目的，工业生产中有两种不同的做法：一是使杂质呈难溶化合物形态沉淀，而有价金属留在溶液中，这就是所谓的溶液净化沉淀法；二是使有价金属呈难溶化合物沉淀，而杂质留在溶液中，这个过程称为制备纯化合物的沉淀法。

湿法冶金过程中经常遇到的难溶化合物有氢氧化物、硫化物、碳酸盐和草酸盐等，但是具有普遍意义的是形成难溶氢氧化物的水解法和呈硫化物沉淀的选择分离法。下面将分别讨论这两种方法的基本原理和应用。

14.1.1 氢氧化物沉淀法

除少数碱金属的氢氧化物外，大多数金属的氢氧化物都属于难溶化合物。在生产实践中，使溶液中金属离子呈氢氧化物形态沉淀，包含两个不同方面的目的：一是使主要金属从溶液中呈氢氧化物沉淀，如生产氧化铝时，铝呈氢氧化铝从铝酸钠溶液中沉淀析出；二是使杂质从浸出液中呈氢氧化物沉淀，如锌焙砂酸浸时，控制浸出液终点的 pH 值，使杂质铁呈 $Fe(OH)_3$ 沉淀分离除去。

14.1.1.1 氢氧化物沉淀法的热力学基础

从物理化学的观点看来，上述两种生成难溶氢氧化物的反应都属于水解过程。金属离子水解反应可以用下列通式表示：

$$Me^{z+} + zOH^- \xlongequal{} Me(OH)_z(s)$$

$Me(OH)_z(s)$ 生成反应的标准吉布斯自由能变化为：

$$\Delta_f G^{\ominus}_{m(1)} = \Delta_f G^{\ominus}_{mMe(OH)_z} - \Delta_f G^{\ominus}_{mMe^{z+}} - z\Delta_f G^{\ominus}_{mOH^-}$$

及

$$\lg K_{sp} = \lg \frac{a_{Me^{z+}} \cdot a^z_{OH^-}}{a_{Me(OH)_2}} = \frac{\Delta G^{\ominus}_{m(1)}}{2.303RT} \tag{14-1}$$

式（14-1）中的 K_{sp} 为离子溶度积，当 $\Delta_f G^{\ominus}_{m(1)}$ 已知时，就可算出反应的 K_{sp}。

$$\begin{aligned}\lg K_{sp} &= \lg(a_{Me^{z+}} \cdot a^z_{OH^-}) = \lg a_{Me^{z+}} + z\lg a_{OH^-}\\ &= \lg a_{Me^{z+}} + z(\lg K_W - \lg a_{H^+})\end{aligned}$$

式中，K_W 为水的离子积，整理后得：

$$pH = \frac{1}{z}\lg K_{sp} - \lg K_w - \frac{1}{z}\lg a_{Me^{z+}} \tag{14-2}$$

式（14-2）即为 Me^{z+} 水解沉淀时平衡 pH 值的计算式。由式可见，形成氢氧化物沉淀的 pH 值与氢氧化物的溶度积和溶液中金属离子的活度有关。

表 14-1 所列数值为 298K 及 $a_{Me^{z+}}=1$ 时生成 $Me(OH)_z$ 的平衡 pH 值，也即开始出现氢氧化物沉淀的 pH 值。

表 14-1 298K 及 $a_{Me^{z+}}=1$ 时若干金属氢氧化物沉淀的平衡 pH 值

氢氧化物生成反应	溶度积 K_{sp}	溶解度 /mol·L^{-1}	生成 $Me(OH)_z$ 的 pH 值
$Ti^{3+} + 3OH^- \xlongequal{} Ti(OH)_3$	1.5×10^{-44}	4.8×10^{-12}	-0.5
$Sn^{4+} + 4OH^- \xlongequal{} Sn(OH)_4$	1.0×10^{-56}	2.1×10^{-12}	0.1
$Co^{3+} + 3OH^- \xlongequal{} Co(OH)_3$	3.0×10^{-41}	5.7×10^{-11}	1.0
$Sb^{3+} + 3OH^- \xlongequal{} Sb(OH)_3$	4.2×10^{-42}	1.1×10^{-11}	1.2
$Sn^{2+} + 2OH^- \xlongequal{} Sn(OH)_2$	5.0×10^{-26}	2.3×10^{-9}	1.4
$Fe^{3+} + 3OH^- \xlongequal{} Fe(OH)_3$	4.0×10^{-38}	2.0×10^{-10}	1.6
$Al^{3+} + 3OH^- \xlongequal{} Al(OH)_3$	9×10^{-33}	2.9×10^{-9}	3.1
$Bi^{3+} + 3OH^- \xlongequal{} Bi(OH)_3$	4.3×10^{-33}	6.3×10^{-9}	3.9
$Cu^{2+} + 2OH^- \xlongequal{} Cu(OH)_2$	5.6×10^{-20}	2.4×10^{-7}	4.5

续表 14-1

氢氧化物生成反应	溶度积 K_{sp}	溶解度 /mol·L^{-1}	生成 $Me(OH)_z$ 的 pH 值
$Zn^{2+}+2OH^- = Zn(OH)_2$	4.5×10^{-27}	2.2×10^{-6}	5.9
$Co^{2+}+2OH^- = Co(OH)_2$	2.0×10^{-16}	3.6×10^{-6}	6.4
$Fe^{2+}+2OH^- = Fe(OH)_2$	1.6×10^{-15}	0.7×10^{-5}	6.7
$Cd^{2+}+2OH^- = Cd(OH)_2$	1.2×10^{-14}	1.2×10^{-5}	7.0
$Ni^{2+}+2OH^- = Ni(OH)_2$	1.0×10^{-15}	1.4×10^{-5}	7.1
$Mg^{2+}+2OH^- = Mg(OH)_2$	5.5×10^{-12}	1.1×10^{-4}	8.4
$Ti^{+}+OH^- = Ti(OH)$	7.2×10^{-1}	9×10^{-1}	13.8

表 14-1 可用来比较各种金属离子形成氢氧化物的顺序。当氢氧化物从含有几种阳离子价相同的多元盐溶液中沉淀时，首先开始析出的是 pH 值最低，即溶解度最小的氢氧化物。在金属相同但其离子价不同的体系中，高价阳离子总是比低价阳离子在 pH 值更小的溶液中形成氢氧化物，这是由于高价氢氧化物比低价氢氧化物的溶解度更小的缘故。这个决定氢氧化物沉淀顺序的规律，是湿法冶金过程的理论基础之一。

在水解法净化溶液时，当残留在溶液中的金属离子活度 $a_{Me^{z+}}=10^{-5}$时，便认为沉淀完全。

实践表明，纯净的氢氧化物，只能从稀溶液中生成，而在一般溶液中常常是形成碱式盐沉淀析出。

设有碱式盐 $\alpha MeA_{z/y}\cdot\beta Me(OH)_z$，其形成反应可用下式表示：

$$(\alpha+\beta)Me^{z+}+\frac{z}{y}\alpha A^{y-}+z\beta OH^- = \alpha MeA_{z/y}\cdot\beta Me(OH)_z$$

式中，α、β 为系数；z 为阳离子 Me^{z+} 的价数；y 为阴离子 A^{y-} 的价数。

设 $\Delta_f G^{\ominus}_{m(2)}$ 为上述反应的标准吉布斯自由能变化，则可类似地推导出下式：

$$pH_{(2)}=\frac{\Delta_f G^{\ominus}_{m(2)}}{2.303z\beta RT}-\lg K_W-\frac{\alpha+\beta}{z\beta}\lg a_{Me^{z+}}-\frac{\alpha}{y\beta}\lg a_{A^{y-}} \quad (14\text{-}3)$$

从式（14-3）可以看出，形成碱式盐的平衡 pH 值与 Me^{z+} 的活度（$a_{Me^{z+}}$）和价数（z）、碱式盐的成分（α 和 β）、阴离子 A^{y-} 的活度（$a_{A^{y-}}$）和价数（y）有关。

表 14-2 所列为 298K 及 $a_{Me^{z+}}=a_{A^{y-}}=1$ 时形成金属碱式盐的平衡 pH 值以及有关数据。

表 14-2 298K 及 $a_{Me^{z+}}=a_{A^{y-}}=1$ 时形成金属碱式盐的平衡 pH 值以及有关数据

碱式盐的化学式	碱式盐的标准摩尔生成自由焓 $\Delta_f G^{\ominus}_{m(2)}$/kJ·mol^{-1}	形成碱式盐的 pH 值
$5Fe_2(SO_4)_3\cdot Fe(OH)_3$	−820.06	<0
$Fe_2(SO_4)_3\cdot Fe(OH)_3$	−305.43	<0
$CuSO_4\cdot Cu(OH)_2$	−253.13	3.1
$2CdSO_4\cdot Cd(OH)_2$	−123.43	3.9
$ZnSO_4\cdot Zn(OH)_2$	−116.73	3.8

续表 14-2

碱式盐的化学式	碱式盐的标准摩尔生成自由焓 $\Delta_f G_{m(2)}^{\ominus}$/kJ·mol^{-1}	形成碱式盐的 pH 值
$ZnCl_2 \cdot 2Zn(OH)_2$	-206.27	5.1
$3NiSO_4 \cdot 4Ni(OH)_2$	-401.66	5.2
$FeSO_4 \cdot 2Fe(OH)_2$	-197.48	5.3
$CdSO_4 \cdot 2Cd(OH)_2$	-190.79	5.8

从表 14-1 和表 14-2 所列数据可以看出，当溶液的 pH 值增加时，先沉淀析出的是金属碱式盐，也就是说对相同的金属离子来说，其碱式盐析出的 pH 值低于氢氧化物析出的 pH 值。从表 14-2 还可以看出，和表 14-1 氢氧化物的情况一样，三价金属的碱式盐与同一金属二价碱式盐相比较，可以在较低的 pH 值下沉淀析出。因此，为了使金属呈难溶的化合物形态沉淀，在沉淀之前或沉淀的同时，将低价金属离子氧化成更高价态的金属离子是合理的。在这方面，铁的氧化沉淀对许多金属的湿法冶金来说具有普遍意义。

湿法冶金中常用的氧化剂有 H_2O_2、$KMnO_4$、$NaClO_3$、Cl_2、MnO_2 等，它们的氧化电位顺序是 $H_2O_2 > KMnO_4 > NaClO_3 > Cl_2 > MnO_2 > O_2$，$H_2O_2$、$KMnO_4$、$NaClO_3$ 较昂贵，而 O_2 在常压条件下反应较慢，所以在锌铜湿法冶金中主要采用 MnO_2 和 O_2 作氧化剂，而在镍钴湿法冶金中广泛采用 Cl_2。

14.1.1.2 氢氧化物沉淀法的应用

氢氧化物沉淀法是湿法冶金中应用最广的沉淀方法，它主要用于：

（1）从溶液中除杂，如从溶液中除铁等。

（2）从溶液中沉淀有价金属，如从稀 $CuSO_4$ 溶液中回收 $Cu(OH)_2$，从海水中回收镁等。

（3）相似元素的分离，例如镍钴分离，选择性氧化——浸出法从混合稀土氧化物中分离铈。

氢氧化铁沉淀法为从水溶液中除铁的常用方法。其中最成熟的是从锌焙砂中性浸出液中除铁，现以其为代表进行介绍。

在锌焙砂中性浸出时，一方面由于返回的酸性浸出液中含有部分杂质；另一方面由于中性浸出的前期溶液中酸度较高（质量浓度达 5g/L），亦有一部分杂质被浸出。因此，中性浸出液中含有铁、砷、锑、锗以及铜、钴、镉等杂质，在中性浸出后期将其中的铁除去。为此采用氢氧化物沉淀法，即将溶液中和至 pH = ±5，由于 $Fe(OH)_3$ 的 K_{sp} 小，例如 18℃时仅 3.8×10^{-38}，故在 pH = 5 时 Fe^{3+} 平衡活度小于 10^{-9}，溶液中的 Fe^{3+} 将首先水解成 $Fe(OH)_3$ 沉淀。从表 14-1 可知 Ni^{2+}、Co^{2+}、Zn^{2+} 及 Cu^{2+} 将保留在溶液中。

由于 $Fe(OH)_2$ 的溶度积比 $Zn(OH)_2$ 大，因此 Fe^{2+} 比 Zn^{2+} 更难水解，对变价元素而言，其高价氢氧化物的溶度积远比其低价化合物小，即高价离子更容易水解，因此，为从含大量 Zn^{2+} 的溶液中除铁首先应将 Fe^{2+} 氧化成 Fe^{3+}。

为使 Fe^{2+} 氧化，应加入适当的氧化剂，MnO_2 及 O_2 都能有效地将 Fe^{2+} 氧化，用 MnO_2（软锰矿）为氧化剂时，其反应为：

$$2Fe^{2+} + MnO_2 + 4H^+ \xlongequal{} 2Fe^{3+} + Mn^{2+} + 2H_2O$$

14.1.2 硫化物沉淀法

在现代湿法冶金中，以气态 H_2S 作为硫化剂使水溶液中的金属离子呈硫化物形态沉淀的方法已在工业生产中得到应用，并经实践证明是一个既经济且效率又很高的方法。这个方法实际用于两种目的不同的场合，一种场合是使有价金属从稀溶液中沉淀，得到品位很高的硫化物富集产品，以备进一步回收处理；另一种场合则是进行金属的选择分离和净化，即在主要金属仍然保留在溶液中的同时使伴生金属以硫化物形态沉淀。

14.1.2.1 硫化物沉淀法的热力学基础

依靠硫化剂（H_2S 和 Na_2S）来沉淀分离金属的硫化物沉淀法是基于各种硫化物具有不同的溶度积。除碱金属外，一般金属硫化物的溶度积都比较小，凡溶度积愈小的硫化物愈易沉淀析出。下面将对硫化物的形成进行热力学分析。

硫化物在水溶液中的稳定性通常用溶度积来表示：

$$Me_2S_z \xlongequal{} 2Me^{z+} + zS^{2-}$$

$$K_{sp(Me_2S_z)} \xlongequal{} a^2_{Me^{z+}} \cdot a^z_{S^{2-}} \tag{14-4}$$

在 298K 时，溶液中的硫离子浓度 $[S^{2-}]$ 是由 H_2S 按下列两段离解而产生：

$$H_2S \xlongequal{} H^+ + HS^-,\ K_1^{\ominus} = 10^{-7.6}$$

$$HS^- \xlongequal{} H^+ + S^{2-},\ K_2^{\ominus} = 10^{-14.4}$$

总反应 $$H_2S \xlongequal{} 2H^+ + S^{2-},\ K^{\ominus} = K_1^{\ominus} \cdot K_2^{\ominus} = 10^{-22} = \frac{a^2_{H^+} \cdot a_{S^{2-}}}{a_{H_2S}}$$

因为在 298K 时溶液中 H_2S 的饱和浓度为 0.1mol/L，故得（假设活度等于浓度）：

$$a^2_{H^+} \cdot a_{S^{2-}} = 10^{-23} \tag{14-5}$$

由式（14-4）和式（14-5）就可导出 1 价（$z=1$）金属硫化物 Me_2S 沉淀的平衡 pH 值的计算式为：

$$pH = 11.5 + \frac{1}{2}\lg K_{Sp(Me_2S)} - \lg a_{Me^+} \tag{14-6}$$

2 价（$z=2$）金属硫化物 MeS 沉淀的平衡值的计算式为：

$$pH = 11.5 + \frac{1}{4}\lg K_{Sp(Me_2S)} - \frac{1}{2}\lg a_{Me^{2+}} \tag{14-7}$$

3 价（$z=3$）金属硫化物 Me_2S_3 沉淀的平衡 pH 值的计算式为：

$$pH = 11.5 + \frac{1}{6}\lg K_{Sp(Me_2S)} - \frac{1}{3}\lg a_{Me^{3+}} \tag{14-8}$$

由上列三式可见，生成硫化物的 pH 值，不仅与硫化物的溶度积有关，而且还与金属离子的活度和离子价数有关。

某些金属硫化物在 298K 时的溶度积列于表 14-3。

表 14-3 某些金属硫化物在 298K 下的溶度积与平衡 pH 值

金属硫化物	K_{sp}	$\lg K_{sp}$	平衡 pH 值	
			$a_{Me^{z+}}=1$	$a_{Me^{z+}}=10^{-4}$
FeS	1.32×10^{-17}	-16.88	2.9	4.9
NiS	2.82×10^{-20}	-19.55	2.25	4.25
CoS	1.80×10^{-24}	-21.64	1.3	3.3
ZnS	2.34×10^{-24}	-23.63	-0.4	1.6
CdS	2.14×10^{-26}	-25.67	-1.55	0.45
PbS	2.29×10^{-27}	-26.64	-2.45	-0.45
CuS	2.40×10^{-35}	-34.62	-6.1	-4.1

当溶液的 pH 值大于平衡 pH 值时，生成硫化物沉淀，且采用 H_2S 作硫化剂时，反应产生更强的酸，使溶液的 pH 值下降。因此，随着过程的进行应不断加入中和剂。

控制溶液的 pH 值，可以选择性地沉淀溶度积小的金属硫化物，而让溶度积大的金属留在溶液中。例如在含镍（$a_{Ni^{2+}}=1$）的溶液中，用硫化法沉淀铜，从表 14-3 可知，当溶液的 pH 值为 -4.1 时，可将溶液中的 $a_{Cu^{2+}}$ 降到 10^{-4} 以下，而不会造成镍的损失。

式（14-6）~式（14-8）中的系数 11.5 是在 H_2S 浓度为 0.1mol/L 的条件下推算出来的，如果溶液中 H_2S 浓度大于 0.1mol/L，则此系数将会降低，也即表明硫化物沉淀析出的 pH 值降低。

在常温常压条件下，H_2S 在水溶液中的溶解度仅为 0.1mol/L，只有提高 H_2S 的分压，才能提高溶液中 H_2S 的浓度。所以，在现代湿法冶金中已发展到采用高温高压硫化沉淀过程。

温度升高，硫化物的溶度积增加，不利于硫化沉淀，但 H_2S 离解度增大，又有利于硫化沉淀，且从动力学方面考虑，提高温度可以加快反应速度。H_2S 在水溶液中的溶解度随温度的提高而下降，但提高 H_2S 的压力，H_2S 的溶解度又能提高。总的来说，高温高压有利于硫化沉淀的进行。

14.1.2.2 硫化物沉淀法的应用

硫化物沉淀法应用最成熟的是在 Ni-Co 冶金领域，它既用以从稀溶液中富集镍和钴，亦用以从含 Ni-Co 的溶液中除杂质。现以镍钴溶液中净化除去铜锌等杂质简单介绍如下：

硫化镍钴精矿中含铁、铬、铝、锌、铜。硫化物精矿经高压氧浸后，得含 Ni 为 50 g/L，Co 为 5g/L，以及杂质 Fe^{2+}、Cr^{2+}、Al^{3+}、Cu^{2+}、Zn^{2+} 的溶液，为了除去其中杂质，先将 Fe^{2+}、Cr^{2+} 在 82℃ 左右氧化成高价，然后中和至 pH 值为 3.8 左右，此时 Fe^{3+}、Cr^{3+}、Al^{3+} 将水解沉淀，溶液进一步通 H_2S 除 Cu^{2+}、Zn^{2+} 等杂质。为使 CuS，ZnS 沉淀而不让 NiS、CoS 沉淀，应控制 pH 值较低（即 pH = 1 ~ 1.5），同时保持溶液中 H_2S 浓度较低，控制较高的温度，则 Cu、Zn 浓度可降至 0.0001g/L 以下。

14.2 置换沉淀法

用较负电性的金属从溶液中取代出较正电性金属的过程叫做置换沉淀。

14.2.1 置换过程的热力学基础

如果将负电性的金属加入到较正电性金属的盐溶液中，则较负电性的金属将自溶液中取代出较正电性的金属，而本身则进入溶液。例如将锌粉加入到含有硫酸铜的溶液中，便会有铜沉淀析出而锌则进入溶液中：

$$Cu^{2+} + Zn = Cu + Zn^{2+}$$

同样地，用铁可以取代溶液中的铜，用锌可以取代溶液中的镉和金：

$$Cu^{2+} + Fe = Cu + Fe^{2+}$$

$$Cd^{2+} + Zn = Cd + Zn^{2+}$$

$$2Au(CN)_2^- + Zn = Zn(CN)_4^{2-} + 2Au$$

14.2.1.1 置换过程的反应及限度

从热力学角度讲，任何金属均可能按其在电位序（见表14-4）中的位置被较负电性的金属从溶液中置换出来。

$$yMe_1^{x+} + xMe_2 = yMe_1 + xMe_2^{y+}$$

式中，x、y 分别为被置换金属 Me_1 和置换金属 Me_2 的价数。

表14-4 某些电极的标准电位（电位序）

电 极	反 应	$\varphi^{\ominus}$/V	电 极	反 应	$\varphi^{\ominus}$/V
Li^+, Li	$Li^+ + e \longrightarrow Li$	-3.01	Pb^{2+}, Pb	$Pb^{2+} + 2e \longrightarrow Pb$	-0.126
Cs^+, Cs	$Cs^+ + e \longrightarrow Cs$	-3.02	H^+, H_2	$H^+ + e \longrightarrow \frac{1}{2}H_2$	±0.000
Rb^+, Rb	$Rb^+ + e \longrightarrow Rb$	-2.98	Cu^{2+}, Cu	$Cu^{2+} + 2e \longrightarrow Cu$	+0.337
K^+, K	$K^+ + e \longrightarrow K$	-2.92	Cu^+, Cu	$Cu^+ + e \longrightarrow Cu$	+0.52
Ca^{2+}, Ca	$Ca^{2+} + 2e \longrightarrow Ca$	-2.84	I(s), I^-	$\frac{1}{2}I_2^{2+} + e \longrightarrow I^-$	+0.536
Na^+, Na	$Na^+ + e \longrightarrow Na$	-2.713	Hg_2^{2+}, Hg	$\frac{1}{2}Hg_2^{2+} + e \longrightarrow Hg$	+0.798
Mg^{2+}, Mg	$Mg^{2+} + 2e \longrightarrow Mg$	-2.38	Ag^+, Ag	$Ag^+ + e \longrightarrow Ag$	+0.799
Al^{3+}, Al	$Al^{3+} + 3e \longrightarrow Al$	-1.68	Hg^{2+}, Hg	$Hg^{2+} + 2e \longrightarrow Hg$	+0.854
Zn^{2+}, Zn	$Zn^{2+} + 2e \longrightarrow Zn$	-0.763	Br(l), Br^-	$\frac{1}{2}Br_2^{2+} + e \longrightarrow Br^-$	+1.066
Fe^{2+}, Fe	$Fe^{2+} + 2e \longrightarrow Fe$	-0.44	Cl_2(g), Cl^-	$\frac{1}{2}Cl_2 + e \longrightarrow Cl^-$	+1.358
Cd^{2+}, Cd	$Cd^{2+} + 2e \longrightarrow Cd$	-0.402	Au^+, Au	$Au^+ + e \longrightarrow Au$	+1.50
Ti^+, Ti	$Ti^+ + e \longrightarrow Ti$	-0.335	F_2(g), F^-	$\frac{1}{2}F_2 + e \longrightarrow F^-$	+2.85
Co^{2+}, Co	$Co^{2+} + 2e \longrightarrow Co$	-0.267	O_2, OH^-	$H_2O + \frac{1}{2}O_2 + 2e \longrightarrow 2OH^-$	+0.401
Ni^{2+}, Ni	$Ni^{2+} + 2e \longrightarrow Ni$	-0.241	O_2, H_2O	$O_2 + 4H^+ + e \longrightarrow 2H_2O$	+1.229
Sn^{2+}, Sn	$Sn^{2+} + 2e \longrightarrow Sn$	-0.14			

在有过量置换金属存在的情况下，上述反应将一直进行到平衡时为止，也就是将一直进行到两种金属的电化学可逆电位相等时为止。因此，反应平衡条件可表示如下：

$$\varphi^{\ominus}_{Me_1^{x+}/Me_1} + \frac{RT}{zF}\ln a_{Me_1^{x+}} = \varphi^{\ominus}_{Me_2^{y+}/Me_2} + \frac{RT}{zF}\ln a_{Me_2^{y+}} \tag{14-9}$$

如果两种金属的价数相同，即 $x = y = z$，那么式（14-9）可改写成：

$$\varphi^{\ominus}_{Me_2^{y+}/Me_2} - \varphi^{\ominus}_{Me_1^{x+}/Me_1} = \frac{RT}{zF}\ln\frac{a_{Me_1^{x+}}}{a_{Me_2}^{y+}} \tag{14-10}$$

从式（14-10）可见，在平衡状态下，溶液中两种金属离子活度之比可用下式表示：

$$\frac{a_{Me_1^{x+}}}{a_{Me_2^{y+}}} = 10^D,\ D = \frac{\varphi^{\ominus}_{Me_2^{y+}/Me_2} - \varphi^{\ominus}_{Me_1^{x+}/Me_1}}{2.303RT}zF \tag{14-11}$$

根据式（14-11）对 2 价金属所作的一些计算结果，列于表 14-5 中。

表 14-5 在平衡状态下被置换金属与置换金属离子活度的比值 $\left(\frac{a_{Me_1^{x+}}}{a_{Me_2^{y+}}}\right)$

置换金属	被置换金属	金属的标准电位/V		$\frac{a_{Me_1^{x+}}}{a_{Me_2^{y+}}}$
		置换金属	被置换金属	
Zn	Cu	-0.763	+0.337	1.0×10^{-38}
Fe	Cu	-0.440	+0.337	1.3×10^{-27}
Ni	Cu	-0.241	+0.337	2.0×10^{-20}
Zn	Ni	-0.763	-0.241	5.0×10^{-19}
Cu	Hg	+0.337	+0.792	1.6×10^{-16}
Zn	Cd	-0.763	-0.401	3.2×10^{-13}
Zn	Fe	-0.763	0.440	8.0×10^{-12}
Co	Ni	-0.267	0.241	4.0×10^{-2}

从表 14-5 可以看出，用负电性的金属锌去置换正电性较大的铜比较容易，而要置换较锌正得不多的镉就困难一些。在锌的湿法冶金中，用当量的锌粉可以很容易沉淀铜，除镉则要用多倍于当量的锌粉。在许多场合下，用置换沉淀法有可能完全除去溶液中被置换的金属离子。

14.2.1.2 置换过程的副反应

在置换沉淀法实际应用过程中，必须重视下述副反应。

A 金属的氧化溶解反应

从金属-水系的电势-pH 图（图 14-1）可以看出，根据热力学理论，氧完全有可能使置换金属溶解，如

$$Zn + \frac{1}{2}O_2 + 2H^+ = Zn^{2+} + H_2O$$

甚至有可能使被置换沉淀出来的金属返溶，从而造成置换金属的无益损耗。因此，有

必要尽可能避免溶液与空气接触，或采取措施脱除溶液中被溶解的氧，例如，用锌粉从氰化物溶液中置换沉淀金以前，将含金氰化物溶液进行真空脱气，已成为金冶炼工艺流程中一个十分重要的工序。

B 氢的析出反应

从图 14-1 可以看出，金属离子将遇到一个与 H^+ 竞争还原的问题，为了说明这种竞争的程度，我们可以把金属分为三类：

第一类金属包括 Ag、Cu、As^{5+} 等，它们的电位在任何 pH 下高于氢的析出电位（b 线），即在任何情况下都将比氢优先析出，这类杂质是很容易被除掉的。

第二类金属包括 Pb、In、Co、Cd 等，这类杂质的电位只有在较高的 pH 值条件下才高于氢的析出电位（b 线），因此只有在较高的 pH 值条件下才能比氢优先析出。

在这类金属中 Co 属惰性金属，对氢的超电压不大，一般是难于除掉的。从热力学的角度考虑，为防止氢的析出，可以采取以下措施：一是尽可能提高溶液的 pH 值以降低氢的电势；二是加入添加剂，使之与被置换的金属形成合金以提高这些金属的电势。例如，在锌湿法冶金中，用锌粉置换沉积钴时便可添加 As_2O_3 以提高钴的电势。

第三类金属包括 Sb^{3+}、As^{3+}、Zn 等，它们的电位在任何 pH 值下都低于氢的析出电位（b 线），即在任何 pH 值条件下，氢将优先析出。一般极少用置换法从溶液中沉淀这类

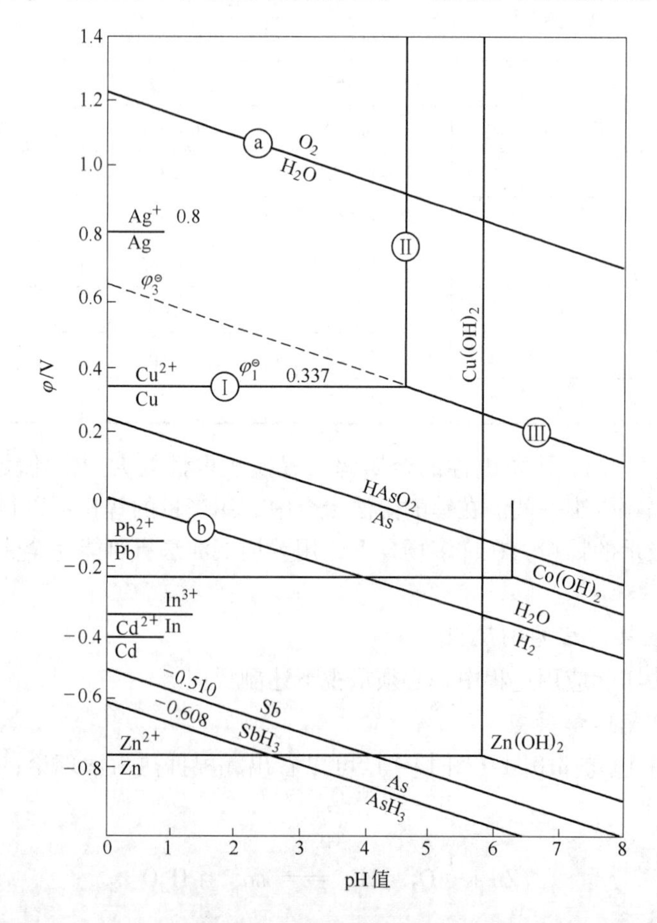

图 14-1 置换净化的原理图

金属。

负电性金属置换剂也会与水反应析出氢，这类副反应同样会造成置换金属的无益损耗。

C 砷化氢或锑化氢的析出反应

酸性溶液中含有砷或锑时，置换沉淀过程中有可能发生析出有毒气体 AsH_3 或 SbH_3 的副反应，反应如下：

$$As + 3H^+ + 3e = AsH_3$$

$$Sb + 3H^+ + 3e = SbH_3$$

$$HAsO_2 + 6H^+ + 6e = AsH_3 + 2H_2O$$

$$HSbO_2 + 6H^+ + 6e = SbH_3 + 2H_2O$$

从元素 As、Sb 生成 AsH_3、SbH_3 的可能性要比从 $HAsO_2$、$HSbO_2$ 大得多。除非特殊需要添加锑或砷化合物（例如上述锌粉置换沉淀钴需添加 As_2O_3），否则应在置换沉积过程进行之前尽可能脱除溶液中的砷和锑。此外，加强对 AsH_3 或 SbH_3 的监测及采取强有力的密封与排气安全措施是非常必要的。

14.2.2 置换沉淀的应用

14.2.2.1 用主体金属除去浸出液中的较正电性金属

如硫酸锌中性浸出液用锌粉置换脱铜、镉、钴和镍；镍钴溶液中用镍粉或钴粉置换脱铜。

在锌湿法冶金中，广泛使用锌粉置换除去中性浸出液中的铜、镉、钴和镍。该法除铜比较容易，当使用量为铜量的1.2~1.5倍的锌粉时，就能将铜彻底除尽。但除镉较困难，除钴和镍更困难。

用锌粉置换镉时，若提高温度，虽可提高反应速度，但由于氢的析出电位随温度升高而降低，在置换的同时析出的氢也增多，因此，一般除镉采用低温操作（40~60℃），并使用2~3倍当量的锌粉。

从热力学分析，钴和镍比镉正电性，用锌粉置换钴和镍好像应比镉容易，而实际上却较难，这是因为钴和镍具有很高的金属析出超电位的缘故。

离子的析出电位随离子活度和温度而变，表14-6是锌和钴的离子析出电位随温度和离子活度变化的情况。

表14-6 温度和离子活度对析出电位（$\varphi_{析}$）的影响

电 极	离子活度	$\varphi_{析}$/V		
		25℃	50℃	75℃
Zn^{2+}/Zn	2.9	-0.769	-0.750	-0.730
	1.53	-0.800	-0.784	-0.747
Co^{2+}/Co	0.5	-0.510	-0.420	-3.46
	3.4×10^{-4}	< -0.75	-(0.58~0.52)	-(0.45~0.4)

从表中可看出，温度升高，锌和钴的析出电位均往正的方向偏移，但后者偏移的幅度大，两者的差值增大。所以，为了有利于锌对钴的置换，作业温度要提高到80～90℃；离子活度降低，锌和钴的析出电位均往负的方向偏移，但两者的差值逐渐缩小，这就是加锌置换钴为何难以彻底的另一个原因。

研究表明，使用含锑的合金锌粉具有更大的活性，即Co^{2+}在锑上沉积的电位比在锌上沉积正得多，因而有利于锌对钴的置换。

14.2.2.2 用置换沉淀法从浸出液中提取金属

例如用铁屑从硫酸铜水溶液中置换金属铜。

对含铜0.5～15g/L的硫酸铜水溶液，以铁屑作沉淀剂置换提铜，反应式为：

$$Fe + Cu^{2+} = Cu + Fe^{2+}$$

溶液的pH值控制在2左右，若酸度过大，则铁屑会白白消耗在氢的析出上，即：

$$2H^{+} + Fe = Fe^{2+} + H_2$$

酸度过小，则会导致铁的碱式盐和氢氧化物的共同沉淀，降低铜的品位。

溶液中的Fe^{3+}是有害杂质，同样会增加铁的消耗量：

$$2Fe^{3+} + Fe = 3Fe^{2+}$$

为了消除Fe^{3+}，可用磁黄铁矿或SO_2还原：

$$31Fe_2(SO_4)_3 + Fe_7S_8 + 32H_2O = 69FeSO_4 + 32H_2SO_4$$

$$31Fe_2(SO_4)_3 + SO_2 + 2H_2O = 2FeSO_4 + 2H_2SO_4$$

沉淀下来的铜经专门处理成为纯铜后，需回收溶液中的铁。

14.3 共沉淀法

14.3.1 共沉淀现象

在沉淀过程中，某些未饱和组分亦随难溶化合物的沉淀而部分沉淀，这种现象称为“共沉淀”。

在提取冶金中，常利用共沉淀以除去某些难以除去的杂质。例如，稀土冶金中为从独居石碱溶浆的HCl优溶母液中除镭，则加入$BaCl_2$和$(NH_4)_2SO_4$，以产生$BaSO_4$的沉淀，在沉淀的过程中，由于Ba^{2+}和Ra^{2+}的半径相近（分别为0.138nm和0.142nm），故Ra^{2+}进入$BaSO_4$晶格与之共同沉淀除去。

但是，在某些场合下也要求避免共沉淀现象的发生。例如，当沉淀除去杂质时，主金属与之共沉淀则造成主金属的损失；当沉淀析出纯化合物时，杂质的共沉淀则影响产品的纯度。因此，掌握共沉淀的规律性对冶金生产过程具有十分重要的意义。

14.3.2 共沉淀产生的原因

（1）形成固溶体。设溶液有M_{I}^{+}、M_{II}^{+}两种金属离子，当加入沉淀剂A时，若$M_{I}A$达到饱和而$M_{II}A$未达到饱和，则应当只有$M_{I}A$沉淀，但当两者晶格相同，且M_{I}^{+}、M_{II}^{+}的半径相近时，则M_{II}^{+}将进入$M_{I}A$晶格，与之共同析出。

（2）表面吸附。晶体表面的离子的受力状态与内部离子不同。内部离子周围都由异电性的离子所包围，受力状态是对称的，而表面的离子则有未饱和的键力，能吸引其他的离子，即能进行表面吸附，表面吸附量与吸附离子性质有关，即：

1）表面优先吸附与晶体中相同的离子，如 $CaSO_4$ 晶体表面优先吸附 SO_4^{2-} 和 Ca^{2+}。

2）外界离子的被吸附量随该离子电荷数的增加成指数地增加。因此高价离子容易被吸附。

3）在电荷及浓度相同的情况下，离子与晶格中离子形成的化合物的溶度积愈小，则愈易被吸附。

（3）吸留和机械夹杂。在晶体长大速度很快的情况下，晶体长大过程中表面吸附的杂质来不及离开晶体表面而被包入晶体内，这种现象称为“吸留”。机械夹杂指颗粒间夹杂的溶液中所带进的杂质，这种杂质可通过洗涤的方法除去，而吸留的杂质是不能用洗涤的方法除去的。

（4）后沉淀。沉淀析出后，在溶液中放置的过程中，溶液中的某些杂质可能慢慢沉积到沉淀物表面上，如向含 Cu^{2+}、Zn^{2+} 的酸性溶液中通 H_2S，则 CuS 沉淀，ZnS 不沉淀，但 CuS 表面吸附 S^{2-}、使 S^{2-} 浓度增加，导致表面 S^{2-} 浓度与 Zn^{2+} 浓度的乘积超过 ZnS 的溶度积，从而 ZnS 在 CuS 表面沉淀。

14.3.3 影响共沉淀的因素

（1）沉淀物的性质。大颗粒结晶型沉淀物比表面积小，因而吸附杂质少，而无定型或胶状沉淀物比表面积大，吸附杂质量多。

（2）浓度。不论对固溶体或表面吸附而言，共沉淀的量均与共沉淀物质的性质密切相关，同时亦与其浓度密切相关。对固溶体而言，固溶体中杂质浓度与杂质在溶液中的活度成正比；对表面吸附，单位固体物质吸附的溶质的量均随溶质浓度的增加而增加。

（3）温度。温度升高往往有利于减少共沉淀，其原因主要有两方面：一方面吸附过程往往为放热过程，升高温度对吸附平衡不利；另一方面升高温度往往有利于得到颗粒粗大的沉淀物，其比表面积小。

（4）沉淀过程的速度和沉淀剂的浓度。沉淀剂浓度过大、加入速度过快，一方面导致沉淀物颗粒细，另一方面在溶液中往往造成沉淀剂局部浓度过高（搅拌不均匀的情况下更是如此），使某些从整体看来未饱和的化合物在某些局部过饱和而沉淀，这是形成共沉淀的主要原因之一。

14.3.4 共沉淀法的应用

14.3.4.1 共晶沉淀

在电解质溶液中，有两种难溶的电解质共存，当它们的晶体结构相同时，它们便可以生成共晶一起沉淀下来，这种沉淀称为共晶沉淀。

例如在锌电解沉积过程中，锌电解液（主要含硫酸锌和硫酸）中含有少量的铅，它会在阴极析出，从而影响电锌质量。为了降低电解液中的铅含量，特向电解液中加入碳酸锶，碳酸锶在硫酸溶液中会转变成难溶的硫酸锶。而硫酸锶与硫酸铅都是难溶硫酸盐，它们的晶体结构相同，晶格大小相似，这样，便可以形成共晶而沉淀下来。

14.3.4.2 吸附共沉淀

在湿法冶金过程中，物质在溶液中分散成胶体的现象是经常遇到的，例如锌焙砂中性浸出时，产生的 $Fe(OH)_3$ 就是一种胶体。$Fe(OH)_3$ 在沉淀的过程中能吸附砷、锑共沉淀。这种利用胶体吸附特性除去溶液中的其他杂质的过程叫做吸附共沉淀法净化。

由于胶体有高度分散性，使细小的胶体粒子具有巨大的表面积，正是由于胶体粒子具有这样巨大的总表面积，致使胶体粒子具有很大的吸附能力，能选择性地吸附电解质溶液中的一些有害杂质。

例如，锌焙砂中性浸出时，当 $Fe(OH)_3$ 胶粒在浸出矿浆中形成时，可以优先吸附溶解在溶液中的砷、锑离子，中和到 pH 值为 5.2 时，加入凝聚剂，当 $Fe(OH)_3$ 胶体凝聚沉降时，便把原先吸附的砷、锑凝聚在一起共同沉降，达到净化除去砷、锑的目的。它是各种湿法冶金中净化除去溶液中砷和锑常用的方法之一。

砷、锑与铁共沉淀的生产实践表明，砷、锑除去的完全程度，主要决定于溶液中的铁含量。铁含量愈高，溶液中的砷、锑除去得愈完全。一般要求溶液中的铁含量约为砷、锑含量的 10～20 倍。

14.4 溶剂萃取

利用有机溶剂从与其不相混溶的液相中把某种物质提取出来的方法叫溶剂萃取法，它是把物质从一种液相转移到另一种液相的过程。

溶剂萃取是净化、分离溶液中有价成分的有效方法，是为适应原子能工业的需要而发展起来的，不仅适用于稀有金属，而且广泛用于有色金属的提取分离以及分析化学和各种化学工业过程；这种方法适合于处理贫矿、复杂矿和回收废液中的有用成分。它具有平衡速度快、选择性强、分离和富集效果好、产品纯度高、处理容量大、试剂消耗少、能连续操作以及有利于实现自动化生产等优点。

萃取在金属的提取冶金中广泛地应用于下列两个方面：从浸出液提取或分离金属，如萃取提铜、镍钴的分离、稀土元素的分离等；从浸出液中除去有害杂质。如镍钴电解液的净化。

14.4.1 萃取体系

在有机溶剂萃取体系内，有机溶剂和水溶液因密度不同而分层，分别为有机相和水相，通常是有机相位于水相之上。水相中含有被萃取物及杂质、为改善萃取效果而加入的添加剂等；有机相含有萃取剂和稀释剂等。

14.4.1.1 萃取剂

萃取剂是一种有机试剂，能与被萃取物发生作用，生成一种不溶于水而易溶于有机相的化合物（萃合物），使被萃取物由水相转入有机相。

根据萃取剂的结构特征，一般将萃取剂分为以下类型：

（1）中性萃取剂，如磷酸三丁酯、乙醚、甲基异丁酮等。

（2）酸性萃取剂，如脂肪酸、羧酸、二烷基磷酸等，在该萃取体系中，被萃取物是一种带正电的离子。例如用脂肪酸萃取铁：

$$Fe^{3+} + 3HR = FeR_3 + 3H^+$$

式中 R 表示脂肪酸中的阴离子基团，即 $C_nH_{2n+1}COO^-$。可以看出，一个 Fe^{3+} 与三个 H^+ 进行交换，即等电量地进行交换。

（3）碱性萃取剂，如伯胺、仲胺、叔胺和季胺盐。这时被萃取的是一种带负电的离子 A^-。例如用伯胺作萃取剂：

$$RNH_2 + HCl = RNH_3 + Cl^-$$

$$RNH_3^+ + A^- = RNH_3 + A^- + Cl^-$$

（4）螯合萃取剂，被萃取的金属离子与萃取剂形成电中性的金属螯合物。如乙酰丙酮、肟等。

工业上常用的萃取剂及应用范围如表 14-7 所示。

表 14-7 萃取剂及应用范围

萃取剂名称	化 学 式	应 用 范 围
N235	R_3N	在氯化物溶液中分离镍和钴
C_7 ~ C_9 级叔胺	$(C_nH_{2n+1})_3N$，式中 $n=7\sim9$	在有 $CaCl_2$ 时，在盐酸溶液中分离镍和钴
三异辛胺(TIOA)	$(i-C_8H_{17})_3N$，式中 $i-C_8H_{17}$ = 二乙基	在盐酸溶液中分离镍和钴
三辛胺	$(C_8H_{17})_3N$	在盐酸溶液中分离镍和钴
羧 酸	$C_nH_{2n+1}COOH$，式中 $n=7\sim9$	在硫酸盐或氯化物溶液中萃取 镍电解液除铁、铜 回收钴和钴铁分离 铜和锌的分离 镍、钴、锌的分离
D 溴十二酸	$C_{12}H_{24}BrCOOH$	铜、镍、铁的分离和回收
环己烷酸	$CH—CH(CH_2)COOH$ H_2C ╱ ╲ $CH_2—CH_2$	镍、钴、铜、锌的分离和回收
有机磺酸	$C_{18}H_{38}SO_3H$	回收镍和钴
烃基肟 LiX-63 LiX-64	C_2H_5 OH NOH $CH_3(CH_2)_3CH—CH—C—CH(CH_2)CH_3$ C_2H_5	从硫酸盐溶液中回收铜 （对贫铜的水溶液回收铜效果好）
仲辛醇(辛醇-2)	$CH_3(CH_2)_5CH\cdot OH\cdot CH_3$	从含镍、钴、铁溶液中分离铁
磷酸三丁酯 （T、B、P）	$(C_4H_9)_3PO_4$	从盐酸溶液中分离镉和锌；镍和钴
二丁基己基磷酸 D2EHPA	$(RO)_2—P—O—H$，$R=(CH_3)_2(CH_2)CH$	从硫酸溶液中分离镍和钴

14.4.1.2 稀释剂

在萃取过程中用于改善有机相物理性质(密度、黏度等)的有机溶剂称为稀释剂。它可调节萃取剂的萃取能力、改善萃取性能，是一种惰性溶剂，一般不参与萃取反应，有时在一体系中的萃取剂在另一体系中则为稀释剂使用。

工业上常用的稀释剂有煤油、苯、甲苯、二甲苯、四氯化碳和氯仿等。其中煤油应用最广，因其价格较便宜，对多种萃取剂都有较大的溶解能力。

14.4.1.3 萃合物

萃取剂与被萃取物发生反应生成的不溶于水相而易溶于有机相的化合物称为萃合物，通常是一种配合物。

14.4.1.4 盐析剂

溶于水相不被萃取，又不与金属离子反应，但能促使萃合物的生成，从而有利于萃取过程进行的无机盐类称盐析剂。

为了简单明了地表示一个萃取体系，可以用下面形式表达：被萃取物(起始浓度范围)/水相组成/有机相组成(萃合物分子式)。

例如钽铌萃取体系可表示为：Ta^{5+}、Vb^{5+}(100g/L)/4MH_2SO_4、8MHF/80% TBP-20%煤油[$HTa(Nb)F_6 \cdot 3TBP$]。它说明被萃取物是Ta^{5+}、Vb^{5+}，萃取前的浓度为100g/L，水相的组成为4MH_2SO_4和8MHF，有机相的组成为80%的TBP作萃取剂，20%的煤油作稀释剂，萃合物是$HTaF_6 \cdot 3TBP$和$HNbF_6 \cdot 3TBP$。

14.4.2 萃取的工艺过程

萃取工艺过程可分为三个主要阶段，如图14-2所示。

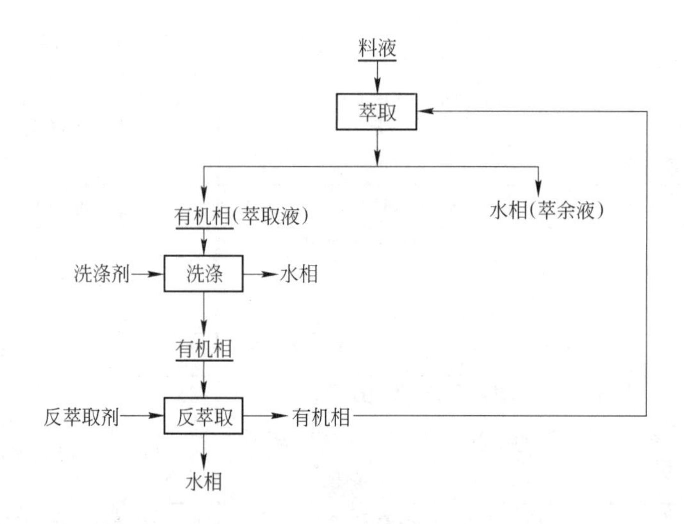

图14-2 萃取工艺过程的主要阶段

萃取：将含有被萃取物的水溶液与有机相充分混合，使萃取剂与被萃取物发生反应生成萃合物而进入有机相。

洗涤：用某种水溶液(有时为空白水相)与萃取液充分混合，使某些同时进入有机相的和机械夹带的杂质被洗回到水相中去的过程称为洗涤。这种只洗去萃取液中的杂质，又不使萃液分离出来的水溶液称为洗涤液。

反萃取：用某种水溶液与经过洗涤后的萃取液充分混合，使被萃取物自有机相重新转入水相的过程称为反萃取。所使用的水溶液称为反萃取剂。经过反萃取后的有机相通过再生后可以返回使用。通过反萃取，可使金属离子重返水相而得到相当纯的有价金属富集液。

14.4.3 萃取过程的基本参数

14.4.3.1 分配比

被萃取物在有机相中的总浓度和水相中的总浓度之比称为分配比，以 D 表示。

$$D = \frac{C_{有}}{C_{水}}$$

式中，$C_{有}$、$C_{水}$ 分别为被萃取物在有机相、水相中的总浓度。

显然，分配比 D 愈大，表示该被萃取物愈易被萃入有机相。

14.4.3.2 萃取率

萃取率就是被萃取物进入有机相中的量占萃取前料液中被萃取物总量的百分比，以 η 表示。它表示萃取平衡中萃取剂的实际萃取能力。

$$\eta = \frac{\text{被萃取物在有机相中的量}}{\text{被萃取物在料液中的总量}} \times 100\%$$

$$= \frac{C_{有} V_{有}}{C_{有} V_{有} + C_{水} V_{水}} \times 100\% = \frac{C_{有}}{C_{有} + C_{水}\dfrac{V_{水}}{V_{有}}} \times 100\%$$

$$= \frac{C_{有}/C_{水}}{C_{有}/C_{水} + V_{水}/V_{有}} \times 100\% = \frac{D}{D + V_{水}/V_{有}} \times 100\%$$

式中，$V_{有}$ 为有机相体积；$V_{水}$ 为水相的体积。

令 $V_{有}/V_{水} = R$，R 表示有机相和水相的体积比，又称相比。

$$\eta = \frac{D}{D + 1/R} \times 100\%$$

当 D 和 R 越大时，萃取率越高。当分配不大时，就得选择较大的相比才能取得较为满意的效果。

14.4.3.3 分离系数(β_{B}^{A})

分离系数是表明两种物质分离难易程度的一个萃取参数，它表示在同一萃取体系内，同样萃取条件下两种物质分配比的比值，以 β_{B}^{A} 表示。

$$\beta_{B}^{A} = \frac{D_A}{D_B}$$

式中 β_{B}^{A}——A、B 两种物质的分离系数，一般 A 表示易萃组分，B 表示难萃组分。

β_{B}^{A} 愈大，表示 A、B 两种物质自水相转移到其有机相的难易程度差别愈大，两物质愈易分离。也就是说萃取的选择性愈好。例如，用脂肪酸萃取分离铁、钴，其分离系数高达 1000，故分离很彻底。

14.4.3.4 萃取级数

萃取剂与水相混合和分离的次数称为萃取级数。含有被萃取物的水溶液与有机相相混合，经过一定时间后被萃取物在两液体相间分配达到平衡，两相分层后，把有机相与水相分开，此过程为一级萃取。若经过一级萃取后的水相与另一份新有机相混合，平衡后再分离，则称之为二级萃取，以此类推。

要想在一级萃取中实现完全萃取溶质的目的，只有在使用无限大量溶剂时才有可能。这是不现实也是极不经济的做法。为了取得较好的萃取效果，通常都采用多级萃取，这样能用一定量的萃取剂来达到接近于完全萃取的目的。

14.4.4 萃取法的应用

14.4.4.1 镍钴硫酸浸出液中用 P204 萃取除杂质

图 14-3 为 P204 萃取某些金属离子的萃取率与水相平衡 pH 值的关系图。

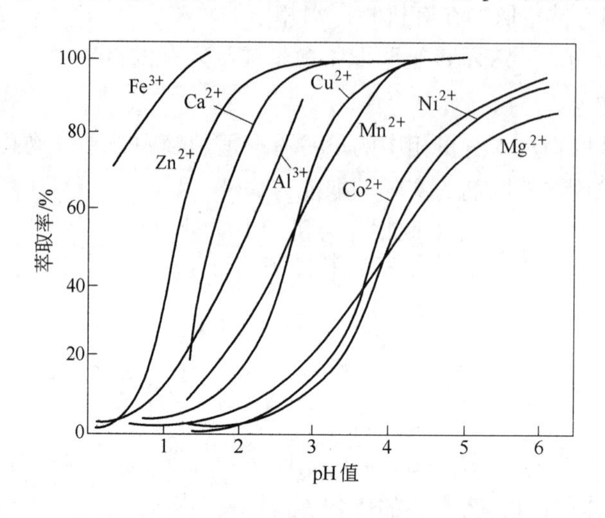

图 14-3 在硫酸盐溶液中 P204 对某些金属的萃取率与平衡 pH 值的关系

由图 14-3 可以看出，P204 萃取各金属的次序如下：$Fe^{3+} > Zn^{2+} > Cu^{2+} > Fe^{2+} > Mn^{2+} > Co^{2+} > Ni^{2+}$。因此原则上我们可以控制水相平衡 pH 值，将锰以前的杂质元素先行萃取除去，尔后再进行 Co-Ni 分离。当溶液中有钙、镁离子时，由于镁的 η-pH 关系与 Co、Ni 的 η-pH 关系曲线相交，因此不能用 P204 萃取除镁，所以通常是在萃取除杂前先用 NaF 或 NH_4F 沉淀脱除钙、镁。

为了维持溶液的平衡 pH 值，在使用 P204 前，通常以浓碱液（NaOH 500g/L）予以中和制皂。

14.4.4.2 铜浸出液萃取提铜

工业上主要的是从低品位氧化铜矿的硫酸浸出液及硫化铜的氨浸液中萃取铜，目前世界上用溶剂萃取-电积法生产的铜已占全球矿产铜量的 15% ~20%。

目前铜的萃取剂大致可分为两类，即羟肟类与 8-羟基喹啉类。它们萃铜时，发生下列反应：

$$Cu^{2+} + 2RH \Longleftrightarrow R_2Cu + 2H^{2+} \quad \text{（在硫酸溶液中）}$$

$$Cu(NH_3)_4^{2+} + 2OH^- + 2H_2O + 2HA \Longleftrightarrow CuA_2 + 4NH_4OH \quad \text{（在氨溶液中）}$$

使用电积废液（H_2SO_4）进行反萃的反应是：

$$R_2Cu + 2H^+ \Longleftrightarrow 2RH + Cu^{2+}$$

萃取法提铜一般要经过 4 级萃取和 3 级反萃取。从浸出液到电铜的回收率高达 98%。

14.4.4.3 用三辛胺从盐酸溶液中分离镍和钴

三辛胺的分子式为$(C_8H_{17})_3N$，在水中呈碱性(简式为R_3N)：

$$R_3N + H_2O = R_3NHOH$$

R_3NHOH具有阴离子交换性质：

$$R_3NHOH + A^- = R_3NHA + OH^-$$

随着交换过程进行，溶液酸度减小，pH值上升，使水相出现水解沉淀。妨碍萃取的正常进行。因此萃取前要将其进行酸化处理，使之成为中性盐：

$$R_3N + HCl = R_3NHCl$$

R_3NHCl中的Cl^-能与溶液中的阴离子进行交换。

R_3NHCl萃取钴的反应如下：

$$Co^{2+} + 4Cl^- = CoCl_4^{2-}$$

$$2R_3NHCl + CoCl_4^{2-} = (R_3NH)_2CoCl_4 + 2Cl^-$$

随着水溶液中HCl浓度的增加，钴的分配比迅速增大。而镍不能生成配合阴离子，故不能被萃取。这样，镍钴便得以分离。

为了反萃钴，可以用水处理有机相，$CoCl_4^{2-}$被破坏而转入水相。

$$(R_3NH)_2CoCl_4 + H_2O = 2R_3NHOH + CoCl_2 + 2HCl$$

反萃后的有机相呈碱性，需要用盐酸中和为中性盐，然后再返回使用。

$$R_3NHOH + HCl = R_3NHCl + H_2O$$

14.5 离子交换法

14.5.1 离子交换过程及用途

离子交换现象普遍存在于自然界，如硫酸铵可以被土壤吸收，吸收后难于被水洗出来，经研究证明是一种离子交换现象。凡具有离子交换能力的物质叫离子交换剂，利用离子交换剂来分离和提纯物质的方法叫离子交换法。

(1) 离子交换过程通常包括两个阶段：

1) 吸附：含金属离子的水溶液通过离子交换树脂柱时，金属离子就从水相转入树脂相。当金属离子被吸附到饱和时，就停止供液，转入解吸阶段。

2) 解吸：向树脂柱内引入适当溶液以除去前面被吸附的金属离子。这时就得到一种浓的金属离子水溶液，可送往提取金属。同时树脂也得到再生，可返回使用。

(2) 离子交换剂分无机离子交换剂和有机离子交换剂两大类。目前工业上主要使用一种合成的离子交换树脂。

(3) 为回收被交换剂吸附的离子，也为了使交换剂再生使用，需要将被吸附的离子解吸下来。使吸附在树脂上的离子重新解吸下来的溶液称为淋洗剂。淋洗剂也分为无机和有机两类：

1) 无机淋洗剂：大多是无机酸、碱和盐的溶液。

2) 有机淋洗剂：多是有机配合剂，如柠檬酸、醋酸铵、乙二胺四乙酸等。

(4) 在湿法冶金中，离子交换主要用于下列几个方面：

1) 从贫液中富集和回收有价金属，例如铀的回收，贵金属和稀散金属的回收。

2）提纯化合物和分离性质相似的元素，例如钨酸钠溶液的离子交换提纯和转型，稀土分离，锆铪分离和超铀元素分离等。

3）处理某些工厂的废水。

4）生产软化水。

（5）随着萃取法的发展，在很多方面取代了离子交换法，但作为一种分离提纯及富集、回收溶液中有价金属的手段，在有色冶金生产中仍占有一定的地位。

14.5.2 离子交换树脂

14.5.2.1 树脂的结构

离子交换树脂是一种不溶解于溶剂的带有能够离解的功能团的高分子化合物。一般由以下部分构成：

（1）交联剂部分：其作用是把整个线性高分子链交联起来成为网状结构，构成树脂的骨架。网状骨架间的空隙可供游离的离子穿梭来往。

（2）功能团部分：是一种固定在树脂上的活性离子基团，均匀分布在网状空间内，在溶液中电离出游离的可交换离子，与溶液中的离子进行交换。因此，功能团决定了树脂的性质和交换能力。

14.5.2.2 树脂的类型

（1）阳离子交换树脂：功能团是酸性的，其上的氢离子可被溶液中的阳离子交换。如国产 737 树脂，用符号 $R\text{-}SO_3H$ 表示。

（2）阴离子交换树脂：功能团是碱性的，其上的阴离子可被溶液中的阴离子交换。如国产 717 树脂，用符号 $R\text{-}N(CH_3)_3Cl$ 表示。

14.5.3 离子交换的基本原理

离子交换法是基于固体离子交换剂在与电解质水溶液接触时，溶液中的某种离子与交换剂中的同性电荷离子发生离子交换作用，结果溶液中的离子进入交换剂，而交换剂中的离子转入溶液中，例如：

$$2\,\overline{R-H} + Ca^{2+} = \overline{R_2-Ca} + 2H^+$$

$$2\,\overline{R-Cl} + SO_4^{2-} = \overline{R_2-SO_4} + 2Cl^-$$

其中，$\overline{R-H}$表示 H^+ 型阳离子交换剂，$\overline{R-Cl}$表示 Cl^- 型阴离子交换剂。

在表述离子交换树脂反应时，加横杠的代表处于树脂相中的物种。与萃取不同的是，参与平衡的两相不都是液体相，而是一个液体相和一个固体相。干燥的固体树脂接触液相时，首先要吸收溶液，溶胀水化后才能进行离子交换。上述方程表达的是已经溶胀的树脂的交换反应。

离子交换反应之所以能发生，是因为功能团上的可交换离子热运动的结果，它们可以在树脂网状结构内自由运动。当溶液中的离子与树脂的可交换离子所带电荷符号相同，并扩散到树脂内部时，两者便会发生交换反应，而树脂的骨架及固定离子基团在交换时不发生变化。

离子交换法分离杂质，是利用不同离子对树脂亲和力的大小不同来实现的。不同离子对树脂亲和力的大小有以下规律：

对阳离子交换树脂而言，离子所带电荷愈多，亲和力愈大。如 $Al^{3+} > Ca^{2+} > Na^{+}$；在电荷相同时，离子半径愈大，亲和力愈大。如 $Cs^{+} > Rb^{+} > K^{+} > Na^{+} > Li^{+}$。

对强碱性阴离子交换树脂，阴离子与通常的强碱性阴离子交换树脂的亲和力次序为：$SO_4^{2-} > I^{-} > NO_3^{-} > Cl^{-} > OH^{-} > F^{-}$；对于弱碱性阴离子交换树脂，则是酸根带的电荷愈多，其亲和力愈大。如 $HPO_4^{3-} > SO_4^{2-} > Cl^{-}$。

14.5.4 离子交换技术分类及应用

在湿法冶金中，离子交换法若用于从很稀的溶液或废液中回收有价金属，或只从溶液中除去杂质，称简单离子交换分离法；若是用于从混合液中分离提纯性质相近的金属，则称为离子交换色层分离法。

14.5.4.1 简单离子交换分离法

该法是将溶液流过离子交换柱，使溶液中能起作用的离子或交换能力强的离子吸附在树脂上（称吸附或负载），而其他不起交换作用的或交换能力弱的离子则随溶液流出。

当树脂柱被所交换的离子饱和时，流出液中便出现该种离子，即停止供液。接着用水洗去交换柱中残留的溶液，再用适当的淋洗剂将已吸附在树脂上的离子淋洗下来（称水解或淋洗）。淋洗完毕的树脂，用水将残留的淋洗剂洗去后又可重新使用。

用离子交换法从含镍溶液中除去杂质锌，从铀矿的分解液中提纯和富集铀，从钨、钼生产废液中回收钨、钼等，都是简单离子交换分离法应用的实例。

14.5.4.2 离子交换色层分离法

该法是先将待分离的混合液流过交换柱，使其全部吸附在树脂上，该交换柱称为吸附柱。然后，用水洗法吸附柱中残留的溶液，使吸附柱与另一离子交换柱（分离柱）连接，使用适当的淋洗剂顺序通过此两根柱，使吸附柱上的离子逐渐移向分离柱，在分离柱上按各种离子对树脂亲和力的不同和对配合剂能力的不同，依次形成不同的离子吸附带。因离子多具有不同的颜色，所以柱上会形成不同的色带，称为色层。在继续淋洗时，不同色层的离子先后由分离柱洗出，将流出的溶液按先后顺序分份收集，即可得到纯组分的溶液。

稀土元素的性质极为相似，它们的分离系数接近于1，采用简单离子交换法不能将它们分离，而必须采用色层法分离。

习题与思考题

14-1 浸出液要净化的原因是什么，常用的净化方法有哪些？

14-2 金属的沉淀可采用哪些方法？

14-3 离子沉淀净化的原理是什么，方法有哪些？

14-4 置换沉淀中置换金属与被置换金属的平衡活度比是根据什么原理计算出来的，它与哪些因素有关？

14-5 共沉淀净化的原理是什么，共沉淀常采用的方法有哪些？

14-6 使胶体迅速凝聚沉降的方法有哪些？

14-7 什么是萃取，它的用途有哪些？

14-8 萃取过程的基本参数有哪些？它们是如何定义的？

14-9 什么叫离子交换法，离子交换树脂是如何分类的？

14-10 在298K，如果溶液中含有6.955×10^{-2}mol/L的硫酸锌，3.58×10^{-4}mol/L的硫酸亚铁，问：

能否用中和水解法使铁呈氢氧化亚铁的形态沉淀除去？

如果预先将Fe^{2+}全部氧化成Fe^{3+}后，$Fe(OH)_3$开始沉淀的pH值为多少？

当pH=5.4时，溶液中还残留的铁为多少mol/L？

已知条件为：

物　种	H_2O	Zn^{2+}	$Zn(OH)_2$	$Fe(OH)_2$	Fe^{2+}	Fe^{3+}	$Fe(OH)_3$
$\Delta G^{\ominus}$/J·mol^{-1}	-237，190	-147，209	-554，798	-483，545	-849，315	-105，44	-694，544
γ		0.036			0.75	1	

14-11 推算二价钴离子水解沉淀的pH值平衡方程，并求$a_{Co^{2+}}=2.5\times10^{-4}$时平衡的pH值。当溶液中硫酸锌的活度为$6.955\times10^{-2}$，试问能否用水解沉淀法将二价钴离子从硫酸锌溶液中除去？

14-12 某金属硫化物的溶度积$K_{sp(MeS)}=1.74\times10^{-16}$，在298K和$a_{Me^{2+}}=0.1$时，求MeS沉淀的平衡pH值？

14-13 锌浸出液采用锌粉置换法除去溶液中的铜，已知锌的活度为6.955×10^{-2}，问用此法除铜的限度值是多少？

15　水溶液电解提取金属

【本章学习要点】

（1）电解的实质是电能转化为化学能的过程。电解过程是阴、阳两个电极反应的综合，在阴极上发生的是物质得到电子的还原反应，称为阴极反应。水溶液电解质电解过程的阴极反应，主要是金属阳离子的还原，结果在阴极上沉积出金属。在阳极上，发生的反应是物质失去电子的氧化反应，称为阳极反应。

（2）分解电压、极化、超电位等电化学基础知识的学习。

（3）阴极过程主要是金属阳离子的还原反应。影响阴极析出的主要因素有氢的析出、杂质离子的放电以及高价离子还原为低价离子的反应，其中由于氢的超电压引起的氢的析出是值得重点关注的因素。

（4）一般来说，阳极过程比阴极过程要复杂得多，它直接与电能消耗和电流效率有关。阳极按材料的不同，可分为金属（包括合金）阳极和非金属阳极（如石墨，具有半导体性质的硫化物、氧化物等）；按电极作用的不同，可分为不溶阳极和可溶阳极两类。前者用于电解沉积（电解提取），后者用于电解精炼。

15.1　概述

15.1.1　电解过程

电解的实质是电能转化为化学能的过程，电解过程是阴、阳两个电极反应的综合。

当直流电通过阴极和阳极导入装有水溶液电解质的电解槽时，水溶液电解质中的正、负离子便会分别向阴极和阳极迁移，并同时在两个电极与溶液的界面上发生还原与氧化反应，从而分别产出还原物与氧化物。在电极与溶液的界面上发生的反应叫做电极反应。

在阴极上，发生的反应是物质得到电子的还原反应，称为阴极反应。水溶液电解质电解过程的阴极反应，主要是金属阳离子的还原，结果在阴极上沉积出金属，例如：

$$Cu^{2+} + 2e = Cu$$

$$Zn^{2+} + 2e = Zn$$

在阴极反应的过程中，也有可能发生氢离子还原析出氢的副反应：

$$2H^{+} + 2e = H_2$$

氢的析出对水溶液电解质的电解是不利的。

在阳极上，发生的反应是物质失去电子的氧化反应，称为阳极反应。阳极有可溶与不可溶两种，反应是不一样的。

可溶性阳极反应，是粗金属等物质中的金属氧化溶解，即阳极中的金属失去电子，变为离子进入溶液，例如：

$$Cu - 2e = Cu^{2+}$$

$$Ni - 2e = Ni^{2+}$$

不可溶性阳极反应，表现为水溶液电解质中的阴离子在阳极上失去电子的氧化反应，例如：

$$2H_2O - 4e = 4H^+ + O_2$$

或

$$2OH^- - 2e = H_2O + \frac{1}{2}O_2$$

$$2Cl^- - 2e = Cl_2$$

以上说的是阴、阳反应的主要形式，当然还有其他反应。

15.1.2 电解沉积和电解精炼

金属的水溶液电解质电解应用在两个方面：

（1）从浸出或经净化的溶液中提取金属。

（2）从粗金属、合金或其他冶炼中间产物（如锍）中提纯金属。

这样，在金属的电解生产实践中就有两种电解过程：从浸出或经净化的溶液中提取金属，是采用不溶性阳极电解，叫做电解沉积；从粗金属、合金或其他冶炼中间产物（如锍）中提纯金属，是采用可溶性阳极电解，称为电解精炼。

15.1.2.1 电解沉积

电解沉积又称不溶性阳极电解，一般用于从浸出液或净化后的溶液中提取金属，常用于铜、锌、镉、镓、铼等金属的湿法提取冶金。例如，锌电解沉积就是将硫酸锌和硫酸的水溶液作为电解液，以铅板（含 Ag 0.75%）做阳极，以铝板做阴极，当通以直流电时，阴极铝板上便析出金属锌，阳极上析出氧气。

电解沉积的特点是：

（1）采用不溶性阳极，即电解时，阳极本身不参加电化学反应，仅供阴离子放电之用。

（2）电解液的主要成分（即主金属离子）随着电积过程的进行，含量逐渐减小，其他成分则逐渐增加（比如锌电积过程中，锌离子含量逐渐减少，硫酸含量不断增加，电解液中杂质金属的含量不断富集）。因此需要不断抽出电解废液，补充新电解液。

利用电解沉积法可以直接制取纯金属，也可以控制作业条件生产粉末冶金的金属粉末。

15.1.2.2 电解精炼

电解精炼又称可溶性阳极电解，一般用于从粗金属、合金或金属锍中提纯金属。例如，铜的电解精炼就是以火法精炼得到的粗铜做阳极，以纯铜薄片或不锈钢做阴极。阴阳极装入盛有硫酸铜和硫酸的水溶液的电解槽中，通以直流电，铜从阳极上氧化溶解，而在阴极上还原析出。阳极上一些比铜正电性的杂质，如金、银、硒、碲等不溶解成为阳极泥（阳极泥进一步处理，便可综合利用回收这些有价成分），阳极上另一些比铜负电性的杂质，如铁、镍、锌等则与铜一同溶解进入电解液中，但不在阴极还原析出。这样，便达到精炼铜的目的。

电解精炼的特点是：

（1）阳极为粗金属、合金或锍，电解时阳极上欲精炼的金属及其较负电性杂质被氧化溶入电解液中，而在阴极还原析出的，只有欲精炼的金属，那些负电性杂质由于析出电位更负而不析出。

（2）随着电解过程的进行，负电性杂质在电解液中不断积累，将破坏正常的电解条件，因此要定期将一部分电解液抽出净化和回收有价成分（如上例可从抽出的电解液中回收硫酸镍、硫酸铜和硫酸）。并且还要定期用新阳极更换不能继续使用的阳极。

可见，电解过程根据用途不同可分为电解沉积和电解精炼两类。两类电解是有差别的，但它们的理论基础都遵循电化学规律，如法拉第定律、电极过程热力学和动力学等。

15.2 电化学基础知识

15.2.1 分解电压

电解过程是原电池过程的逆过程，是一个电能转变为化学能的过程。因此，为了使电解过程进行，必须在两极上外加一定电压，使电池中的化学反应逆转进行。原电池是利用自身物质的化学反应，将化学能转变为电能而得到电功的。如果要使电池内的反应人为地逆向进行，必须供给适当的能量，即对原电池施加一个正负极相反的外加电压才能完成。因此，为了使电解过程进行，必须在两极上外加一定电压，使电池中的化学反应逆转进行。

如果电解过程是在无限缓慢（电流密度趋近于零）、电解过程无副反应，电解反应与原电池反应完全可逆的平衡状态下进行，那么从理论上讲，所施加的外加电源的电动势只要大于原电池的电动势，就能使原电池逆向工作进行电解，但实际上往往要高出一定的数值，才能进行，这可从下面 HCl 的电解中看出。

将两个铂电极插入 1mol/L 的 HCl 溶液中，按照图 15-1 的装置进行电解。图中 G 为安培计，V 为伏特计，R 为可变电阻。滑动可变电阻，逐渐增加电压，同时记录相应的电流，然后绘制电流-电压曲线，如图 15-2 所示。在开始时，外加电压很小，几乎没有电流通过电解池。随着电压增加，电流略有增加，但当电压增加到某一数值以后，曲线的斜率急增，同时两极出现气泡，继续增加电压，电流就随电压直线上升。

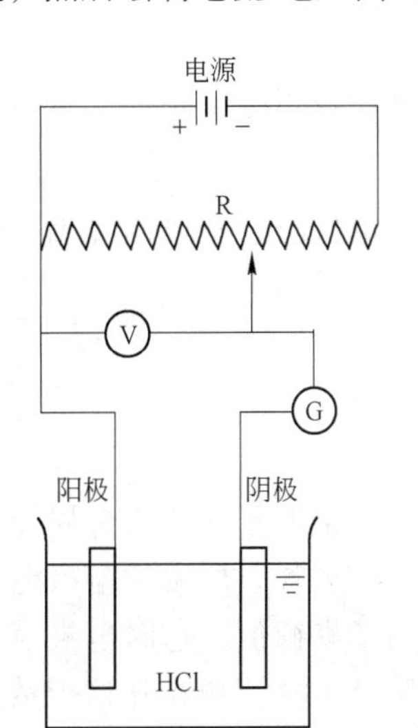

图 15-1 测定分解电压的装置

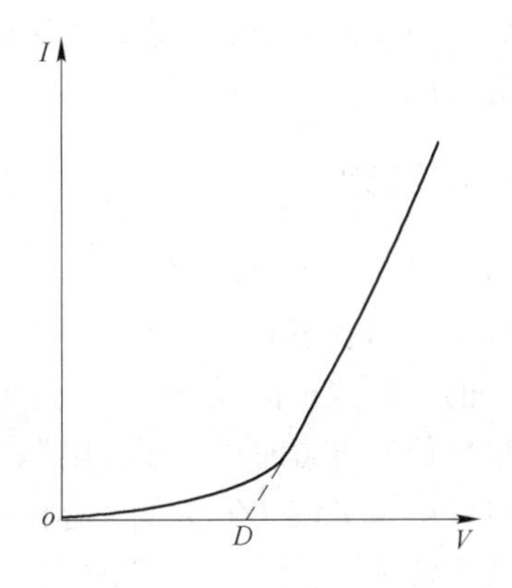

图 15-2 电流-电压曲线

人们把使电解正常进行所需的最小外加电压称为电解质的理论分解电压（图 15-2 中的 D 点）。

电解 HCl 的反应为：

阳极： $$Cl^- - 2e = Cl_2$$

阴极： $$2H^+ + 2e = H_2$$

电解时，当两极上出现 H_2 和 Cl_2 后，电解池中就形成了下面的电池：

$$Pt \mid H_2 \mid HCl(1M) \mid Cl_2 \mid Pt$$

这个电池产生一个反电动势，和外加电压相对抗。

显然，理论分解电压 $E_{理}$ 等于阳极平衡电位 $\varphi_{+(平衡)}$ 与阴极平衡电位 $\varphi_{-(平衡)}$ 之差，即：

$$E_{理} = \varphi_{+(平衡)} - \varphi_{-(平衡)} \tag{15-1}$$

实际电解过程是以一定速度进行的，即以一定的电流密度不断得到电解产物而进行的。并且，还伴随着发生某些副反应。很明显，实际电解过程不是在平衡状态，而是在偏离平衡状态的情况下进行。在这种情况下，其外加电压必大于理论分解电压，此时的外加电压称为实际分解电压 $E_{实}$。应当指出，这里所说的外加电压是指实际状态下阳极电位与阴极电位之差，不包括电解液和其他导体的欧姆电压。

实际电解过程的电流密度愈大，即偏离平衡状态的程度愈大，则要求外加的电压也愈大，或者说实际分解电压也愈大。所以说，对于一定的电解体系，实际分解电压并不是固定的，而是随着电流密度的增大而增大的。严格说，指出实际分解电压的同时，应当指明相应的电流密度。

实际分解电压 $E_{实}$ 是对整个电解池而言的，对于单个电极来说，则称为析出电位。实际分解电压等于阳极与阴极的析出电位之差，即：

$$E_{实} = \varphi_{+(析出)} - \varphi_{-(析出)} \tag{15-2}$$

$$\varphi_{+(析出)} = \varphi_{+(平衡)} + \eta_{+} \tag{15-3}$$

$$\varphi_{-(析出)} = \varphi_{-(平衡)} - \eta_{-} \tag{15-4}$$

式中，$\varphi_{+(平衡)}$ 为阳极平衡电位；$\varphi_{-(平衡)}$ 为阴极平衡电位；η_+、η_- 分别为电解池阳极和阴极的超电位。

注意：原电池的正极是电解时的阳极，而其负极是电解时的阴极。电解池中，进行氧化反应的电极称为阳极，进行还原反应的电极则称为阴极。

显而易见，当得知阳极、阴极在实际电解时的偏离值——超电位时，就可以算出某一电解的实际分解电压。

15.2.2 极化与超电压

15.2.2.1 极化与极化曲线

当电极处于平衡状态时，金属原子失去电子变成离子同离子获得电子而成为金属原子的速度是相等的。在这种情况下，电极电位称为平衡电极电位。以上各节所讲的电极电位就是平衡电极电位。电解时，由于外电源的作用，电极电位偏离了平衡值，这时电极就有电流通过。以锌电极 Zn^{2+}/Zn 为例，标准平衡电极电位是 -0.763V，如果电位比这个数值更负一些，就会使 Zn^{2+} 获得电子的速度增加，Zn 失去电子的速度减小，平衡被破坏，总的反应是 Zn 离子析出。反之，如果电位比这个数值更正一些，就会使 Zn 失去电子的速度增加，Zn^{2+}获得电子的速度减小，总的反应是 Zn 溶解。这种由于有电流通过而导致电极离开其平衡状态，电极电位偏离平衡值的现象，称为极化。如果电位比平衡值更负，因而电极进行还原反应时，这样的极化称为阴极极化。反之，如果电位比平衡值更正，因而电极进行氧化反应时，这样的极化称为阳极极化。

图 15-3 为电解池电极电流密度与电极电位的关系曲线，称为电解池的极化曲线。从图中可看出阴极、阳极的超电位与电流密度的关系。

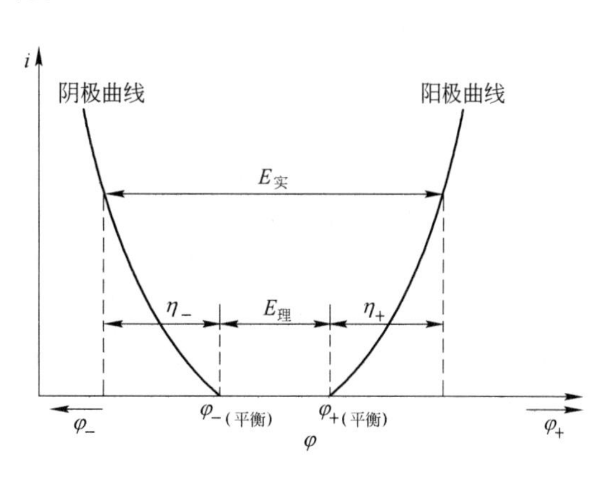

图 15-3 电解池的极化曲线

从图 15-3 可以看出，在阴极电位未达到平衡电位 $\varphi_{-(平衡)}$ 以前，电极上没有电流通过；当电位比平衡值更负时，电极上开始有电流通过，电位越负，电流密度越大。设在某一电流密度 i 下，电位是 φ_-，则此时电位变化 $\Delta\varphi_- = \varphi_- - \varphi_{-(平衡)}$ 的大小，表示电流密度为 i 时阴极的极化程度，$\Delta\varphi_-$是负值，通常把它的绝对值称为阴极超电压 η_-，阴极超电压 $\eta_- = -\Delta\varphi_-$。同理，对于阳极来说，$\Delta\varphi_+$是正值，通常把它的绝对值称为阳极超电压 η_+，阳极超电压 $\eta_+ = \Delta\varphi_+$。超电压是随电流密度的增加而增大的。严格来说，指出超电压的数值时，应当同时指出电流密度。

电解时实际分解电压比理论分解电压大，并且通过的电流密度愈大，其超越理论分解电压的值也愈大，即实际电位偏离平衡电位值愈大。

实际电解过程进行时，阴极电位比平衡电位更负些，即发生了阴极极化；阳极电位比其平衡电位更正些，即发生了阳极极化。

15.2.2.2 超电压

实际分解电压超过理论分解电压的现象称为极化。极化现象是由于电解池中的不可逆过程而引起的。为了明确地表示出电极极化的程度大小，引入了超电压的概念。通常把电解池实际分解电压与理论分解电压的差值，称为超电压，用 η 表示。超电压习惯上都表示为正数，它们之间的关系式可表示如下：

$$\eta = \eta_+ + \eta_- = E_{实} - E_{理} \tag{15-5}$$

$$\eta_+ = \varphi_{+(析出)} - \varphi_{+(平衡)} \tag{15-6}$$

$$\eta_- = \varphi_{-(平衡)} - \varphi_{-(析出)} \tag{15-7}$$

式中，η 为电解池超电压；η_+ 为阳极超电位；η_- 为阴极超电位。$E_{实}$ 为实际分解电压；$E_{理}$ 为理论分解电压；$\varphi_{+(析出)}$为阳极析出电位；$\varphi_{-(析出)}$为阴极析出电位。

极化与超电压间的关系可描述为：极化是产生超电压的原因，而超电压是极化程度的量度。很明显，超电压也和实际分解电压、析出电位一样，与电流密度有关。电解时电流密度愈大，极化的程度便愈大，超电压也愈大。一般说来，析出金属的超电压较小，而析出气体特别是氢、氧的超电压较大。

A 超电压产生的原因

超电压按产生的原因又分为下列三种：

（1）电阻超电压 η_r。电解过程中，电极表面可能生成一层氧化物或其他物质的薄膜，增大了电极的电阻，使电位改变，即产生了超电压。这种超电压就叫电阻超电压 η_r。产生电阻超电压的现象又称为电阻极化。

（2）浓差超电压 η_c。电解时，由于两电极上发生反应，电解池内溶液中的离子扩散速度落后于电极反应速度，使得电极附近的溶液浓度与溶液主体浓度不同，因此电位发生改变。例如，阴极附近析出某金属，则它附近溶液中该金属离子的浓度必小于距离稍远之处。这就使阴极电位向更负的方向移动，产生了超电压。这种超电压就叫做浓差超电压。这种极化叫做浓差极化。浓差极化是阴极析出金属时极化的主要原因。

（3）活化超电压 η_a。电解时，电极上进行的化学反应往往分几步进行，其中某一步需要克服一定的能量才能顺利进行，所以其反应速度往往不大，因而需要供给一定的外加电压以加速反应。这一部分电压就是活化超电压。产生活化超电压的现象称为活化极化。活化极化是由于电化学反应本身的迟缓性而引起的，所以，活化极化又称电化学极化（或化学极化）。

总的超电压等于以上三种超电压之和：

$$\eta = \eta_r + \eta_c + \eta_a$$

电解提取金属时，这三种超电压中以浓差和活化这两种为主。对于电解时阴极析出金属的情况，活化超电压是很小的，通常观察到的超电压基本上是浓差超电压。当电极上析出气体，特别是 H_2 和 O_2 时，两种极化都是不可忽略的。

B 影响超电压的因素

（1）电极材料：在不同电极材料上的超电压大小不等，见表 15-1。

表 15-1 298.15K 时气体在不同电极上的超电压

电 极	氢气在电极上的超电压 η/V H_2(1mol/L H_2SO_4)		
	$i=0.001A/cm^2$	$i=0.1A/cm^2$	$i=1.0A/cm^2$
Pt(镀铂黑)	0.015	0.04	0.05
Pt(光滑)	0.024	0.29	0.68
Ag	0.47	0.88	1.09
Au	0.48	0.8	1.25
石墨	0.60	0.98	1.22
电 极	氧气在电极上的超电压 η/V H_2(1mol/L H_2SO_4)		
	$i=0.001A/cm^2$	$i=0.1A/cm^2$	$i=1.0A/cm^2$
Pt(镀铂黑)	0.40	0.67	0.77
Pt(光滑)	0.72	1.28	1.49
Ag	0.58	0.98	1.13
Au	0.67	1.24	1.63
石墨	0.53	1.09	1.24

（2）电极上析出物质：不同物质在电极上析出，其超电压不同。例如，氢气和氧气在 Pt 电极上析出的超电压不相同，见表 15-1。

（3）电流密度：超电压随电流密度的增大而增大，见表 15-1。两者的关系可用塔费尔公式表示：

$$\eta = a + b\ln i \tag{15-8}$$

式中，i 为电流密度，A/cm^2；a、b 为常数。

（4）电极表面状态：电极表面粗糙，电流密度小，超电压也减少。反之，若表面光滑，则相对来说电流密度就大，超电压也大。

（5）温度：升高电极和溶液温度可使电极反应加速，也使离子的扩散速度加快，所以超电压减小。

（6）溶液中的杂质：有降低水的表面张力的物质存在时，如乙醇、醋酸、丙酮等，可以降低气体的超电压。

（7）电极附近的溶液与溶液本身的浓度相差越小，超电压也越小。

15.2.3 析出电位及其应用

电解时阳极析出电位与阴极析出电位可由式（15-3）和式（15-4）得出：

$$\varphi_{+(析出)} = \varphi_{+(平衡)} + \eta_{+} \tag{15-9}$$

$$\varphi_{-(析出)} = \varphi_{-(平衡)} - \eta_{-} \tag{15-10}$$

电解时阳极上进行的是氧化作用，任何放出电子的氧化反应，如阴离子失去电子析出产物，或阳极物质失去电子溶解都可在阳极上进行。阳极上的析出电位越低，这种氧化作用就越容易进行。从式（15-9）可以看出，η_{+} 总为正值，故超电压的存在，使阳极析出电位升高，氧化作用进行较为困难。

相反，在阴极上进行的是还原作用，任何夺取电子的还原反应如金属阳离子或氢离子从阴极上夺取电子还原为金属或氢气析出，都能在阴极上进行。阴极上的析出电位越高，这种还原作用就越容易进行。从式（15-10）同样可看出，η_{-} 总是正值，故超电压的存在，使阴极析出电位降低，还原作用进行较为困难。

例如，在某一电解质溶液中 Zn^{2+} 和 H^{+} 浓度各为 1mol/L 于 25℃ 和 100kPa 下，以锌片作为阴极进行电解时，从平衡电位 $\varphi_{-(平衡)}$ 的数值高低来看，H^{+} 比 Zn^{2+} 的 $\varphi_{-(平衡)}$ 高，似乎阴极上应先析出 H_2。实际在上述条件下，锌电极的平衡电位约为 -0.76V，锌的超电压 η_{-} 很小，故锌的析出电位近似于平衡电位，而氢电极的平衡电位为 0.00V，氢在锌极上的超电压 η_{-} 约为 0.7V，按照式（15-10），氢在阴极的析出电位约为 -0.7V，而氢与锌的析出电位很相近，两者几乎同时在阴极上析出。由此可见，超电压的存在，总是使物质电解析出增加困难。应用析出电位来判断电极上析出次序，就已把电解中超电位对物质析出难易的影响考虑在内。电解时，有些金属离子虽然其相应的电极电位较氢离子低，但能从水溶液中先于氢而在阴极上析出，也正是由于氢有较高超电压的缘故。

15.3 阴极过程

15.3.1 阴极可能发生的反应

在湿法冶金的电解过程中，工业上通常是用固体阴极进行电解，其主要过程是金属阳离子的还原反应：

$$Me^{z+} + ze = Me \tag{1}$$

但是，除了主要反应以外，还可能发生以下副反应：

(1) 氢的析出： $H_3O^+ + e = \frac{1}{2}H_2 + H_2O$（在酸性介质中） (2)

$$H_2O + e = \frac{1}{2}H_2 + OH^-\text{（在碱性介质中）} \quad (3)$$

(2) 杂质离子的放电： $Me'^{z+} + ze = Me'$ (4)

(3) 高价离子还原为低价离子：$Me^{z+} + le = Me^{(h-l)+}$ (5)

在金属的冶金生产中，要创造条件使反应（1）发生，而要尽量避免副反应（2）、(3)、(4)、(5) 的发生。反应（2）、(3) 将极大地降低电流效率，破坏正常生产；反应 (4) 可降低阴极析出主金属的纯度和质量；反应（5）会消耗电能，降低电流效率。

下面将重点讨论氢和金属在阴极析出的条件及其应用问题。

15.3.2 氢在阴极上的析出

在金属冶金生产中，氢的析出是不希望的，因为它会带来电效降低、能耗增加、阴极物理质量差等不利影响。为了有效控制氢的析出，保证主体金属在阴极顺利析出，有必要对氢在阴极上的析出条件和影响因素进行分析研究，以避免氢在阴极上的析出。

15.3.2.1 氢离子在水溶液中的存在形式

按照现代观点，存在于水溶液中的 H^+，是由 H^+ 与水分子结合而成的阳离子$(H_3O)^+$构成：

$$H^+ + H_2O = (H_3O)^+$$

因此，在水及水溶液中存在着$(H_3O)^+$离子，这种离子简称为氢离子。由于静电作用，带正电的质点$(H_3O)^+$吸引几个水分子，成为水化离子$[(H_3O)\cdot xH_2O]^+$存在于水溶液中。

15.3.2.2 氢在阴极上的析出过程

第一个过程——水化 $(H_3O)^+$离子的去水化。这是因为在阴极电场的作用下，水化$(H_3O)^+$离子从其水化离子中游离出来：

$$[(H_3O)\cdot xH_2O]^+ = (H_3O)^+ + xH_2O$$

第二个过程——去水化后的 $(H_3O)^+$离子的放电。也就是质子氢离子与水分子之间的化合终止，以及阴极表面上的电子与其相结合，结果便有为金属（电极）所吸附的氢原子生成：

$$(H_3O)^+ = H^+ + H_2O$$

$$H^+ + e = H_{(Me)}$$

第三个过程——吸附在阴极表面上的氢原子相互结合成氢分子：

$$H + H = H_{2(Me)}$$

第四个过程——氢分子的解吸及其进入溶液，由于溶液过饱和的原因，以致引起阴极表面上生成氢气泡而析出：

$$xH_{2(Me)} = Me + xH_{2(\text{溶解})}$$

$$xH_{2(溶解)} = xH_{2(气体)}$$

如果上述过程之一的速度受到限制，就会出现氢在阴极上析出时的超电位现象。现代理论认为氢在金属阴极上析出时产生超电位的原因，在于第二个过程即氢离子放电阶段缓慢，这已被大多数金属的电解实践所证实。

15.3.2.3 氢的超电压

氢离子在阴极上放电析出的超电压具有很大的实际意义。这是因为氢离子放电速度的快慢，对很多水溶液电解生产有很大的影响。就电解水制取氢而言，氢的超电位高是不利的，因为它会消耗过多的电能，但是对于有色金属冶金，如锌、镉等的水溶液电解，较高的氢的超电位对金属的析出是有利的。甚至可以说，正因为氢具有较高的超电位，某些金属才有可能采用水溶液电解质电解以提取金属，如锌的电解沉积。

A 氢的超电压计算式

氢离子在水溶液中迁移速度较快，因而扩散过程还会影响电极的反应速度，所以说氢的超电位属于电化学极化超电位，它服从于塔费尔方程式：

$$\eta_{H_2} = a + b\ln i_K \tag{15-11}$$

式中，η_{H_2}为电流密度为 i_K时氢的超电位，V；i_K为阴极电流密度，A/m^2；a 为常数，即阴极上通过一安培电流密度时的氢的超电位，随阴极材料、表面状态、溶液组成和温度而变；b 为经验常数，$b = 2 \times 2.3RT/F$，即随电解温度而变。

实践证明，就大多数金属的纯净表面而言，式中经验常数 b 具有几乎相同的数值（100 ~ 140mV），这说明表面电场对氢析出反应的活化效应大致相同。有时也有较高的 b 值（高于 140mV），原因之一可能是电极表面状态发生了变化，如氧化现象的出现。式中常数 a 对不同材料的电极，其值是很不相同的，表示不同电极表面对氢析出过程有着很不相同的催化能力。按 a 值的大小，可将常用的电极材料大致分为三类：

（1）高超电位金属，其 a 值在 1.0 ~ 1.5V，主要有 Pb、Cd、Hg、Tl、Zn、Ga、Bi、Sn 等。

（2）中超电位金属，其 a 值在 0.5 ~ 0.7V，主要有 Fe、Co、Ni、Cu、W、Au 等。

（3）低超电位金属，其 a 值在 0.1 ~ 0.3V，其中最主要的是 Pt 和 Pd 等铂族元素。

表 15-2 列出了在不同金属上，氢阴极析出的塔费尔 a、b 值，温度为 298K。

表 15-2 氢在某些金属上的塔费尔常数

金 属	酸性溶液		碱性溶液	
	a	b	a	b
Ag	0.95	0.10	0.73	0.12
Al	1.00	0.10	0.64	0.14
Au	0.40	0.12		
Be	1.08	0.12		
Bi	0.84	0.12		
Cd	1.40	0.12	1.05	0.16
Co	0.62	0.14	0.60	0.14
Cu	0.87	0.12	0.96	0.12

续表 15-2

金属	酸性溶液		碱性溶液	
	a	b	a	b
Fe	0.70	0.12	0.76	0.11
Ge	0.97	0.12		
Hg	1.41	0.114	1.54	0.11
Mn	0.80	0.10	0.90	0.12
Mo	0.66	0.08	0.67	0.14
Nb	0.80	0.10		
Ni	0.63	0.11	0.65	0.10
Pb	1.56	0.11	1.36	0.25
Pd	0.24	0.03	0.53	0.13
Pt	0.10	0.03	0.31	0.10
Sb	1.00	0.11		
Sn	1.20	0.13	1.28	0.23
Ti	0.82	0.14	0.83	0.14
Tl	1.55	0.14		
W	0.43	0.10		
Zn	1.24	0.12	1.20	0.12

B 影响氢的超电压的主要因素

氢的超电位与许多因素有关，主要的是：阴极材料、电流密度、电解液温度、溶液的成分等，下面分别讨论。

（1）阴极材料的影响。选用 a 值较高的金属材料时氢的超电位较大，反之则小。

（2）电流密度的影响。氢的超电位 η_{H_2} 与电流密度 i_K 之间存在着直线关系，即氢的超电位随着电流密度的提高而增大。

表 15-3 列出了 298K 时不同电流密度下，氢在某些金属上的超电位。

表 15-3 298K 时氢的超电位

金属		电流密度/A·m^{-2}								
		0	10	50	100	500	1000	5000	10000	15000
超电位/V	Au	—	0.24	0.332	0.390	0.507	0.588	0.770	0.798	0.807
	Cd	0.446	0.981	1.086	1.134	1.211	1.216	1.246	1.254	1.257
	Cu	—	0.479	0.548	0.584	—	0.801	1.186	1.254	1.269
	铂墨 Pt	—	0.0154	0.0272	0.0300	0.0376	0.0405	0.0448	0.0483	0.0495
	光滑 Pt	—	0.024	0.051	0.068	0.186	0.288	0.573	0.676	0.768
	Al	—	0.565	0.745	0.826	0.968	1.066	1.237	1.286	1.292
	石墨	—	0.5995	0.7250	0.7788	0.9032	0.9774	1.1710	1.2200	1.2208
	Ag	—	0.4751	0.6922	0.7618	0.8300	0.8749	1.0300	1.0890	1.0841
	Sn	0.2411	0.8561	1.0258	1.0767	1.1851	1.2230	1.2380	1.2380	1.2286
	Fe	0.2026	0.4036	0.5024	0.5571	0.7000	0.8134	1.2561	1.2915	1.2908
	Zn	—	0.716	0.726	0.746	0.926	1.064	1.201	1.229	1.243
	Bi	—	0.78	—	1.05	1.15	1.14	1.21	1.23	1.29
	Ni	—	0.563	0.633	0.747	0.890	1.084	1.280	1.244	1.254
	Pb	—	0.52	—	1.090	1.168	1.179	1.235	1.262	1.290

（3）电解液温度的影响。温度升高，氢的超电位降低，容易在阴极上放电析出。值得注意的是，从 $b=2\times2.3RT/F$ 得知，当温度升高时 b 值是应该升高的，氢的超电位 η_{H_2} 也应该升高。这与实际刚好相反，其原因是当温度升高时，a 值是下降的，比较 a 值与 b 值对氢的超电位的影响，a 值下降是主要的，所以导致氢的超电位随着温度的升高而下降。

（4）电解液组成的影响。电解液的组成与活度不同对氢的超电位影响是不同的，这是由于溶液中某些杂质在阴极析出后局部地改变了阴极材料的性质，而使得局部阴极上氢的超电位有所改变。如当溶液中铜、钴、砷、锑等杂质的含量超过允许含量，它们将在阴极析出，氢的超电位大大降低。

（5）阴极表面状态的影响。阴极表面状态对氢的超电位的影响是间接影响。阴极表面越粗糙，则阴极的真实表面积越大，这就意味着真实电流密度越小，而使氢的超电位越小。

通过以上分析得知，某些金属的电极电位虽然较氢为负，但由于氢的超电位很大，而某些金属如锌、镉的超电位又很小，就使得氢的实际析出电位较负，这样使得金属析出，而氢不析出。如此，氢的超电位的大小对某些较负电性金属电解的电流效率影响很大，提高氢的超电位就能相应地提高电流效率。

15.3.3 金属离子在阴极上的还原

15.3.3.1 金属离子在阴极上的析出电位

根据电极过程的基本原理，当阴极电位达到金属阳离子的析出电位时，离子才有可能在阴极上放电析出。对反应 $Me^{z+}+ze=Me$ 来说，其金属离子在阴极上的析出电位为：

$$\varphi_{-(\text{析出},Me)}=\varphi^{\ominus}_{Me^{z+}/Me}+\frac{RT}{zF}\ln\frac{a_{Me^{z+}}}{a_{Me}}-\eta_{-(Me)} \tag{15-12}$$

式中，$\varphi_{-(\text{析出},Me)}$ 为阴极析出电位，V；$\eta_{-(Me)}$ 为电解池阴极的超电位，V；$a_{Me^{z+}}$ 为金属离子在溶液中的活度；a_{Me} 为金属在阴极中的活度。

15.3.3.2 在阴极上可能放电析出的金属离子

如前所述，某些较负电性的金属可以通过水溶液电解来提取。但是，由于氢析出超电位有一定限度，在水溶液中氢强烈析出的电位不会比 -1.8 ~ -2.0V 更负，所以不是所有负电性金属都可以通过水溶液电解实现其阴极还原过程的。如果某些金属的析出电位比 -1.8 ~ -2.0V 还要负，则采用水溶液电解方法来制取这些金属（如镁、铝）就十分困难。

若周期表中金属是按其活泼性大小顺序排列的（表 15-4）就可以利用周期表来比较实现金属离子还原过程的可能性。

一般说来，周期表中愈靠近左边的金属元素的性质愈活泼，在水溶液中的阴极上还原电沉积的可能性也愈小，甚至不可能；愈靠近右边的金属元素，阴极上还原电沉积的可能性也愈大。

A 还原产物为纯金属时简单金属离子的还原

在水溶液中，对简单金属离子而言，大致以铬分族元素为界线：位于铬分族左方的金属元素不能在水溶液中的阴极上还原电沉积；铬分族诸元素除铬能较容易地自水溶液中在阴极上还原电沉积外，钨钼的电沉积就极困难；位于铬分族右方的金属元素都能较容易地自水溶液中在阴极上还原电沉积出来。

表 15-4 按周期系比较金属离子从水溶液中电积的可能性

周期	元素			
第三	Na Mg Al			Si P S Cl Ar
第四	K Ca Se Ti V	Cr Mn Fe Co Ni	Cu Zn Ga	Ge As Se Br Kr
第五	Rb Sr Y Zr Nb Mo	Te Ru Rb Pd	Ag Cd In Sn Sb	Te I Xe
第六	Cs Ba 稀土金属 Hf Ta W	Re Os Ir Pt	Au Hg Tl Pb Bi Po	At Rn
		⟶ 从水溶液中有可能电积	⟶ 从氯化物溶液中可以电积	⟶ 非金属

这一分界线的位置主要是根据实验而不是根据热力学数据确定的。因此，除热力学因素外，还有一些动力学因素的影响。例如，若只从热力学数据来考虑，则 Ti^{2+}、V^{2+} 等离子的还原电沉积也应该是可能实现的，但由于动力学的原因实际是不可能的。

B 还原产物为合金时金属离子的还原

若通过还原过程生成的不是纯金属而是合金，则由于生成物的活度减小而有利于还原反应的实现。最突出的例子是当电解过程生成物是汞齐时，则碱金属、碱土金属和稀土金属都能自水溶液中很容易地电解出来。

C 金属以络合离子形态存在时的还原

若溶液中金属离子以比水合离子更稳定的络合离子形态存在，则由于析出电位变负而不利电解。例如在氰化物溶液中只有铜分族元素及其在周期表中位置比它更右的金属元素才能在电极上析出，而铁、镍等元素不能析出。

15.3.4 阳离子在阴极上的共同析出

在实际生产过程中，电解液的组成都不可能是单一而纯净的，由于有其他金属（杂质）的存在使电解变得复杂化。对于电解精炼或电解沉积提取纯金属的工艺来说，重要的是如何防止杂质金属阳离子与主体金属阳离子同时在阴极上放电析出，而对生产合金来说，又是如何创造条件使合金元素按一定的比例同时在阴极上放电析出。

15.3.4.1 金属阳离子同时放电析出的条件与控制

根据电极过程的基本原理，当阴极电位达到金属阳离子的析出电位时，离子才有可能在阴极上放电析出。对反应 $Me^{z+} + ze = Me$，其析出电位如式（15-12）所示：

$$\varphi_{-(析出,Me)} = \varphi^{\ominus}_{Me^{z+}/Me} + \frac{RT}{zF}\ln\frac{a_{Me^{z+}}}{a_{Me}} - \eta_{-(Me)}$$

显然，要使两种金属阳离子共同放电析出，必要的条件是它们的析出电位相等。根据共同放电析出条件 $\varphi_{-(析出,Me_1)} = \varphi_{-(析出,Me_2)}$，得到：

$$\varphi^{\ominus}_{Me_1^{z+}/Me_1} + \frac{RT}{zF}\ln\frac{a_{Me_1^{z+}}}{a_{Me_1}} - \eta_{-(Me_1)} = \varphi^{\ominus}_{Me_2^{z+}/Me_2} + \frac{RT}{zF}\ln\frac{a_{Me_2^{z+}}}{a_{Me_2}} - \eta_{-(Me_2)} \quad (15\text{-}13)$$

由式（15-13）可知，两种离子共同放电析出与四个因素有关，即与金属标准电极电位、放电离子在溶液中的活度及其析出于电极上的活度、放电时的超电位有关。由于两种金属的标准电极电位是一定的，故可以靠调节溶液中离子的活度与极化作用，使它们的析出电位相等而共同析出。当只需要一种金属放电析出时，两种金属的析出电位应有较大差值，这时，析出电位较正的金属就放电析出，而析出电位较负的金属则不能放电析出。在生产实践中，常常用控制电解液成分、温度、电流密度等来实现金属阳离子是否共同放电析出。

15.3.4.2 金属离子与氢离子共同析出

在以下四种情况下可能出现金属离子与氢离子在阴极上共同放电：

(1) 在金属的析出电位比氢离子的析出电位负得多的情况下，如果控制很高的电流密度，使阴极电极电位达到金属离子的析出电位时，会出现金属离子与氢离子共同放电。此时，大部分电流用于氢的析出，只有一小部分电流用于金属析出，所以电流效率很低。例如高电流密度下从水溶液中电解沉积铝、镁就是这种情况。由于电流效率很低，致使不能实现正常生产。

(2) 在金属离子的析出电位显著比氢离子的析出电位更正的情况下，一般开始仅有金属析出。只有控制较高的电流密度，使阴极电极电位达到氢离子的析出电位时，才可能出现金属离子与氢离子共同放电。一般情况下，这类电解过程的电流效率都很高。

(3) 在金属的析出电位与氢的析出电位比较接近，但金属的析出电位比氢的析出电位为正的情况下，只要稍稍增大电流密度，使阴极电位达到氢离子的析出电位，就会发生金属离子与氢离子共同放电。

(4) 在金属的析出电位与氢的析出电位比较接近，但金属的析出电位比氢的析出电位为负的情况下，只要控制较高的电流密度，使金属在阴极上析出，就会发生金属离子与氢离子共同放电。

以上分析表明，在实际电解生产作业中，要在阴极上获得纯净的金属，必须使电解液中杂质含量通过净化降至规定的限度以下，尤其是那些较主体金属为正电性的杂质离子，更应严格控制其含量，才能尽量减少其析出。关于氢离子，只有在和主体金属的析出电位相接近时，才有可能在阴极放电析出，致使电流效率降低。生产实践中，常通过控制各种生产条件，使氢的超电压值增高来减少氢离子的放电析出。

15.3.5 阴极产物的电结晶过程

在有色金属的水溶液电解过程中，要求得到致密平整的阴极沉积表面。粗糙的阴极表面对电解过程将产生不良影响，它会降低氢的超电位与加速已沉积的金属逆溶解。此外，由于沉积表面不平整所产生的许多凸出部分，容易造成阴阳极之间的短路，以上影响的结果，将引起电流效率降低。

电解有时又会产生出海绵状的疏松沉积物。这种沉积物是不希望的，因为它在重熔时容易氧化而增大金属的损失。产生海绵沉积物，也会造成电流效率降低。

因此，了解阴极沉积物的形成机理及各种影响因素，对于得到合格的高质量产品具有重要意义。

15.3.5.1 阴极沉积物的形成机理

在阴极沉积物形成的过程中，有两个平行进行的过程：晶核的形成和晶体的长大。在结晶开始时，金属并不是在阴极整个表面上沉积，而只是在对阳离子放电需要最小活化能的个别点上沉积，被沉积金属的晶体，首先在阴极金属晶体的棱角上生成。电流只通过这些点传送，这些点上的实际电流密度比整个表面的平均电流密度要大得多。

在靠近已生成晶体的阴极部分的电解液中，被沉积金属的离子浓度贫化，于是在阴极主体金属晶体的边缘上产生新的晶核，分散的晶核数量逐步增加，直到阴极的整个表面为沉积物所覆盖。

在电解过程中，如果离子放电所形成的金属原子主要参与晶体的长大，而较少形成晶核，那么便得到由粗大晶粒组成的表面粗糙的沉积物；相反，则产生由细小晶粒组成的致密沉积物。

15.3.5.2 影响阴极沉积物结构的因素

（1）电流密度：低电流密度时，过程一般为电化学步骤控制，晶体成长速度远大于晶核的形成速度，故产物为粗粒沉积物。若在确保离子浓度的条件下，增大电流密度以提高极化，能得到致密的电积层。然而，过高的电流密度会造成电极附近放电离子的贫化，致使产品成为粉末状，或者造成杂质与氢的析出。由于氢的析出，电极附近溶液酸度降低，导致形成金属氢氧化物或碱式盐沉淀。

（2）温度：升高温度能使扩散速度增大，同时又降低超电位，促使晶体的成长，因此升高温度导致形成粗粒沉积物。对于某些金属电解过程，如锌、镍等的电解过程，由于升温会使氢的超电位降低，从而导致氢的析出。

（3）搅和速度：搅和溶液能使阴极附近的离子浓度均衡，因而使极化降低，极化曲线有更陡峭的趋势，所有这些情况都导致形成晶粒较粗的沉积物。在另一方面，搅和电解液可以消除浓度的局部不均衡与局部过热等现象，可以提高电流密度而不会发生沉积物成块和不整齐现象。也就是说提高电流密度，可以消除由于加快搅和速度引起的粗晶粒。

（4）氢离子浓度：氢离子的浓度或者说溶液的 pH 值是影响电结晶晶体结构的重要因素。在一定范围内提高溶液的酸度，可以改善电解液的电导，而使电能消耗降低。但若氢离子浓度过高，则有利于氢的放电析出，在阴极沉积物中氢含量增大，生产实践表明，在氢气大量析出的情况下，将不可能获得致密的沉积物。只有在采取了有利于提高氢的超电位，防止氢析出的措施时，才能适当提高电解液的酸度。

（5）添加剂：为了获得致密而平整的阴极沉积物，常在电解液中加入少量作为添加剂的胶体物质，如树胶、动物胶或硅酸胶等。添加剂对于阴极沉积物质量的有利影响，在于胶质主要是被吸附在阴极表面的凸出部分，形成导电不良的保护膜，使这些突出部分与阳极之间的电阻增大，而消除了阳极至阴极凹入部分与阳极至阴极凸出部分之间的电阻差额，结果，阴极表面上各点的电流分布均匀，产出的阴极沉积物也就较为平整致密。

15.4 阳极过程

15.4.1 研究阳极过程的意义

15.4.1.1 阳极过程对电解生产的作用和影响

一般来说，阳极过程比阴极过程要复杂得多。阳极过程的研究在实践上和理论上都有重要的意义。在电解生产中，阳极过程直接与电能消耗、电流效率有关。在腐蚀电池中，阳极过程是自动进行的，是破坏性的。但在湿法冶金中，金属或硫化物的浸出、低品位矿石的堆浸或就地浸出就是应用腐蚀电池原理。阳极过程还有一种特殊现象——钝化，在金属精炼中，希望阳极正常溶解而不要钝化，但在使用不溶阳极或进行金属保护时，常常要对金属进行钝化处理，使阳极或金属材料免遭腐蚀。

15.4.1.2 阳极的分类

按阳极材料不同，可分为金属（包括合金）阳极和非金属阳极（如石墨，具有半导体性质的硫化物、氧化物等）。

按电极作用不同，可分为不溶阳极和可溶阳极两类。前者用于电解沉积（电解提取），后者用于电解精炼。

15.4.2 阳极反应的基本类型

（1）金属的溶解： $Me - ze \xlongequal{} Me^{z+}$ （在溶液中）

（2）金属氧化物的形成：

$$Me + zH_2O - ze \xlongequal{} Me(OH)_z + zH^+ \xlongequal{} MeO_{z/2} + zH^+ + \frac{z}{2}H_2O$$

（3）氧的析出： $2H_2O - 4e \xlongequal{} O_2 + 4H^+$

$4OH^- - 4e \xlongequal{} O_2 + 2H_2O$

（4）离子价升高： $Me^{z+} - ne \xlongequal{} Me^{(z+n)+}$

（5）阴离子的氧化： $2Cl^- - 2e \xlongequal{} Cl_2$

15.4.3 不溶阳极材料及其反应

15.4.3.1 不溶阳极材料

作为不溶性阳极，通常采用以下一些材料：

（1）具有电子导电能力和不被氧化的石墨（碳）。石墨在熔盐电解中是不可缺少的阳极材料，它可以抵抗氟化物的侵蚀，并且容易提到光谱纯，在高纯金属制取中也常采用石墨作为电极，但在水溶液中石墨容易受电解液及析出的气体侵蚀而松散破坏。

（2）电位在电解条件下，位于水的稳定状态图中氧线以上的各种金属。其中首先是铂，它可在多种腐蚀性介质中使用（除王水之外）。但它稀少而价格昂贵，工业中采用镀铂或其他代用品。

（3）在电解条件下发生钝化即表面形成了金属氧化物层的各种金属，这种表层氧化物不溶于相应的电解液或溶解度很低，并具有电子导电性。如硫酸溶液中的铅；碱性溶液中的镍和铁。

15.4.3.2 不溶阳极的阳极反应

下面仅就在硫酸溶液中，采用铅或铅银合金作阳极进行讨论。

当铅在硫酸溶液中发生阳极极化时，可能进行下列各种阳极过程：

（1）金属铅按下列反应氧化成2价的硫酸铅：

$$Pb + SO_4^{2-} - 2e \xlongequal{} PbSO_4, \ \varphi^\ominus = -0.356V$$

（2）二价的硫酸铅氧化成4价的二氧化铅：

$$PbSO_4 + 2H_2O - 2e \xlongequal{} PbO_2 + H_2SO_4 + 2H^+, \ \varphi^\ominus = +1.685V$$

（3）金属铅直接氧化成4价的二氧化铅：

$$Pb + 2H_2O - 4e \xlongequal{} PbO_2 + 4H^+, \ \varphi^\ominus = +0.655V$$

（4）氧的析出：

$$4OH^- - 4e = O_2 + 2H_2O, \quad \varphi^\ominus = +0.401V$$

（5）SO_4^{2-}放电，并形成过硫酸：

$$2SO_4^{2-} - 2e = S_2O_8^{2-}, \quad \varphi^\ominus = +2.01V$$

15.4.3.3 铅阳极的溶解反应

根据以上反应的标准电极电位判断，当电流通过时，首先发生反应（1），铅溶解并生成硫酸铅。由于硫酸铅的溶解度很小，便开始在阳极表面结晶，直到硫酸铅膜覆盖整个阳极表面时为止。其次，应发生反应（4），即阳极上进行氢氧离子的放电析出氧，但因为氧放电析出的超电压很大，故实际上先发生反应（3）和反应（1），即铅本身直接氧化或二价铅离子的再氧化成四价状态，生成二氧化铅。二氧化铅首先在硫酸铅组成的阳极膜的孔隙中生成，然后逐步将硫酸铅膜所替代，实际生产中将此过程称为阳极镀膜。最后，二氧化铅成为进行正常阳极反应，即氧析出过程的工作表面。

需要指出的是，由于二氧化铅的多孔性，二氧化铅及铅的其他化合物具有很不同的比容，致使二氧化铅膜变得松散，甚至可以脱离阳极，这在生产实践中叫作阳极泥脱落。生产实践表明，铅阳极的稳定性较差，从而要求寻找更为稳定的阳极材料，其中包括铅基合金，如铅银合金、铅银钙锶合金等。研究结果认为，含 0.019 摩尔分数银的铅银合金比较稳定。

15.4.3.4 氧在铅或铅银合金阳极上的析出

在阳极上，氧的析出要在比氧电极平衡电位正得多的电位下才能发生，这是因为氧在阳极析出的超电位很大所致。研究氧的超电位现象最大的障碍是氧的电极平衡电位的不可重现性，这样就阻碍了氧超电位的测定。所以，在很多情况下是利用实测的阳极电位。

表 15-5 所列为利用已预先在每升含 1mol 的 H_2SO_4溶液中进行阳极极化并已覆盖着二氧化铅膜的铅和铅银合金阳极进行实验测定出的阳极电位数据。

表 15-5 铅与铅银合金阳极的电位（V）与电流密度和温度的关系

电流密度 /A·m^{-2}	温度/K					
	298	322	348	298	322	348
	铅			银为 0.019 摩尔分数的铅银合金		
50	1.99	1.90	1.83	1.91	1.86	1.82
100	2.02	1.95	1.86	1.94	1.89	1.85
200	2.04	1.98	1.90	1.99	1.92	1.88
400	2.07	2.01	1.95	2.02	1.96	1.90
600	2.09	2.02	1.96	2.03	1.97	1.92
1000	2.12	2.05	1.98	2.05	2.00	1.94
2000	2.15	2.09	2.01	2.10	2.05	1.96
3000	2.18	2.12	2.03	2.15	2.09	1.96
4000	2.23	2.18	2.06			
5000	2.27	2.20	2.09	2.19	2.17	1.99

从表 15-5 可以看出，铅和铅银合金在硫酸溶液中的阳极电位是相当高的，这就证明氧在覆盖着二氧化铅的阳极上的超电位很大。铅银阳极的电位稍低于铅阳极的电位（视条

件而定，差额在0.01～0.1V之间)，这是由于氧在铅银阳极上的超电位较低的缘故。

氧在阳极上的析出，通常认为是由于OH^-按下列反应放电：

$$4OH^- - 4e = 2H_2O + O_2$$

这一反应在每升含2.10mol的硫酸溶液中发生，当硫酸浓度增大到每升为4.96～8.76mol时，阳极上便开始SO_4^{2-}的放电，并可能有$S_2O_8^{2-}$生成，即发生反应：

$$2SO_4^{2-} - 2e = S_2O_8^{2-}$$

有关氧在各种阳极材料上析出的超电位列于表15-6中，以供参考和使用。

表15-6 298K时氧在不同电极材料上的超电位与电流密度的关系

电流密度/A·m^{-2}	超电位/V							
	石墨	Au	Cu	Ag	光滑Pt	铂黑Pt	光滑Ni	海绵Ni
10	0.525	0.673	0.442	0.58	0.721	0.398	0.353	0.414
50	0.705	0.927	0.546	0.674	0.80	0.480	0.461	0.511
100	0.896	0.963	0.580	0.729	0.85	0.521	0.519	0.563
200	0.963	0.996	0.605	0.813	0.92	0.561		
500		1.064	0.637	0.912	1.16	0.605	0.670	0.653
1000	1.091	1.224	0.660	0.984	1.28	0.638	0.726	0.687
2000	1.142		0.687	1.038	1.34		0.775	0.714
5000	1.186	1.527	0.735	1.080	1.43	0.705	0.821	0.740
10000	1.240	1.63	0.793	1.131	1.49	0.766	0.853	0.762
15000	1.282	1.68	0.836	1.14	1.38	0.786	0.871	0.759

15.4.4 可溶金属的阳极溶解

15.4.4.1 单一金属的阳极溶解

如前所述，可溶性阳极反应为：

$$Me - ze = Me^{z+}$$

即金属阳极发生氧化，成为金属离子进入溶液中，其溶解电位为：

$$\varphi_{+(溶解,Me)} = \varphi^{\ominus}_{Me^{z+}/Me} + \frac{RT}{zF}\ln\frac{a_{Me^{z+}}}{a_{Me}} + \eta_{+(Me)} \quad (15\text{-}14)$$

式中，$\varphi_{+(溶解,Me)}$为阳极上金属溶解电位，V；$\eta_{+(Me)}$为阳极上金属溶解超电位，V；$a_{Me^{z+}}$为金属离子在溶液中的活度；a_{Me}为金属在阳极中的活度。

由式(15-14)可以看出，金属溶解电位的大小除与金属本性($\varphi^{\ominus}_{Me^{z+}/Me}$)有关外，还与溶液中该金属离子的活度$a_{Me^{z+}}$和金属在可溶阳极上的活度$a_{Me}$以及该金属的氧化超电位$\eta_{+(Me)}$等因素有关。

显然，金属的$\varphi^{\ominus}_{Me^{z+}/Me}$愈高，该金属离子在溶液中的$a_{Me^{z+}}$愈高，在阳极中$a_{Me}$愈低，超电位$\eta_{+(Me)}$愈大的金属，其溶解电位就愈高，就愈不容易溶解。反之，就易溶解。提高阳极的极化电位，可以提高金属的溶解速度。

15.4.4.2 合金阳极的溶解

电解生产中所使用的阳极，并非是单一金属，常常含有一些比主体金属较正电性或较负电性的元素，构成合金阳极。合金阳极是多元的，在这里以二元系合金阳极为例分析阳极溶解反应。

二元合金大致可分为三类：第一类是由两种金属晶体机械混合形成共晶的合金，例如 Sn-Bi 二元合金；第二类是由两种完全互溶的金属形成连续均晶固溶体的合金，例如 Cu-Au 二元合金；第三类是由一种金属和某种元素形成的金属化合物的合金，例如钢铁。在电解精炼过程中，常常用第一类和第二类的合金做阳极。

A 第一类合金阳极的溶解

以 Sn-Bi 二元合金电极为例说明。图 15-4 为 Sn-Bi 合金电极的电位随其成分变化的关系曲线。从图中可以看出，含铋达 95%（原子）的合金保持着锡的电位。在此情况下，锡的晶体未完全被铋屏蔽，从而保持了较负电性相锡的电位。铋含量进一步提高使得合金的电位向正的一方发生急剧变化。

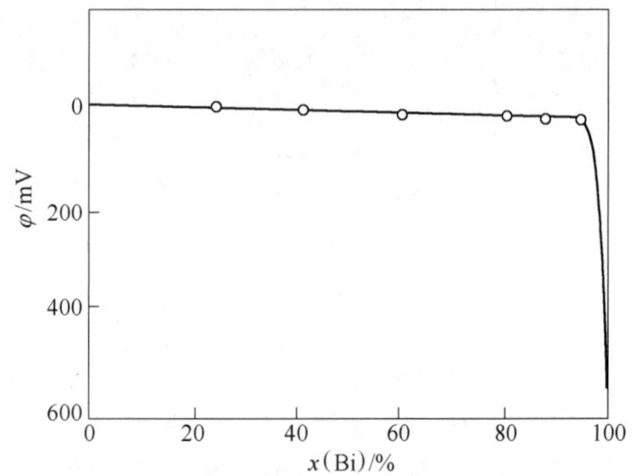

图 15-4 Sn-Bi 合金在 0.05mol 的 HCl 溶液中的电位随组分含量变化的关系

Sn-Bi 合金的阳极行为与它们在合金中的含量比值有关，这类合金的阳极溶解，可归结以下两个基本类型：

（1）如果合金含较正电性相较少，则在阳极上进行较负电性金属的溶解过程。同时，较正电性金属则形成所谓的阳极泥。如果这种阳极泥从阳极掉下或者是多孔物质，则溶解可无阻地进行。

（2）如果合金阳极是含较负电性相很少的合金，那么表面层中的较负电性金属便会迅速溶解，表面变为充满着较正电性金属的晶体，阳极电位升高到开始两种金属溶解的数值，这时两种金属按合金成分成比例地进入溶液中。

B 第二类合金阳极的溶解

连续固溶体合金的特征是每个合金成分具有它自己所固有的电位，这个电位介于形成合金的两种纯金属电位之间。较负电性金属的含量较高时，固溶体的电位与这种金属在纯态时的电位差别甚小；随着较正电性组分含量增大，固溶体就显示出更正的电位。

下面以 Cu-Au 二元合金电极为例说明阳极溶解过程。

含较正电性金属（Au）较多的合金，其阳极溶解过程很简单，相当于 Au 的电位值的电位立即在阳极上建立起来。两种金属由于阳极氧化的结果便将自己的离子转入溶液中。在有配位体（氯离子）存在的情况下，金的络合离子便在阴极上放电析出金，而铜离子则在电解液中积累。

含较负电性金属（Cu）较多的合金，则其溶解机理较复杂。溶解过程中形成的过剩量的较正电性离子呈金属析出成为阳极泥。生产实践中，这些贵金属在粗金属中含量的 98% 以上进入阳极泥，要另外进行回收处理。

15.4.5 硫化物的阳极溶解

研究硫化物的电化学行为，在硫化物阳极进行电解时有重要意义，如采用高镍锍直接电解提取金属镍已在工业上广泛应用。就是在金属阳极进行电化溶解时也应加以考虑，因为其中经常含有某种数量的硫。

15.4.5.1 硫化物阳极溶解时的反应及发生条件

在硫化物阳极上（如果不考虑自动溶解反应），可以发生以下电化学反应：

$$MeS - 2e = Me^{2+} + S$$

反应同时发生金属的离子化和离子进入溶液以及析出元素硫，所形成的元素硫一部分呈阳极泥形态从阳极掉下，一部分呈壳状物留在阳极上。

$$MeS + 4H_2O - 8e = Me^{2+} + SO_4^{2-} + 8H^+$$

当反应在溶液中进行时，溶液的酸度会增高并有 SO_4^{2-} 积累。反应在 1mol 金属溶解时要消耗四倍的能量（8 个电子）。如果反应以显著的速度进行，则体系的状况在颇大程度上受到破坏，电解液的成分和酸度均发生变化。

下面以高镍锍直接电解提取金属镍为例，说明以上两反应发生的条件。硫化镍阳极中大部分金属以硫化物形态存在，如 Ni_3S_2、Cu_2S、CoS、PbS、ZnS 及 FeS 等，往往含有少量的金属镍。硫化镍阳极的电化学过程直接受其含硫量的影响：

（1）当阳极含硫在 20% 以上时，能满足全部金属形成相应的硫化物，此时阳极发生的主要反应为：

$$Ni_3S_2 - 6e = 3Ni^{2+} + 2S$$

生成的 Ni^{2+} 进入溶液，元素硫进入槽底或附着在阳极表面，使电解过程正常进行。

（2）若阳极含硫很低，镍主要以金属形态存在，而极少量的硫则以共晶体存在于金属晶体间的界面上，此时阳极主要反应是金属镍的溶解：

$$Ni - 2e = Ni^{2+}$$

少量的硫化物实际上不能参加电极反应而进入阳极泥。

（3）若阳极含有一定量的硫，但又不足以使金属全部形成硫化物，其中的金属部分优先溶解，在阳极表面上留下一层硫化物薄膜，使阳极有效面积减小，从而提高了阳极实际电流密度，阳极电位变得更正，使下列有害反应易于发生：

$$Ni_3S_2 + 8H_2O - 18e = 3Ni^{2+} + 2SO_4^{2-} + 16H^+$$

可见，在产生相同量 Ni^{2+} 情况下，此时消耗电量为正反应的三倍，且由于大量酸的生成，增加了电解液净化时的碱耗。因此硫化镍阳极的硫量一定要控制在使金属形成硫化物的程度。

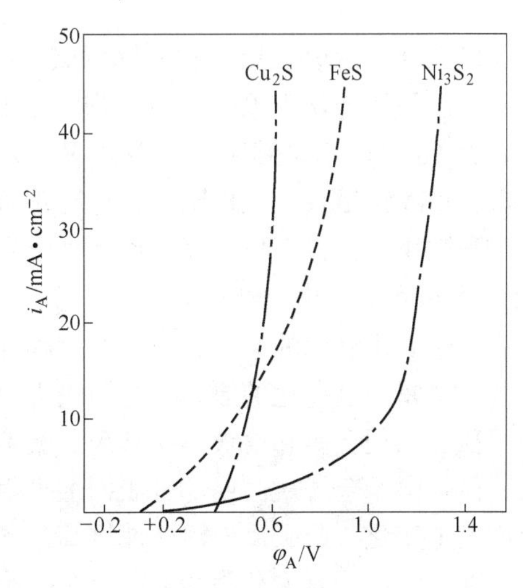

图 15-5 某些硫化物的阳极极化曲线

15.4.5.2 复杂体系中硫化物的阳极溶解顺序

在实际条件下问题还要复杂得多，这是因为进行溶解的电极通常是一系列金属硫化物的固溶体，或者是由某些金属硫化物组成的多相体系。不同硫化物的溶解顺序由各自的电极电位决定。硫化物的阳极极化曲线见图 15-5。

根据硫化物电极的阳极极化曲线，就有可能判断各个硫化物的溶解顺序。从图 15-5 所示铜、铁、镍的硫化物的阳极极化曲线可以看出，在多相硫化物进行溶解时，铜和铁的硫化物比镍的硫化物更早地溶解。如果电极是多相的，那么就会有周期性溶解的现象发生。当电极表面存在可在较负电性电位下溶解的相，则在给定电流密度下将只有这些相溶解。在它们消失之后，电位仍升高并且较正电性的相开始溶解。当由于较正电性相的溶解再在电极表面上出现较负电性相的晶体时，则这些晶体又开始溶解，并且电位下降。如此周而复始。

如果阳极是由两种硫化物组成的固溶体，则会出现类似于前面已讨论过的金属固溶体阳极溶解时发生的规律性。

15.4.6 阳极钝化

15.4.6.1 钝化现象

在阳极极化时，阳极电极电位将对其平衡电位偏离，则发生阳极金属的氧化溶解。随着电流密度的提高，极化程度的增大，则偏离越大，金属的溶解速度也越大。当电流密度增大至某一值后，极化达到一定程度时，金属的溶解速度不但不增高，反而剧烈地降低。这时，金属表面由“活化”溶解状态，转变为“钝化”状态。这种由“活化态”转变为“钝化态”的现象，称为阳极钝化现象。图 15-6 为阳极钝化曲线示意图。

由图 15-6 可以看出，*AB* 段为金属阳极的正常溶解阶段，即随着极化电位的增大，电流密度亦增大，金属溶解速度就加快。*BC* 段是发生了金属钝化的过程，这时金属的溶解速度随着电极电位变正而减小。在 *CD* 段电极处于比较稳定的钝化状态，这时往往可以观察到几乎与电极电位无关的极限溶解电流。到 *DE* 段电流又重新增大，这时的极化电流主要是消耗于某些新的电解过程，如氧的析出，高价离子的生成等，而阳极金属溶解过程本身却减慢了，甚至不能进行。

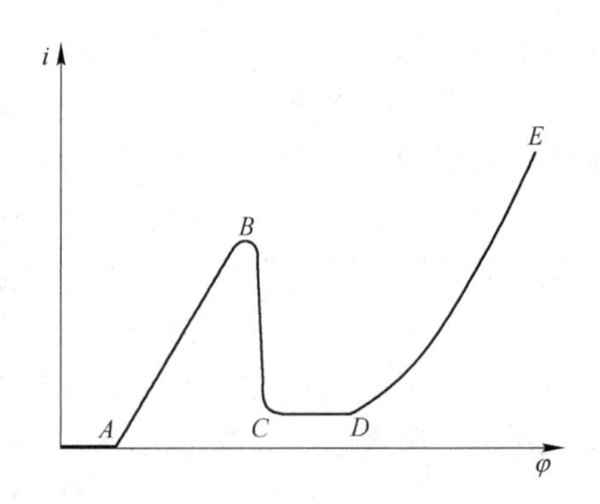

图 15-6 阳极钝化曲线示意图

研究钝化现象有很大的实际意义。在某些情况下，可以利用钝化现象来减低金属的自然溶解或阳极金属的溶解速度；在另外一些场合下，为了保持一定的阳极反应速度又必须避免钝化现象的出现。例如在锌电积时用铝板作阴极，铅或铅银合金板作阳极，这时正希望阳极出现钝化。然而在镍电解精炼时，由于粗镍出现钝化，使得电位升高，而不利于生产。

15.4.6.2 钝化机理

关于产生钝化的原因，目前有两种并存的理论：成相膜理论与吸附理论。成相膜理论认为，金属阳极钝化的原因，是阳极表面上生成了一层致密的覆盖良好的固体物质，它以一个独立相把金属和溶液分隔开来。吸附理论认为，金属钝化并不需要形成新相固体产物膜，而是由于金属表面或部分表面上吸附某些粒子形成了吸附层，致使金属于溶液之间的界面发生变化，阳极反应活化能增高，导致金属表面的反应能力降低。

吸附的离子有人认为是 OH^-，也有认为是 O^{2-}，更多的人认为是氧原子。

成相膜理论与吸附理论都能解释一部分钝化现象，但不能解释全部。很可能在某些情况下，金属钝化是由成相膜层引起的，而在另一些情况下，则是由吸附层引起的，也很可能这两种作用同时存在。

15.4.6.3 钝化的应用

电解精炼时，为了防止钝化的发生或把钝化了的金属重新活化，常采用一些措施，例如加热、通入还原性气氛、进行阴极极化、改变溶液的 pH 值或加入某些活性阴离子。在这些方法中，值得注意的是加入卤素阴离子，其中氯离子更为突出。因为它既有效又经济。卤素阴离子对金属钝化作用的影响被认为具有双重作用，即当金属处于活化状态时，它们与吸附的粒子在电极表面上进行竞争吸附，延缓或阻止钝化过程的发生；当金属表面上存在成相的钝化膜时，它们又可以在金属氧化物与溶液之间的界面上吸附，并由于扩散及电场的作用进入氧化物膜内，从而显著地改变膜的导电性，使金属的氧化速度增大。因此，某些金属（如镍）的电解精炼，其电解液成分常为氯化物或者是氯化物与硫酸盐的混合体系。铜的电解精炼，由于加入少量的 HCl，也能防止阳极钝化。

对于不溶性阳极的电解沉积来说，例如锌的电解沉积，铅银合金阳极经过钝化处理可延长阳极使用寿命，减少阳极的消耗。

15.5 槽电压、电流效率和电能效率

15.5.1 槽电压

工业电解时，阴阳极间实际测得的电压称为槽电压。槽电压 $E_{槽}$ 除包括实际分解电压 $E_{实}$ 外，还包括电解液以及电路中各部分电阻产生的电压降 ΣIR：

$$E_{槽} = E_{实} + \Sigma IR = E_{理} + \eta_{+} + \eta_{-} + \Sigma IR \tag{15-15}$$

式中，R 为包括电解液、电接触点、阳极泥、电极和接线等的电阻。

15.5.2 电解产量和电流效率

15.5.2.1 理论产量

根据法拉第定律，电极上析出 1mol 任何物质，所需要的电量相当于 96500 C（库仑）。但实际上，析出物质的多少，与通入的电量成正比，也就是与通过的电流强度和通电时间成正比。

为了计算方便，通常用电化当量（q）表示，即安培小时的电量理论上析出的物质的量，称为电化当量。

按照法拉第定律，可以方便地计算出一定时间通入一定电流强度理论上获得的物质量，即理论产量（$M_{理}$）为：

$$M_{理} = qI\tau \tag{15-16}$$

式中，q 为电化当量，g/(A·h)；I 为电流强度，A；τ 为通电时间，h。

15.5.2.2 实际产量与电流效率（$\eta_{电流}$）

事实上，在所有物质的电解过程中，实际产量（Mr）总是低于理论产量，这就产生了电流的有效利用问题——电流效率。

理论上，电流效率是指有效析出物质的电流（$I_{有效}$）与实际供给的总电流（$I_{总}$）之比，即

$$\eta_{电流} = \frac{I_{有效}}{I_{总}} \times 100\% \tag{15-17}$$

在实际应用中，电流效率通常定义为输入一定电量后，实际产量（$M_{实}$）与理论产量（$M_{理}$）之比，并以百分数表示；电流效率一般是指阴极电流效率，即金属在阴极上沉积的实际量与在相同条件下按法拉第定律计算得出的理论产量之比值，即实际应用中电流效率$\eta_{电流}$按下式进行计算：

$$\eta_{电流} = \frac{M_{实}}{M_{理}} \times 100\% = \frac{M_{实}}{qI\tau} \times 100\% \tag{15-18}$$

式中，$\eta_{电流}$为电流效率；$M_{实}$为阴极沉积物的实际量，g；q为电化当量，g/(A·h)，表15-7为某些金属的电化当量；I为电流强度，A；τ为通电时间，h。

表 15-7 某些金属的电化当量

元　素	原子价	相对原子质量	电化当量	
			1C 析出的物量/mg	1A·h 析出的物量/g
Al	3	26.89	0.0932	0.3356
Bi	3	208.98	0.7219	2.5995
Fe	2	55.85	0.2894	1.0420
	3		0.1929	0.6947
Au	1	197.00	2.0415	7.3507
	3		0.6805	2.4502
Cd	2	112.41	0.5824	2.0972
Co	2	58.94	0.3054	1.0996
Mg	2	24.32	0.1260	0.4537
Mn	2	54.94	0.2847	1.0250
Cu	1	63.54	0.6584	2.3709
	2		0.3292	1.1854
Ni	2	58.71	0.3042	1.0953
Sn	2	118.70	0.6150	2.2146
	4		0.3075	1.1013
Pb	2	207.21	1.0736	3.8659
Ag	1	107.88	1.1179	4.0254
Cr	3	52.01	0.1797	0.6469
	6		0.0898	0.3234
Zn	2	65.38	0.3388	1.2198

在工业生产条件下，水溶液电解质电解的电流效率通常只有90%~95%，有时甚至还要低，只有在实验室条件下（库仑计）才有可能达到100%。

还有阳极电流效率，它与阴极电流效率并不相同。这种差别对可溶性阳极电解有一定的意义。所谓阳极电流效率，是指金属从阳极上溶解的实际量与相同条件下按法拉第定律计算应该从阳极上溶解的理论量之比值，并以百分数表示。

一般说来，在可溶性阳极的电解过程中，阳极电流效率稍高于阴极电流效率。在此情况下，电解液中被精炼金属的浓度逐渐增加，如铜的电解精炼就有此种现象发生。

为了提高电流效率，应尽可能地控制或减少副反应的发生，防止短路、断路和漏电。为此，要加强诸如电解成分的控制，使电解液中有害杂质尽可能少；选择适当的电流密度；电解过程中适量加入某些添加剂，以保持良好的阴极表面状态；确定合理电解液温度；加强设备绝缘等，这些都是提高电流效率的有效途径。

15.5.3 电能效率

所谓电能效率，是指在电解过程中为生产单位产量的金属理论上所必须的电能（W'）与实际消耗的电能（W）之比值，并以百分数表示，即电能效率为：

$$\eta_{电能} = \frac{W'}{W} \times 100\% \tag{15-19}$$

因为，电能 = 电量 × 电压，所以得：

$$W' = I_{有效}\tau E_{理},\ W = I_{总}\tau E_{槽} \tag{15-20}$$

将上述各关系式代入式（15-19），便得到电能效率计算公式为：

$$\eta_{电能} = \frac{I_{有效}E_{理}}{I_{总}E_{槽}} \times 100\% = \eta_{电流} \times \frac{E_{理}}{E_{槽}} \times 100\% \tag{15-21}$$

式中，$\eta_{电流}$为电流效率；$E_{理}$为理论分解电压；$E_{槽}$为槽电压。

必须指出，电流效率与电能效率是有差别的，不要混为一谈。如前所述，电流效率是指电量的利用情况，在工作情况良好的工厂，很容易达到90% ~95%，在电解精炼中有时可达95%以上。而电能效率所考虑的则是电能的利用情况，由于实际电解过程的不可逆性以及不可避免地在电解槽内会发生电压降，所以在任何情况下，电能效率都不可能达到100%。

从式（15-15）至式（15-21）中可以看出，降低电解液的比电阻、适当提高电解液的温度、缩短极间距离、减小接触电阻以及减少电极的极化以降低槽电压，是降低电能消耗，提高电能效率的一些常用方法。

还应当指出，通常说的“电能效率”并不能完全正确地说明实际电解过程的特征，因为电能效率计算公式的分子部分并未考虑到成为电能消耗不可避免的极化现象。因此，在确切计算电能效率时，应当以必须消耗的电化过程的电能 W''替代 W'。这样便得到电能效率计算公式为：

$$\eta_{电能} = \frac{W''}{W} \times 100\% = \eta_{电流} \times \frac{E_{实}}{E_{槽}} \times 100\% \tag{15-22}$$

式中，$E_{实}$为实际分解电压。

习题与思考题

15-1 什么叫作极化？

15-2 求含 56g/L 锌、150g/L 硫酸的硫酸锌溶液的理论分解电压与实际分解电压。已知溶液温度为 313K

（该温度下水的离子积为 3.8×10^{-14} mol/L），阳极为 OH^- 放电析出氧，其 $\varepsilon^{\ominus}=0.401V$；阴极为锌析出，其 $\varepsilon^{\ominus}=-0.763V$。设氧在阳极上的超电位为 0.76V，锌在阴极上的超电位为 0.02V；$\gamma_{OH^-}=0.75$，$\gamma_{Zn^{2+}}=0.047$。

15-3 某电解锌厂，一个电解槽 24h 析出 240 kg锌，28 个电解槽串联成为一列，通过此列的电流密度为 9000A，列的电压降为 92V。求：（1）锌的电流效率；（2）锌的电能效率。已知锌的电积反应：$Zn^{2+}+H_2O = Zn+\frac{1}{2}O_2+2H^+$，在该厂生产条件下的 $\Delta_r G_m=384.380$kJ/mol。

附录　冶金物理化学数据

附表 1　各种能量单位之间的关系

单　位	焦　(J)	大气压·升 (atm·L)	热化学卡 (cal_{th})	国际蒸汽表卡 (cal_{IT})
焦(J)	1	9.80923×10^{-3}	0.239006	0.238846
大气压·升(atm·L)	101.325	1	24.2173	24.2011
热化学卡(cal_{th})	4.184	4.12929×10^{-2}	1	0.999331
国际蒸汽表卡(cal_{IT})	4.1868	4.13205×10^{-2}	1.00067	1

注:气体常数:$R=8.314$ 焦/(摩·开)(J/(mol·K)) = 1.987 卡/摩·开(cal/(mol·K)) = 0.08206 大气压·升/(摩·开)(atm·L/(mol·K))。

附表 2　一些物质的熔点、熔化热、沸点、蒸发热、转变点、转变热

物　质	熔点/℃	熔化热 /kJ·mol^{-1}	沸点/℃	蒸发热 /kJ·mol^{-1}	转变点 /℃	转变热 /kJ·mol^{-1}	备　注
Al	660.1	10.47	2520	291.4			
Al_2O_3	2030	527.2	(3300)		(1000)	(86.19)	
Bi	271	10.89	1564	179.2			
C	(5000)						
Ca	839	8.67	1484	167.1	460	1.00	
CaO	2600	(79.50)	(3500)				
$CaSiO_3$	1540	(56.07)			1190	(5.44)	
Ca_2SiO_4	2130				675; 1420	4.44; 3.26	
Cd	320.9	6.41	767	99.6			
Cr	1860	(20.9)	2680	342.1			
Cu	1083.4	13.02	2560	304.8			
Fe	1536	15.2	2860	340.4	910; 1400	0.92; 1.09	
FeO	1378	31.0					
Fe_3O_4	1597	138.2			593		
Fe_2O_3	1457		分解		(680);(780)	0.67; —	
Fe_3C	1227	51.46	分解		190	0.67	
Fe_2SiO_4	1220	133.9					
$FeTiO_3$	1370	11.34	分解				
H_2O	0	6.016	100	41.11			
Mg	649	8.71	1090	134.0			
MgO	2642	77.0	2770				
Mn	1244	(14.7)	2060	231.1	718; 1100; 1138	1.93; 2.30; 1.80	

续附表 2

物　质	熔点/℃	熔化热 /kJ·mol^{-1}	沸点/℃	蒸发热 /kJ·mol^{-1}	转变点 /℃	转变热 /kJ·mol^{-1}	备　注
MnO	1785	54.0					
Mo	2615	35.98	4610	590.3			
N_2	-210.0	0.720	-195.8	5.581	-237.5	0.23	
NaCl	800	28.5	1465	170.4			
Na_2SiO_3	1088	52.3					
Ni	1455	17.71	2915	374.3			
O_2	-218.8	0.445	-183.0	6.8	-249.5；-229.4	0.0938；0.7436	
Pb	327.4	4.98	1750	178.8			
Ti	1667	(18.8)	3285	425.8	882	3.48	
Si	1412	50.66	3270	384.8			
SiO_2	1713	15.1			250	1.3	
TiO_2	1840	648.5					
V	1902	209.30	3410	457.2			
W	3400	(46.9)	5555	(737)			
Zn	419.5	7.20	911	115.1			

注：本表数据主要参考：Colin J. Smithells，“Metals reference book”（1976）。

附表 3　某些物质的基本热力学数据

物　质	$-\Delta_f H^{\ominus}_{298K}$ /kJ·mol^{-1}	$-\Delta_f G^{\ominus}_{298K}$ /kJ·mol^{-1}	$S^{\ominus}_{298K}$ /J·(mol·K)$^{-1}$	$c_p = a + bT + c'T^{-2} + cT^2$				
				a /J·(mol·K)$^{-1}$	$b\times10^3$ /J·(mol·K^2)$^{-1}$	$c'\times10^{-5}$ /J·(mol·K)$^{-1}$	$c\times10^6$ /J·(mol·K^3)$^{-1}$	温度范围 /K
Ag(s)	0.00	0.00	42.70	21.30	8.535	1.506		298~1234
AgCl(s)	127.03	109.66	96.11	62.26	4.184	-11.30		298~728
Ag_2CO_3(s)	81.17	12.24	167.4	79.37	108.16			298~450
Ag_2O(s)	30.57	0.84	121.71	59.33	40.80	-4.184		298~500
Al(s)	0.00	0.00	28.32	20.67	12.38			298~932
$AlCl_3$(s)	705.34	630.20	110.7	77.12	47.83			273~466
AlF_3(s)	1489.50	1410.01	66.53	72.26	45.86	-9.623		298~727
Al_2O_3(α)	1674.43	1674.43	50.99	114.77	12.80	-35.443		298~1800
As(s)	0.00	0.00	35.15	21.88	9.29			298~1090
As_2O_3(s)	652.70	576.66	122.7	35.02	203.3			273~548
B(s)	0.00	0.00	5.94	19.81	5.77	-9.21		298~1700
B_2O_3(s)	1272.77	1193.62	53.85	57.03	73.01	-14.06		298~723
Ba(α)	0.00	0.00	67.78	22.73	13.18	-0.28		298~643
$BaCl_2$(s)	859.39	809.57	123.6	71.13	13.97			298~1195
$BaCO_3$(s)	1216.29	1136.13	112.1	86.90	48.95	-11.97		298~1079
BaO(s)	553.54	523.74	70.29	53.30	4.35	-8.30		298~1270

续附表 3

物　质	$-\Delta_f H^{\ominus}_{298K}$ /kJ·mol^{-1}	$-\Delta_f G^{\ominus}_{298K}$ /kJ·mol^{-1}	$S^{\ominus}_{298K}$ /J·(mol·K)$^{-1}$	$c_p = a + bT + c'T^{-2} + cT^2$				
				a /J·(mol·K)$^{-1}$	$b\times10^3$ /J·(mol·K^2)$^{-1}$	$c'\times10^{-5}$ /J·(mol·K)$^{-1}$	$c\times10^6$ /J·(mol·K^3)$^{-1}$	温度范围 /K
Be(s)	0.00	0.00	9.54	19.00	8.58	-3.35		298 ~ 1556
BeO(无定形)	598.73	569.55	14.14	21.22	55.06	-8.68	-26.34	298 ~ 1000
Bi(s)	0.00	0.00	56.53	22.93	10.13			298 ~ 545
Bi_2O_3(α)	574.04	493.84	151.5	103.5	33.47			298 ~ 800
Br_2(g)	-30.91	-3.166	245.3	37.36	0.46	-1.29		298 ~ 2000
Br_2(l)	0.00	0.00	152.2	71.55				273 ~ 334
$C_{石墨}$	0.00	0.00	5.74	17.16	4.27	-8.79		298 ~ 2300
$C_{金刚石}$	-1.90	-2.901	2.38	9.12	13.22	-6.20		298 ~ 1200
C_2H_2(g)	-226.73	-20.923	200.8	43.63	31.65	-7.51	-6.31	298 ~ 2000
C_2H_4(g)	-52.47	-68.407	219.2	32.63	59.83			298 ~ 1200
CH_4(g)	74.81	50.749	186.3	12.54	76.69	1.45	-18.00	298 ~ 2000
C_6H_6(l)	-49.04	-124.45	173.2	136.1				298 ~ 沸点
C_2H_5OH(l)	277.61	174.77	160.71	111.4				298 ~ 沸点
CO(g)	110.5	137.12	197.6	28.41	4.10	-0.46		298 ~ 2500
CO_2(g)	393.52	394.39	213.7	44.14	9.04	-8.54		298 ~ 2500
$COCl_2$(g)	220.08	205.79	283.7	65.01	18.17	-11.14	-4.98	298 ~ 2000
Ca(s)	0.00	0.00	41.63	21.92	14.64			298 ~ 737
CaC_2(s)	59.41	64.53	70.29	68.62	11.88	-8.66		298 ~ 720
$CaCl_2$(s)	800.82	755.87	113.8	71.88	12.72	-2.51		600 ~ 1045
$CaCO_3$(方解石)	1206.87	1127.32	88.00	104.5	21.92	-25.94		298 ~ 1200
CaF_2(s)	1221.31	116.88	68.83	59.83	30.46	1.97		298 ~ 1424
CaO(s)	634.29	603.03	39.75	49.62	4.52	-6.95		298 ~ 2888
$Ca(OH)_2$(s)	986.21	898.63	83.39	105.3	11.95	-18.97		298 ~ 1000
CaS(s)	476.14	471.05	56.48	42.68	15.90			273 ~ 1000
$CaSiO_3$(s)	1584.06	1559.93	82.00	111.5	15.06	27.28		298 ~ 1463
Ca_2SiO_4(s)	2255.08	2138.47	120.5	113.6	82.01			298 ~ 948
$CaSO_4$(s)	1432.60	1334.84	160.7	70.21	98.74			298 ~ 1400
$Ca_3(PO_4)_2$(s)	4137.55	3912.66	236.0	201.8	166.0	-20.92		298 ~ 1000
$CaCO_3 \cdot MgCO_3$(s)	2326.30	2152.59	118.0	156.2	80.50	-21.59		
Cd(s)	0.00	0.00	51.46	22.22	12.30			298 ~ 594
$CdCl_2$(s)	391.62	344.25	115.5	66.94	32.22			298 ~ 841
CdO(s)	255.64	226.09	54.81	40.38	8.70			298 ~ 1200
CdS(s)	149.36	145.09	69.04	53.97	3.77			298 ~ 1300

续附表 3

物质	$-\Delta_f H^{\ominus}_{298K}$ /kJ·mol^{-1}	$-\Delta_f G^{\ominus}_{298K}$ /kJ·mol^{-1}	$S^{\ominus}_{298K}$ /J·(mol·K)$^{-1}$	$c_p = a + bT + c'T^{-2} + cT^2$				
				a /J·(mol·K)$^{-1}$	$b\times10^3$ /J·(mol·K^2)$^{-1}$	$c'\times10^{-5}$ /J·(mol·K)$^{-1}$	$c\times10^6$ /J·(mol·K^3)$^{-1}$	温度范围 /K
Cl_2(g)	0.00	0.00	223.01	36.90	0.25	-2.85		298 ~ 3000
Co(s)	0.00	0.00	30.04	19.83	16.74			298 ~ 700
CoO(s)	238.91	215.18	52.93	48.28	8.54	1.67		298 ~ 1800
Cr(s)	0.00	0.00	23.77	19.79	12.84	-0.259		298 ~ 2176
$CrCl_2$(s)	405.85	366.67	115.3	63.72	22.18			298 ~ 1088
Cr_2O_3(s)	1129.68	1048.05	81.17	119.37	9.20	-15.65		298 ~ 1800
Cu(s)	0.00	0.00	33.35	22.64	6.28			298 ~ 1357
$CuSO_4$(s)	769.98	660.87	109.2	73.41	152.9	-12.31	-71.59	298 ~ 1078
CuO(s)	155.85	120.85	42.59	43.83	16.77	-5.88		298 ~ 1359
CuS(s)	48.53	48.91	66.53	44.35	11.05			273 ~ 1273
Cu_2O(s)	170.29	147.56	92.93	56.57	29.29			298 ~ 1509
Cu_2S(s)	79.50	86.14	120.9	81.59				298 ~ 376
F_2(g)	0.00	0.00	203.3	34.69	1.84	-3.35		298 ~ 2000
Fe(α)	0.00	0.00	27.15	17.49	24.77			273 ~ 1033
$FeCl_2$(s)	342.25	303.49	120.1	79.25	8.70	-4.90		298 ~ 950
$FeCl_3$(s)	399.40	334.03	142.3	62.34	115.1			298 ~ 577
$FeCO_3$(s)	740.57	667.69	95.88	48.66	112.1			298 ~ 800
FeS(α)	95.40	97.87	67.36	21.72	110.5			298 ~ 411
FeS(β)	86.15	96.14	92.59	72.80				411 ~ 598
FeS_2(s)	177.40	166.06	52.93	74.81	5.52	-12.76		298 ~ 1000
FeSi(s)	78.66	83.54	62.34	44.85	17.99			298 ~ 900
$FeTiO_3$(s)	1246.41	1169.09	105.9	116.6	18.24	-20.04		298 ~ 1743
FeO(s)	272.04	251.50	60.75	50.80	8.614	-3.309		298 ~ 1650
Fe_2O_3(s)	825.50	743.72	87.44	98.28	77.82	-14.85		298 ~ 953
Fe_3O_4(s)	1118.38	1015.53	146.4	86.27	208.9			298 ~ 866
Fe_2SiO_4(s)	1479.88	1379.16	145.2	152.8	39.16	-28.03		298 ~ 1493
Fe_3C(s)	-22.59	-18.39	101.3	82.17	83.68			273 ~ 463
Ga(s)	0.00	0.00	40.88	25.90				298 ~ 303
Ge(s)	0.00	0.00	31.17	25.02	3.43	-2.34		298 ~ 1213
H_2(g)	0.00	0.00	130.6	27.28	3.26	0.502		298 ~ 3000
HCl(g)	92.31	95.23	186.6	26.53	4.60	2.59		298 ~ 2000
H_2O(g)	242.46	229.24	188.7	30.00	10.71	0.33		298 ~ 2500
H_2O(l)	285.84	237.25	70.08	75.44				273 ~ 373

续附表3

物质	$-\Delta_f H^\ominus_{298K}$ /kJ·mol^{-1}	$-\Delta_f G^\ominus_{298K}$ /kJ·mol^{-1}	$S^\ominus_{298K}$ /J·(mol·K)$^{-1}$	$c_p = a + bT + c'T^{-2} + cT^2$				
				a /J·(mol·K)$^{-1}$	$b\times10^3$ /J·(mol·K^2)$^{-1}$	$c'\times10^{-5}$ /J·(mol·K)$^{-1}$	$c\times10^6$ /J·(mol·K^3)$^{-1}$	温度范围 /K
H_2S(g)	20.50	33.37	205.7	29.37	15.40			298~1800
Hg(l)	0.00	0.00	76.02	30.38	-11.46	10.15		298~630
Hg_2Cl_2(s)	264.85	210.48	192.5	99.11	23.22	-3.64		298~655
$HgCl_2$(s)	230.12	184.07	144.5	69.99	20.28	-1.89		298~550
I_2(s)	0.00	0.00	116.14	-50.64	246.91	27.974		298~387
I_2(g)	-62.42	-19.37	260.6	37.40	0.569	-0.619		298~2000
In(s)	0.00	0.00	57.82	21.51	17.57			298~429
K(s)	0.00	0.00	71.92	7.84	17.19			298~336
KCl(s)	436.68	406.62	82.55	40.02	25.47	3.65		298~1044
La(s)	0.00	0.00	56.90	25.82	6.69			298~1141
Li(s)	0.00	0.00	29.08	13.94	34.36			298~454
LiCl(s)	408.27	384.05	59.30	41.42	23.40			298~883
Mg(s)	0.00	0.00	32.68	22.30	10.25	-0.43		298~923
$MgCO_3$(s)	1096.21	1012.68	65.69	77.91	57.74	-17.41		298~750
$MgCl_2$(s)	641.41	591.90	89.54	79.08	5.94	-8.62		298~987
MgO(s)	601.24	568.98	26.94	48.98	3.14	-11.44		298~3098
$MgSiO_3$(s)	1548.92	1462.12	67.78	92.25	32.90	-17.88		298~903
Mn(s)	0.00	0.00	32.01	23.85	14.14	-1.57		298~990
$MnCO_3$(s)	894.96	817.62	85.77	92.01	38.91	-19.62		298~700
$MnCl_2$(s)	482.00	441.23	118.20	75.48	13.22	-5.73		298~923
MnO(s)	384.93	362.67	59.83	46.48	8.12	-3.68		298~1800
MnO_2(s)	520.07	465.26	53.14	69.45	10.21	-16.23		298~523
Mo(s)	0.00	0.00	28.58	21.71	6.94			298~2890
MoO_3(α)	745.17	668.19	77.82	75.19	32.64	-8.79		298~1068
N_2(g)	0.00	0.00	191.50	27.87	4.268			298~2500
NH_3(g)	46.19	16.58	192.3	29.75	25.10	-1.55		298~1800
NH_4Cl(s)	314.55	203.25	94.98	38.87	160.2			298~458
NO(g)	-90.29	-86.77	210.66	27.58	7.44	-0.15	-1.43	298~3000
NO_2(g)	-33.10	-51.24	239.91	35.69	22.91	-4.70	-6.33	298~1500
N_2O_4(g)	-9.079	-97.68	304.26	128.32	1.60	-128.6	24.78	298~3000
Na(s)	0.00	0.00	51.17	14.79	44.23			298~371
NaCl(s)	411.12	384.14	72.13	45.94	16.32			298~1074
NaOH(s)	428.92	381.96	64.43	71.76	-110.9		235.8	298~568

续附表 3

物 质	$-\Delta_f H^{\ominus}_{298K}$ /kJ·mol^{-1}	$-\Delta_f G^{\ominus}_{298K}$ /kJ·mol^{-1}	$S^{\ominus}_{298K}$ /J·(mol·K)$^{-1}$	$c_p = a + bT + c'T^{-2} + cT^2$				
				a /J·(mol·K)$^{-1}$	$b \times 10^3$ /J·(mol·K^2)$^{-1}$	$c' \times 10^{-5}$ /J·(mol·K)$^{-1}$	$c \times 10^6$ /J·(mol·K^3)$^{-1}$	温度范围 /K
Na_2CO_3(s)	1130.77	1048.27	138.78	11.02	244.40	24.49		298 ~ 723
Na_2O(s)	417.98	379.30	75.06	66.22	43.87	−8.13	−14.09	298 ~ 1023
Na_2SO_4(s)	1387.20	1269.57	149.62	82.32	154.4			298 ~ 522
Na_2SiO_3(s)	1561.43	1437.02	113.76	130.29	40.17	−27.07		298 ~ 1362
Na_3AlF_6(s)	3305.36	3140.50	238.49	172.27	158.5			298 ~ 834
Nb(s)	0.00	0.00	36.40	23.72	2.89			298 ~ 2740
Nb_2O_5(s)	1902.04	1768.50	137.24	154.39	21.42	−25.52		298 ~ 1785
Ni(s)	0.00	0.00	29.88	32.64	−1.80	−5.59		298 ~ 630
$NiCl_2$(s)	305.43	258.98	97.70	73.22	13.22	−4.98		298 ~ 1303
NiO(s)	248.58	220.47	38.07	50.17	157.23	16.28		298 ~ 525
NiS(s)	92.88	94.54	67.36	38.70	53.56			298 ~ 600
O_2(g)	0.00	0.00	205.04	29.96	4.184	−1.67		298 ~ 3000
P(黄)	−17.45	−12.01	41.09	19.12	15.82			298 ~ 317
P(赤)	0.00	0.00	22.80	16.95	14.89			298 ~ 870
P_4(g)	−128.74		279.90	81.85	0.68	−13.44		298 ~ 2000
P_2O_5(s)	1548.08	1422.26	135.98					
Pb(s)	0.00	0.00	64.81	23.55	9.74			298 ~ 601
PbO(s)	219.28	188.87	65.27	41.46	15.33			298 ~ 762
PbO_2(s)	270.08	212.48	76.57	53.14	32.64			298 ~ 1000
PbS(s)	100.42	98.78	91.21	46.43	10.26			298 ~ 1387
$PbSO_4$(s)	918.39	811.62	148.53	45.86	129.70	15.57		298 ~ 1139
Rb(s)	0.00	0.00	75.73	13.68	57.66			298 ~ 312
S(斜方)	0.00	0.00	31.92	14.98	26.11			298 ~ 369
S(单斜)	−2.07	−0.249	38.03	14.90	29.12			369 ~ 388
S(g)	−278.99	−238.50	167.78	21.92	−0.46	1.86		298 ~ 2000
S_2(g)	−129.03	−72.40	228.07	35.73	1.17	−3.31		298 ~ 2000
SO_2(g)	296.90	298.40	248.11	43.43	10.63	−5.94		298 ~ 1800
SO_3(g)	395.76	371.06	256.6	57.15	27.35	−12.91	−7.728	298 ~ 2000
Sb(s)	0.00	0.00	45.52	22.34	8.954			298 ~ 903
Sb_2O_5(s)	971.94	829.34	125.10	45.81	240.9			298 ~ 500
Se(s)	0.00	0.00	41.97	15.99	30.20			273 ~ 423
Si(s)	0.00	0.00	18.82	22.82	3.86	−3.54		298 ~ 1685
SiC(s)	73.22	70.85	16.61	50.79	1.950	−49.20	8.20	298 ~ 3259

续附表3

物　质	$-\Delta_f H^\ominus_{298K}$ /kJ · mol^{-1}	$-\Delta_f G^\ominus_{298K}$ /kJ · mol^{-1}	$S^\ominus_{298K}$ /J · (mol · K)$^{-1}$	$c_p = a + bT + c'T^{-2} + cT^2$				
				a /J · (mol · K)$^{-1}$	$b \times 10^3$ /J · (mol · K^2)$^{-1}$	$c' \times 10^{-5}$ /J · (mol · K)$^{-1}$	$c \times 10^6$ /J · (mol · K^3)$^{-1}$	温度范围 /K
$SiCl_4$(l)	686. 93	620. 33	241. 36	140. 16				298 ~ 331
$SiCl_4$(g)	653. 88	587. 05	341. 97	106. 24	0. 96	-14. 77		298 ~ 2000
SiO_2(α)	910. 86	856. 50	41. 46	43. 92	38. 81	-9. 68		298 ~ 847
SiO_2(β)	875. 93	840. 42	104. 71	58. 91	10. 04			847 ~ 1696
SiO(g)	100. 42	127. 28	211. 46	29. 82	8. 24	-2. 06	-2. 28	298 ~ 2000
Sn (白)	0. 00	0. 00	51. 55	21. 59	18. 16			298 ~ 505
Sn (灰)	-2. 51	-4. 53	44. 77	18. 49	26. 36			298 ~ 505
$SnCl_2$(s)	325. 10	281. 82	129. 70	67. 78	38. 74			298 ~ 520
SnO(s)	285. 77	256. 69	56. 48	39. 96	14. 64			298 ~ 1273
SnO_2(s)	580. 74	519. 86	52. 3	73. 89	10. 04	-21. 59		298 ~ 1500
Sr(s)	0. 00	0. 00	52. 3	22. 22	13. 89			298 ~ 862
$SrCl_2$(s)	829. 27	782. 02	117. 15	76. 15	10. 21			298 ~ 1003
SrO(s)	603. 33	573. 40	54. 39	51. 63	4. 69	-7. 56		298 ~ 1270
SrO_2(s)	654. 38	593. 90	54. 39	73. 97	18. 41			
Th(s)	0. 00	0. 00	53. 39	24. 15	10. 66			298 ~ 800
$ThCl_4$(s)	1190. 35	1096. 45	184. 31	126. 98	13. 56	-9. 12		298 ~ 679
ThO_2(s)	1226. 75	1169. 19	65. 27	69. 66	8. 91	-9. 37		298 ~ 2500
Ti(s)	0. 00	0. 00	30. 65	22. 16	10. 28			298 ~ 1155
TiC(s)	190. 37	186. 78	24. 27	49. 95	0. 98	-14. 77	1. 89	298 ~ 3290
$TiCl_2$(s)	515. 47	465. 91	87. 36	65. 36	18. 02	-3. 46		298 ~ 1300
$TiCl_4$(l)	804. 16	737. 33	252. 40	142. 79	8. 71	-0. 16		298 ~ 409
$TiCl_4$(g)	763. 16	726. 84	354. 80	107. 18	0. 47	-10. 55		298 ~ 2000
TiO_2(金红石)	944. 75	889. 51	50. 33	62. 86	11. 36	-9. 96		298 ~ 2143
U(s)	0. 00	0. 00	51. 46	10. 92	37. 45	4. 90		298 ~ 941
V(s)	0. 00	0. 00	28. 79	20. 50	10. 79	0. 84		298 ~ 2190
V_2O_5(s)	1557. 70	1549. 02	130. 96	194. 72	-16. 32	-55. 31		298 ~ 943
W(s)	0. 00	0. 00	32. 66	22. 92	4. 69			298 ~ 2500
WO_3(s)	842. 91	764. 14	75. 90	87. 65	16. 17	-17. 50		298 ~ 1050
Zn(s)	0. 00	0. 00	41. 63	22. 38	10. 04			298 ~ 693
Zn(l)				31. 38				693 ~ 1184
Zn(g)				20. 79				298 ~ 2000
ZnO(s)	348. 11	318. 12	43. 51	48. 99	5. 10	-9. 12		298 ~ 1600
ZnS(s)	201. 67	196. 96	57. 74	50. 89	5. 19	-5. 69		298 ~ 1200

续附表3

物质	$-\Delta_f H^{\ominus}_{298K}$ /kJ·mol^{-1}	$-\Delta_f G^{\ominus}_{298K}$ /kJ·mol^{-1}	$S^{\ominus}_{298K}$ /J·(mol·K)$^{-1}$	$c_p = a + bT + c'T^{-2} + cT^2$				
				a /J·(mol·K)$^{-1}$	$b\times10^3$ /J·(mol·K^2)$^{-1}$	$c'\times10^{-5}$ /J·(mol·K)$^{-1}$	$c\times10^6$ /J·(mol·K^3)$^{-1}$	温度范围/K
Zr(s)	0.00	0.00	38.91	21.97	11.63			298 ~ 1135
ZrC(s)	196.65	193.27	33.32	51.12	3.38	-12.98		298 ~ 3500
$ZrCl_4$(s)	981.98	889.03	173.01	133.45	0.16	-12.12		298 ~ 710
ZrO_2(s)	1094.12	1036.43	50.36	69.62	7.53	-14.06		298 ~ 1478

注：本表数据($\Delta_f H^{\ominus}$，$S^{\ominus}$，a，b，c'，c)取自 I. Barin，O. Knacke，"Thermochemical Properties of Inorganic Substances"(1973)，$\Delta_f G^{\ominus}$根据公式$\Delta G^{\ominus} = \Delta H^{\ominus} - T\Delta S^{\ominus}$算出。原书单位为卡(或千卡)，现换算为焦耳(或千焦)。

附表4 某些反应的标准吉布斯自由能变化 $\Delta_r G^{\ominus}_m = A + BT$

反应	A/J·mol^{-1}	B/J·(mol·K)$^{-1}$	温度范围/K
$\frac{4}{3}Al(s) + O_2 = \frac{2}{3}Al_2O_3(s)$	-1115500	209.2	298 ~ 932
$\frac{4}{3}Al(s) + O_2 = \frac{2}{3}Al_2O_3(s)$	-1120500	211.2	932 ~ 2345
$4Ag(s) + O_2 = 2Ag_2O(s)$	-58576	122.2	273 ~ 480
$\frac{4}{3}As(s) + O_2 = \frac{2}{3}As_2O_3(s)$	-435140	178.7	298 ~ 585
$\frac{4}{3}B(s) + O_2 = \frac{2}{3}B_2O_3(s)$	-838890	167.8	298 ~ 723
$2Ba(s) + O_2 = 2BaO(s)$	-1108800	182.8	298 ~ 983
$2Be(s) + O_2 = 2BeO(s)$	-1196600	199.2	298 ~ 1556
$\frac{4}{3}Bi(s) + O_2 = \frac{2}{3}Bi_2O_3(s)$	-384900	177.0	298 ~ 544
$2C(s) + O_2 = 2CO$	-232600	-167.8	298 ~ 3400
$C(s) + O_2 = CO_2$	-395390	0	298 ~ 3400
$2Ca(s) + O_2 = 2CaO(s)$	-1267800	201.3	298 ~ 1123
$2Cd(s) + O_2 = 2CdO(s)$	-518800	197.1	298 ~ 594
$\frac{4}{3}Ce(s) + O_2 = \frac{2}{3}Ce_2O_3(s)$	-1195400	189.1	298 ~ 1077
$Ce(s) + O_2 = CeO_2(s)$	-1085700	211.3	298 ~ 1077
$2Co(s) + O_2 = 2CoO(s)$	-477800	173.2	298 ~ 1768
$\frac{4}{3}Cr(s) + O_2 = \frac{2}{3}Cr_2O_3(s)$	-746800	170.3	298 ~ 2176

续附表4

反 应	A/J·mol^{-1}	B/J·(mol·K)$^{-1}$	温度范围/K
$4Cu(s) + O_2 = 2Cu_2O(s)$	-334700	144.3	298 ~ 1357
$4Cu(l) + O_2 = 2Cu_2O(s)$	-324700	137.6	1357 ~ 1509
$2Cu(s) + O_2 = 2CuO(s)$	-311700	180.3	298 ~ 1357
$2Fe(s) + O_2 = 2FeO(s)$	-519200	125.1	298 ~ 1642
$2Fe(s) + O_2 = 2FeO(l)$	-441400	77.8	1642 ~ 1809
$2Fe(l) + O_2 = 2FeO(l)$	-459400	87.4	1809 ~ 2000
$\frac{4}{3}Fe(s) + O_2 = \frac{2}{3}Fe_2O_3(s)$	-540600	170.3	298 ~ 1809
$\frac{3}{2}Fe(s) + O_2 = \frac{1}{2}Fe_3O_4(s)$	-545600	156.5	298 ~ 1809
$\frac{3}{2}Fe(l) + O_2 = \frac{1}{2}Fe_3O_4(s)$	-589100	180.3	1809 ~ 1867
$2H_2 + O_2 = 2H_2O(g)$	-499200	114.2	298 ~ 3400
$2Hg(g) + O_2 = 2HgO(s)$	-281600	380.3	630 ~ 740
$2Hg(l) + O_2 = 2HgO(s)$	-184100	225.9	298 ~ 630
$4K(s) + O_2 = 2K_2O(s)$	-719600	261.5	273 ~ 336
$\frac{4}{3}La(s) + O_2 = \frac{2}{3}La_2O_3(s)$	-1192000	277.4	298 ~ 1190
$2Mg(s) + O_2 = 2MgO(s)$	-1196600	208.4	298 ~ 923
$2Mg(l) + O_2 = 2MgO(s)$	-1225900	240.2	923 ~ 1376
$2Mg(g) + O_2 = 2MgO(s)$	-1428800	387.4	1376 ~ 3125
$2Mn(s) + O_2 = 2MnO(s)$	-769900	149.0	298 ~ 1517
$Mn(s) + O_2 = MnO_2(s)$	-523000	201.7	298 ~ 1120
$\frac{2}{3}Mo(s) + O_2 = \frac{2}{3}MoO_3(s)$	-502100	168.6	298 ~ 1068
$\frac{2}{3}Mo(s) + O_2 = \frac{2}{3}MoO_3(l)$	-448100	177.6	1068 ~ 1530
$4Na(l) + O_2 = 2Na_2O(s)$	-843100	287.9	371 ~ 1156
$2Nb(s) + O_2 = 2NbO(s)$	-803300	158.6	298 ~ 2218
$2Ni(s) + O_2 = 2NiO(s)$	-477000	168.6	298 ~ 1725
$\frac{4}{5}P(s) + O_2 = \frac{2}{5}P_2O_5(s)$	-594100	311.7	298 ~ 631
$2Pb(s) + O_2 = 2PbO(s)$	-435100	192.0	298 ~ 762
$2Pb(l) + O_2 = 2PbO(s)$	-425100	179.1	762 ~ 1159
$\frac{1}{2}S_2(g) + O_2 = SO_2$	-362300	72.0	298 ~ 3400
$\frac{1}{3}S_2(g) + O_2 = \frac{2}{3}SO_3(g)$	-304600	107.9	298 ~ 2500
$\frac{4}{3}Sb(s) + O_2 = \frac{2}{3}Sb_2O_3(s)$	-464400	171.1	298 ~ 904
$Si(s) + O_2 = SiO_2(s)$	-905800	175.7	298 ~ 1685

续附表 4

反　应	A/J·mol^{-1}	B/J·(mol·K)$^{-1}$	温度范围/K
$Si(l)+O_2 = SiO_2(s)$	-866500	152.3	1685 ~ 1696
$2Si(l)+O_2 = 2SiO(g)$	-310500	-94.6	1686 ~ 2000
$Sn(s)+O_2 = SnO_2(s)$	-580700	205.4	298 ~ 505
$Sn(l)+O_2 = SnO_2(s)$	-584100	212.5	505 ~ 2140
$2Sr(s)+O_2 = 2SrO(s)$	-1175700	192.5	298 ~ 1043
$Ti(s)+O_2 = TiO_2(s)$	-943500	179.1	298 ~ 1940
$Ti(l)+O_2 = TiO_2(s)$	-941800	178.2	1940 ~ 2128
$2V(s)+O_2 = 2VO(s)$	-829300	156.1	298 ~ 2190
$\frac{4}{5}V(s)+O_2 = \frac{2}{5}V_2O_5(s)$	-625500	175.3	298 ~ 943
$\frac{4}{5}V(s)+O_2 = \frac{2}{5}V_2O_5(l)$	-561500	107.5	943 ~ 2190
$\frac{2}{3}W(s)+O_2 = \frac{2}{3}WO_3(s)$	-556500	158.6	298 ~ 1743
$\frac{2}{3}W(s)+O_2 = \frac{2}{3}WO_3(l)$	-484500	117.2	1743 ~ 2100
$2Zn(s)+O_2 = 2ZnO(s)$	-694500	193.3	298 ~ 693
$2Zn(l)+O_2 = 2ZnO(s)$	-709600	214.6	693 ~ 1180
$Zr(s)+O_2 = ZrO_2(s)$	-1096200	189.1	298 ~ 2125
$4Ag(s)+S_2 = 2Ag_2S(s)$	-187400	79.5	298 ~ 1115
C（石墨）$+S_2 = CS_2(g)$	-12970	-7.1	298 ~ 2500
$2Ca(s)+S_2 = 2CaS(s)$	-1083200	190.8	298 ~ 673
$2Ca(l)+S_2 = 2CaS(s)$	-1084000	192.0	673 ~ 1124
$2Cd(s)+S_2 = 2CdS(s)$	-439300	181.2	298 ~ 594
$2Cd(l)+S_2 = 2CdS(s)$	-451000	200.8	594 ~ 1038
$4Cu(s)+S_2 = 2Cu_2S(s)$	-262300	61.1	298 ~ 1356
$2Cu(s)+S_2 = 2CuS(s)$	-225900	143.5	298 ~ 900
$2Fe(s)+S_2 = 2FeS(s)$	-304600	156.9	298 ~ 1468
$2Fe(s)+S_2 = 2FeS(l)$	-112100	25.9	1468 ~ 1809
$Fe(s)+S_2 = FeS_2(s)$	-180700	186.6	298 ~ 1200
$2H_2+S_2 = 2H_2S(g)$	-180300	98.7	298 ~ 2500
$2Mn(s)+S_2 = 2MnS(s)$	-535600	130.5	298 ~ 1517
$Mo(s)+S_2 = MoS_2(s)$	-362300	203.8	298 ~ 1780
$4Na(l)+S_2 = 2Na_2S(s)$	-880300	263.2	371 ~ 1156
$3Ni(s)+S_2 = Ni_3S_2(s)$	-328000	159.0	298 ~ 800
$2Pb(s)+S_2 = 2PbS(s)$	-317100	157.7	298 ~ 600
$2Pb(l)+S_2 = 2PbS(s)$	-327200	174.5	600 ~ 1392
$2Zn(s)+S_2 = 2ZnS(s)$	-487900	161.1	298 ~ 693

续附表4

反　应	A/J · mol^{-1}	B/J · (mol · K)$^{-1}$	温度范围/K
$2Al(s) + N_2 = 2AlN(s)$	-603800	194.6	298 ~ 932
$2B(s) + N_2 = 2BN(s)$	-507900	182.8	298 ~ 2300
$4Cr(s) + N_2 = 2Cr_2N(s)$	-184100	100.4	298 ~ 2176
$8Fe(s) + N_2 = 2Fe_4N(s)$	-242700	102.5	298 ~ 1809
$3Mg(s) + N_2 = Mg_3N_2(s)$	-458600	198.7	298 ~ 923
$3H_2 + N_2 = 2NH_3(g)$	-100800	228.4	298 ~ 2000
$\frac{3}{2}Si(s) + N_2 = \frac{1}{2}Si_3N_4(s)$	-376600	168.2	298 ~ 1680
$2Ti(s) + N_2 = 2TiN(s)$	-671500	187.9	298 ~ 1940
$2V(s) + N_2 = 2VN(s)$	-348500	166.1	298 ~ 2190
$4Al(s) + 3C = Al_4C_3(s)$	-215900	41.8	298 ~ 932
$4Al(l) + 3C = Al_4C_3(s)$	-266500	96.2	932 ~ 2000
$3Fe(s) + C(s) = Fe_3C(s)$	26690	-24.8	463 ~ 1115
$3Fe(l) + C(s) = Fe_3C(s)$	10350	-10.2	1809 ~ 2000
$Si(s) + C(s) = SiC(s)$	-63760	7.2	1500 ~ 1686
$Si(l) + C(s) = SiC(s)$	-114400	37.2	1686 ~ 2000
$Ti(\alpha) + C(s) = TiC(s)$	-183100	10.1	298 ~ 1155
$Ti(\beta) + C(s) = TiC(s)$	-186600	13.2	1155 ~ 2000
$W(s) + C(s) = WC(s)$	-37660	1.7	298 ~ 2000
$Zr(s) + C(s) = ZrC(s)$	-184500	9.2	298 ~ 2200
$2Ag(s) + Cl_2 = 2AgCl(s)$	-251000	106.7	298 ~ 728
$\frac{2}{3}Al(s) + Cl_2 = \frac{2}{3}AlCl_3(s)$	-464000	161.9	298 ~ 465
$\frac{2}{3}Al(s) + Cl_2 = \frac{2}{3}AlCl_3(l)$	-455200	143.5	465 ~ 500
$\frac{1}{2}C(s) + Cl_2 = \frac{1}{2}CCl_4(g)$	-51460	66.5	298 ~ 2500
$C(s) + \frac{1}{2}O_2 + Cl_2 = COCl_2(g)$	-221800	39.3	298 ~ 2000
$Cu(s) + Cl_2 = CuCl_2(s)$	-200400	129.3	298 ~ 500
$H_2 + Cl_2 = 2HCl(g)$	-188300	12.1	298 ~ 2500
$Hg(l) + Cl_2 = HgCl_2(s)$	-223400	155.2	298 ~ 550
$Mg(s) + Cl_2 = MgCl_2(s)$	-631800	158.6	298 ~ 923
$Mg(l) + Cl_2 = MgCl_2(s)$	-509600	26.4	923 ~ 987
$Mg(l) + Cl_2 = MgCl_2(l)$	-610900	128.9	987 ~ 1376
$\frac{1}{2}Si(s) + Cl_2 = \frac{1}{2}SiCl_4(l)$	-307100	88.7	298 ~ 330

续附表4

反　应	A/J · mol⁻¹	B/J · (mol · K)⁻¹	温度范围/K
$\frac{1}{2}Si(s) + Cl_2 = \frac{1}{2}SiCl_4(g)$	-297500	59.4	330 ~ 1653
$\frac{1}{2}Ti(s) + Cl_2 = \frac{1}{2}TiCl_4(l)$	-400000	110.5	298 ~ 409
$\frac{1}{2}Ti(s) + Cl_2 = \frac{1}{2}TiCl_4(g)$	-379500	60.7	409 ~ 1940

附表5　某些物质的标准生成吉布斯自由能变化(298K)　(kJ/mol)

物　质	$\Delta_f G_m^\ominus$	物　质	$\Delta_f G_m^\ominus$
Ag^+	77.111	MnO^{4-}	-425.09
Ag_2O	-10.837	$Mn(OH)_2$	-598.730
Ag_2S	-39.784	MnO_2	-430.534
$Ag(CN)_2^-$	301.46	Na^+	-261.87
Al^{3+}	-481.16	NO_3	-110.50
$Al(OH)_3$	483.252	NH_4^+	-79.50
AsH_3	157.737	NH_4OH(水)	-265.550
As_2O_3	-576.011	NH_3(气)	-16.485
Au^{3+}	410.869	NH_3(水)	-26.485
Au^+	161.921	Ni^{2+}	-46.440
$Au(CN)_2^-$	215.48	$Co(OH)_3$	-594.128
Cd^{2+}	-77.74	CoS(a)	82.843
$Cd(OH)_2$	-471.662	CN^-	163.762
CdS	-138.490	Cu^+	50.375
Ca^{2+}	-555.217	Cu^{2+}	66.567
$CaCO_3$	-867.887	$Cu(OH)_2$	-357.732
Cl(气)	108.366	CuO	-127.194
ClO^{3-}	-1.064	CuS	49.183
Cl(水)	6.820	Fe^{2+}	-84.977
Cl^-	-130.959	Fe^{3+}	-10.586
Co^{2+}	-53.555	$Fe(OH)_2$	-483.951
Co^{3+}	120.918	$Fe(OH)_3$	-694.544
$Co(OH)_2$	-455.638	Fe_2O_3	-7.410
HS^-	15.390	FeS	-95.814
H_2SO_4(水)	-537.790	Ga^{3+}	-153.000
In^{2+}	-133	$Ga(OH)_3$	-829.687
K^+	-288.28	GaO_2	-594.128
Mg^{2+}	-456.01	H^+	0
Mn^{2+}	-223.43	Hg^+	154.180

续附表5

物　质	$\Delta_f G_m^\ominus$	物　质	$\Delta_f G_m^\ominus$
Hg^{2+}	164.912	PbO_2	-217.652
HgS	-38.819	PbS	-91.630
H_2O(液)	-237.191	S^{2-}	-97.906
H_2O(气)	-103.470	SO_2(气)	-300.139
H_2S(液)	-118.114	Zn^{2+}	-147.176
H_2S(水)	-27.280	ZnO	-321.900
OH^-	-157.256	${ZnO_2}^{2-}$	-389.238
Pb^{2+}	-24.303	Zn(OH)	-559.150
$Pb(OH)_2$	-427.605	ZnS	-180.249
$PbSO_4$	-667.348		

注：计算时应注意单位的换算。

符 号 说 明

R——摩尔气体常数；

T——热力学温度，K；

t——摄氏温度，℃；

U——内能；

W——功；

V——体积；

η——黏度；

m——质量；

f——自由度数；

C——独立组元数；

c——热容；

Q——热量；电量；热效应(系统和环境间交换的热量)；

Q_V——恒容热效应；

Q_p——恒压热效应；

G——吉布斯自由能函数；

ΔG——体系的吉布斯自由能变化；

$\Delta_r G_m$——反应进度为1mol的化学反应的吉布斯自由能变化，kJ/mol；

$\Delta_r G_m^{\ominus}$——反应进度为1mol的化学反应的标准吉布斯自由能变化，kJ/mol；

$\Delta_f G_m$——生成反应的摩尔吉布斯自由能变化，kJ/mol；

$\Delta_f G_m^{\ominus}$——以生成1mol化合物计量时化合物的标准摩尔生成吉布斯自由能变化，kJ/mol；

$\Delta_f G_m'^{\ominus}$——以1mol单质反应计量时化合物的标准摩尔生成吉布斯自由能变化，kJ/mol；

S——熵；

$\Delta_r S_m$——反应的摩尔熵变化，kJ/mol；

$\Delta_r S_m^{\ominus}$——反应的标准摩尔熵变化，kJ/mol；

H——焓；

ΔH——体系(一般是化学反应)的焓变化或热效应；

$\Delta_r H_m$——反应的摩尔焓变化；反应的热效应，kJ/mol；

$\Delta_r H_m^{\ominus}$——反应的标准摩尔焓变化，kJ/mol；反应的标准摩尔热效应，kJ/mol；

$\Delta_f H_m$——化合物的摩尔生成焓变化，kJ/mol；

$\Delta_f H_m^{\ominus}$——化合物的标准摩尔生成焓变化，kJ/mol。

化学反应式中物质状态的表示方式：

B(g)或{B}——气态物质B；

B(l)——液态物质B；

B(s)——固态物质B；

例如，$4Cu(l) + O_2(g) = 2Cu_2O(s)$

(B)——溶解于熔渣中的物质B；

[B]——溶解在主体金属中的物质B。

例如，炼钢过程中锰的直接氧化反应：$[Mn]+\frac{1}{2}\{O_2\}=\!=\!=(MnO)$

p_i^*——气体反应在某一时刻各物质的实际分压，单位为 Pa 或 kPa(i 表示相关物质，如 p_{CO}^*)；

p_i——气体反应达到平衡时各物质的平衡分压，单位为 Pa 或 kPa（i 表示相关物质，如 p_{CO}、p_{H_2})；

$p^\ominus$——标准压力。按国家规定的标准，标准压力 $p^\ominus=100kPa$(精确值)，不是过去所规定的 101.325kPa。

$p_{分解}$——化合物的分解压，单位为 Pa 或 kPa；

a_i——组元 i 的活度，如 a_{Fe}、$a_{Fe^{2+}}$；

γ_i——以纯物质而又服从拉乌尔定律为标准状态时，组元 i 的活度系数；

f_i——以纯物质而又服从亨利定律的假想状态为标准状态时，组元 i 的活度系数；

$x(i)$——组元 i 的摩尔分数；

$x(i\%)$——组元 i 的摩尔百分浓度；

$w(i)$——组元 i 的质量分数；

$w(i\%)$——组元 i 的质量百分浓度；

$w[i\%]$——组元 i 在主金属液中的质量百分浓度，如硅在钢液中的质量百分浓度为 $w[Si\%]$；

$\varphi(i)$——气体物质 i 的体积分数；

$\varphi(i\%)$——气体物质 i 的体积百分浓度，如 $\varphi(Zn\%)=24$；

$c(i)$ 或 $c[i]$——物质的量浓度，单位为 mol/L 或 mol/dm^3；

K——平衡常数；

$K^\ominus$——多相反应的标准平衡常数；

F——法拉第常数，96500(C/mol，或 A · s/mol)；

z——氧化还原反应得失的电子数；

φ，$\varphi_{Me^{z+}/Me}$——氧化还原反应的平衡还原电极电位，V；

$\varphi^\ominus$，$\varphi^\ominus_{Me^{z+}/Me}$——氧化还原反应的标准平衡还原电极电位，V；

$\varphi_{+(平衡)}$——阳极平衡电位，V；

$\varphi_{-(平衡)}$——阴极平衡电位，V；

$\varphi_{-(析出)}$——阴极析出电位，V；

$\varphi_{+(析出)}$——阳极析出电位，V；

φ_+——阳极电极电位，V；

φ_-——阴极电极电位，V；

$\Delta\varphi_+$——阳极电极电位差，V；

$\Delta\varphi_-$——阴极电极电位差，V；

$E_{理}$——理论分解电压，V；

$E_{实}$——实际分解电压，V；

$E_{槽}$——槽电压，V；

$\overline{E}_{槽}$——槽平均电压，V；

η_+，η_-——分别为电解池阳极和阴极的超电位；

q——电化当量，g/(A · h)；

I——电流强度，A；

τ——通电时间，h。

$\eta_{电流}$——电流效率；

$\bar{\eta}_{电流}$——平均电流效率；

$\eta_{电能}$——电能效率；

i——电流密度，A /cm^2，A /m^2；

i_K——阴极电流密度，A/cm^2，A /m^2；

i_A——阳极电流密度，A/cm^2，A /m^2。

参考文献

[1] 黄希祜．钢铁冶金原理[M].4 版．北京：冶金工业出版社，2013.
[2] 陈新民．火法冶金过程物理化学[M].2 版．北京：冶金工业出版社，1994.
[3] 傅崇说．有色冶金原理[M].2 版．北京：冶金工业出版社，1993.
[4] 杨重愚．轻金属冶金学[M]. 北京：冶金工业出版社，1991.
[5] 丁培墉．物理化学[M]. 北京：冶金工业出版社，1979.
[6] 华一新．有色冶金概论[M].3 版．北京：冶金工业出版社，2014.
[7] 卢宇飞．炼铁工艺[M]. 北京：冶金工业出版社，2006.
[8] 朱祖泽．贺家齐. 现代铜冶金学[M]. 北京：科学出版社，2003.
[9] 黄兴无．有色冶金原理[M]. 北京：冶金工业出版社，1993.
[10] 郭逵．冶金工艺导论[M]. 长沙：中南工业大学出版社，1991.
[11] 王明海．冶金生产概论[M].2 版．北京：冶金工业出版社，2015.
[12] 张承武．炼钢学(上册)[M]. 北京：冶金工业出版社，1991.
[13] 郑沛然．炼钢学[M]. 北京：冶金工业出版社，1994.
[14] 王淑兰．物理化学[M].4 版．北京：冶金工业出版社，2013.
[15] 赵天丛．重金属冶金学[M]. 北京：冶金工业出版社，1981.
[16] 蓝克．物理化学[M]. 北京：冶金工业出版社，1999.
[17] 江棂．工科化学[M]. 北京：化学工业出版社，2003.
[18] 东北工学院有色重金属冶炼教研室．锌冶金[M]. 北京：冶金工业出版社，1974.
[19] 马青．冶炼基础知识[M]. 北京：冶金工业出版社，2004.
[20] 田应甫．大型预焙铝电解槽生产实践[M]. 长沙：中南大学出版社，2004.
[21] 曾崇泗．有色冶金原理例题及习题[M]. 北京：冶金工业出版社，1994.
[22] 高子忠．轻金属冶金学[M]. 北京：冶金工业出版社，1996.
[23] 赵俊学．冶金原理[M]. 北京：冶金工业出版社，2012.
[24] 李洪桂．冶金原理[M]. 北京：科学出版社，2005.
[25] 钟竹前，梅光贵．湿法冶金过程[M]. 长沙：中南工业大学出版社，1988.
[26] 蒋汉瀛．湿法冶金过程物理化学[M]. 北京：冶金工业出版社，1984.
[27] 杨显万，邱定蕃．湿法冶金[M]. 北京：冶金工业出版社，1998.
[28] 朱屯．萃取与离子交换[M]. 北京：冶金工业出版社，2005.

冶金工业出版社部分图书推荐